教育部国家级一流本科课程建设成果教材

教育部高等学校材料类专业教学指导委员会规划教材

混凝土材料学

第二版

U0186835

勾密峰　罗树琼　管学茂　主编

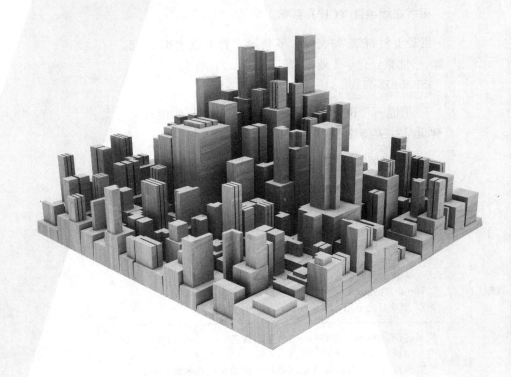

化学工业出版社

·北京·

内容简介

《混凝土材料学》（第二版）从材料学的角度系统介绍混凝土的组成、结构、性能及耐久性，具体内容包括混凝土原材料、混凝土外加剂、矿物掺合料、新拌混凝土的性能、硬化混凝土的结构、混凝土的物理力学性能、混凝土的耐久性、混凝土配合比设计以及新型混凝土等。

本书力求理论联系实际，内容丰富翔实，对相关专业师生和相关行业从业人员有较好的参考价值，可供高等学校材料专业、土木工程专业的本科生、研究生作为教材使用，也可供从事相关研究的专业人员参考阅读。

图书在版编目（CIP）数据

混凝土材料学/勾密峰，罗树琼，管学茂主编 . —2
版 . —北京：化学工业出版社，2023.11
ISBN 978-7-122-44604-6

Ⅰ.①混…　Ⅱ.①勾…②罗…③管…　Ⅲ.①混凝土
-建筑材料-高等学校-教材　Ⅳ.①TU528

中国国家版本馆 CIP 数据核字（2023）第 227925 号

责任编辑：满悦芝　　　　　文字编辑：杨振美
责任校对：李雨晴　　　　　装帧设计：张　辉

出版发行：化学工业出版社
　　　　　（北京市东城区青年湖南街 13 号　邮政编码 100011）
印　　装：大厂聚鑫印刷有限责任公司
787mm×1092mm　1/16　印张 17½　字数 432 千字
2024 年 6 月北京第 2 版第 1 次印刷

购书咨询：010-64518888　　　售后服务：010-64518899
网　　址：http://www.cip.com.cn
凡购买本书，如有缺损质量问题，本社销售中心负责调换。

定　　价：65.00 元　　　　　版权所有　违者必究

混 凝 土 材 料 学

本书第一版自 2011 年出版以来，先后 5 次印刷，被全国多所高等学校采用，基本上能够满足材料、建筑、土木等专业及相关专业在混凝土材料方面的教学需求；编者走访过程中也发现不少建筑设计、施工和建筑材料行业工作者将其作为技术参考书使用。本书得到了广大师生、技术人员的欢迎和支持，并收到了许多宝贵的意见，在此表示衷心的感谢！

混凝土技术经过长期积累与发展，已经由传统四组分（水泥、砂、石、水）混凝土进入多组分混凝土的新时期，尤其是化学外加剂和矿物掺合料的大量使用，使得现代混凝土的发展进入新阶段。未来一段时间，我国混凝土行业仍将维持较高的生产和使用规模，对混凝土的使用寿命设计要求也越来越高，有的甚至要求使用几百年乃至上千年。在此形势下，本书从混凝土材料的组成、结构、性能、耐久性等方面介绍混凝土材料的科学理论与技术，使学生掌握混凝土原材料的性能及其在混凝土中的作用，掌握新拌混凝土和硬化混凝土的组成、结构、性能的相关理论与技术；能够辨别混凝土材料的生产、制备和服役过程中出现的技术、工艺、质量等复杂工程问题，并开展必要的调研分析，编制实验方案，确定检测手段；能够针对各种复杂工程的要求，开展混凝土材料的初步设计及方案改进，在设计过程中体现创新意识，并考虑社会、健康、安全、法律、文化及环境等因素；能够理解并合理分析与混凝土材料相关的技术标准、产业政策和法律法规；熟悉高性能混凝土技术的内涵及发展趋势。

这次修订的总体思路是在保持原书体系结构的基础上，突出混凝土材料的新理论、新技术、新知识，删除某些在当前已显陈旧的内容，增加了新型混凝土一章，为突出矿物掺合料的重要性，将其单独编制成章并补充完善内容，同时在编写方面，集教学内容的先进性与叙述的深入浅出于一体，以更好地满足新工科专业的教学需要。

本书由勾密峰、罗树琼、管学茂主编。参编人员及编写分工如下：勾密峰编写第 1 章绪论、第 6 章、第 9 章，罗树琼编写第 7 章、第 8 章，郭晖编写第 2 章、第 5 章，刘松辉编写第 3 章、第 4 章，勾密峰、罗树琼、郭晖、刘松辉、管学茂等共同编写第 10 章，全书由管学茂负责统稿和审阅。

由于编者水平有限，书中不当之处在所难免，敬请广大读者批评指正。

编者
2023 年 11 月

第一版前言

混凝土材料学

混凝土材料是土建工程、水利工程、道路工程、地下工程等基础建设工程中用量最大的结构材料，尤其是随着我国基础工程建设速度加快，对混凝土材料性能提出了更高要求。而混凝土材料是由水泥、砂、石、水、外加剂等多组分组成的一种复合材料，其使用性能决定于材料的组成、性能与结构，要制备高性能混凝土必须系统学习掌握混凝土材料的基本理论知识。

编者编写的《混凝土学》讲义，在河南理工大学材料科学与工程专业经过了5年的试用，期间编者不断地把该领域完成的国家科技支撑计划项目、国家重大基础研究项目（973项目）的最新研究成果引入讲义。为了更好地满足教学要求，经过多次修改完善，加强教材中混凝土材料的基本理论阐述，形成了《混凝土材料学》教材。本书于2015年11月入选河南省"十二五"普通高等教育规划教材。本书可作为材料、建筑、土木类等专业及相关各专业本科生教学用书，也可作为建筑设计、施工和建筑材料工作者的技术参考书。

"混凝土材料学"是材料科学与工程专业的主要专业课之一，本书系统地阐述了混凝土材料的基本理论知识和技术，同时也反映了混凝土及其外加剂的最新研究进展。全书共分9章，包括绪论、混凝土原材料、混凝土和砂浆外加剂、新拌混凝土的性能、硬化混凝土的结构、混凝土的物理力学性能、混凝土的耐久性、混凝土配合比设计、建筑砂浆等章节。

本书由管学茂、杨雷主编。参编人员及编写分工如下：管学茂编写绪论、第1章、第2章，郭晖编写第3章，杨雷编写第5章、第6章、第8章，罗树琼编写第4章、第7章，并且负责全书的文字处理与校对工作。

该书在编写过程中得到了河南理工大学和化学工业出版社的大力支持和帮助，在此致以衷心感谢。

由于编者水平有限，书中不当之处在所难免，敬请广大读者批评指正。

编者

2016年12月于河南理工大学

混 凝 土 材 料 学

目录

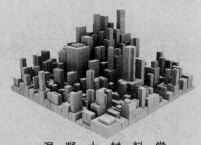

混 凝 土 材 料 学

1

绪　论

　　混凝土材料或许是人类历史上最伟大的人造材料之一，特别是混凝土与钢材结合构成的钢筋混凝土改变了人类的生存环境和生活方式。从人们饮水用的水渠、水库、大坝，居住办公用的楼房、大厦，到出行的公路、铁路、桥梁和隧道等，人类基本生活生产中混凝土材料的身影无处不在，实际上混凝土已经成为现代文明的基础之一。一堆砂子、一堆石子、几袋水泥按一定比例配制，加水搅拌均匀，就能浇筑成所需要的形状，经过一定时间的养护成为一种人造石材——混凝土，且随着时间的延长，混凝土具有明显的"生命历程"特性，而这就是混凝土名字的由来。混凝土的英文为concrete，来源于拉丁文"concretus"，意思是共同生长。广义的混凝土是由胶凝材料、骨料按适当的比例配制，再加水或不加水拌和制成的具有可塑性的浆体，经硬化而成为具有强度的人造材料。

　　混凝土是一种应用先行、实用导向的材料，由于其使用的普遍性，人们对混凝土并不陌生，但却往往忽视了混凝土材料的科学性，有些人认为混凝土没有什么高深的技术。实际上，混凝土是用简单的工艺制作的复杂体系：工艺简单（混合、搅拌、成型）才能使得混凝土成为最大宗的建筑材料；而体系复杂则体现在组成混凝土的原材料不能提纯，成分波动较大，同时结构和性能随着时间的推移和环境的变化而不断变化。

1.1　混凝土的历史

　　混凝土的发展经历了漫长的时期，广义混凝土的使用可以追溯到9000年前。1985年的考古发现，公元前7000年以色列王国的加利利城（图1-1）就使用了简易的"混凝土"地板，当时的人们使用煅烧的石灰石与石子、水混合，混合物在空气中缓慢硬化形成混凝土。古埃及出土的图画（图1-2）展示了公元前1950年"混凝土"的生产使用过程，包括从井中打水、拌和砂浆、用砂浆砌筑砖墙等。

图1-1　9000年前的加利利城　　　　　　　图1-2　古埃及出土的图画

中国也是使用广义混凝土较早的国家，早在公元前3000—公元前1000年，就能通过煅烧石膏和黏土制作砂浆；5世纪左右，我国南方地区出现了由石灰、黏土、细砂或者石灰、瓷土粉、碎石构成的三合土，清朝《营造法原》一书对三合土的制备进行了详细的记载。远古的混凝土在几大文明古国都有出现，混凝土的配制主要采用烧石灰、烧石膏和黏土等作为胶凝材料。

事实上，中外的远古"混凝土"都不能作为结构材料或经历雨水等，一般仅用于室内地面或找平的砌层，而真正意义上的混凝土可追溯至古罗马时期。大约公元前300年，古罗马人无意中发现天然火山灰作为胶凝材料的一部分，拌和石灰、骨料和水能制备出具有防水功能的混凝土并开始使用。大约公元前25年，古罗马建筑工程师维特鲁威（Vitruvius）对现代意义的混凝土进行了详细的描述："天然的火山灰拌和石灰和黏土砖不但能用于普通建筑，而且能加强海洋结构的强度，因为它能够快速硬化，甚至能在水下硬化。"此外，Vitruvius认识到假如得不到天然的火山灰，用烧过的砖块粉磨后也能得到类似的效果。古罗马人用这种具有水硬性的混凝土修建城墙、水渠和其他历史建筑，譬如著名的万神殿和罗马大剧场，如图1-3和图1-4所示。

随着古罗马帝国的衰亡，煅烧石灰并应用火山灰制备水硬性混凝土的技术失传了，直到14世纪人们才恢复火山灰的使用。1756年，斯密顿（Smeaton）认识到一些石灰浆是水硬性的，而另外一些不是，他发现用含黏土质材料比例高的石灰石制备的胶凝材料具有水硬性，这是人类第一次有意识地控制水硬性胶凝材料的生产要素，也是胶凝材料产业的转折点。Smeaton采用这种水硬性的胶凝材料结合意大利进口的火山灰重建了英国埃迪斯通灯塔（涡石灯塔，Eddystone Light House）；埃迪斯通灯塔在被更现代的结构取代之前屹立了126年（图1-5）。

图1-3　万神殿圆顶　　　　　　图1-4　罗马大剧场　　　　图1-5　埃迪斯通灯塔

在这一开创性的工作之后，人们很快地有了水硬性胶凝材料的新发现。英国人帕克（Parker）在1796年获得一项关于天然水硬性胶凝材料的专利，这种材料用含有黏土的不纯石灰石煅烧制成。1813年法国人维卡（Vicat）也用石灰石和黏土等烧制人造的水硬性胶凝材料，1817年德国人约翰（John）也有相似的发现。英国的泥瓦匠约瑟夫·阿斯普丁（Joseph Aspdin）在1824年获得了"波特兰水泥"（Portland Cement）的专利，他认为波特兰水泥硬化后的岩石类似英国波特兰地区的天然石灰石。随后，水泥的应用迅速传遍欧洲和北美，虽然按Aspdin的专利未必能制造出真正的波特兰水泥，但波特兰水泥这一名字是Aspdin首创的并沿用至今。从此，水泥逐渐代替石灰、石膏等气硬性胶凝材料用于制备混凝土。

1.2 混凝土的定义和分类

混凝土是由胶凝材料、粗骨料（碎石、卵石、人造陶粒等）、细骨料（河砂、陶砂等）、水、化学外加剂（第五组分）以及必要时加入的矿物掺合料（粉煤灰、矿渣、硅灰等）制备的复合材料。通常讲的混凝土是指用水泥作胶凝材料，砂、石作骨料，与水（可含化学外加剂和掺合料）按一定比例经搅拌而制得的水泥混凝土，也称普通混凝土。

混凝土的种类很多，从不同的角度考虑，有以下几种分类方法。

（1）按所用胶凝材料分类 混凝土可以分为水泥混凝土、硅酸盐混凝土、石膏混凝土、水玻璃混凝土、沥青混凝土、聚合物混凝土、树脂混凝土等。

（2）按表观密度分类

① 重混凝土 表观密度大于2800kg/m³，常采用重晶石、铁矿石、钢屑等作骨料和锶水泥、钡水泥等共同配制防辐射混凝土，作为核工程的屏蔽结构材料。

② 普通混凝土 表观密度在2000～2800kg/m³范围内的混凝土，是土木工程中应用最为普遍的混凝土，主要用作各种土木工程的承重结构材料。

③ 轻混凝土 表观密度小于2000kg/m³，采用陶粒、页岩等轻质多孔骨料或掺加引气剂、泡沫剂形成多孔结构的混凝土，具有保温隔热性能好、质量轻等优点，多用作保温材料或高层、大跨度建筑的结构材料。

（3）按用途分类 混凝土可分为结构混凝土、水工混凝土、海洋混凝土、道路混凝土、防水混凝土、补偿收缩混凝土、装饰混凝土、耐热混凝土、耐酸混凝土、防辐射混凝土等。

（4）按强度等级分类

① 低强度混凝土：抗压强度小于30MPa。

② 中强度混凝土：抗压强度为30～60MPa。

③ 高强度混凝土：抗压强度大于或等于60MPa。

④ 超高强混凝土：抗压强度在100MPa以上。

（5）按流动性分类 按照新拌混凝土流动性大小，可分为干硬性混凝土（坍落度小于10mm且需用维勃稠度表示）、塑性混凝土（坍落度为10～90mm）、流动性混凝土（坍落度为100～150mm）及大流动性混凝土（坍落度大于或等于160mm）。

（6）按生产和施工方法分类 按照生产方式，混凝土可分为预拌混凝土和现场搅拌混凝土；按照施工方法，可分为泵送混凝土、喷射混凝土、碾压混凝土、挤压混凝土、离心混凝土、压力灌浆混凝土等。

混凝土的品种虽然繁多，但在实际工程中还是以普通水泥混凝土应用最为广泛，如果没有特殊说明，本书所称混凝土皆为普通水泥混凝土。

1.3 混凝土的发展趋势

混凝土具有原料丰富、价格低廉、生产工艺简单的特点，这也使其用量越来越大。同时混凝土还具有抗压强度高、耐久性好、强度等级范围宽等特点。这些特点使其使用范围十分广泛，不仅在各种土木工程中使用，对于造船业、机械工业、地热工程、海洋开发等，混凝土也是重要的材料。

混凝土是一种不断发展的材料，混凝土的发展经历了水泥混凝土、钢筋混凝土、预应力混凝土、纤维或聚合物增强混凝土，以及最近的高强、高性能混凝土等多个阶段。20世纪50年代（即二战结束）后，全球经济开始复苏，科技和工业发展日益加快，社会对水泥及混凝土的需求量越来越大，性能要求越来越高，为了适应这种要求，陆续出现了早强混凝土、大坝混凝土、纤维增强混凝土、聚合物混凝土等"特种混凝土"。20世纪90年代以后，混凝土技术得到了快速发展，要求建筑用混凝土高强、轻质，具有更强的耐久性和抗渗性，为了适应这种需求，高强混凝土、防水混凝土、补偿收缩混凝土等得到了广泛的推广应用。混凝土已经成为当今文明社会的重要物质支柱，现代经济和工业的发展与混凝土技术的发展相互促进。

混凝土的发展主要遵循复合、高强和高性能三条技术路线。在提高性能、增加品种与扩大应用的相互促进下，混凝土发展成为当代最主要的结构工程材料，也是最大宗的人造材料，被广泛应用于工业和民用建筑以及交通、水利、能源、海洋、市政等，构成了土木建筑工程的主体或骨架，用于承受各种荷载，并在发挥防渗、隔热保温等功能的同时抵御气候环境的侵蚀。随着科学技术和社会现代化的发展，人类逐渐在严酷环境下的重大工程中使用混凝土结构，如跨海大桥、海底隧道、海上采油平台、核反应堆等。根据专家预测，在今后相当长的时间内，水泥混凝土仍将是应用最广、用量最大的建筑材料之一。

随着社会的发展和技术的不断进步，人们的物质文化生活水平不断提高，带动了国家基础建设项目的空前发展，对混凝土的品质指标和经济指标提出了更高的要求，另外，随着社会的进步和经济的发展，人们越来越关注资源可持续利用与环境保护问题。由于多年来大规模的建设，优质资源的消耗量惊人，我国许多地区的优质骨料趋于枯竭；水泥工业带来的能耗巨大，生产水泥放出的 CO_2 导致的温室效应日益明显，国家的资源和环境已经不堪重负，混凝土工业必须走可持续发展之路。大力发展绿色混凝土技术的出路在于：

① 大量使用工业废弃资源，例如用尾矿资源作骨料，大量使用粉煤灰和磨细矿粉替代水泥。

② 扶植再生混凝土产业，使越来越多的建筑垃圾作为骨料循环使用。

③ 改变追求混凝土"高早强"的习惯，在结构和施工允许的前提下，应更多采用长龄期进行混凝土强度验收，例如选择 60d 或 90d 龄期。

综上，高性能化、高强化、多功能化和绿色化是混凝土今后发展的方向，如发展高性能混凝土、再生混凝土、无熟料水泥混凝土、生态混凝土等。

随着混凝土应用技术的飞跃式发展，还需要进一步在混凝土性能分析与评价、混凝土材料改性、固体废物资源循环利用和混凝土的耐久性及其评价等方面做出新的探索，开展有效的科学研究，攻克关键技术难题。

 ## 知识扩展

　　举世瞩目的三峡工程于 1994 年 12 月 14 日正式动工修建，2006 年 5 月 20 日全线修建成功。经过近十二年的浇筑（混凝土浇筑 2800 万立方米），大坝终于以巍峨的身姿耸立在神奇瑰丽的长江西陵峡谷。正如两院院士、三峡枢纽工程验收专家组组长潘家铮所说，三峡工程的质量不仅优良，而且越来越好，大坝三期工程右岸大坝没有发现一条裂缝，创造了世界水电施工的奇迹。大坝建设攻坚克难，创造了多个世界第一，在混凝土工程、土石方挖掘工程等方面取得的技术进步有目共睹，是中国水电技术追赶并达到国际先进水平的重要标志。

 ## 思考题

　　1. 广义混凝土与狭义混凝土的区别和联系是什么？
　　2. 混凝土为什么会成为最大宗的土木工程材料？
　　3. 混凝土未来的发展趋势有哪些？

2

混凝土原材料

混凝土是当代主要土木工程材料之一，传统的混凝土原材料主要包括水泥、骨料和水。水泥的矿物组成、强度等级，粗细骨料的颗粒级配，以及混凝土拌和用水的质量都会对混凝土的性能产生重要的影响。由此，混凝土原材料的重要性不言而喻。

2.1 水泥

水泥是当今世界不可或缺的一种土木工程材料。在古代，我国有过辉煌的建筑胶凝材料发展历史。但由于我国在一段时期内社会与经济发展的停滞，我国水泥行业在之后的发展中一直落后于欧洲。当时，我国用水泥主要从外国输入，生产技术也严重依赖国外技术，因此我国在那个时期把水泥叫"洋灰"。改革开放后，我国社会和经济快速发展，水泥工业逐渐复兴。2020年，我国水泥行业继续保持稳健发展态势，水泥产量达到23.95亿吨，产值也增至8404亿元，连续36年稳居世界第一。当今，我国水泥行业已经扬眉吐气，并昂首阔步地进入国际先进行列。

水泥是混凝土中主要的胶凝材料，因此，水泥的性能，如强度、耐久性等在相当大的程度上影响着混凝土的性能。配制混凝土过程中，根据设计混凝土的性能和在环境中的使用要求，选用水泥时必须考虑以下几项因素：①水泥强度等级；②在各种温、湿度条件下，水泥早期和后期强度发展的规律；③使用环境中水泥的稳定性；④各种水泥的其他特殊性能。

高性能混凝土选择水泥时有更严格的要求，因为高性能混凝土的特点之一是水灰比（W/C）低，通常在0.38以下，要满足施工工作性要求，水泥用量较大，但为了尽量降低混凝土内部温升和收缩，又应尽量降低水泥的用量。同时，为了使混凝土有足够高的弹性模量和体积稳定性，对胶凝材料总量也要加以限制。根据高性能混凝土的特点，选用的水泥应具有较高的强度，同时具有良好的流变性，并与目前广泛应用的高效减水剂有很好的适应性，较容易控制坍落度损失。

2.1.1 水泥的定义与分类

2.1.1.1 水泥的定义

凡细磨成粉末状，加入适量的水后成为塑性浆体，既能在空气中硬化，又能在水中硬化，并能将砂、石等材料牢固地胶结在一起的水硬性胶凝材料，通称为水泥。

通用硅酸盐水泥的定义如下：以硅酸盐水泥熟料和适量的石膏及规定的混合材料制成的水硬性胶凝材料。

作为一种水硬性胶凝材料，水泥有其共同特征，但由于工程的特点及适用的环境条件不同，对水泥性能的要求又有所不同，因此，水泥具有不同的种类。不同种类的水泥根据其结构组分的差别，在具有水泥的共性外，又有其独特的性能。

2.1.1.2 水泥的分类

水泥的种类很多，目前已有 100 多种水泥问世，而且各种新型水泥的开发研究与应用速度仍然较快。水泥的分类方法通常有如下几种。

① 按其用途和性能可分为通用水泥、专用水泥和特性水泥三大类。

通用水泥为一般用途的水泥，主要用于大量的土木建筑工程中，按混合材料的品种和掺量，通用水泥可分为硅酸盐水泥、普通硅酸盐水泥、矿渣硅酸盐水泥、火山灰质硅酸盐水泥、粉煤灰硅酸盐水泥和复合硅酸盐水泥等，各品种的组分和代号见表 2-1～表 2-3。

专用水泥是指有专门用途的水泥，如油井水泥、砌筑水泥和道路水泥等。

特性水泥是指某种性能比较突出的水泥，如快硬硅酸盐水泥、低热矿渣硅酸盐水泥、膨胀硫铝酸盐水泥等。

表 2-1　硅酸盐水泥的组分要求

品种	代号	组分(质量分数)/%		
		熟料+石膏	混合材料	
			粒化高炉矿渣/矿渣粉	石灰石
硅酸盐水泥	P·Ⅰ	100	—	—
	P·Ⅱ	95～100	0～<5	
				0～<5

表 2-2　普通硅酸盐水泥、矿渣硅酸盐水泥、粉煤灰硅酸盐水泥和火山灰质硅酸盐水泥的组分要求

品种	代号	组分(质量分数)/%				
		主要组分				替代混合材料
		熟料+石膏	粒化高炉矿渣/矿渣粉	粉煤灰	火山灰质混合材料	
普通硅酸盐水泥	P·O	80～<94	6～<20①			0～<5②
矿渣硅酸盐水泥	P·S·A	50～<79	21～<50			0～<8③
	P·S·B	30～<49	51～<70			
粉煤灰硅酸盐水泥	P·P	60～<79		21～<40		0～<5④
火山灰质硅酸盐水泥	P·F	60～<79			21～<40	

注：① 主要混合材料由符合《通用硅酸盐水泥》(GB 175—2023)规定的粒化高炉矿渣/矿渣粉、粉煤灰、火山灰质混合材料组成。
② 替代混合材料为符合《通用硅酸盐水泥》(GB 175—2023)规定的石灰石。
③ 替代混合材料为符合《通用硅酸盐水泥》(GB 175—2023)规定的粉煤灰或火山灰质混合材料、石灰石中的一种。替代后 P·S·A 矿渣硅酸盐水泥中粒化高炉矿渣/矿渣粉含量(质量分数)不小于水泥质量的 21%，P·S·B 矿渣硅酸盐水泥中粒化高炉矿渣/矿渣粉含量(质量分数)不小于水泥质量的 51%。
④ 替代混合材料为符合《通用硅酸盐水泥》(GB 175—2023)规定的石灰石。替代后粉煤灰硅酸盐水泥中粉煤灰含量(质量分数)不小于水泥质量的 21%，火山灰质硅酸盐水泥中火山灰质混合材料含量(质量分数)不小于水泥质量的 21%。

表 2-3 复合硅酸盐水泥的组分要求

品种	代号	熟料＋石膏	混合材料				
			粒化高炉矿渣/矿渣粉	粉煤灰	火山灰质混合材料	石灰石	砂岩
复合硅酸盐水泥	P·C	50～＜79	21～＜50①				

① 混合材料由符合《通用硅酸盐水泥》（GB 175—2023）规定的粒化高炉矿渣/矿渣粉、粉煤灰、火山灰质混合材料、石灰石和砂岩中的三种（含）以上材料组成。其中，石灰石含量（质量分数）不大于水泥质量的 15%。

② 按水泥的组成可将其分为硅酸盐水泥系列、铝酸盐水泥系列、氟铝酸盐水泥系列、硫铝酸盐水泥系列、铁铝酸盐水泥系列及其他水泥。

硅酸盐水泥系列是指磨制水泥的熟料以硅酸盐矿物为主要成分的水泥，如通用水泥及大部分专用水泥、特性水泥等。

铝酸盐水泥系列是指熟料矿物以铝酸钙为主的水泥，主要包括铝酸盐膨胀水泥、铝酸盐自应力水泥和铝酸盐耐火水泥等。

氟铝酸盐水泥系列以 $C_{11}A_7 \cdot CaF_2$、$\beta\text{-}C_2S(C_3S)$ 和石膏为主要组分，包括快凝快硬氟铝酸盐水泥、型砂水泥、抢修水泥等。

硫铝酸盐水泥系列以 C_4A_3S、$\beta\text{-}C_2S$ 和石膏为主要组分，包括快硬、膨胀、微膨胀和自应力四个品种，如快硬硫铝酸盐水泥、高强硫铝酸盐水泥、膨胀硫铝酸盐水泥、自应力硫铝酸盐水泥、低碱硫铝酸盐水泥等。

铁铝酸盐水泥系列以 C_4AF、C_4A_3S、$\beta\text{-}C_2S$ 和石膏为主要成分，也包括快硬、膨胀、微膨胀和自应力四个品种，如快硬铁铝酸盐水泥、高强铁铝酸盐水泥、膨胀铁铝酸盐水泥、自应力铁铝酸盐水泥等。

其他水泥如耐酸水泥、氧化镁水泥、生态水泥、少熟料和无熟料水泥等。

③ 按需要在水泥命名中标明的主要技术特性可将水泥分为如下五类：快硬性水泥（分为快硬和特快硬）；水化热水泥（分为中低热和高热）；抗硫铝酸盐腐蚀性水泥（分为中抗硫铝酸盐腐蚀性和高抗硫铝酸盐腐蚀性）；膨胀性水泥（分为膨胀和自应力）；耐高温性水泥（铝酸盐水泥的耐高温性以水泥中氧化铝的含量分级）。

2.1.2 通用硅酸盐水泥的组分

（1）硅酸盐水泥熟料　由主要含 CaO、SiO_2、Al_2O_3、Fe_2O_3 的原料，按适当比例磨成细粉，烧至部分熔融，得到的以硅酸钙为主要矿物成分的水硬性胶凝物质。其中硅酸钙矿物含量（质量分数）不小于 66%，氧化钙和氧化硅质量比不小于 2.0。

（2）石膏

① 天然石膏　应符合《天然石膏》（GB/T 5483）中规定的 G 类石膏或 M 类混合石膏，品位（质量分数）≥55%。

② 工业副产石膏　应符合《用于水泥中的工业副产石膏》（GB/T 21371）规定的技术要求。

（3）粒化高炉矿渣/矿渣粉　粒化高炉矿渣/矿渣粉应符合《用于水泥中的粒化高炉矿渣》（GB/T 203）规定的技术要求。

（4）粉煤灰　粉煤灰应符合《用于水泥和混凝土中的粉煤灰》（GB/T 1596）规定的技

术要求（强度活性指数、碱含量除外）。粉煤灰中铵离子含量不大于 210mg/kg。

（5）火山灰质混合材料　火山灰质混合材料应符合《用于水泥中的火山灰质混合材料》（GB/T 2847）规定的技术要求（水泥胶砂 28d 抗压强度比除外）。

（6）石灰石、砂岩　石灰石、砂岩的亚甲蓝值应不大于 1.4g/kg。亚甲蓝值按《用于水泥、砂浆和混凝土中的石灰石粉》（GB/T 35164—2017）中附录 A 的规定进行检验。

（7）水泥助磨剂　水泥粉磨时允许加入助磨剂，其加入量应不超过水泥质量的 0.5%，助磨剂应符合《水泥助磨剂》（GB/T 26748）规定的技术要求。

2.1.3　通用硅酸盐水泥的强度等级

硅酸盐水泥、普通硅酸盐水泥的强度等级分为 42.5、42.5R、52.5、52.5R、62.5、62.5R 六个等级。

矿渣硅酸盐水泥、粉煤灰硅酸盐水泥、火山灰质硅酸盐水泥的强度等级分为 32.5、32.5R、42.5、42.5R、52.5、52.5R 六个等级。

复合硅酸盐水泥的强度等级分为 42.5、42.5R、52.5、52.5R 四个等级。

2.1.4　通用硅酸盐水泥的技术要求

硅酸盐水泥的技术要求内容均来源于不断修订、更新的水泥标准，可见标准的重要性、决定性和现行性，因此在学习和工作中应熟读标准，逐渐养成严格遵守国家标准、行业标准、地方标准、团体标准和企业标准等各种标准规范的习惯，以及按照规范做事的意识。增强遵纪守法意识和工程伦理意识也是当代大学生的必修课。

（1）化学要求　通用水泥的化学要求应符合表 2-4 的规定。

表 2-4　通用水泥的化学指标

品种	代号	不溶物（质量分数）/%	烧失量（质量分数）/%	三氧化硫（质量分数）/%	氧化镁（质量分数）/%	氯离子（质量分数）/%
硅酸盐水泥	P·I	≤0.75	≤3.0	≤3.5	≤5.0①	≤0.06③
	P·II	≤1.50	≤3.5			
普通硅酸盐水泥	P·O	—	≤5.0			
矿渣硅酸盐水泥	P·S·A	—	—	≤4.0	≤6.0②	
	P·S·B	—	—			
火山灰质硅酸盐水泥	P·P			≤3.5	≤6.0	
粉煤灰硅酸盐水泥	P·F					
复合硅酸盐水泥	P·C					

① 如果水泥压蒸安定性合格，则水泥中氧化镁含量（质量分数）允许放宽至 6.0%。

② 如果水泥中氧化镁含量（质量分数）大于 6.0%，需进行水泥压蒸安定性试验并合格。

③ 当买方有更低要求时，买卖双方协商确定。

（2）碱含量（选择性指标）　水泥中碱含量以 $Na_2O+0.658K_2O$ 计算值表示。当用户要求提供低碱水泥时，由买卖双方协商确定。

（3）水泥中水溶性铬（Ⅵ）　一般水泥原燃料很少会带入铬，而目前生产水泥时使用了某些工业废渣，这些废渣可能含有铬，而六价铬对人体的身体健康有很大的危害，因此，为提升我国水泥产品的绿色安全性与环保性，引导水泥产业向绿色化、安全化方向发展，我国对水泥产品中水溶性六价铬含量做出限定（限定值为≤10mg/kg），要求水泥中水溶性铬（Ⅵ）应符合《水泥中水溶性铬（Ⅵ）的限量及测定方法》（GB 31893）的规定。

（4）物理要求

① 凝结时间　硅酸盐水泥初凝不小于45min，终凝不大于390min。

普通硅酸盐水泥、矿渣硅酸盐水泥、火山灰质硅酸盐水泥、粉煤灰硅酸盐水泥和复合硅酸盐水泥初凝不小于45min，终凝不大于600min。

② 安定性　沸煮法合格；压蒸法合格。

③ 强度　不同品种不同强度等级的通用硅酸盐水泥，其各龄期的强度应符合表2-5的规定。

④ 细度　硅酸盐水泥细度以比表面积表示，应不低于300m²/kg且不高于400m²/kg。普通硅酸盐水泥、矿渣硅酸盐水泥、粉煤灰硅酸盐水泥、火山灰质硅酸盐水泥、复合硅酸盐水泥的细度以45μm方孔筛筛余表示，应不低于5%。当买方有特殊要求时，由买卖双方协商确定。

⑤ 放射性核素限量　水泥的原材料本身具有一定的放射性。此外，随着水泥工业的绿色化发展，各类废渣被应用到水泥生产中，当在水泥中掺入了可能使放射性增强的工业废渣（如钢渣、粉煤灰等）时，人类居住在这种建筑环境中身体健康就会受到影响。因此，要求水泥中放射性比活度应同时满足内照射指数 I_{Ra} 不大于1.0，外照射指数 I_γ 不大于1.0。

表2-5　通用硅酸盐水泥不同龄期强度要求

强度等级	抗压强度/MPa		抗折强度/MPa	
	3d	28d	3d	28d
32.5	≥12.0	≥32.5	≥3.0	≥5.5
32.5R	≥17.0		≥4.0	
42.5	≥17.0	≥42.5	≥4.0	≥6.5
42.5R	≥22.0		≥4.5	
52.5	≥22.0	≥52.5	≥4.5	≥7.0
52.5R	≥27.0		≥5.0	
62.5	≥27.0	≥62.5	≥5.0	≥8.0
62.5R	≥32.0		≥5.5	

2.1.5　水泥的主要矿物组成

水泥的质量主要取决于熟料的质量，而较好的熟料应该具有适当的矿物组成和岩相结构。因此，控制熟料的矿物组成和化学成分，是提高水泥质量的重要环节。

水泥种类不同，其熟料矿物组成便有所不同。如硅酸盐水泥的主要化学成分是CaO、SiO_2、Al_2O_3 和 Fe_2O_3，但它们并不是以单独的氧化物形态存在，而是以两种或两种以上的氧化物反应组合成各种不同的氧化物集合体，即以多种熟料矿物的形态存在。硅酸盐水泥熟料的主要矿物有如下四种：

① 硅酸三钙——3CaO·SiO_2，可简写为 C_3S；

② 硅酸二钙——2CaO·SiO_2，可简写为 C_2S；

③ 铝酸三钙——3CaO·Al_2O_3，可简写为 C_3A；

④ 铁铝酸四钙——4CaO·Al_2O_3·Fe_2O_3，可简写为 C_4AF。

以上四种矿物主要由氧化钙（CaO）、氧化硅（SiO_2）、氧化铝（Al_2O_3）和氧化铁（Fe_2O_3）四种氧化物经过高温煅烧化合而成。除此之外，还含有少量的游离氧化钙（f-CaO）、游离氧化镁（f-MgO）、含碱矿物和玻璃体等。通常，熟料中硅酸三钙和硅酸二钙的含量占75%左右，称为硅酸盐矿物；铝酸三钙和铁铝酸四钙含量占22%左右，在煅烧过程中，它们与氧化镁、碱等在1250～1280℃下会逐渐熔融成液相以促进硅酸三钙的顺利形成，故称为熔剂性矿物。

上述各种矿物组成的特点及其对水泥性能的影响在沈威主编的《水泥工艺学》中有详细的介绍，在此不再赘述。

2.1.6 水泥的使用性能及其对混凝土性能的影响

水泥行业是中国工业在世界工业中最具发言权的行业之一，同时也是中国能够向外出口成套装备、输出工艺设计和相关操作标准的行业之一。作为"走出去"的排头兵，中国水泥行业借助"一带一路"的区域合作平台已经硕果累累，推动了当地经济振兴和基础建设。中国水泥企业在"走出去"的过程中仍然面临重重挑战。当代大学生应该为成长为具有全球视野和"走出去"知识能力的复合型人才而不懈努力。

硅酸盐水泥在建筑中主要用来配制混凝土和砂浆。作为主要的胶凝材料，其性能对混凝土或砂浆的性能具有重要影响。下面主要介绍凝结时间、强度、水化热和体积稳定性以及细度等性能及其对混凝土性能的影响。

2.1.6.1 凝结时间

水泥浆体失去流动性和塑性，开始产生强度的过程称为凝结。凝结分为初凝和终凝两个过程。在水泥的水化诱导期，水泥浆体开始逐渐失去流动能力和部分塑性，开始凝结时称为初凝。随着凝结继续进行，当水泥浆体完全失去塑性，并具有一定的结构强度时称为终凝。我国标准规定，水泥的凝结时间用标准维卡仪进行测定，水泥初凝是指从水泥加水拌和起至水泥浆体开始失去可塑性所需的时间，终凝是指水泥加水拌和到水泥浆体完全失去可塑性并开始产生强度的时间。

水泥的凝结时间在施工中具有重要意义。根据工程施工的要求，水泥的初凝时间不宜过短，以便施工时有足够的时间来完成搅拌、运输等操作；施工完毕后，为了使砂浆或混凝土尽快硬化，产生一定的强度，从而进入下一道工序，终凝时间不宜太长。

水泥在开始凝结之前，必须先有水化作用，因此，影响水泥水化速度的因素基本上也影响其凝结速度。但凝结又与水化具有一定的差异：凝结不仅与水化过程有关，还和浆体的结构形成有关，而浆体的结构形成与水胶比有关，水胶比越大，水化速度越快，但加水量过多时，会使水泥颗粒间距增大、网络结构形成速度减慢，从而降低凝结速度。因此，一般情况下，水泥的凝结速度除了与水胶比有关外，还与熟料矿物组成、熟料冷却制度、温度、石膏掺量、水泥细度等因素有关。

从矿物组成看，鲍格（Bogue）等认为铝酸三钙的含量是控制水泥凝结速度和时间的决定性因素。如果单将熟料磨细，铝酸三钙很快水化，生成足够数量的水化铝酸钙而形成松散的网状结构，从而使浆体在瞬间凝结。但是，在水泥中往往加入石膏作为缓凝剂，从而降低了铝酸三钙的溶解度，其水化产物不能很快析出，因此，水泥的凝结时间在更大程度上受到铝酸三钙水化速度的制约。另外，对于同一矿物组成的水泥熟料，急速冷却的熟料凝结速度和时间正常，而慢冷的熟料由于铝酸三钙的充分结晶而常常会出现快凝现象。

温度升高，水泥的水化速度加快，凝结时间缩短；反之，水泥的凝结时间会延长。温度对凝结时间的影响如图 2-1 所示。因此，在炎热夏季或高温条件下施工时，需要注意初凝时间的变化；在寒冷的冬季或低温条件下施工时，应注意采取适当的保温措施，以保证水泥的正常水化和凝结。

水泥中掺入石膏，可调节水泥凝结硬化的速度。但石膏对水泥凝结时间的影响，并不与石膏的掺量成正比。当石膏掺量较少时，可延缓水泥浆体的凝结硬化速度，但当石膏超过一定掺量时，略有增加就会使凝结时间变化很大。图 2-2 表示二水石膏掺量对水泥凝结时间的影响一例，从图中可以看出，当石膏掺量小于 1.3％时，不能达到阻止水泥快凝的目的，只有进一步增加石膏的掺量，才能起到缓凝的作用，但是石膏掺量超过 2.5％以后，凝结时间的变化不大，同时，当石膏掺量过多时，不仅缓凝作用不大，还会引起水泥安定性不良。因此，一般石膏掺量约占水泥质量的 3％～5％，具体掺量需通过试验确定。可见，石膏的最佳掺量是决定水泥凝结时间的关键。

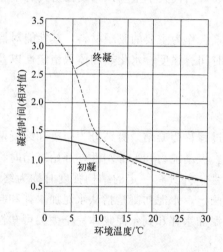

图 2-1　温度对凝结时间的影响

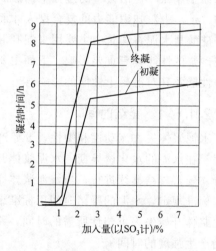

图 2-2　石膏对水泥凝结时间的影响

除此之外，还可以通过外加剂调节水泥的凝结时间，常用的有缓凝剂和促凝剂等。

水泥的凝结时间对新拌混凝土（又称混凝土拌和物）的工作性，硬化后混凝土的强度及密实度、体积稳定性及耐久性等都有影响。

水泥凝结时间的长短取决于水化反应的快慢。水化反应速度越快，坍落度损失越快，即坍落度经时损失越大。初凝时间短的水泥，混凝土坍落度经时损失较大，因而使混凝土工作性降低。同时，在混凝土浇筑过程中，适度振捣使混凝土达到均匀密实，然而振捣必须在水泥浆体处于塑性状态下进行，即在混凝土初凝以前完成。否则，因为初凝以后混凝土内部的水泥颗粒之间以及与骨料之间已发生相互黏结，此时若受到外部振动力作用或受力变形，黏结界面就会受到破坏，混凝土内部出现微裂纹，从而大大降低混凝土的强度。初凝时间过短，以致来不及完成振捣，就会影响混凝土强度及密实度。即使赶在混凝土初凝前抢着振捣，也不能充分振捣，结果经过振捣部位的混凝土强度达到了要求，漏振的部位就出现了蜂窝、露筋、孔洞等缺陷。

对于凝结时间符合国家标准的水泥，若直接用来配制混凝土，有时也难以满足施工要求，如预拌泵送混凝土，大面积、大体积、超大结构混凝土，或高温季节施工的混凝土，都要求混凝土有较长的初凝时间，滑模工程要求混凝土的初凝时间和终凝时间比较适中。为此还需要在混凝土中掺加外加剂，以调节和控制混凝土的凝结时间。但是，水泥的凝结时间仍是混凝土凝结时间的主要影响因素。

另外，水泥的凝结时间也影响混凝土的体积稳定性。水泥的水化反应是个放热过程，当混凝土散热条件较差时，就会使混凝土内部温度升高，大体积混凝土的温升值可高达30℃以上，厚度大于400mm的C40混凝土墙体的温升值也超过25℃，在随后的降温阶段，混凝土即出现较大的冷缩变形，并可能导致温差裂缝。水泥的水化反应速度愈快，水化热释放就愈快，最高温升值也就愈高。若延缓水泥的初凝时间，则可减慢水化热释放速度，推迟混凝土温度峰值出现的时间，并降低混凝土的最高温升值。由此可见，水泥的凝结时间是混凝土体积稳定性的影响因素之一。

从上述情形可以看出，当水泥的凝结时间不适当时，就会诱发或导致混凝土的质量问题，如蜂窝、露筋、孔洞、缝隙、裂缝等缺陷，影响混凝土的抗渗性能，降低混凝土的耐久性。因此，水泥具有适宜的凝结时间是保证混凝土耐久性的前提条件之一。

2.1.6.2 强度

水泥的强度是评价水泥质量的重要指标，也是划分水泥强度等级的重要依据。水泥的强度是指水泥胶砂硬化试体所能承受外力破坏的能力，单位为MPa（兆帕），是水泥重要的物理力学性能之一。由于水泥在硬化过程中强度是逐渐增长的，因此在提到强度时必须同时说明该强度的养护龄期，才能加以比较。

关于硬化水泥浆体强度的产生，有两种不同的观点。一种观点认为，水泥的水化产物，特别是C-S-H（水化硅酸钙）凝胶具有巨大的表面能，导致颗粒产生范德瓦耳斯力（范德华力），相互吸引构成空间网架，从而具有强度。另一种观点认为，水泥加水拌和后，熟料矿物迅速水化，生成大量的水化产物C-S-H凝胶、$Ca(OH)_2$和钙矾石（AFt）晶体。一定时间后，C-S-H凝胶以长纤维晶体形式从熟料颗粒上长出，同时，逐渐长大的钙矾石晶体在水泥浆体中相互交织连接形成网状结构，从而产生强度。随着水化继续进行，水化产物数量逐渐增多，晶体尺寸逐渐长大，从而使硬化浆体结构逐渐致密，强度逐渐提高。

影响水泥强度的因素很多，主要有熟料的矿物组成、水泥的细度、水泥石结构、石膏掺入量、养护的时间和温度、外加剂等。熟料的矿物组成决定了水泥的水化速度以及水泥水化产物本身的强度、形态与尺寸等，因此是影响水泥强度的重要因素。表2-6为布特等所测各单矿物净浆抗压强度的一些数据。

表 2-6　单矿物净浆试体的抗压强度　　　　　单位：MPa

单矿物种类	7d	28d	180d	365d
C_3S	31.6	45.7	50.2	57.3
β-C_2S	2.4	4.1	18.9	31.9
C_3A	11.6	12.2	0	0
C_4AF	29.4	37.7	48.3	58.3

从表2-6可以看出，C_3S的早期强度最高，后期强度也较高；C_2S的早期强度最低，但

后期强度增长较快；C_3A 早期强度增长较快，但后期强度尤其是 28d 以后强度出现萎缩现象；而与 C_3A 相比，C_4AF 早期强度值较高，且后期强度也有所增长。四种熟料单矿物的 28d 强度值大小顺序为：$C_3S > C_4AF > C_3A > C_2S$。其实，水泥的强度并非几种单矿物强度的叠加，还与各单矿物的比例、煅烧条件、结构形态等有关，水泥在水化时，各单矿物之间还可能相互促进和相互影响。

水泥作为混凝土中最重要的活性材料，其强度的高低直接影响混凝土的强度。混凝土的强度主要取决于水泥石的强度和界面黏结强度。普通混凝土的强度主要取决于水泥强度等级与水灰比。水泥强度等级越高，水泥石的强度越高，对骨料的黏结作用也越强。水灰比越大，在水泥石内造成的孔隙越多，混凝土的强度越小。在能保证混凝土密实成型的前提下，混凝土的水灰比越小，混凝土的强度越高。但当水灰比过小时，水泥浆稠度过大，混凝土拌和物的流动性过小，在一定施工成型工艺条件下，混凝土不能密实成型，导致强度严重降低。

2.1.6.3 水化热和体积变化

水泥的水化热和硬化水泥浆体的体积变化都是水泥的重要性能指标。在大体积混凝土工程中，水泥水化放出的热量聚集在内部不易散失，产生较大的内部应力，致使混凝土结构不均匀膨胀而产生裂缝。水泥浆体在硬化过程中产生的剧烈而不均匀的体积变化，将严重影响水泥石的物理力学性能及耐久性。

（1）水化热 水泥的各种熟料矿物水化时，会有放热现象。水泥水化过程中所放出的热量，称为水泥的水化热。在冬季施工时，水化热有利于水泥的正常凝结，不致因环境温度过低而使水化太慢，影响施工进度。但对于大体积混凝土工程，由于内部热量不容易散失而造成混凝土内外温差很大，有时可达 $40 \sim 50 \text{℃}$ 以上，从而导致混凝土表面开裂，给工程带来严重的危害。从水化热对混凝土的危害性看，在考虑放热数量的同时，也要考虑放热的速率。大量的实验表明，水泥的矿物组成决定了水泥的水化热大小和放热速率。熟料中各单矿物的水化热大小顺序为：$C_3A > C_3S > C_4AF > C_2S$。因此，调整水泥熟料的矿物组成，是降低水泥水化热的基本措施。

（2）体积变化 水泥浆体水化后生成的各种水化产物以及反应前后温度、湿度等外界条件的改变，导致水泥浆体硬化后发生一系列体积变化，主要有化学减缩、湿胀干缩和碳化收缩。

① 化学减缩 化学减缩主要是在水泥水化硬化过程中，无水的熟料矿物转变为水化产物，固相体积增加，而水泥浆体的总体积却不断缩小，由于体积减缩是化学反应所致，故称为化学减缩。在一定龄期内，化学减缩越大，水泥水化速率越大，水化程度越高。硅酸盐水泥熟料单矿物减缩作用的大小顺序为：$C_3A > C_4AF > C_3S > C_2S$。水泥化学减缩可能导致初期水泥石的孔隙结构发生变化，但随着水泥水化反应的进行，固相体积逐渐增加，填充了部分孔隙，整体上孔隙率是逐渐减小的。由水泥化学减缩作用引起的水泥石致密度下降和孔隙率上升对水泥石的耐蚀性、抗渗性和抗冻性都是不利的。

② 湿胀干缩 湿胀干缩是硬化水泥浆体的体积随其含水量变化而变化的现象，干燥时体积收缩，潮湿时体积膨胀。湿胀和干缩大部分是可逆的，干燥收缩后，再受潮就能部分恢复，因此，干湿循环可导致反复胀缩，但有部分是不可逆的收缩。因此，在生产水泥时，应注意控制好水泥的细度，不能磨太细，并掺入适量的石膏，同时控制适宜的水胶比，注意养护的温度和湿度，以尽量减小湿胀干缩。

③ 碳化收缩 在一定的相对湿度下，空气中的 CO_2 会与硬化水泥浆体中的水化产物 C-

S-H、Ca(OH)$_2$ 等发生反应，生成 $CaCO_3$ 和 H_2O，从而引起硬化浆体的体积减小，出现不可逆的收缩现象，称为碳化收缩。一般认为，在相对湿度较低的条件下，浆体内含水少，使溶解的 CO_2 量受到限制，从而减弱了碳化反应；另外，在含水较多时，又有碍于 CO_2 的扩散。所以，碳化反应在一定的相对湿度范围内进行较快，否则反应较慢，而且在相对湿度低于 25% 或接近 100% 时，浆体在充分干燥或水饱和的环境中，都不易产生碳化收缩。因此，在空气中，实际的碳化速度很慢，大约 1 年后才会在硬化水泥浆体表面产生微裂缝，主要影响外观质量，对混凝土强度影响甚微。

综上所述，引起硬化水泥浆体体积变化的因素是多方面的。无论是膨胀还是收缩，最重要的是体积变化的均匀性。剧烈不均匀的体积变化，会破坏硬化浆体结构，造成安定性不良。但如果膨胀控制得当，所增加的固相体积又能使水泥浆体产生均匀的微膨胀，水泥石结构将变得更加致密，并能提高强度、改善耐久性。

2.1.6.4 水泥细度

水泥的细度与凝结时间、强度、干缩及水化放热速率等一系列性能都有着密切的关系，因此，必须将其控制在合适的范围内。水泥细度可以用筛余、比表面积、颗粒平均粒径或颗粒级配等指标表示，我国国家标准规定：硅酸盐水泥细度用比表面积表示，不低于 300m^2/kg 但不大于 400m^2/kg；普通硅酸盐水泥、矿渣硅酸盐水泥、粉煤灰硅酸盐水泥、火山灰质硅酸盐水泥、复合硅酸盐水泥的细度以 45μm 方孔筛筛余表示，不小于 5%。

水泥颗粒越细，比表面积越大，需要越多水分覆盖，因此标准稠度用水量就越大，水化反应速度越快、越彻底。同时，干缩率、水化放热速率和强度也随着水泥细度的提高而增加。细度对早期强度的影响较为显著，随着水化反应的进行，水泥颗粒被 C-S-H 凝胶所包裹，反应速率逐渐被扩散所控制，而比表面积的作用逐渐减弱，到 90 天特别是 1 年后，细度对水泥的强度已几乎没有影响。

同样，对于混凝土来说，在水灰比不变时，水泥细度越细，比表面积越大，其需水量增大，混凝土的坍落度将会减小，流动性变差，从而不利于混凝土的施工操作。同时，混凝土的强度又和水泥细度密切相关，许多实验都证明了提高水泥的比表面积可以增强混凝土强度。赵晖等的研究表明：在养护龄期相同的条件下，水泥细度增加可以使混凝土抗压强度增加，而且水泥细度越细，水化速度越快，混凝土早期抗压强度增长得就比较快，后期抗压强度增长得比较慢；水泥细度越粗，水化速度越慢，混凝土早期抗压强度增长得就比较慢，后期抗压强度增长得比较快。另外，水泥细度越细时，水化反应越快，早期的自收缩能力就越大，混凝土在早期出现裂缝的可能性就越大。除此之外，水泥细度增大，水泥的需水量就加大，有可能导致毛细孔增加。水泥细度细，强度大，徐变就越小；细度粗，强度小，徐变就增大。

2.2 骨料

2.2.1 骨料的作用和类别

（1）骨料的作用　骨料是混凝土的主要组成材料，占混凝土总体积的 3/4 以上。尽管骨料只能算是一种填充材料，然而骨料在混凝土中的功能却是不容忽视的。骨料在混凝土中有技术和经济双重作用。在技术上，骨料的存在使混凝土比纯水泥浆具有更高的体积稳定性和更好的耐久性；在经济上，它比水泥便宜得多，作为水泥的廉价填充材料，可以降低建筑材料成本。骨料的具体作用如下：

① 骨架增强作用　一般来说，骨料的强度比硬化水泥石高。在硬化水泥石与骨料黏结较好的情况下，当混凝土受到外力作用时，相当一部分应力由骨料承担。在混凝土中，骨料起骨架作用。

② 稳定体积作用　水泥等一些胶凝材料在水化反应过程中通常会伴随着一些体积变化。在干燥环境中，硬化水泥石中各种水的失去也伴随着一些体积变化。骨料一般不发生化学反应，而且普通骨料的吸水率很小，因此，其体积稳定性远远优于硬化水泥石。由于骨料的弹性模量较高，热膨胀系数较低，在力作用下，温度变化时所产生的形变也比硬化水泥石小。大量骨料的存在对保持混凝土的体积稳定性起了相当大的作用。

③ 调整混凝土密度作用　在混凝土中，骨料的体积占据绝对优势，因此，混凝土的密度在很大程度上取决于骨料的密度。普通骨料的密度为 $2600\sim2700kg/m^3$。有些骨料非常轻，如膨胀珍珠岩，颗粒容重仅有 $400\sim800kg/m^3$；有些骨料则非常重，如重晶石密度为 $4300\sim4700kg/m^3$，磁铁矿密度为 $4900\sim5200kg/m^3$，赤铁矿密度为 $5000\sim5300kg/m^3$。骨料密度（颗粒容重）的明显差异为制备不同质量的混凝土提供了可能性。对于一些墙体，可用一些较轻的骨料来制备轻质混凝土，以减小建筑物的质量，减轻基础和结构的负担。对于一些防护结构，可用一些较重的骨料来制备重混凝土，以提高建筑物对各种射线的防护能力。不同质量的混凝土有着不同的作用，在这些混凝土中，骨料起了重要的作用。

④ 控制混凝土温度变化作用　在混凝土的凝结硬化过程中，水泥及矿物掺合料与水的反应是一种放热反应。当热量不能散发时，放出的热量将使混凝土的温度升高。随着热量的散发，混凝土的温度将降低。这种温度变化常常是引起混凝土开裂的一个重要因素。而骨料在混凝土水化硬化过程中不发生化学反应，不释放热量。显然，骨料用量越多，混凝土的放热量越少，混凝土的温度变化也就越小。

⑤ 降低成本作用　在混凝土的组成材料中，除了水以外，骨料是最廉价的组分。它比水泥和矿物掺合料都要便宜。在混凝土中骨料所占的比例越大，混凝土的成本就越低。

（2）骨料的分类　根据不同的目的，对骨料有不同的分类方法，最常用的分类方法有三种。

① 根据颗粒大小分类　可分为粗骨料和细骨料。混凝土的骨料通常包含零点几毫米至几十毫米，甚至更大的粒径。一般把 $0.15\sim5mm$ 粒径的骨料称为细骨料，例如砂子等。砂按产源分为天然砂、人工砂两类。天然砂是由自然风化、水流搬运和分选、堆积形成的，粒径小于 $4.75mm$ 的岩石颗粒，但不包括软质岩、风化岩石的颗粒。天然砂包括河砂、湖砂、山砂和淡化海砂。人工砂是经除土处理的机制砂、混合砂的统称。把粒径大于 $5mm$ 的骨料称为粗骨料，俗称石子。常用的有碎石及卵石两种。碎石是天然岩石或岩石经机械破碎、筛分制成的，粒径大于 $4.75mm$ 的岩石颗粒。卵石是由自然风化、水流搬运和分选、堆积而成的，粒径大于 $4.75mm$ 的岩石颗粒。

② 根据骨料的形成过程分类　可分为天然骨料、人工骨料。经自然条件风化、磨蚀而成的骨料称为天然骨料，如天然砂、天然石子（卵石）等。人工骨料包含碎石、机制砂、陶粒、再生骨料等。由天然岩石或矿山废石经机械破碎、筛分制成的粒径大于 $4.75mm$ 的颗

粒称为碎石；由机械破碎、筛分制成的粒径小于 4.75mm 的岩石、矿山尾矿或工业废渣颗粒称为机制砂；以各类黏土、泥岩、板岩、煤矸石、粉煤灰、页岩、淤污泥及工业固体废物等为主要原料，经加工成粒、焙烧而成的人造轻骨料称为陶粒；将建筑垃圾中的废混凝土经破碎、筛分而制成的骨料称为再生骨料。天然骨料是在自然条件下风化、磨蚀而成的，因而比较圆润，无棱角。而人工骨料是由岩石或工业副产品或废弃混凝土破碎而得到的，因而棱角比较明显。另外，还有一些卵石较大，为了满足工程的需要，将其稍微破碎再使用，这种骨料中相当一部分未破碎的表面仍具有天然骨料的特征，比较圆润，而一些破碎所产生的新表面则形成一些棱角，这种骨料的性能介于天然骨料和人工骨料之间，工程上称为碎卵石。目前拌制混凝土主要采用碎石、卵石和砂。再生骨料表面包裹有老砂浆，具有吸水率高、孔隙率高、强度低等特点，用再生骨料制备的再生混凝土与普通混凝土相比强度低、耐久性差，阻碍了再生骨料的应用。但是近几年来，随着天然砂石骨料资源的日益短缺，以及研究人员对于提高再生骨料及再生混凝土性能研究的加强和深入，再生骨料等已经越来越多地被应用于混凝土生产中。

③ 根据骨料的容重或密度分类　可分为普通骨料（用以配制普通混凝土，如砂、碎石、卵石等）、轻骨料（用以配制轻骨料混凝土，如浮石、陶粒等）、重骨料（用以配制特殊用途的防护混凝土，如重晶石等）。其具体分类情况如表 2-7 所示。

表 2-7　混凝土骨料按容重分类

种类	干燥捣实骨料的容重/(kg/m³)	混凝土的容重/(kg/m³)	典型的混凝土强度/MPa	用途
超轻质骨料	<500	300~1100	<7	非结构用隔热材料
轻质骨料	500~800	1100~1600	7~14	非结构用
结构用轻质骨料	650~1100	1450~1900	17~35	结构用
正常重骨料	1100~1750	2100~2550	20~40	结构用
特重骨料	>2100	2900~6100	20~40	防辐射用

2.2.2　骨料的主要技术性质

2.2.2.1　骨料的强度和弹性模量

骨料的强度应高于混凝土的设计抗压强度，这是因为在承载时骨料中的应力大大超过混凝土的抗压强度。混凝土被破坏时，如果发现许多骨料被压碎，说明这种骨料的强度低于混凝土的名义抗压强度。

从耐久性意义上说，强度中等或适当低的骨料更适合配制混凝土。这是因为过强、过硬的骨料价格稍高，还可能在混凝土因温度或湿度发生体积变化时，使水泥石受到较大的应力而开裂。

岩石的抗压强度和弹性模量取决于组成和结构，并随其风化的程度而有很大的差别。坚实致密的岩石，其抗压强度平均可达 200MPa 以上，但大多数骨料岩石的抗压强度都在80MPa 左右。

混凝土受压时，大量的骨料处于受折、受剪状态，所以为了更真实地反映骨料实际受力情况，常用压碎试验表示骨料的力学性能，即将一定粒级（如 10~20mm）的干燥骨料装在一个圆筒形模内，按规定的方法捣实，然后装上压头，在压力机上进行压碎试验。在各国的现行标准中，有两种不同的表示压碎值的指标。一种是以一定的加荷速度加至规定的荷载后，倒出经压碎的骨料，筛除小于 1/4 试样下限尺寸（如 2.5mm）的部分，然后用筛余质量与原试样质量之百分比作为压碎值指标。另一种是以达到 10％压碎值时的荷载表示，这种指标是考虑到某些压碎值超过 25％～30％的脆弱骨料用规定荷载法试验时，在达到规定荷载之前，相当部分骨料已被压碎，使骨料紧密，从而影响随后继续加荷的压碎量。压碎试验方法还可用于鉴定轻骨料如陶粒、炉渣等的强度性能。骨料的压碎指标与骨料岩石的抗压强度之间虽无直接的数学关系，但在定性上，这两种试验结果是一致的。

骨料岩石的弹性模量和强度之间并不存在通常的关系，例如：花岗岩的弹性模量为 4.6×10^4 MPa，辉长岩和辉绿岩的弹性模量为 8.5×10^4 MPa，它们的强度在 145～160MPa 之间。一般，骨料的弹性模量愈高，配制的混凝土的弹性模量也愈高。同时，骨料的弹性性质还会影响混凝土的徐变和收缩。

2.2.2.2 骨料的相对密度和容重

混凝土中骨料的相对密度是指包括非贯通毛细孔在内的骨料的质量与同体积水的质量之比，这样的相对密度称为"视相对密度"（又称"表观相对密度"）。测定骨料的表观相对密度必须按规定的方法进行。但对于骨料试样的质量有两种计量方法：一种是以干燥骨料的试样重，即在 105～110℃条件下烘干至恒重时的质量作为计算基准；另一种是对于饱和面干状态的骨料，以毛细孔干状态的骨料试样重作为计算基准。后者更适合混凝土的配料计算，这是因为骨料毛细孔中的饱和水并不参加与水泥的化学反应，不影响混凝土混合料的流动性能，因此可以看成骨料的组成部分。反之，干燥的骨料在混凝土混合料中却要吸收水分达到或接近饱和状态，影响有效的水灰比。骨料的表观相对密度取决于骨料组成矿物的相对密度和孔隙的数量。大多数天然骨料的表观相对密度在 2.6 与 2.7 之间。

骨料的容重反映骨料在堆积情况下的空隙率。容重取决于骨料堆积的紧密程度（即捣实的方法）以及骨料的颗粒形状和大小分布，因为颗粒形状和大小分布决定了骨料可能压紧的程度。相同粒径的颗粒只能堆紧到一定的极限范围。而不同粒径的颗粒，小的颗粒有可能填充在大颗粒间的空隙中，增大容重。对于一定表观相对密度的骨料，容重愈大，意味着需要用水泥浆填充的空隙愈少。因此，骨料的容重试验与计算是混凝土配合比设计的基础。骨料的容重有松散容重和紧密容重之分，其测定必须按规定的方法进行。

根据骨料的容重和表观相对密度，可以按下式计算出骨料的空隙率：

$$p = \left(1 - \frac{\gamma_0}{\gamma}\right) \times 100\% \tag{2-1}$$

式中　　p——骨料的空隙率，％；

　　　　γ_0——骨料的容重；

　　　　γ——骨料的表观相对密度。

2.2.2.3 骨料的孔隙率、吸水率和含水率

骨料中存在孔径变化范围很大的毛细孔，最大的孔甚至肉眼都能看到，最小的孔一般也比水泥石的凝胶孔大。这些孔有的封闭在骨料的内部，有的扩展到颗粒的表面。骨料中孔的状态影响骨料和水泥石的黏结、混凝土的抗冻性以及骨料的化学稳定性和抗磨性。

骨料的吸附水量用吸水率表示，在一定程度上反映骨料中孔的特性（孔隙率、孔大小及贯通性）。骨料的吸水率表示饱和面干骨料的含水率。骨料的含水率则表示骨料实际的含水量，以试样在 105～110℃条件下烘干至恒重确定。

由于骨料的水分含量随气候而变化，同一料堆各个部位也可能不一样，因此必须经常测定，以便调整混凝土配合比中水和骨料的掺量。

2.2.2.4 骨料的体积稳定性

在这里，骨料的体积稳定性专指骨料抵抗由于自然条件的变化而引起体积过分变化的能力。引起骨料体积变化的自然因素有冻融循环、干湿交替等。骨料的体积变化可能导致混凝土的局部开裂、剥落，甚至使整个结构处于危险状态。有些多孔燧石、页岩、带有膨胀黏土的石灰岩等常表现为体积稳定性差。例如一种变质粗玄岩，由于干湿交替引起的体积变化达 600×10^{-6} 之多，含有这种骨料的混凝土在干湿变化的条件下就会发生破坏。

多孔岩石制成的骨料，当吸水至临界值的水量时，容易受冻而遭到破坏。鉴定骨料的抗冻性，可用硫酸钠或硫酸镁溶液浸泡法。一定级配的骨料试样交替地在硫酸钠饱和溶液中浸泡及烘箱中烘干，使骨料毛细孔内形成盐的结晶（类似结冰作用）。经过一定次数循环后，用筛分析法确定试样各级粒径的骨料质量损失百分数，并以总的质量损失百分数作为评定骨料抗冻性能的指标，即：

$$总的质量损失百分数(P) = \frac{a_1 P_1 + a_2 P_2 + a_3 P_3 + a_4 P_4}{a_1 + a_2 + a_3 + a_4} \times 100\% \qquad (2-2)$$

式中　$a_1 \sim a_4$——试样各级粒径的质量百分率；

　　　$P_1 \sim P_4$——试样试验后各级粒径的质量损失百分率。

值得指出的是，单纯骨料与其在混凝土中包裹有水泥浆时的情况是不同的。一方面是因为受自然因素侵害的条件不同，另一方面骨料的强度可能足以抵抗冻结引起的压力，但体积膨胀却可能引起水泥石的开裂。所以很难预测骨料的耐久性对混凝土的耐久性有什么确定的影响。因此，对骨料稳定性的鉴定只能作为骨料本身质量好坏的比较，或在对骨料发生怀疑的情况下，才对骨料体积稳定性做鉴定分析。

2.2.2.5 颗粒形状和表面状态

除了岩石学上的特征之外，骨料的颗粒形状和表面状态也是很重要的。比较方便的方法是确定这些颗粒的某些几何特征。对于混凝土而言，主要不在于知道颗粒的个别外形，而是要知道由不同形状的颗粒所组成的整体骨料的某些特征。

骨料的颗粒形状，从实用角度大致可以分为球形（蛋形）、棱角形、片状、针状等四种类型。

一种尺寸的颗粒，堆实的程度取决于它们的形状。在英国用"棱角系数"表示骨料的颗粒形状对堆实程度的影响。所谓"棱角系数"，即以 67 减去按规定的方法将骨料填满容器时固体体积所占的份数。67 代表最圆的卵石用同样的填充方法所得的固体体积份数。所以"棱角系数"即表示超过圆形卵石空隙率的百分率。"棱角系数"愈大，骨料颗粒的棱角愈多，堆积时的空隙率也愈大。

另一种表示颗粒形状的特征数是颗粒表面积与体积之比。这个比值愈小，愈接近球形；比值愈大，愈趋向于长方体。表面积与体积之比值很大的颗粒，像针状与片状颗粒，影响混合料的工作性，并倾向于沿一个方向排列，对混凝土的耐久性不利。所以我国骨料标准中限定了针状或片状颗粒的含量。

骨料颗粒的表面状态主要是指粗糙程度和孔的特征。它们影响骨料与水泥石的黏结，从而影响混凝土的强度，尤其是抗弯强度。特别是配制高强混凝土时，黏结强度往往低于水泥石的抗拉强度,此时,骨料的颗粒形状和表面状态具有更大意义。一般来说,粗糙的表面和多孔的表面与水泥石的黏结性能较好。经验证明,在水灰比相同的条件下,碎石混凝土较卵石混凝土强度可提高10%左右。

2.2.2.6 骨料的级配

骨料中各级粒径颗粒的分配情况称为骨料的级配。骨料的级配对混凝土混合料的工作性产生很大的影响,进而影响混凝土的强度、变形性能、热学性能等。良好的骨料级配可用较少的加水量制得流动性好、离析泌水少的混合料,并能在相应的成型条件下,得到均匀密实的混凝土,同时达到节约水泥的目的。因此,在配制混凝土时,要重视骨料的级配。

(1) 细骨料的级配 细骨料的级配通常用筛分方法来确定。表示细骨料粗细程度的方法有三种,即级配曲线法、细度模数法和平均粒径法。

① 级配曲线法 将细骨料筛分后计算出各级筛上的累计筛余质量分数,并将计算结果绘制成级配曲线,如图2-3所示。根据曲线所处的位置可以判断细骨料的粗细程度。级配曲线给出了细骨料比较详细的情况,从曲线中可以知道哪些粒级的细骨料缺乏,哪些粒级的细骨料偏多,这有助于调整骨料的级配。我国的标准将砂的级配划分为三个区段,如图2-4所示。Ⅰ区相当于细度模数为2.8~3.7,属于粗砂或中粗砂;Ⅱ区相当于细度模数为2.1~3.2,基本上属于中砂;Ⅲ区相当于细度模数为1.6~2.4,基本上属于细砂。

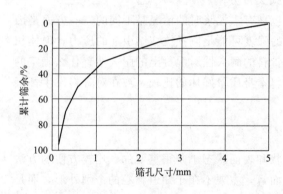

图2-3 级配曲线 　　　　　　　　　图2-4 砂筛分曲线

② 细度模数法 细度模数为各级筛上的累计筛余百分数的总和,即

$$M_k = \sum A_i \qquad (2-3)$$

式中,M_k 为细度模数;A_i 为各号筛上的累计筛余,%。

根据细骨料的定义,注意5mm以上的筛余不属于砂的范围,在计算时,各级筛上的累计筛余必须扣除5mm筛上的筛余,即

$$M_k = \frac{(A_{2.5} + A_{1.2} + A_{0.6} + A_{0.3} + A_{0.15}) - 5A_5}{1 - A_5} \qquad (2-4)$$

式中,A_5、$A_{2.5}$、$A_{1.2}$、$A_{0.6}$、$A_{0.3}$、$A_{0.15}$ 分别是筛孔尺寸为 5mm、2.5mm、1.2mm、0.6mm、0.3mm、0.15mm各筛上的累计筛余百分数。

③ 平均粒径法 将细骨料与一个由均一的球形粒子组成的假想粒子群相比,如果两者的粒径全长相同,则称此球形粒子的直径为细骨料平均粒径。

一般说,粗砂需水量较小,但容易离析。在低水灰比富水泥浆拌和物中,由于水灰比较

低，水泥浆较稠，可以有效防止离析。在这类拌和物中，粗砂需水量较小的特点可以有效缓和胶凝材料用量较大的矛盾。因此，粗砂适宜用于这一类拌和物。细砂的保水性好，但需水量较大，在高水灰比贫水泥浆拌和物中，细砂保水性好的特点有助于缓解泌水问题较突出的问题。

（2）粗骨料的级配　粗骨料的级配也是采用筛分的方法确定的。根据各级筛上的筛余量计算出各级筛上的累计筛余质量分数。与细骨料一样，石子的颗粒级配同样采用筛分析法测定。按《建设用卵石、碎石》（GB/T 14685—2022）规定，用来确定粗骨料粒径的方孔筛筛孔尺寸分别为 4.75mm、9.50mm、16.0mm、19.0mm、26.5mm、31.5mm、37.5mm、53.0mm、63.0mm、75.0mm、90.0mm 等，粒径介于相邻两个筛孔尺寸之间的颗粒叫作一个粒级。在工程中，通常规定骨料产品的粒径在某一范围内，且各标准筛上的累计筛余百分数符合规定的数值，则该产品的粒径范围叫作公称粒级。5～40mm、5～80mm，这两种公称粒级的骨料的最大粒径分别为40mm、80mm。公称粒级有连续级配和单粒级两种，粗骨料的级配原理与细骨料基本相同，即将大小石子适当掺配，使粗骨料的空隙率及比表面积都比较小，而堆积密度较大，这样拌出的混凝土水泥用量少、强度高。《建设用卵石、碎石》（GB/T 14685—2022）规定，卵石和碎石的颗粒级配应符合表 2-15 的要求。

粗骨料同时采用连续级配和单粒级两种标准的优点在于：一方面可以避免连续级配中较大粒级的骨料在堆放及装卸过程中的离析，从而影响级配；另一方面通过不同的组合，有利于严格控制骨料的级配，保证混凝土质量。

另外，粗骨料级配有连续级配和间断级配两种。连续级配是从最大粒径开始，由大到小，每一粒径级都占有适当的比例。连续级配颗粒级差小（$D/d \approx 2$），配制的新拌混凝土和易性好，不易发生离析，在工程上被广泛采用。间断级配是采用不相邻的单粒级骨料相互配合，如 10～20mm 粒级与 40～80mm 粒级的石子配合组成间断级配。间断级配颗粒级差大，空隙率的降低比连续级配快得多，可最大限度地发挥骨料的骨架作用，减少水泥用量，但新拌混凝土易产生离析现象。

粗骨料和细骨料的配合应根据粗、细骨料的级配和所要配制的混凝土混合料的工作性进行控制。较好的骨料级配应当满足以下条件：①骨料的空隙率要小，以节约水泥用量；②骨料总表面积要小，以减少湿润骨料表面的需水量；③要有适当含量的细骨料，以满足混合料工作性的要求。一般情况下，细骨料愈细，含砂率愈低；粗骨料粒径愈大，含砂率愈低；碎石比卵石的含砂率高；塑性混凝土比干硬性混凝土的含砂率高。

2.2.2.7　骨料中的有害物质

骨料中存在的或妨碍水泥水化，或削弱骨料与水泥石的黏结，或能与水泥的水化产物发生化学反应并产生有害膨胀的物质称为有害物质。有害物质在骨料中的含量必须在国家标准规定的范围之内。

（1）有机杂质　骨料中（特别是砂中）容易含有有机杂质，它们会与水泥浆中的钙发生反应，生成不溶性的有机酸钙，妨碍水泥水化的进行，降低混凝土的强度。骨料中的有机杂质通常是腐烂动植物残体产生的鞣酸及其衍生物。通常按《建设用砂》（GB/T 14684—2022）中规定的标准方法进行比色试验来近似地确定骨料中是否含有相当数量的有机物。试验时应向 250mL 容量筒中装入风干试样至 130mL 刻度处，然后注入氢氧化钠溶液（质量分数 3%）至 200mL 刻度处，加塞后剧烈摇动，静置 24h。同时制备标准溶液，制备标准溶液时，应取 2g 鞣酸溶解于 98mL 乙醇溶液（乙醇：水＝1：9）中，然后取该溶液 25mL 注入 975mL 氢氧化钠溶液中，加塞后剧烈摇动，静置 24h。通过比较试样上部溶液和标准溶液的颜色，就可以判定有机物的含量是否合格。当试样上部的溶液颜色浅于标准溶液颜色时，认为试样有机物含量合格。当两种溶液的颜色接近时，应把试样连同上部溶液一起倒入烧杯中，放在能保持水温为 60～70℃ 的水浴装置中，加热 2～3h，再与标准溶液比较。当浅于标准溶液时，认为有机物含量合格。当试样上部溶液颜色深于标准溶液时，应配制成水泥砂浆做进一步试验。配制方法为：取一份试样，用氢氧化钠溶液洗除有机质，再用清水淋洗干净。与另一份未洗试样用相同的原料按《水泥胶砂强度检验方法（ISO 法）》（GB/T 17671—2021）的规定制成水泥胶砂，测定 28d 的抗压强度。当用未洗试样制成的水泥胶砂强度不低于洗除有机物后试样制成的水泥胶砂强度的 95% 时，认为有机物含量合格。

（2）黏土、淤泥和粉尘 黏土颗粒粒径小于 0.005mm，主要矿物为高岭石、水云母、蒙脱石。淤泥和粉尘颗粒粒径为 0.005～0.05mm，前者存在于骨料矿床中，主要成分为石英及难溶的碳酸盐矿物，后者在破碎石料时产生。这些极细粒材料在骨料表面或者形成包裹层，妨碍骨料与水泥石的黏结，或者以松散的颗粒形式出现，大大地增加了表面积，导致需水量增加。另外，黏土颗粒体积不稳定，干燥时收缩，潮湿时膨胀，对混凝土有很大的破坏作用。因此，对骨料中黏土、淤泥和粉尘的含量必须严格进行测试和控制。

（3）硫化物和硫酸盐类 骨料中有时含有硫铁矿（FeS_2）或生石膏（$CaSO_4 \cdot 2H_2O$）等硫化物或硫酸盐，它们有可能与水泥的水化产物反应而生成硫铝酸钙，发生体积膨胀。所以骨料中硫化物或硫酸盐的含量以 SO_3 计不得超过 1%。

（4）云母 一些砂中有时含有云母。云母呈薄片状，表面光滑，且极易沿节理裂开，因此和水泥石的黏结性能极差。云母含量高，对混凝土的各种性能均有不利的影响。我国标准规定，砂中云母含量不宜大于 2%。对于有抗冻性、抗渗性要求的混凝土，则还应通过混凝土试件的相应试验，确定其有害量。

（5）盐 海砂中含有一定量的盐，用这种砂配制混凝土容易引起混凝土中钢筋锈蚀问题，必须引起注意。在某些沿海地区发生过海砂屋事件，即利用海砂配制的混凝土建造的房屋，经过几年使用后钢筋严重锈蚀，导致结构发生破坏。在利用海砂前，必须对海砂的含盐量进行测定，按照有关标准控制钢筋混凝土中氯盐的含量不超过有关规定时，才可以使用。

2.2.2.8　碱-骨料反应

碱-骨料反应指水泥、外加剂等混凝土组成物及环境中的碱与骨料中碱活性矿物在潮湿环境下缓慢发生并导致混凝土开裂破坏的膨胀反应。粗、细骨料经碱-骨料反应试验后必须符合各自的标准规定。

2.2.3　细骨料及其技术要求

2.2.3.1　细骨料的定义

混凝土中常用的细骨料主要是砂，根据《建设用砂》（GB/T 14684—2022）的规定，建设用砂主要包括天然砂、机制砂和混合砂。

天然砂是在自然条件作用下岩石产生破碎、风化、分选、运移、堆/沉积，形成的粒径小于 4.75mm 的岩石颗粒，包括河砂、湖砂、山砂、净化处理的海砂，但不包括软质、风化的颗粒。

机制砂是以岩石、卵石、矿山废石和尾矿等为原料，经除土处理，由机械破碎、整形、筛分、粉控等工艺制成的，级配、粒形和石粉含量满足要求且粒径小于 4.75mm 的颗粒。机制砂同样不包括软质、风化的颗粒。

混合砂是由机制砂和天然砂按一定比例混合而成的砂。

2.2.3.2 砂的分类与类别

（1）分类

① 按产源分　砂按产源分为天然砂、机制砂和混合砂三类。

② 按细度模数分　砂按细度模数分为粗砂、中砂、细砂和特细砂。其中粗砂的细度模数为 3.7～3.1，中砂的细度模数为 3.0～2.3，细砂的细度模数为 2.2～1.6，特细砂的细度模数为 1.5～0.7。

（2）类别　建设用砂按颗粒级配、含泥量（石粉含量）、亚甲蓝值（MB）、泥块含量、有害物质、坚固性、压碎指标、片状颗粒含量技术要求分为Ⅰ类、Ⅱ类和Ⅲ类。

2.2.3.3 砂的主要技术要求

（1）含泥量　天然砂中粒径小于 $75\mu m$ 的颗粒含量。天然砂中含泥量应符合表 2-8 规定。

（2）石粉含量　机制砂中粒径小于 $75\mu m$ 的颗粒含量。用亚甲蓝值（MB）判定机制砂中石粉的吸附性能。石粉对混凝土的危害作用与黏土物质相似。机制砂的石粉含量应符合表 2-9 规定。

（3）泥块含量　砂中原粒径大于 1.18mm，经水浸泡、淘洗等处理后小于 0.60mm 的颗粒含量。砂中泥块含量应符合表 2-8 规定。

（4）细度模数　衡量砂粗细程度的指标。细度模数越大，表示细骨料越粗。砂按细度模数分为粗、中、细和特细四种规格，其细度模数分别为：粗砂 3.7～3.1，中砂 3.0～2.3，细砂 2.2～1.6，特细砂 1.5～0.7。

（5）坚固性　砂在自然风化和其他外界物理化学因素作用下抵抗破裂的能力。一般情况下，天然砂采用坚固性指标表示其抵抗破裂的能力，而机制砂除了要满足天然砂的坚固性指标外，还要满足一定的压碎指标。天然砂采用硫酸钠溶液进行试验，砂样经 5 次循环后其质量损失应符合表 2-10 规定。而机制砂除了要满足表 2-10 的坚固性规定外，其压碎指标值还应符合表 2-11 规定。

表 2-8　含泥量和泥块含量

项目	指标		
	Ⅰ类	Ⅱ类	Ⅲ类
含泥量（按质量计）/%	≤1.0	≤3.0	≤5.0
泥块含量（按质量计）/%	≤0.2	≤1.0	≤2.0

表 2-9　机制砂石粉含量

类别	亚甲蓝值（MB）	石粉含量（质量分数）/%
Ⅰ类	MB≤0.5	≤15.0
	0.5<MB≤1.0	≤10.0
	1.0<MB≤1.4，或快速试验合格	≤5.0
	MB>1.4，或快速试验不合格	≤1.0①

续表

类别	亚甲蓝值（MB）	石粉含量（质量分数）/%
Ⅱ类	MB≤1.0	≤15.0
	1.0＜MB≤1.4，或快速试验合格	≤10.0
	MB＞1.4，或快速试验不合格	≤3.0①
Ⅲ类	MB≤1.4，或快速试验合格	≤15.0
	MB＞1.4，或快速试验不合格	≤5.0①

注：砂浆用砂的石粉含量不做限制。

① 根据使用环境和用途，经实验验证，由供需双方协商确定，Ⅰ类砂石粉含量可放宽至不大于3.0%，Ⅱ类砂石粉含量可放宽至不大于5.0%，Ⅲ类砂石粉含量可放宽至不大于7.0%。

表 2-10　坚固性指标

项目	指标		
	Ⅰ类	Ⅱ类	Ⅲ类
质量损失/%	≤8	≤8	≤10

表 2-11　压碎指标

项目	指标		
	Ⅰ类	Ⅱ类	Ⅲ类
单级最大压碎指标/%	≤20	≤25	≤30

（6）颗粒级配　除特细砂外，Ⅰ类砂的累计筛余应符合表 2-12 中 2 区的规定，分计筛余应符合表 2-13 规定；Ⅱ类和Ⅲ类砂的累计筛余应符合表 2-12 规定。砂的实际颗粒级配除 4.75mm 和 600μm 筛档外，可以略有超出，但各级累计筛余超出值总和不应大于 5%。

表 2-12　累计筛余

方孔筛筛孔尺寸	天然砂			机制砂、混合砂		
	1 区	2 区	3 区	1 区	2 区	3 区
	累计筛余/%					
4.75mm	10～0	10～0	10～0	5～0	5～0	5～0
2.36mm	35～5	25～0	15～0	35～5	25～0	15～0
1.18mm	65～35	50～10	25～0	65～35	50～10	25～0
600μm	85～71	70～41	40～16	85～71	70～41	40～16
300μm	95～80	92～70	85～55	95～80	92～70	85～55
150μm	100～90	100～90	100～90	97～85	94～80	94～75

表 2-13　分计筛余

方孔筛尺寸/mm	4.75①	2.36	1.18	0.60	0.30	0.15②	筛底③
分计筛余/%	0～10	10～15	10～25	20～31	20～30	5～15	0～20

① 对于机制砂，4.75mm 筛的分计筛余不应大于 5%。

② 对于 MB＞1.4 的机制砂，0.15mm 筛和筛底的分计筛余之和不应大于 25%。

③ 对于天然砂，筛底的分计筛余不应大于 10%。

（7）有害物质　砂不应混有草根、树叶、树枝、塑料、泥块、炉渣等杂物。砂中如含有云母、轻物质、有机物、硫化物及硫酸盐、氯化物、贝壳，其含量应符合表 2-14 规定。

（8）表观密度、堆积密度、空隙率　砂的表观密度、堆积密度、空隙率应符合如下规定：表观密度不小于 2500kg/m³，松散堆积密度不小于 1400kg/m³，空隙率不大于 44%。

（9）碱-骨料反应　经碱-骨料反应试验后，由砂制备的试件无裂缝、酥裂、胶体外溢等现象，在规定的试验龄期膨胀率应小于 0.10%。

表 2-14 有害物质含量

类别	指标		
	Ⅰ类	Ⅱ类	Ⅲ类
云母(质量分数)/%	≤1.0	≤2.0	
轻物质(质量分数)[①]/%	≤1.0		
有机物	合格		
硫化物及硫酸盐(按 SO_3 质量计)/%	≤0.5		
氯化物(以氯离子质量计)/%	≤0.01	≤0.02	≤0.06[②]
贝壳(质量分数)[③]/%	≤3.0	≤5.0	≤8.0

① 天然砂中如含有浮石、火山渣等天然轻骨料时，经试验验证后，该指标可不做要求。
② 对于钢筋混凝土用净化处理的海砂，其氯化物含量应小于或等于 0.02%。
③ 该指标仅适用于净化处理的海砂，其他砂种不做要求。

2.2.3.4 再生细骨料

随着国家对生态环境保护的重视程度越来越高，环保督察和整治力度不断加大，砂石企业数量和砂石骨料供应量逐渐减少。同时，建筑垃圾的堆积也给环境带来了巨大的压力。面临这种形势，再生细骨料被研究用于替代天然砂来生产混凝土或砂浆。根据《混凝土和砂浆用再生细骨料》(GB/T 25176—2010)的规定，再生细骨料的定义如下：

再生细骨料：由建(构)筑废物中的混凝土、砂浆、石、砖瓦等加工而成，用于配制混凝土和砂浆的粒径不大于 4.75mm 的颗粒。

用于生产混凝土和砂浆的再生细骨料的分类、技术要求等需要符合《混凝土和砂浆用再生细骨料》(GB/T 25176—2010)的规定。

2.2.4 粗骨料及其技术要求

2.2.4.1 粗骨料的定义

建筑中常用的粗骨料主要是卵石和碎石，根据《建设用卵石、碎石》(GB/T 14685—2022)的规定，混凝土用粗骨料的定义如下。

(1) 卵石 在自然条件作用下岩石产生破碎、风化、分选、运移、堆(沉)积而形成的，粒径大于 4.75mm 的岩石颗粒。

(2) 碎石 天然岩石、卵石或矿山废石经破碎、筛分等机械加工而成的，粒径大于 4.75mm 的岩石颗粒。

2.2.4.2 粗骨料的分类

(1) 按来源分类 根据来源，粗骨料可分为卵石、碎石和再生骨料。

(2) 按技术要求分类 按卵石、碎石的技术要求可分为Ⅰ类、Ⅱ类、Ⅲ类。其中，Ⅰ类宜用于强度等级大于 C60 的混凝土，Ⅱ类宜用于强度等级为 C30~C60 及抗冻、抗渗或其他要求的混凝土，Ⅲ类宜用于强度等级小于 C30 的混凝土。

2.2.4.3 粗骨料的主要技术要求

(1) 颗粒级配 卵石和碎石的颗粒级配应符合表 2-15 规定。

表 2-15　卵石、碎石的颗粒级配

公称粒级/mm		累计筛余/%											
		方孔筛孔径/mm											
		2.36	4.75	9.50	16.0	19.0	26.5	31.5	37.5	53.0	63.0	75.0	90.0
连续粒级	5~16	95~100	85~100	30~60	0~10	0	—	—	—	—	—	—	—
	5~20	95~100	90~100	40~80	—	0~10	0	—	—	—	—	—	—
	5~25	95~100	90~100	—	30~70	—	0~5	0	—	—	—	—	—
	5~31.5	95~100	90~100	70~90	—	15~45	—	0~5	0	—	—	—	—
	5~40	—	95~100	70~90	—	30~65	—	—	0~5	0	—	—	—
单粒粒级	5~10	95~100	80~100	0~15	0	—	—	—	—	—	—	—	—
	10~16	—	95~100	80~100	0~15	—	—	—	—	—	—	—	—
	10~20	—	95~100	85~100	—	0~15	—	—	—	—	—	—	—
	16~25	—	—	95~100	55~70	25~40	0~10	—	—	—	—	—	—
	16~31.5	—	95~100	—	85~100	—	—	0~10	0	—	—	—	—
	20~40	—	—	95~100	—	80~100	—	—	0~10	0	—	—	—
	25~31.5	—	—	—	95~100	—	80~100	0~10	—	—	—	—	—
	40~80	—	—	—	—	—	—	—	95~100	70~100	30~60	0~10	0

注：“—”表示该孔径累计筛余不做要求；“0”表示该孔径累计筛余为 0。

（2）含泥量、泥粉含量和泥块含量　卵石含泥量是指卵石中粒径小于 75μm 的黏土颗粒含量，碎石泥粉含量是指碎石中粒径小于 75μm 的黏土和石粉颗粒含量，而泥块含量是指卵石、碎石中原粒径大于 4.75mm，经水浸泡、淘洗等处理后小于 2.36mm 的颗粒含量。卵石含泥量、碎石泥粉含量和泥块含量应符合表 2-16 规定。

表 2-16　卵石含泥量、碎石泥粉含量和泥块含量

项目	指标		
	Ⅰ类	Ⅱ类	Ⅲ类
卵石含泥量（按质量计）/%	≤0.5	≤1.0	≤1.5
碎石泥粉含量（按质量计）/%	≤0.5	≤1.5	≤2.0
泥块含量（按质量计）/%	≤0.1	≤0.2	≤0.7

（3）针片状颗粒含量　卵石和碎石颗粒的最大一维尺寸大于该颗粒所属粒级的平均粒径 2.4 倍者为针状颗粒，最小一维尺寸小于该颗粒所属粒级的平均粒径 0.4 倍者为片状颗粒。骨料中针片状的颗粒不仅使混凝土的空隙率变大，受力后还容易被折断，混凝土强度降低，而且能够使新拌混凝土在流动过程中的摩擦力增大，和易性变差，包裹性、黏聚性变差，并倾向于沿一个方向排列，不易振捣密实，受力易折。同时，针片状碎石比普通粒状的碎石韧性差，从而影响混凝土的强度和耐久性。卵石和碎石的针片状颗粒含量应符合表 2-17 的规定。

表 2-17　针片状颗粒含量

项目	指标		
	Ⅰ类	Ⅱ类	Ⅲ类
针片状颗粒含量（按质量计）/%	≤5	≤8	≤15

（4）有害物质　卵石和碎石中不应混有草根、树叶、树枝、塑料、煤块和炉渣等杂物。其有害物质含量应符合表 2-18 规定。

表 2-18　有害物质

项目	指标		
	Ⅰ类	Ⅱ类	Ⅲ类
有机物含量(按质量计)/%	合格	合格	合格
硫化物及硫酸盐含量 （按 SO_3 质量计）/%	≤0.5	≤1.0	≤1.0

（5）坚固性　卵石、碎石在外界物理化学因素作用下抵抗破裂的能力。采用硫酸钠溶液法进行试验，卵石和碎石质量损失应符合表 2-19 规定。

表 2-19　坚固性指标

项目	指标		
	Ⅰ类	Ⅱ类	Ⅲ类
质量损失率/%	≤5	≤8	≤12

（6）强度

① 岩石抗压强度　在水饱和状态下，碎石所用母岩的岩石抗压强度应符合以下要求：火成岩应不小于 80MPa，变质岩应不小于 60MPa，沉积岩应不小于 45MPa。

② 压碎指标　压碎指标值应符合表 2-20 规定。

表 2-20　压碎指标

项目	指标		
	Ⅰ类	Ⅱ类	Ⅲ类
碎石压碎指标/%	≤10	≤20	≤30
卵石压碎指标/%	≤12	≤14	≤16

（7）表观密度、连续级配松散堆积空隙率　卵石和碎石的表观密度、连续级配松散堆积空隙率应符合如下规定：表观密度不小于 2600kg/m^3；连续级配松散堆积空隙率符合表 2-21 规定。

表 2-21　连续级配松散堆积空隙率

项目	Ⅰ类	Ⅱ类	Ⅲ类
空隙率/%	≤43	≤45	≤47

（8）吸水率　卵石和碎石的吸水率应符合表 2-22 规定。

表 2-22　吸水率

项目	Ⅰ类	Ⅱ类	Ⅲ类
吸水率/%	≤1.0	≤2.0	≤2.5

（9）碱-骨料反应　当需方提出要求时，应出示膨胀率实测值及碱活性评定结果。

2.2.4.4　再生粗骨料

由于天然骨料资源的日益短缺和固体废物的堆积对环境造成的压力越来越大，目前，再生骨料被逐渐用于替代碎石或卵石来生产混凝土。根据《混凝土用再生粗骨料》（GB/T 25177—2010）的规定，再生粗骨料的定义如下：

再生粗骨料：由建（构）筑废物中的混凝土、砂浆、石、砖瓦等加工而成，用于配制混凝土的、粒径大于 4.75mm 的颗粒。

用于生产混凝土的再生粗骨料的分类、技术要求等需要符合《混凝土用再生粗骨料》（GB/T 25177—2010）的规定。

2.2.5 骨料性质对混凝土性能的影响

由于骨料在混凝土中含量极大，因此，其性质必然对混凝土的性能有较大的影响。表2-23反映了骨料性质与硬化混凝土性能的关系。

从表2-23可看出，骨料所具备的性质与硬化混凝土的性能有十分密切的关系。不仅如此，骨料的若干特性如密度、孔隙率、级配、颗粒形状、含水状态以及表面织构等对新拌混凝土的性能也有着重要的影响。因此，在根据工程要求进行混凝土配合比设计时，必须首先掌握骨料的若干特性。

骨料的性质取决于其微观结构、先前的暴露条件与加工处理等因素。这些因素对新拌和硬化混凝土性能的影响很大，见图2-5。

根据图2-5，可将决定骨料特性的因素归为三类：

① 随孔隙率而定的特性：密度、吸水性、强度、硬度、弹性模量和体积稳定性；

② 随先前的暴露条件和加工因素而定的特性：粒径、颗粒形状和表面织构；

③ 随化学矿物组成而定的特性：强度、硬度、弹性模量与所含的有害物质。

表 2-23 骨料性质对硬化混凝土性能的影响

混凝土性质	相应的骨料性质
强度	强度,表面织构,清洁度,颗粒形状,最大粒径
耐久性	—
抗冰融	体积稳定性,孔隙率,孔结构,渗透性,饱和度,抗拉强度,织构和结构,黏土矿物
抗干湿	孔结构,弹性模量
抗冷热	热胀系数
耐磨性	硬度
碱-骨料反应	存在异常的硅质成分
弹性模量	弹性模量,泊松比
收缩和徐变	弹性模量,颗粒形状,级配,清洁度,最大粒径,黏土矿物
热胀系数	热胀系数,弹性模量
热导率	热导率
比热容	比热容
容重	容重,颗粒形状,级配,最大粒径
易滑性	趋向于磨光
经济性	颗粒形状,级配,最大粒径,需要的加工量,可获量

在进行混凝土配合比设计时，关于如何考虑骨料性质对混凝土性能的影响，以下将从新拌混凝土的工作性、硬化混凝土的力学性能与混凝土耐久性三个方面进行讨论。

2.2.5.1 骨料性质对新拌混凝土工作性的影响

骨料的颗粒形状及表面织构（骨料表面的光滑和粗糙程度）是影响新拌混凝土工作性的主要因素。细骨料的颗粒形状和表面织构仅仅影响新拌混凝土的工作性，而粗骨料的表面织构不仅影响新拌混凝土的工作性，而且由于与机械咬合力有关，还影响硬化混凝土的力学性能。

新拌混凝土工作性的优劣，取决于是否有足够的水泥浆包裹骨料的表面，以提供润滑作用，减少搅拌、运输与浇灌时骨料颗粒间的摩擦阻力，使新拌混凝土能保持均匀并且不产生

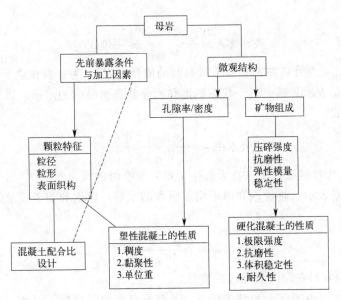

图 2-5　骨料的微观结构、先前暴露条件和加工处理因素对
混凝土配合比设计以及新拌、硬化混凝土性能的影响示意

分层离析。因此，就新拌混凝土工作性而言，理想的骨料应是表面比较光滑、颗粒外形近于球形的。天然河砂和砾石均属此种理想材料，而碎石，颗粒外形近似立方体以及扁平、细长的粗骨料，由于其表面织构粗糙或由于其面积/体积比值较大，则需增加包裹骨料表面的水泥浆量。

骨料的粒径分布或颗粒级配，对混凝土所需的水泥浆量也有重大的影响。为得到良好的混凝土工作性，水泥浆不仅需包裹骨料颗粒的表面，还需填充骨料颗粒间的空隙。当粗、细骨料颗粒级配适当时，粗骨料或大颗粒骨料之间的空隙可由细骨料或小颗粒骨料填充，从而可减少混凝土所需的水泥浆量。因此，在混凝土配合比设计中，对细骨料的细度模量、级配与砂率都提出了要求。

由于骨料本身往往含有一些与表面贯通的孔隙，水可以进入骨料颗粒的内部，也能保留在骨料颗粒表面而形成水膜，使骨料具有含水的性质。含水率不仅影响混凝土的水灰比，而且也影响新拌混凝土的工作性。因此，在配制混凝土计算组分材料时，必须首先精确测定骨料的含水率，并根据骨料的含水率，在配料计量时调整骨料与水的配量。由于细骨料的表面含水率远远高于粗骨料，因此更需着重对细骨料的含水率进行精确的测定。较高的细骨料含水率，使颗粒间的水膜层增厚，由于水分所产生的表面张力会推动颗粒的分离而增加骨料的表观体积，发生溶胀现象，因此按体积比进行混凝土配料或计算，会产生显著的误差。

关于骨料的含水率，要注意以下几种不同的吸水状态：

① 饱和面干状态　水分进入骨料并充满其中的孔隙，而骨料颗粒表面并没有水膜。

② 潮湿状态　骨料颗粒中的孔隙达到了水饱和，同时骨料颗粒表面仍有游离水分存在。

③ 烘干状态　骨料颗粒所含有的可蒸发水在加热到100℃时，已被驱除干净。

在进行混凝土配合比设计时，为了计算骨料的吸水或含水，须对骨料的吸水率、有效吸水率与表面吸水率分别进行计算。

吸水率是表示骨料从烘干状态到饱和面干状态所吸收的水分总量，以烘干质量的百分数表示，见下式：

$$吸水率 = \frac{W_{饱和面干} - W_{烘干}}{W_{烘干}} \times 100\% \tag{2-5}$$

式中，$W_{饱和面干}$为骨料在饱和面干状态时的质量；$W_{烘干}$为骨料在烘干状态时的质量。

有效吸水率是表示骨料由气干状态到饱和面干状态所吸收的水量，以饱和面干质量的百分数表示，见下式：

$$有效吸水率 = \frac{W_{饱和面干} - W_{气干}}{W_{饱和面干}} \times 100\% \tag{2-6}$$

式中，$W_{气干}$为骨料在气干（在大气中干燥）状态时的质量。

表面吸水率是表示已超过饱和面干状态所含的水量，以饱和面干质量的百分数表示，见下式：

$$表面吸水率 = \frac{W_{湿} - W_{饱和面干}}{W_{饱和面干}} \times 100\% \tag{2-7}$$

式中，$W_{湿}$为骨料在潮湿状态时的质量。

在骨料堆场上，由于气干和潮湿状态二者都有存在的可能性，因此，骨料的含水率和含水量一般按下式计算：

$$骨料含水率 = \frac{W_{堆} - W_{饱和面干}}{W_{饱和面干}} \times 100\% \tag{2-8}$$

式中，$W_{堆}$为骨料在堆场取样的质量。

$$骨料含水量 = 骨料含水率 \times W_{骨料} \tag{2-9}$$

式中，$W_{骨料}$为按混凝土配合比，每盘混凝土搅拌时的骨料质量。

骨料（特别是细骨料）含水率的测定是否精确，不仅会影响新拌混凝土的工作性，还会影响硬化混凝土的强度，因此，可以利用微波砂子含水率测定仪在搅拌过程中在线测定砂子含水率，并通过计算机在线自动调整细骨料与水的配量，能有效地控制并保证混凝土的质量。

2.2.5.2 骨料对硬化混凝土力学性能的影响

影响硬化混凝土力学性能的主要因素是粗骨料。粗骨料的织构对硬化混凝土力学性能的影响，恰恰与对新拌混凝土工作性的影响相反。粗糙的粗骨料表面，可以增大粗骨料与水泥浆体的机械黏结力，从而有利于提高混凝土的强度。因此，在考虑粗骨料织构对混凝土性能的影响时，要全面衡量新拌混凝土工作性与硬化混凝土力学性能两方面的要求，根据工程的结构与施工做出权衡。

Kaplan（卡普兰）曾针对粗骨料的三种不同特性对混凝土强度的影响进行试验，得出了粗骨料三种不同特性对混凝土抗压强度与抗弯强度的影响百分数，见表 2-24。

表 2-24　粗骨料三种不同特性对混凝土强度的影响

混凝土性能	骨料性能的相对影响百分数/%		
	形状	表面织构	弹性模量
抗弯强度	31	26	43
抗压强度	22	44	34

注：表中所列数值表示由骨料的各个特性引起的方差与根据骨料的三种特性计算所得之总方差之比，试验所用的三种拌和物是由 13 种骨料配成的。

表 2-24 中所示数据由下式计算而来：

$$X=\frac{D(n)}{D(1)+D(2)+D(3)}$$

式中，X 为表中所列数值；n 为 1、2、3；$D(1)$ 为由形状引起的混凝土抗弯强度（抗压强度）的方差；$D(2)$ 为由表面织构引起的混凝土抗弯强度（抗压强度）的方差；$D(3)$ 为由弹性模量引起的混凝土抗弯强度（抗压强度）的方差。

表 2-24 所列的粗骨料特性，遗缺了粗骨料的另一个特性——最大粒径。近年来，国内外许多学者通过大量的试验研究工作，指出粗骨料最大粒径对硬化混凝土的力学性能有很大的影响。尤其是在配制富浆混凝土（水泥用量大的混凝土）时，增大粗骨料的最大粒径会导致混凝土强度的降低，称为粗骨料粒径效应。

Cordon（科登）和 Gillispie（吉利斯皮）早在 1963 年就揭示了这一规律。他们采用三种水灰比和五种最大粒径的粗骨料，得出了三者的关系曲线，见图 2-6。

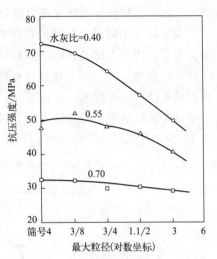

图 2-6 粗骨料粒径和水灰比
对混凝土强度的影响

从图 2-6 可以看出：在配制较高强度（即低水灰比）混凝土时，混凝土的抗压强度随着粗骨料最大粒径的增大而降低，水灰比越低，此现象越明显；当水灰比提高到一定值（低强度混凝土）时，粗骨料的最大粒径对混凝土强度则没有很大的影响。因此，在配制高强混凝土时，不宜采用较大粒径的粗骨料，而应采用最大粒径小于 20mm 的粗骨料，国外有的学者甚至提出高强混凝土的粗骨料最大粒径应小于 12mm。粗骨料粒径效应对混凝土强度的影响，不仅存在于抗压强度中，国内学者宣国良等通过试验，提出这种影响也存在于抗拉强度中，而且对抗拉强度的影响比抗压强度更大。

关于粗骨料粒径效应的机理，归纳起来大致有以下几种论点：

① 粗骨料粒径的增大，削弱了粗骨料与水泥浆体的黏结，增加了混凝土材料内部结构的不连续性，从而导致混凝土强度的降低。

② 粗骨料在混凝土中对水泥收缩起着约束作用。由于粗骨料与水泥浆体的弹性模量不同，因而在混凝土内部产生拉应力，此内应力随粗骨料粒径的增大而增大，导致混凝土强度的降低。

③ 随着粗骨料粒径的增大，在粗骨料界面过渡区的 $Ca(OH)_2$ 晶体的定向排列程度增大，使界面结构削弱，从而降低了混凝土的强度。

④ 随着粗骨料粒径的增大，不同荷载下 σ/ε 所表征的混凝土弹性/塑性的比值有所降低。

为进一步探明粗骨料粒径效应的机理，前国家建筑材料工业局苏州混凝土水泥制品研究院曾进行了一些比较深入的试验研究。粗骨料选用了不同粒径、单级配的砾石，水灰比固定为 0.4，水泥用量为 $400kg/m^3$。试验过程中，测定不同粗骨料粒径所配制的混凝土的强度和内应力，对粗骨料粒径变化在界面过渡区的反映特征与混凝土受荷载后的裂缝扩展进行了观察和测试，所得试验结果如下：

混凝土材料学

（1）粗骨料粒径对混凝土强度与内应力的影响　砾石粒径与混凝土抗压强度的关系示于图 2-7 中。

从图 2-7 可以明显地看出，随着粗骨料最大粒径的增大，混凝土棱柱体抗压强度呈降低的趋势。

为了验证不同最大粒径的粗骨料所配制的混凝土是否会由于其内应力的差异而形成粒径效应，试验采用了内埋式应变计，在混凝土棱柱体试件中各相距 1/4 试件高度的水平位置上埋入 3 片应变计，以应变计所反映的应变量来表征混凝土的内应力。不同粒径的砾石混凝土在 1～28d 的轴向内应变分别示于图 2-8～图 2-10。

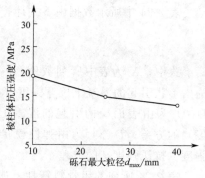

图 2-7　砾石粒径与混凝土抗压强度的关系

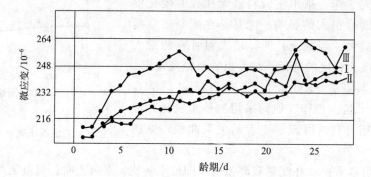

图 2-8　5～10mm 砾石混凝土 1～28d 轴向内应变

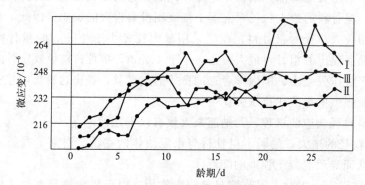

图 2-9　15～25mm 砾石混凝土 1～28d 轴向内应变

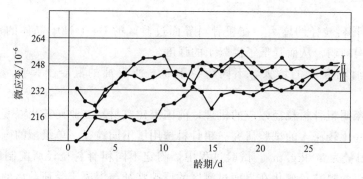

图 2-10　25～40mm 砾石混凝土 1～28d 轴向内应变

图 2-8～图 2-10 中的 Ⅰ、Ⅱ、Ⅲ 三条曲线分别代表混凝土棱柱体试件中的 3 个内埋式应变计在不同水平高度测点上所测得的轴向内应变曲线。从图 2-8～图 2-10 中可以看出：不同粒径粗骨料所配制的混凝土，平均内应变值及其变化规律都较相似。将应变值换算成应力后，应力值相差无几。可见粗骨料粒径的变化对混凝土内应力的影响不大，见表 2-25。

表 2-25   混凝土内应力与粗骨料粒径的关系

粗骨料粒径/mm	平均应变/10^{-6}	平均应力/MPa
5～10	240	6.4
15～25	220	5.9
25～40	216	5.8

（2）粗骨料粒径变化在界面区的反映特征   试验通过混凝土界面过渡区的显微硬度与扫描电镜观察，对不同粗骨料粒径的混凝土界面区的特征进行分析，探讨粒径效应的机理。试验方案中，不仅对实体混凝土做了试验，还进行了单骨料、多骨料的模型试验。

混凝土试验结果表明：随着粗骨料粒径的增大，界面过渡区的显微硬度值减小，界面过渡层变厚。而掺入膨胀剂后，不同粒径粗骨料所配制的混凝土，其显微硬度值均比不掺膨胀剂有所提高，但大粒径粗骨料混凝土界面过渡区的显微硬度仍低于小粒径粗骨料所配制的混凝土。

通过扫描电镜观察，大粒径粗骨料所配制的混凝土，其界面过渡层中 $Ca(OH)_2$ 晶体尺寸较大，结晶富集且垂直于骨料表面生长，取向度较大，孔隙率也较高。

在混凝土承受荷载前，对不同粒径粗骨料配制的混凝土试件进行切片，用立体显微镜观察其界面缝。结果表明：粒径为 15～25mm 的粗骨料周围的界面裂缝宽度为 0.1mm 左右，裂缝长度为骨料周长的 2/3，而且界面裂缝与周围水泥砂浆中的裂缝连通也较多；而粒径为 5～10mm 的粗骨料，界面裂缝宽度较均匀，仅 0.03mm，裂缝长度仅为骨料周长的 1/6。

粒径大小不同的粗骨料在界面结构特征上所存在的种种差异，说明了粒径较小的粗骨料界面过渡区优于大粒径粗骨料，从而可以阐明粗骨料粒径效应的机理主要在于其界面结构的变化。

在单骨料与多骨料的模型试验中发现，不论粗骨料粒径的大小，粗骨料的上部与下部界面的显微硬度分布曲线都存在显著差异。下界面的显微硬度分布曲线在粗骨料附近有一个明显的低谷，即存在一个较薄弱的界面过渡区。而上界面该现象则不明显，且其显微硬度值显著高于下界面。粗骨料上部与下部界面过渡区的差异，是由水囊积聚所形成的。粒径大小不同的粗骨料，下部水囊的积聚量也不相同，大粒径粗骨料的下部比小粒径粗骨料有更多的水富集，水囊中的水蒸发后，则在粗骨料下界面产生界面缝，因此，大粒径粗骨料下部的界面缝必然比小粒径粗骨料的宽。

此外，根据吴中伟院士的"中心质假说"所提出的相邻的大中心质效应圈之间存在叠加作用，叠加作用的强弱与大中心质间距有关，间距越小，叠加作用越强。粗骨料粒径的减小，使骨料的间距减小，增加了效应圈的叠加作用，从而提高了混凝土的强度。这也是粗骨料粒径效应的重要原因之一。

（3）不同粒径粗骨料所配制的混凝土受荷载后的裂缝扩展   混凝土在压荷载作用下，其内在的微裂缝将不断扩展而导致混凝土的最终破损。因此，对不同粒径粗骨料所配制的混凝土在压荷载作用下的界面裂缝扩展也进行了研究。通过试验所得出的 σ-ε 曲线发现，粗骨料粒径大小对混凝土的临界应力有明显的影响，小粒径粗骨料可以显著提高混凝土的临界应力从而提高混凝土的强度。混凝土的临界应力与强度有十分密切的关系。

综上所述，在配制低水灰比的高强混凝土时，应尽可能选用较小粒径的粗骨料。

此外，骨料中的有害杂质对硬化混凝土的力学性能也有较大影响。主要有以下两类：

① 有机杂质　此种杂质通常是植物的腐烂物质，主要是鞣酸及其衍生物，以腐殖土或有机土壤形式出现，常存在于细骨料中。此种有机杂质会妨碍水泥的水化反应。可通过化学比色法来测定其含量。最好能通过混凝土试件的强度试验来验证其影响。

② 黏土或其他细粉料　骨料中含有的黏土或其他细粉料往往覆盖或聚集于骨料的表面，都会削弱骨料与水泥浆体之间的黏结力而降低混凝土的力学性能。因此，在配制混凝土时，必须严格遵守混凝土用骨料的技术条件中所做出的相应规定。而在配制高强混凝土时，要求则更为严格。

2.2.5.3　骨料对混凝土耐久性的影响

由于骨料在混凝土中的体积含量很大，因此，骨料的耐久性也就必然影响混凝土的耐久性。骨料的耐久性通常分为物理耐久性与化学耐久性两个类别。

物理耐久性主要表现为体积稳定性和耐磨性。骨料体积随着环境的改变而产生的变化，导致混凝土的损坏，称为骨料的不稳定性。提高骨料体积稳定性的根本是提高其抗冻融循环能力。粗骨料对冻融循环与混凝土一样敏感。骨料的抗冻融循环能力取决于骨料内部孔隙中水分冻结后引起体积增大时是否产生较大的内应力，内应力的大小与骨料的内部孔隙连贯性、渗透性、饱水程度和骨料的粒径有关。从骨料的抗冻融性来分析，骨料有一个临界粒径，临界粒径是骨料内部水分流至外表面所需要的最大距离的度量，小于临界粒径的骨料将不会出现冻融问题。大部分粗骨料的临界粒径都大于粗骨料本身的最大粒径，但某些固结性差并具有高吸水性的沉积岩，如黑硅石（浅燧石）、杂砂岩、砂岩、泥板岩（页岩）和层状石灰石等，其临界粒径可能小于粗骨料本身的最大粒径（在 12～25mm 范围内）。另外，混凝土在遭受磨耗及磨损时，骨料必然起着主要作用。因此，有耐磨性要求的混凝土工程，必须选用坚硬、致密和高强度的优良骨料。

骨料的化学耐久性，最常见也最主要的是碱-骨料反应，除碱-骨料反应外，骨料有时也会给混凝土带来一些其他类型的化学性危害。例如黄铁矿和白铁矿在骨料中是常见的膨胀性杂质，这些杂质中的硫化物与水及空气中的氧起反应而形成硫酸铁，而后，当硫酸根离子与水泥中的铝酸钙反应时，会分解生成氢氧化物，特别是在湿热条件下会引起膨胀，使水泥浆体胀崩、剥落。此外，骨料中也不应含有石膏或其他硫酸盐，否则也会产生上述后果。

2.3　水

水是混凝土的主要组分。水质不纯可能会影响到混凝土的凝结时间和强度，水中有害物质可能会使钢筋锈蚀，也能使混凝土表面出现污斑或影响到混凝土的耐久性，混凝土拌和用水应符合标准要求。

根据《混凝土用水标准》（JGJ 63—2006）的规定，混凝土用水的定义及技术要求如下。

2.3.1　混凝土用水的定义

混凝土用水是混凝土拌和用水和混凝土养护用水的总称，包括饮用水、地表水、地下水、再生水、混凝土企业设备洗刷水和海水等。

（1）地表水　存在于江、河、湖、塘、沼泽和冰川等中的水。

（2）地下水　存在于岩石缝隙或土壤孔隙中可以流动的水。

（3）再生水　指污水经适当再生工艺处理后具有使用功能的水。

2.3.2 混凝土用水技术要求

2.3.2.1 混凝土拌和用水

混凝土拌和用水应符合表 2-26 规定。对于设计使用年限为 100 年的结构混凝土，氯离子含量不得超过 500mg/L；对使用钢丝或经热处理钢筋的预应力混凝土，氯离子含量不得超过 350mg/L。

表 2-26　混凝土拌和用水水质要求

项目	预应力混凝土	钢筋混凝土	素混凝土
pH 值	≥5.0	≥4.5	≥4.5
不溶物/(mg/L)	≤2000	≤2000	≤5000
可溶物/(mg/L)	≤2000	≤5000	≤10000
Cl^-/(mg/L)	≤500	≤1000	≤3500
SO_4^{2-}/(mg/L)	≤600	≤2000	≤2700
碱含量/(mg/L)	≤1500	≤1500	≤1500

注：碱含量按 $Na_2O + 0.658K_2O$ 计算值表示，采用非碱活性骨料时，可不检验碱含量。

另外，混凝土拌和用水还应符合如下要求：

① 地表水、地下水、再生水的放射性应符合现行国家标准《生活饮用水卫生标准》（GB 5749）的规定。

② 被检验水样与饮用水进行水泥凝结时间对比试验。对比试验的水泥初凝时间差及终凝时间差均不应大于 30min；同时，初凝和终凝时间应符合现行国家标准《通用硅酸盐水泥》（GB 175）的规定。

③ 被检验水样应与饮用水水样进行水泥胶砂强度对比试验。被检验水样配制的水泥胶砂 3d 和 28d 强度不应低于饮用水配制的水泥胶砂 3d 和 28d 强度的 90%。

④ 混凝土拌和水不应漂浮明显的油脂和泡沫，不应有明显的颜色和异味。

⑤ 混凝土企业设备洗刷水不宜用于预应力混凝土、装饰混凝土、加气混凝土和暴露于腐蚀环境的混凝土，不得用于使用碱活性或潜在碱活性骨料的混凝土。

⑥ 未经处理的海水严禁用于钢筋混凝土和预应力混凝土。在无法获得水源的情况下，海水可用于素混凝土，但不宜用于装饰混凝土。

2.3.2.2 混凝土养护用水

混凝土养护用水可不检验不溶物、可溶物、凝结时间和水泥胶砂强度，其他检验项目应符合表 2-26 和《生活饮用水卫生标准》（GB 5749）的规定。

📚 知识扩展

徐德龙（1952—2018），中国工程院院士，无机非金属材料专家，对以悬浮预热预分解技术为核心的新型水泥干法生产工艺进行了系统的理论研究，提出了许多重要而新颖的观

点、概念、见解和建设性意见。

① 开发了"X·L 型水泥悬浮预热系列技术",使我国从国外引进的三种立筒预热器窑产量翻番,节能 30% 以上,水泥熟料质量显著提高,利用该系列技术改造了 120 多条生产线,创造了巨大的经济效益。

② 创造性地提出了高固气比悬浮换热和反应理论,利用原创性的高固气比预热预分解技术建成 10 余条生产线,主要指标创同类型窑国际领先水平。

③ 主持设计了全世界最大的冶金工业渣水泥生产线,在 20 多家钢铁企业推广应用,各项指标居国际先进水平,实现了工业废渣的资源化。

 思考题

1. 组成混凝土的主要原材料是什么?通用水泥的定义、技术要求是什么?
2. 简述骨料的分类、骨料的主要技术性质的含义。
3. 简述粗、细骨料的定义及技术要求。
4. 简述级配、级配曲线的含义,特细砂、细砂、中砂和粗砂的细度模数范围。
5. 请根据表 1 数据计算砂的细度模数。

表 1　砂试样筛分结果

筛孔尺寸/mm	5	2.5	1.2	0.6	0.3	0.15
累计筛余/%	0	15	30	50	70	95

6. 骨料对混凝土耐久性有哪些影响?

混 凝 土 材 料 学

3

混凝土外加剂

混凝土外加剂是混凝土改性的一种重要方法和技术，已成为现代混凝土配比中不可缺少的第五组分。外加剂就像是人体中的微量元素，含量虽然少，却能起到很大作用。掺少量外加剂就可以改善新拌混凝土的工作性能，提高硬化混凝土的物理力学性能和耐久性。同时，外加剂的研究和应用不仅促进了混凝土和砂浆生产工艺、施工工艺的发展，而且推动了新型混凝土品种的出现和发展，如自密实混凝土、泵送混凝土、超高性能混凝土、透水混凝土、3D打印混凝土、水下不分散混凝土和喷射混凝土。可以预见，外加剂在未来的混凝土技术中将起到越来越重要的作用。

3.1 化学外加剂的概述

3.1.1 外加剂的发展历史

混凝土外加剂的发展已有一百多年的历史。最早出现的混凝土外加剂是减水剂和塑化剂，并于1910年成为工业产品。20世纪30年代，混凝土外加剂开始了较大规模的发展，其代表产品是美国以松香树脂为原料生产的一种引气剂。50年代，国外又以亚硫酸纸浆废液经发酵脱糖工艺等途径生产阴离子表面活性剂来提高混凝土塑性，从而开辟了现代混凝土减水剂的历史纪元。60年代，日本的萘磺酸甲醛缩合物高效减水剂和德国三聚氰胺磺酸甲醛缩合物高效减水剂的研制成功，使混凝土技术得到了划时代的发展。到了80年代末90年代初，随着商品混凝土的普及应用，反应性高分子化合物在日本的研制，成功地解决了大流动性混凝土坍落度经时损失大的问题。目前，国际上具有代表性的高性能外加剂主要有氨基磺酸盐高效减水剂、聚羧酸系高效减水剂（包括烯烃-马来酸盐共聚物和聚丙烯酸多元聚合物）。

我国的混凝土外加剂发展始于20世纪50年代，当时的主要产品有松香皂类引气剂、以亚硫酸纸浆废液为原料生产的减水剂、氯盐防冻剂和早强剂等。70年代和80年代是我国混凝土外加剂科研、生产、应用比较活跃的时期：以煤焦油中各馏分，尤其是萘及其同系物为

主要原料生产减水剂的技术得到迅速发展；用亚硫酸纸浆废液提取乙醇后生产木质素磺酸钙，并在土木工程中得到了推广应用；三聚氰胺磺酸甲醛缩合物高效减水剂也有了一定的发展；同时，其他各类外加剂（包括复合外加剂）在建筑工程中也得到应用。90 年代以来，外加剂的研究、生产、应用有了突飞猛进的发展，相继研制成功了缓释型反应性高分子外加剂、聚羧酸盐减水剂、氨基磺酸盐减水剂、脂肪族减水剂等，混凝土外加剂行业已经形成一个门类和品种齐全、标准体系健全的行业。我国通过充分借鉴国外外加剂研究技术，逐步研发了许多其他类型的外加剂，并逐渐扩大了外加剂的适用领域，近年来销量整体增长，据统计，截至 2020 年我国混凝土外加剂总销量为 1694.12 万吨，同比增长 8.6%。进入 21 世纪，随着我国基础建设的快速发展，中西部的开发，国家"三深"战略的实施，以及"十二五"规划、"十三五"规划、"十四五"规划的实施，我国正在不断向世界一流强国的行列迈进，各项建筑工程对混凝土的要求也越来越高，外加剂的研发及应用也必将进入高速发展期。

3.1.2 外加剂的定义

根据《混凝土外加剂术语》（GB/T 8075—2017）的规定，混凝土外加剂是混凝土中除胶凝材料、骨料、水和纤维组分以外，在混凝土拌制之前或拌制过程中加入的，用以改善新拌混凝土和（或）硬化混凝土性能，对人、生物及环境安全无有害影响的材料。常用外加剂的定义如下。

（1）普通减水剂（water reducing admixture）　在混凝土坍落度基本相同的条件下，减水率不小于 8% 的外加剂。

（2）高效减水剂（high range water reducing admixture；superplasticizer）　在混凝土坍落度基本相同的条件下，减水率不小于 14% 的外加剂。

（3）高性能减水剂（high performance water reducing admixture）　在混凝土坍落度基本相同的条件下，减水率不小于 25%，与高效减水剂相比坍落度保持性能好、干燥收缩小且具有一定引气性能的减水剂。

（4）早强剂（hardening accelerating admixture）　可加速混凝土早期强度发展的外加剂。

（5）缓凝剂（set retarding admixture，set retarder）　可延长混凝土凝结时间的外加剂。

（6）引气剂（air-entraining admixture）　能通过物理作用引入均匀分布、稳定而封闭的微小气泡，且能将气泡保留在硬化混凝土中的外加剂。

（7）防水剂（water repellent admixture）　能降低砂浆、混凝土在静水压力下透水性的外加剂。

（8）膨胀剂（expanding admixture）　在混凝土硬化过程中因化学作用能使混凝土产生一定体积膨胀的外加剂。

（9）速凝剂（flash setting admixture）　能使混凝土迅速凝结硬化的外加剂。

（10）保水剂（water retaining admixture）　能减少混凝土或砂浆拌和物失水的外加剂。

（11）增稠剂（thickening admixture）　通过提高液相黏度，增加稠度以减少混凝土拌和物组分分离趋势的外加剂。

（12）保塑剂（plastic retaining agent）　在一定时间内，能保持新拌混凝土塑性状态的外加剂。

（13）防冻剂（anti-freezing admixture）　能使混凝土在负温下硬化，并在规定养护条件下达到预期性能的外加剂。

（14）泵送剂（pumping admixture）　能改善混凝土拌和物泵送性能的外加剂。

（15）早强型普通减水剂（hardening accelerating type water reducing admixture）　具有早强功能的普通减水剂。

（16）早强型高效减水剂（hardening accelerating type high range water reducing admixture）　具有早强功能的高效减水剂。

（17）早强型高性能减水剂（hardening accelerating type high performance water reducing admixture）　具有早强功能的高性能减水剂。

（18）缓凝型普通减水剂（set retarding type water reducing admixture）　具有缓凝功能的普通减水剂。

（19）缓凝型高效减水剂（set retarding type high range water reducing admixture）　具有缓凝功能的高效减水剂。

（20）缓凝型高性能减水剂（set retarding type high performance water reducing admixture）　具有缓凝功能的高性能减水剂。

（21）引气型普通减水剂（air entraining type water reducing admixture）　具有引气功能的普通减水剂。

（22）引气型高效减水剂（air entraining type high range water reducing admixture）　具有引气功能的高效减水剂。

（23）加气剂（gas forming admixture）　或称发泡剂，是在混凝土制备过程中因发生化学反应，放出气体，使硬化混凝土中有大量均匀分布气孔的外加剂。

（24）阻锈剂（anti-corrosion admixture）　能抑制或减轻混凝土或砂浆中钢筋或其他金属预埋件锈蚀的外加剂。

（25）着色剂（coloring admixture）　能稳定改变混凝土颜色的外加剂。

3.1.3　外加剂的分类

混凝土外加剂的特点是品种多，不同外加剂对应的试验项目也不同，一般有减水率、坍落度、含气量、泌水率、凝结时间、抗压强度、钢筋锈蚀、相对耐久性指标等。目前常见的分类方法如下。

（1）**按主要功能分**　根据《混凝土外加剂术语》（GB/T 8075—2017）的规定，混凝土外加剂按其主要功能分为四类，即：改善混凝土拌和物流变性能的外加剂，包括各种减水剂和泵送剂等；调节混凝土凝结时间、硬化过程的外加剂，包括缓凝剂、早强剂、促凝剂和速凝剂等；改善混凝土耐久性的外加剂，包括引气剂、防水剂和阻锈剂等；改善混凝土其他性能的外加剂，包括膨胀剂、防冻剂、着色剂等。

（2）**按化学成分分**　混凝土外加剂按化学成分分为有机外加剂、无机外加剂和有机无机复合外加剂。减水剂是用途最广的外加剂，按其化学成分可分为木质素磺酸盐系、磺化煤焦油系、三聚氰胺磺酸甲醛缩合物系、聚羧酸盐系、复合减水剂及其他。

（3）**按使用效果分**　混凝土外加剂按使用效果分为减水剂、调凝剂、引气剂、加气剂、防水剂、阻锈剂、膨胀剂、防冻剂、着色剂、泵送剂以及复合外加剂（如早强减水剂、缓凝减水剂、缓凝高效减水剂等）。

3.1.4 外加剂的作用

混凝土外加剂的掺量虽小，但在混凝土改性中却起着非常重要的作用。其主要作用如下。

（1）改善新拌混凝土、砂浆、水泥浆的性能

① 在和易性不变条件下减少用水量，或在用水量不变条件下大幅度提高和易性；

② 提高拌和物的黏聚性和保水能力；

③ 减少体积收缩、沉陷或产生微量膨胀；

④ 改变泌水率或泌水量，或同时改变两者；

⑤ 减小离析；

⑥ 提高拌和物的可泵性，减小泵阻力；

⑦ 减小拌和物坍落度的经时损失；

⑧ 延长或缩短拌和物的凝结时间；

⑨ 提高拌和物的含气量。

（2）改善硬化混凝土、砂浆、水泥浆的性能

① 延缓水化反应或减少水化热；

② 加速早期强度的增长，提高强度；

③ 提高耐久性或抵抗严酷的暴露条件；

④ 减缓毛细管水的流动，降低液体渗透力；

⑤ 控制碱-骨料反应；

⑥ 提高混凝土和钢筋的黏结力；

⑦ 阻止混凝土中钢筋（或预埋件）的锈蚀；

⑧ 配制多孔混凝土和配制彩色混凝土或砂浆；

⑨ 增加新老混凝土黏结力，改善抗冲击与抗磨损的能力。

3.2 化学外加剂的基本原理

目前，许多学者在研究外加剂对混凝土的作用时发现，外加剂本身并不与水泥起化学反应生成新的水化产物，而只是起表面物理化学作用。也就是说，减水剂本身不会提高混凝土的强度，但它可以改善混凝土的性状，使水泥的水化过程及水泥石内部结构产生变化，从而显著地影响和改变混凝土的一系列物理力学性能，因此表面现象对于减水剂的作用是至关重要的。混凝土外加剂大多数都是表面活性剂，因此要想很好地研究混凝土外加剂，首先必须了解表面现象对混凝土的作用，即外加剂的基本原理。

3.2.1 表面现象的概念

表面是物体的分界面。通常把两个物相或不同物质的接触面称为界面，由于在界面上物质内部的均匀性遭到破坏，从一种物质到另一种物质的过渡产生了质的飞跃，因此产生了许多独特的现象。

表面概念是相对的，它是物质的物理、化学性质明显区分的界面。通常的界面有以下几

种：固-气、固-液、气-液、液-液界面。在界面两边的物相各显示其不同的性质，界面是这两种性质不同的物质的物理、化学性质有明显区别的分界面。常见的各种界面如图 3-1 所示。

对于同一相的物质，处于内部与处于界面的状态是不一样的，物质在其内部处于平衡状态，而界面则处于一种不平衡状态，由此产生一些变化，如作用力场的不平衡状态、物质结构的不连续状态、物质密度（浓度）的非均一性等。

表面的这些特殊性质既彼此联系又相互影响，造成了表面现象。表面现象是自然界常见的现象，研究表面现象对许多近代技术有重大意义。表面现象不仅涉及矿石浮选、焊接、催化、润滑等人们所熟知的技术领域，而且在近代电子技术、水泥混凝

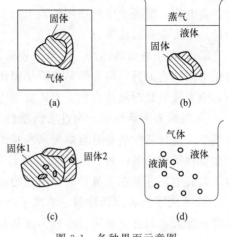

图 3-1　各种界面示意图

土材料学中都有很重要的价值。特别需要指出的是，掌握表面（界面）现象的规律对深入探讨物质的物理化学变化、混凝土减水剂对水泥水化硬化过程的某些规律有重要意义。

3.2.2　表面活性剂的种类和结构特点

（1）表面活性剂的结构特点　表面活性物质是一种可溶于液相中并且吸附在相界面上，能显著改变液体表面张力或两相间界面张力的物质。

表面活性剂的基本作用，是降低分散体系中两相界面的界面自由能，提高分散体系的稳定性。表面活性剂具有多种分子结构，因而带来各自性能的差异。因此研究表面活性剂性质时，必须注意性质与分子结构间的关系，以及它们在水泥水化这一非均相反应中的影响。

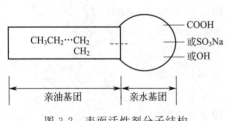

图 3-2　表面活性剂分子结构

表面活性剂的种类很多，但是它们的分子构造基本上都是由两部分组成，一端含有亲水基团（极性基团），另一端含有憎水基团即憎水基、亲油基团（非极性基团），如图 3-2 所示。

表面活性剂分子的憎水基一般是由长链的碳氢基构成的，而亲水部分的原子团种类繁多。表面活性剂的性质差异除与憎水基的大小形状有关外，主要与亲水基团的不同有关。因而表面活性剂的分类一般也就以亲水基团的结构为依据。

（2）表面活性剂的种类　表面活性剂的分类方法很多，可按化学结构、合成方法、性能、用途、所采用的主要原料或其组合情况来分类。但最常用和最方便的方法是按离子的类型分类。表面活性剂溶于水时，亲水基团在溶液中，凡能电离生成离子的称为离子型表面活性剂，凡不能电离生成离子的称为非离子型表面活性剂。

$$
表面活性剂
\begin{cases}
离子型表面活性剂
\begin{cases}
阴离子表面活性剂 \\
阳离子表面活性剂 \\
两性表面活性剂
\end{cases} \\
非离子型表面活性剂
\end{cases}
$$

① 阴离子表面活性剂　阴离子表面活性剂的亲水基团一端能解离出阳离子，使亲水基团带负电荷。混凝土中所使用的减水剂主要是阴离子表面活性剂，如羧酸酯、烷基芳香族磺酸盐、木质素磺酸盐等。

② 阳离子表面活性剂　阳离子表面活性剂的亲水基团能解离出阴离子，使其亲水基团带正电荷。它的另一特点是易吸附于固体表面，从而有效地改变固体性质。此类表面活性剂中，绝大部分是含氮化合物、有机胺衍生物。

③ 两性表面活性剂　两性表面活性剂的亲水基团一端，既能解离出阴离子又能解离出阳离子。这种活性剂是具有两种亲水基团的表面活性剂。两性表面活性剂的酸性基主要有羧酸盐型和磺酸盐型两种，碱性基主要是氨基或季铵。两性表面活性剂易溶于水，在较浓的酸、碱液中，甚至在无机盐溶液中也能溶解，但不易溶于有机溶剂。

④ 非离子型表面活性剂　非离子型表面活性剂在水溶液中不电离，其亲水基团主要由具有一定数量的含氧基团（一般为醚基和羟基）构成，因而在溶液中不电离，所以不容易受强电解质、无机盐类存在的影响，也不受介质 pH 值的影响，在溶液中的稳定性高。它与其他类型表面活性剂相容性好，能很好地混合使用，在水及有机溶剂中都有较好的溶解性，一般在固体表面不易强烈吸附。

非离子型的亲水基团主要由聚乙二醇基与多元醇基构成。此类活性剂是近年来发展较快的品种，因其无毒而可用于食品及医药。其中聚乙二醇型可用于水泥分散剂。

3.2.3　表面活性剂的作用机理

由于表面活性剂的种类不同，其作用的机理也不尽相同，下面以减水剂为例，介绍表面活性剂的基本性质和作用机理。

水泥的比表面积一般为 $317 \sim 350 \mathrm{m}^2/\mathrm{kg}$，90％以上的水泥颗粒粒径在 $7 \sim 80 \mu\mathrm{m}$ 范围内，属于微细粒粉体颗粒范畴。对于水泥-水体系，水泥颗粒及水泥水化颗粒表面为极性表面，具有较强的亲水性。微细的水泥颗粒具有较大的比表面能（固液界面能），为了降低固液界面总能量，微细的水泥颗粒具有自发凝聚成絮团的趋势，以降低体系界面能，使体系在热力学上保持稳定性。同时，在水泥水化初期，C_3A 颗粒表面带正电，而 C_3S 和 C_2S 颗粒表面带负电，正负电荷的静电引力作用也促使水泥颗粒凝聚形成絮凝结构（图 3-3）。

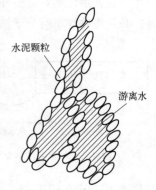

图 3-3　水泥颗粒的絮凝结构

混凝土中水的存在形式有三种，即化学结合水、吸附水和游离水。在新拌混凝土初期，化学结合水和吸附水少，拌和水主要以游离水形式存在，但是，水泥颗粒的絮凝结构会使10％～30％的游离水包裹于其中，从而严重降低了混凝土拌和物的流动性。减水剂掺入的主要作用就是破坏水泥颗粒的絮凝结构，起到分散水泥颗粒及水泥水化颗粒的作用，从而释放絮凝结构中的游离水，增大混凝土拌和物的流动性。虽然减水剂的种类不同，其对水泥颗粒的分散作用机理也不尽相同，但是概括起来，减水剂分散减水机理基本上包括以下五个方面。

（1）降低水泥颗粒固液界面能　减水剂通常为表面活性剂，表面活性剂最重要的性质是降低表面自由能。从热力学原理可知，任何一个体系都有向着自由能减小方向自发进行的过程。对气-液界面来说，液体分子内部引力要远远大于气体分子对它的引力，因而在界面上液体分子会尽可能缩小其界面面积，这种力就叫表面张力。液体在不受重力作用时，总是要保持表面最小的球形就是这个道理。对固-液界面来说，由于固体表面不能改变其固有的形状，因此其表面能降低常常表现为对液体中表面活性剂的吸附，吸附的结果使其表面能降低，从而产生一系列的表面效应，诸如分散、湿润、起泡、乳化、洗涤和润滑等作用。

一般把两相界面上溶质浓度和溶液内部溶质浓度不同的现象称为吸附。溶液中的溶质被粉体（水泥）粒子吸附后，如果表面层中溶质的浓度大于溶液内部溶质的浓度，则结果使表面张力降低，这种吸附称为正吸附；反之，称为负吸附，表面张力增加。因此，吸附现象与表面张力有着密切的关系。

水泥水化过程中不同矿物对阴离子表面活性剂的吸附性不同，如水泥水化初期 C_3A 吸附性最强，其次是 C_4AF、C_3S 和 C_2S。不少学者通过实验证实，水泥胶粒表面在水化初期带正电荷，随着水化的延续，逐渐转变成带负电荷。因此，水泥一接触水，就会促使较多的阴离子表面活性剂聚集到带异号电荷的水泥颗粒的表面，造成整个溶液中表面活性剂浓度迅速下降。减水剂是一种聚合物电解质，它在水泥浆碱性介质中解离成带电荷的阴离子和金属阳离子，如 $R-SO_3^- + Na^+$。同时，大分子量的阴离子（$R-SO_3^-$）被水泥颗粒表面所吸附，并在水泥颗粒表面形成一层溶剂化的单分子膜，使水泥颗粒间的凝聚作用减弱，颗粒间的摩擦阻力减小，因而使水泥颗粒分散，水泥浆体的黏度下降，流动性得到改善。

任一种表面活性剂，均是开始时表面张力随表面活性剂浓度的增加而急剧下降，以后则大体保持不变。以表面活性剂在水溶液中的浓度达临界胶束浓度为界限，若高于或低于此临界浓度，其水溶液的表面张力及其他性质都会有较大的差别。因此，减水剂（也是表面活性剂）在水泥-水体系中的浓度等于或稍高于临界胶束浓度时，就能充分地显示其减水作用。

另外，表面活性剂在界面上的吸附具有一定的方向性，称为定向排列。表面活性剂在水界面上的排列，如图 3-4 所示。

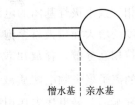

对于表面活性剂，吸附现象及吸附后的定向排列，对两相界面的性质将起决定性的作用。因此，性能优良的减水剂在水泥-水界面上具有很强的吸附能力。减水剂吸附在水泥颗粒表面，能够降低水泥颗粒的固液界面能，降低水泥-水分散体系的总能量，提高分散体系的热力学稳定性，从而有利于水泥颗粒的分散。因此，减水剂的极性基种类和数量、非极性基的结构特征和碳氢链长度等均影响减水剂的性能。

水

憎水基　亲水基

图 3-4　表面活性剂在
水界面上的排列

（2）静电斥力作用　表面活性剂一般都具有亲水和憎水两个基团。在水溶液中，固体表面若是亲水性的（有极性），则表面活性剂的亲水基朝向固体表面；固体表面若为憎水性的（非极性），则表面活性剂的憎水基朝向固体表面。这种吸附的结果是在固体表面形成了具有一定机械强度的表面吸附层，阻碍了粒子间的凝聚作用。液体表面层也减小了粒子间的摩擦阻力，更有利于粒子的分散。

如果表面活性剂是电解质溶液，通过吸附作用，将在固体的表面产生双电层，如图 3-5（a）所示。固-液相靠近固体表面一侧是固定双电层，靠近溶液一侧是扩散双电层。

两个双电层的形成，是由于固体粒子表面具有活性，使其周围的表面活性剂溶液中的离子处于静电的影响及分子热运动两种力的作用下。静电力使粒子周围集中带相反电荷的离子,使电性分布两极化。而分子热运动又使离子在溶液中扩散,均匀分布。二者达到平衡时,就形成了与粒子所带电荷电性相反的离子浓度分布规律,离子浓度随着离子远离粒子表面而逐渐减小。按这种规律分布的离子层,形成了吸附在固体表面不动的固定双电层与扩散双电层。在液体和固体进行相对运动时,固定层和扩散层之间也有相对运动。进行相对运动的两层之间的电位差,称为ξ-电位[图3-5(b)]。ξ-电位值的大小,表示出两层相对运动的势能大小,也就是粒子间相对运动时的电性斥力的大小。

表面活性剂被粒子吸附后,ζ-电位将明显增加,因此,粒子间的斥力也就增加,粒子表面的溶剂化层也加厚,这就等于拉开了粒子间的距离,减少了粒子间的相互接触,促进了粒子间的分散。

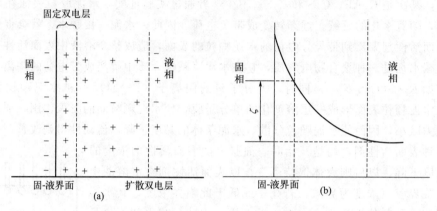

图 3-5 扩散双电层(a)及 ζ-电位(b)示意图

新拌混凝土掺入减水剂后,减水剂分子定向吸附在水泥颗粒表面,部分极性基团指向液相。亲水极性基团的电离作用,使水泥颗粒表面带上电性相同的电荷,且电荷量随减水剂浓度的增大而增大直至饱和,从而使水泥颗粒之间产生静电斥力,水泥颗粒絮凝结构解体,颗粒相互分散,释放出包裹于絮团中的游离水,增大拌和物的流动性。带磺酸根($-SO_3^-$)的离子聚合物电解质减水剂,静电斥力作用较强;带羧酸根($-COO^-$)的聚合物电解质减水剂,静电斥力作用次之;带羟基($-OH$)和醚基($-O-$)的非离子型表面活性减水剂,静电斥力作用最小。以静电斥力作用为主的减水剂(如萘磺酸盐甲醛缩合物、三聚氰胺磺酸盐甲醛缩合物等)对水泥颗粒的分散减水机理如图3-6所示。减水剂存在条件下水泥颗粒间的电性斥力和溶剂化水膜如图3-7所示。

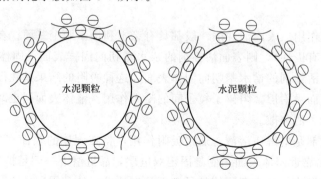

图 3-6 减水剂静电斥力分散机理示意图

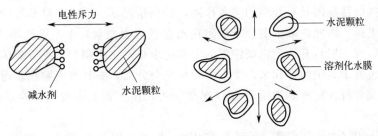

图 3-7　减水剂存在条件下水泥颗粒间的电性斥力和溶剂化水膜示意图

（3）空间位阻斥力作用　聚合物减水剂吸附在水泥颗粒表面，在水泥颗粒表面形成一层有一定厚度的聚合物分子吸附层。当水泥颗粒相互靠近时，吸附层开始重叠，即在颗粒之间产生斥力作用，重叠越多，斥力越大。这种由于聚合物吸附层靠近重叠而产生的阻止水泥颗粒接近的机械分离作用力，称为空间位阻斥力。一般认为所有的离子聚合物都会引起静电斥力和空间位阻斥力两种作用力，它们的大小取决于溶液中离子的浓度以及聚合物的分子结构和摩尔质量。线型离子聚合物减水剂（如萘磺酸盐甲醛缩合物、三聚氰胺磺酸盐甲醛缩合物）吸附在水泥颗粒表面，能显著降低水泥颗粒的 ζ-负电位（绝对值增大），以静电斥力为主分散水泥颗粒，其空间位阻斥力较小。具有支链结构的共聚物高效减水剂（如交叉链聚丙烯酸、接枝丙烯酸与丙烯酸酯共聚物、含接枝聚环氧乙烷的聚丙烯酸共聚物等）吸附在水泥颗粒表面，虽然使水泥颗粒的 ζ-负电位降低较小，静电斥力较小，但其主链与水泥颗粒表面相连，支链则延伸进入液相形成较厚的聚合物分子吸附层，具有较大的空间位阻斥力作用，所以在掺量较小的情况下便对水泥颗粒具有显著的分散作用。以空间位阻斥力作用为主的典型接枝梳状共聚物对水泥颗粒的分散减水机理如图 3-8 所示。

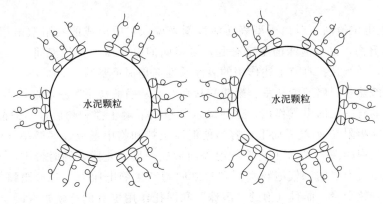

图 3-8　减水剂空间位阻斥力分散机理示意图

（4）水化膜润滑作用　表面活性剂被吸附在固体表面层后，其亲水基团的一端往往会吸附一层水分子。水分子在表面活性剂的亲水基团表面形成一层水膜，使相邻的两个固相表面很容易被水分湿润而分开，从而改变了固体表面相互之间的摩擦力，使原来固相间摩擦力因水化层的润滑作用而减小，这就叫润滑作用，也叫立体保护作用。利用表面活性剂的立体保护作用可以使被保护的一相不能相互接近而被分开。

减水剂大分子含大量极性基团，如木质素磺酸盐含有磺酸基（$—SO_3^-$）、羟基（$—OH$）、醚基（$—O—$），萘酸盐甲醛缩合物和三聚氰胺磺酸盐甲醛缩合物含有磺酸基；氨基磺酸盐甲醛缩合物含有磺酸基、氨基（$—NH_2$）和羟基（$—OH$），聚羧酸盐减水剂含有羧基（$—COO^-$）

和醚基等。这些极性基团具有较强的亲水作用，特别是羟基、羧基和醚基等均可与水形成氢键，其亲水性更强。因此，减水剂分子吸附在水泥颗粒表面后，由于极性基团的亲水作用，水泥颗粒表面形成一层具有一定机械强度的溶剂化水膜。水化膜的形成可破坏水泥颗粒的絮凝结构，释放包裹于其中的拌和水，使水泥颗粒充分分散，提高水泥颗粒表面的润湿性，同时对水泥颗粒及骨料颗粒的相对运动起到润滑作用，在宏观上表现为新拌混凝土流动性的增大。

（5）起泡作用（即引气隔离"滚珠"作用）　起泡作用是表面活性剂的重要作用之一。起泡是气相分散于液相中，气泡之间隔有液体不能彼此相通，纯液体不能形成稳定的泡沫的现象。一些表面活性物质是理想的起泡剂，起泡剂的主要作用表现如下：

① 降低表面张力　在形成泡沫时，气液两相体系的表面积增加较大，且体系的自由能也随之增加。要使体系稳定在气-液界面上，必须有低的表面自由能。表面活性剂的起泡作用，在于活性剂分子被吸附到了气-液界面上，降低了表面张力，因而能得到较为稳定的泡沫。

② 在气泡周围形成一层牢固的膜　仅有表面张力的降低，还不足以使泡沫稳定。要使泡沫稳定，在气泡的周围应有一层牢固的薄膜，并具有一定机械强度。一般，长链分子表面活性剂具有较好的机械强度。因为在分子内部，碳氢链愈长的分子，范德瓦耳斯力愈大，膜的机械强度就愈高。

③ 具有适当的表面黏度　气泡之间的液膜都要受到地心引力与曲面压力两种力的作用，结果促使气泡间的液体流走，使膜愈来愈薄，直到破裂。因此，膜应具有一定的黏度。但黏度过大，会使气泡难以产生。因此，液体黏度要小，而膜的表面黏度要大。表面活性剂恰好具有这个特点，它吸附、富集在气-液界面，增大表面溶液浓度，表面黏度也相应地比溶液内部要大。

④ 膜的 ζ-电位值高　对离子型表面活性剂来说，它所形成的吸附双电层（膜）带电，并且 ζ-电位值升高，这对泡沫的稳定有利。电荷间的电性斥力使气泡间不易连通。对引气型外加剂来说，适当选择具有上述作用的表面活性剂是很重要的。

木质素磺酸盐系、腐殖酸盐系、聚羧酸盐系及氨基磺酸盐系等减水剂，由于能降低液气界面张力，故具有一定的引气作用。这些减水剂掺入混凝土拌和物后，不但能吸附在固-液界面上，而且能吸附在液-气界面上，容易使混凝土拌和物中形成许多微小气泡。减水剂分子定向排列在气泡的液-气界面上，使气泡表面形成一层水化膜，同时带上与水泥颗粒相同的电荷。气泡与气泡之间，气泡与水泥颗粒之间均产生静电斥力，对水泥颗粒产生隔离作用，阻止水泥颗粒凝聚，而且气泡的"滚珠"和浮托作用也有助于新拌混凝土中水泥颗粒、骨料颗粒之间的相对滑动。因此，减水剂所具有的引气隔离"滚珠"作用可以改善混凝土拌和物的和易性。

3.2.4　表面分散剂对水泥分散体系性质的影响

水泥分散体系中掺入分散剂（减水剂、超塑化剂、引气剂等表面活性剂），在其分散作用下，水泥分散体系的流动性和稳定性得到改善。

（1）水泥分散剂的分散作用　水泥与水接触立即发生水化反应。机械搅拌过程能使水泥分散成碎片。水泥分散体系是极不稳定的体系，特别是小粒径的粒子更容易呈絮凝状态。由于一部分游离水被包裹在絮凝水泥粒子团中间，因此水泥分散度越大，其本身的持水量就越大。实验证明，水泥的极限持水量取决于水泥的物理和化学性质、水泥的矿物组成和水泥的分散度。

水泥分散剂能够提高水泥凝聚体的分散度，改变结合水、吸附水和游离水的比例，提高游离水量，从而提高水泥浆的流动性和稳定性。水泥分散剂的主要作用机理如下：

① 在固-液界面产生吸附，降低表面能，降低水泥分散体系的热力学不稳定性，获得相对稳定性；

② 增大水泥粒子表面的动电电位（ζ-电位），增大水泥粒子之间的静电斥力，从而破坏水泥粒子的絮凝结构，使水泥粒子分散；

③ 吸附在粒子的表面形成溶剂化（或水化）膜阻止絮凝结构形成，产生空间保护作用；

④ 由于在水泥粒子表面形成吸附层，产生对水泥初期水化的抑制作用，从而提高游离水量，提高水泥浆的流动性；

⑤ 引入稳定均匀的微小气泡，减小水泥粒子之间的摩擦，从而提高水泥浆的分散性和稳定性；

⑥ 掺入的固体粉末（如粉煤灰、矿渣、硅藻土等）吸附在水泥粒子表面，改变表面电位，产生稳定作用。

水泥分散体系是固-液分散体系，同时伴随着水泥水化过程和相变过程，上述分散作用因素都随水化过程的进行处于变动状态，分散体系的分散和絮凝处在相对的矛盾之中。水泥水化初期（几十分钟或 1～2h）要求分散体系具有相对的分散稳定性，而后又期望较快的凝结和硬化速度，获得高的水泥石强度。这样就要求外加剂必须具有强的分散作用，但又不能过分阻碍水泥水化，给水泥石的物理力学性能带来不利影响。因此，水泥分散剂的分子结构和掺量应满足一定要求。

高效减水剂对水泥分散体系有强的分散作用。这是由于减水剂分子在水中解离成大分子的阴离子吸附在水泥粒子上，降低其表面能，并只在水泥粒子表面形成强电场的吸附层，使ζ-电位绝对值提高。这样，粒子之间就产生强的静电斥力，阻碍或破坏水泥凝胶的絮凝结构的形成，使游离水量相对增多，产生分散作用。另外，高分子的吸附层对粒子絮凝形成空间阻碍。高效减水剂对水泥凝聚体的分散作用可用图 3-9 和图 3-10 说明。

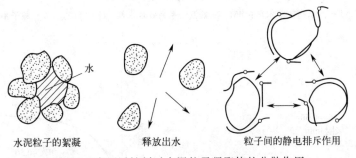

水泥粒子的絮凝　　　释放出水　　　粒子间的静电排斥作用

图 3-9　表面活性剂对水泥粒子凝聚体的分散作用

以上示意图分别说明了表面活性剂吸附在水泥粒子上形成吸附层，产生电保护作用（静电斥力）和空间保护作用（水化膜），使水泥凝胶分散的机理。

分散作用提高了水泥分散体系的分散度。沉降分析测得的水泥悬浮体中水泥粒子的颗粒分布曲线（图 3-11）说明，不掺外加剂的水泥悬浮体中粒子直径大部分在 $50\mu m$ 以上，而掺 2% 的高效减水剂萘磺酸盐甲醛缩合物（UNF-2）和三聚氰胺磺酸盐甲醛缩合物（SM）后，分散作用使水泥悬浮体中大部分粒子直径在40μm以下（主要是10～20μm）。

如果进一步提高水泥分散体系的分散度，使直径在0.1μm以下，将得到动力学稳定的体系（以布朗运动为主要因素），这对水泥的凝结和硬化是不利的。对水泥分散体系来说，只需要得到暂时的相对分散稳定性，以满足工艺要求，减水剂的作用就是如此。

服部健一对水泥粒子对减水剂的吸附作用以及ζ-电位与水泥分散体系黏度关系的研究证

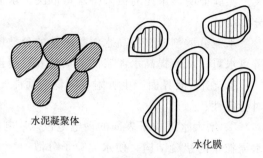

图 3-10 抗絮凝作用示意图

明，掺一定量（占水泥质量0.75%以上）萘系高效减水剂就能使水泥浆的黏度下降到稳定的值（图3-12）。这时，大分子的阴离子在水泥粒子上产生单分子层吸附（图3-13），使水泥的ζ-电位从+9.7mV变到−35mV（图3-14）。其最佳掺量都接近极限吸附量0.75%（占水泥质量比例），进一步增大掺量并不能明显增强分散效果。

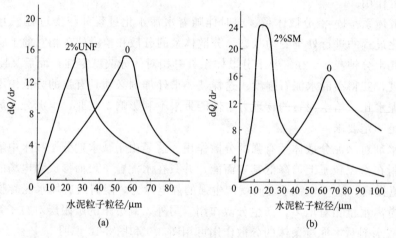

图 3-11 水泥颗粒分布曲线

UNF—萘系高效减水剂；SM—三聚氰胺系高效减水剂；Q—沉降量；r—粒子半径

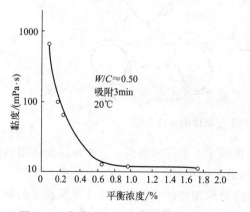

图 3-12 高效减水剂对水泥浆黏度的影响

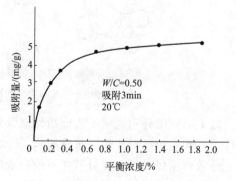

图 3-13 高效减水剂吸附-等温曲线

减水剂的品种和掺量对水泥浆的流动性影响各不相同。普通减水剂的掺量为水泥质量的 $0\%\sim0.3\%$，高效减水剂为 $0.5\%\sim1.0\%$。

减水剂是通过对水泥浆的分散作用来提高其流动度的。分子结构不同的减水剂具有不同的分散作用机理，对水泥浆的流动度呈现不同的影响。若采用不同分散作用机理的外加剂组成复合外加剂，能进一步提高对水泥的分散作用。

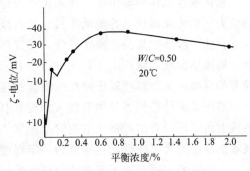

图 3-14 高效减水剂对水泥 ζ-电位的影响

水泥分散体系分散的同时伴随着水泥水化反应，当液相的粒子过饱和程度提高时，双电层的扩散被压缩，ζ-电位绝对值下降。当 ζ-电位达到一定临界值（一般为 $\pm25\sim\pm30\mathrm{mV}$）时就产生絮凝，从而使水泥浆发生凝结和硬化。

（2）水泥凝胶的流变性质　流变学是研究材料流动和变形的一门学科，属于力学的分支。与力学不同的是，它关系到物体本身的结构和因结构的差异而导致性能上的不同。

流动和变形实际都反映了物体变形和力的关系随时间而发展的规律。不同的是流动的对象是液体，而变形的对象是固体。用流变学的观点解释，流动和变形实际上是类似的。所谓流动，是物体在不变的剪切应力作用下随时间产生的连续变形，是一种特殊的变形。

当液体在某个流速范围内并以层流形式运动时，在靠近容器边壁的地方和中心部位，液体的流速是不同的，这种差别可以用"流速梯度"来描述。在垂直于流速方向上的一段无限近的距离 $\mathrm{d}x$ 内，流速由 v 变为 $v+\mathrm{d}v$，则比值 $\mathrm{d}v/\mathrm{d}x$ 就是流速梯度，它表示在垂直于流速方向上的单位距离内流速的增量。流速梯度又称"剪切速率"，它的单位是 s^{-1}。

液体中各层的流速不同，层间产生相对运动。由于液体内部分子间存在作用力，因此流速不同的各层之间产生内摩擦力，它将阻滞液体的层间相对运动，这种特性被称为液体的黏滞性。

在恒压条件下，液体层间的内摩擦力（F）、接触面积（A）和流速梯度（$\mathrm{d}v/\mathrm{d}x$）之间存在下列关系：

$$F=\eta A\frac{\mathrm{d}v}{\mathrm{d}x} \tag{3-1}$$

式中，η 为黏度系数（黏度），代表单位流速梯度的切应力，单位为 $\mathrm{mPa\cdot s}$。

式(3-1) 又称作牛顿内摩擦定律。遵守牛顿内摩擦定律的液体称为牛顿液体，不遵守牛顿内摩擦定律的液体则称为非牛顿液体。

泥浆、水泥浆及新拌混凝土有一些黏度反常现象，即为非牛顿液体。新拌混凝土的流变特性基本上可以用宾汉姆方程来描述：

$$\tau=\tau_0+\eta\frac{\mathrm{d}v}{\mathrm{d}x} \tag{3-2}$$

式中，τ 为剪切应力；τ_0 为极限剪应力。流变特性能用宾汉姆方程描述的物体称为宾汉姆体。

对分散系施加外力达一定值（τ_0）时，分散系才开始流动。这种流动开始产生时，所加的外力就叫屈服值。屈服值越小，分散性越好，对于凝聚体系，屈服值将增大。

通常牛顿流体和非牛顿流体的流变方程中黏度系数 η 为常数，流速梯度（dv/dx）和剪切应力 τ 的关系曲线（称流动曲线）呈直线形状，如图 3-15 中的 A、C。但若液体中有分散粒子存在，胶体中絮凝结构比较强，黏度系数 η 将是流速梯度（dv/dx）或剪切应力 τ 的函数，则流动曲线形状如图 3-15 中的 B、D。流动性混凝土混合料接近于非牛顿液体（B），而通常的混凝土混合料或较干硬性的混合料接近一般宾汉姆体（D）。

某些表面活性剂类外加剂掺入水泥浆体中后，测得其流变曲线如图 3-16 所示。从图中的流变曲线可以看出，掺减水剂的水泥浆体的黏度和纯水泥浆体的黏度不同，前者的黏度随减水剂掺量增大而降低，且降低到一定程度后趋于不变。

大量研究表明，加入表面活性剂类外加剂的水泥浆体的屈服值和黏度都是减小的，且随所加入外加剂浓度的增大而减小，掺有表面活性剂的水泥浆体更接近牛顿流体的流变特性。

另外，新拌混凝土还具有触变性能。由于混凝土混合料是黏性结构，悬浮体在静止状态是胶体，呈网状絮凝结构，没有流动性，通过外力可破坏其静止状态和结构，从而呈现流动性，若再静置又能重新呈现网状结构，这种现象就称为触变现象。掺表面活性剂以后，混凝土混合料具有更为显著的触变现象，更易振动使浆体密实。

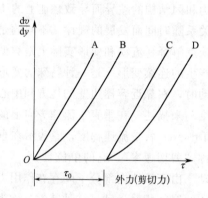

图 3-15　黏性体速度梯度与剪切力的关系
A—牛顿液体；B—非牛顿液体；C—宾汉姆体；D——般宾汉姆体

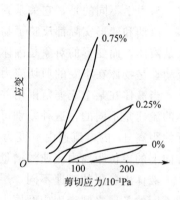

图 3-16　掺减水剂浆体流变曲线

3.3　化学外加剂品种

外加剂是混凝土在搅拌时加入的组分，它赋予新拌混凝土和硬化混凝土优良的性能，如提高抗冻性和耐久性、调节凝结和硬化速度、改善工作性、提高强度等，为制造各种高性能混凝土和特种混凝土提供了必不可少的条件。可以说，近二三十年混凝土技术的发展与外加剂的开发和使用是密不可分的。因此，了解和掌握各种常用外加剂的分子结构、性能和作用机理对混凝土技术的研究和应用至关重要，下面简要介绍各种常用的化学外加剂。

3.3.1　减水剂

混凝土减水剂是最常用的外加剂之一。早在 20 世纪 30 年代初，美国就将亚硫酸盐纸浆废液用于配制混凝土，以改善混凝土的和易性、强度和耐久性。1937 年，E. W. 斯克里彻获得此项美国专利，开始了现代减水剂的开发研究。20 世纪 40—50 年代，木质素系减水剂和具有同等效果的各种减水剂的开发和研究工作发展起来。60 年代初，随着日本和联邦德国三种高效减水剂和超塑化剂的发明问世，混凝土外加剂进入了现代科学时代。高效减水剂的研究和应用推动了混凝土向高强化、流态化和高性能方向发展。

混凝土减水剂是在保持新拌混凝土和易性相同的情况下，能显著降低用水量的外加剂，又称为分散剂或塑化剂，是最常用的一种混凝土外加剂。按照《混凝土外加剂术语》（GB/T 8075—2017）的规定，将减水率不小于 8％的减水剂称为普通减水剂；减水率不小于 14％的减水剂称为高效减水剂；减水率不小于 25％，且坍落度保持性能好、干燥收缩小，并具有一定引气性能的减水剂则称为高性能减水剂。

减水剂用在混凝土拌和物中，可以起到三种不同的作用：

① 在不改变混凝土组分，特别是不减少单位用水量的条件下，改变混凝土施工工作性，提高流动性；

② 在给定工作性条件下减少拌和用水量和降低水灰比，提高混凝土强度，改善耐久性；

③ 在给定工作性和强度条件下，减少水和水泥用量，从而节约水泥，减少干缩、徐变和水泥水化引起的热应力。

3.3.1.1　减水剂的分类

（1）按功能分类　按其减水率及功能的不同，可分为普通减水剂、高效减水剂和高性能减水剂；按混凝土中引入空气量的多少，分为引气减水剂和非引气减水剂；按其对混凝土凝结时间和早期强度的影响，分为标准型、缓凝型和早强型。

（2）按成分分类　减水剂按其化学成分可分为以下几类：①木质素磺酸盐类及其衍生物；②高级多元醇；③羟基羧酸及其盐；④萘磺酸盐甲醛缩合物；⑤聚氧乙烯醚及其衍生物；⑥多元醇复合体；⑦多环芳烃磺酸盐甲醛缩合物；⑧三聚氰胺磺酸盐甲醛缩合物；⑨聚丙烯酸盐及其共聚物；⑩其他。

3.3.1.2　减水剂的作用机理

减水剂的作用机理在 3.2.3 节已经详细介绍，在此不再赘述。

3.3.1.3　高效减水剂

高效减水剂几乎都是聚合物电解质。早在 50 多年前，日本和联邦德国就开始在混凝土中使用高效减水剂。我国在 20 世纪 70 年代开始研制高效减水剂，并且能生产相应品种的产品。高效减水剂对水泥颗粒具有很强的分散作用，其推广应用使混凝土工业发生了革命性的变化。掺入占水泥质量 0.5％～1.0％的高效减水剂，可以大大提高混凝土拌和物的流动性，或者在保持流动性相同的条件下大幅度减少混凝土拌和物的用水量（减水率为 18％～30％）。另外，高效减水剂的应用范围也在不断扩大，除使用高效减水剂配制高流动性混凝土、高强混凝土和高密实混凝土以外，还可制得一些新型混凝土品种与材料，如自流平砂浆和混凝土、水下不分散混凝土、宏观无缺陷混凝土及高性能混凝土等。高效减水剂的应用对大体积混凝土工程、海上建筑设施、轻质高强混凝土构件与制品等均具有十分重大的意义。

近 30 年来，高效减水剂的研究与应用发展迅速。一方面，研究开发了许多新型高效减水剂，如磺化聚苯乙烯、马来酸磺酸盐聚氧乙烯酯、多元醇磺酸盐与环氧乙烷和环氧丙烷共聚物、磺化脂肪酸聚氧乙烯酯、接枝聚羧酸盐等；另一方面，为了满足混凝土的工作性以及对硬化混凝土各种性能的要求，以高效减水剂为基础，结合使用其他类型外加剂，研究开发各种高效多功能复合外加剂，进一步扩大了高效减水剂的应用范围。

高效减水剂种类很多，并且范围还在进一步扩大。目前使用较为广泛的高效减水剂，按化学成分分类，主要有五种类型，即：改性木质素磺酸盐高效减水剂；稠环芳烃磺酸盐甲醛缩合物，以萘磺酸盐甲醛缩合物即萘系高效减水剂为主；三聚氰胺磺酸盐甲醛缩合物，即三聚氰胺树脂系高效减水剂；氨基磺酸盐甲醛缩合物，即氨基磺酸盐系高效减水剂；聚羧酸系高效减水剂。

(1) 聚羧酸系高效减水剂 聚羧酸系减水剂是由不同的不饱和单体，在具备一定条件的水相体系中，在引发剂（如过硫酸盐）作用下，接枝共聚而成的高分子共聚物，它是一种新型的高效减水剂。合成聚羧酸系减水剂常选用的单体主要有以下四种类型：不饱和酸——马来酸、马来酸酐、丙烯酸和甲基丙烯酸；聚链烯基物质——聚链烯基烃、醚、醇及磺酸；聚苯乙烯磺酸盐或酯；（甲基）丙烯酸盐或酯、丙烯酰胺。

因此，实际的聚羧酸系减水剂可由二元、三元、四元等单体共聚而成。所选单体不同，则分子组成不同。但是，无论组成如何，聚羧酸系减水剂分子大多呈梳形结构。其特点是主链上带有多个活性基团，并且极性较强；侧链上带有亲水性活性基团，并且数量多；疏水基的分子链较短，数量少。不同品种的聚羧酸系减水剂，其化学结构式有所不同，比较通用的化学结构可表示如下：

$$
\begin{array}{ccccc}
\text{CH}_3 & \text{CH}_3 & \text{H} & \text{R} & \text{COOH} \\
| & | & | & | & | \\
[\text{C}-\text{CH}_2]_a & [\text{C}-\text{CH}_2]_b & [\text{C}-\text{CH}_2]_c & [\text{C}-\text{CH}_2]_d & \text{CH}-\text{CH}-\text{CH}_2]_e]_n \\
| & | & | & | & | \\
\text{X} & \text{C}=\text{O} & \text{C}=\text{O} & \text{Y} & \text{COOM} \\
| & | & | & | & \\
\text{SO}_3\text{M} & \text{OM} & \text{OCH}_3 & \text{O(CH}_2\text{CH}_2\text{O)}_m-\text{R} &
\end{array}
$$

X：CH$_2$， CH—O— ； Y：CH$_2$，C=O；

R：H，CH$_3$，CH$_2$CH$_3$；M：H$^+$，Na$^+$

① 聚羧酸系减水剂作用机理特点 聚羧酸系减水剂吸附在水泥颗粒表面，使水泥颗粒表面的 ζ-负电位降低幅度远小于萘系、三聚氰胺系及氨基磺酸盐系等高效减水剂，因此，吸附有该类减水剂的水泥颗粒之间的静电斥力作用相对较小。但是，聚羧酸系减水剂在掺量较低的情况下，对水泥颗粒就具有强烈的分散作用，减水效果明显，这是因为：该类减水剂呈梳状吸附在水泥颗粒表面，侧链伸入液相，从而使水泥颗粒之间具有显著的空间位阻斥力作用；同时，侧链上带有许多亲水性活性基团（如—OH，—O—，—COO$^-$等），它们使水泥颗粒与水的亲和力增大，水泥颗粒表面溶剂化作用增强，水化膜增厚。因此，该类减水剂具有较强的水化膜润滑减水作用。由于聚羧酸系减水剂分子中含有大量羟基（—OH）、醚基（—O—）及羧基（—COO$^-$），这些极性基具有较强的液-气界面活性，因此该类减水剂还具有一定的引气隔离"滚珠"减水效应。

综上所述，聚羧酸系高效减水剂的分散减水作用机理以空间位阻斥力作用为主，其次是水化膜润滑作用和静电斥力作用，同时还具有一定的引气隔离"滚珠"效应和降低固液界面能效应。

② 聚羧酸系减水剂的性能 聚羧酸系减水剂由于合成时所选单体不同，其产品种类很多，不同品种的分子组成、结构及性能也不一样，故在此仅讨论该类减水剂的一些共有性能。

聚羧酸系高效减水剂液状产品的固体含量一般为 18%～25%。与其他高效减水剂相比，由于分散减水作用机理独具特点，所以其掺量低、减水率高。按有效成分计算，该类减水剂掺量一般为 0.05%～0.3%，掺量为 0.1%～0.2% 的该类减水剂减水率高于掺量为 0.5%～0.7% 的萘系高效减水剂。聚羧酸系减水剂的减水率对掺量的特性曲线更趋线性化，其减水率一般为 25%～35%，最高可达 40%。

该类减水剂含有许多羟基（—OH）、醚基（—O—）和羧基（—COO⁻）等亲水性基团，故具有一定的液-气界面活性，因此聚羧酸系减水剂具有一定的引气性和轻微的缓凝性。

除了掺量小、对水泥颗粒的分散作用强、减水率高等优点外，保塑性强是聚羧酸系高效减水剂最大的优点，在对混凝土硬化时间影响不大的前提下，能有效地控制混凝土拌和物的坍落度经时损失。聚羧酸系减水剂对混凝土不但具有良好的增强作用，而且具有抗缩性，能更有效地提高混凝土的抗渗性、抗冻性。

（2）氨基磺酸盐系高效减水剂　氨基磺酸盐系高效减水剂，即氨基磺酸盐甲醛缩合物，一般由带氨基、羟基、羧基、磺酸（盐）等活性基团的单体，如氨基磺酸、对氨基苯磺酸、三聚氰胺、尿素、苯酚、水杨酸、苯磺酸、苯甲酸等，通过滴加甲醛，在水溶液中温热或加热缩合而成。该类减水剂以芳香族氨基磺酸盐甲醛缩合物为主，其主要原料为对氨基苯磺酸、苯酚、甲醛及碱（如 NaOH）。芳香族氨基磺酸盐系高效减水剂，由多种结构和分子量不同的聚合体构成，其中主要的、有代表性的化学结构式如下：

M：金属离子，如 Na⁺ 等；X：R、H、—CH₂—⟨苯环⟩—OH

氨基磺酸盐系减水剂产品的固体含量为 25%～55%，为液状产品或浅黄褐色粉末状的粉剂产品。该类减水剂的主要特点之一是 Cl⁻ 含量低（约为 0.01%～0.1%）和 Na₂SO₄ 含量低（约为 0%～4.2%）。

氨基磺酸盐系高效减水剂的掺量低于萘系及三聚氰胺系高效减水剂。按有效成分计算，氨基磺酸盐系减水剂掺量一般为水泥质量的 0.2%～1.0%，最佳掺量为 0.5%～0.75%，在此掺量下，对流动性混凝土的减水率为 28%～32%，对塑性混凝土的减水率为 17%～23%。该类减水剂在水泥颗粒表面呈环状、引线状和齿轮状吸附，能显著降低水泥颗粒表面的 ζ-电位，因此其分散减水作用机理仍以静电斥力为主，并具有较强的空间位阻斥力作用。同时，该类减水剂由于具有强亲水性羟基（—OH），能使水泥颗粒表面形成较厚的水化膜，因此具有较强的水化膜润滑分散减水作用。

氨基磺酸盐系减水剂无引气作用，但其分子结构中具有羟基（—OH），故具有轻微的缓凝作用。该类减水剂减水率高，与萘系及三聚氰胺系高效减水剂一样，具有显著的早强和增强作用。掺该类减水剂的混凝土，其早期强度比掺萘系及三聚氰胺系的混凝土早期强度增长更快。

氨基磺酸盐系减水剂对混凝土性能的影响，与萘系及三聚氰胺系高效减水剂相似，具有萘系及三聚氰胺系高效减水剂的优点。与萘系及三聚氰胺系减水剂相比，氨基磺酸盐系减水剂具有更强的空间位阻斥力作用及水化膜润滑作用，所以，对水泥颗粒的分散效果更强，对水泥的适应性强，不但减水率高，而且保塑性好。掺该类减水剂的混凝土，在初始流动性相同的条件下，混凝土坍落度经时损失明显低于掺萘系及三聚氰胺系减水剂的混凝土，但是与其他高效减水剂相比，当掺量过大时，混凝土更易泌水。总体来说，氨基磺酸盐系高效减水剂是一种比较理想的新型高效减水剂。

（3）萘系减水剂　萘系减水剂为芳香族磺酸盐醛类缩合物。此类减水剂主要成分为萘（或萘的同系物）磺酸盐与甲醛的缩合物，属阴离子表面活性剂，其结构通式如下：

$$\left[\underset{SO_3Na}{\overset{R}{\bigcirc\bigcirc}}-CH_2-\underset{SO_3Na}{\overset{}{\bigcirc\bigcirc}}\right]_{n=9\sim13}-H$$

萘系高效减水剂是阴离子型高分子表面活性剂，具有较强的固-液界面活性作用，其吸附在水泥颗粒表面后，能使水泥颗粒的 ζ-负电位大幅度降低（绝对值增大），因此萘系高效减水剂分散减水作用机理以静电斥力作用为主，兼有其他作用力；萘系减水剂的气-液界面活性小，几乎不降低水的表面张力，因而起泡作用小，对混凝土几乎无引气作用；不含羟基（—OH）、醚基（—O—）等亲水性强的极性基因，对水泥无缓凝作用。

萘系高效减水剂掺量为水泥质量的 $0.3\%\sim1.5\%$，最佳掺量为 $0.5\%\sim1.0\%$，减水率为 $15\%\sim30\%$。萘系高效减水剂由于能提高拌和物的稳定性和均匀性，故能减少混凝土的泌水。在混凝土中掺入萘系高效减水剂，在水泥用水量及水灰比相同的条件下，混凝土坍落度值随其掺量的增加而明显增大，但混凝土的抗压强度并不降低。在保持水泥用量及坍落度值相同的条件下，减水率及混凝土抗压强度随减水剂掺量的增大而增大，开始时增大速度较快，但掺量达到一定值以后，增大速度迅速降低。

萘系减水剂对不同品种水泥的适应性强，可配制早强、高强和蒸养混凝土，也可配制免振捣自密实混凝土。保持混凝土的坍落度与强度不变，掺入占水泥质量 0.75% 的萘系减水剂，可节约水泥约 20%。

采用萘系减水剂配制的混凝土，不但抗压强度有明显提高，而且抗拉强度、抗折强度、棱柱体强度和弹性模量等均有相应提高，并且对钢筋无锈蚀作用，同时具有早强作用。

萘系高效减水剂用于减少混凝土用水量而提高强度或节约水泥时，混凝土收缩值小于不掺该减水剂的空白混凝土；用于增大坍落度而改善和易性时，收缩值略高于或等于未掺该减水剂的空白混凝土，但不会超过技术标准规定的极限值 1×10^{-4}。同时，萘系高效减水剂对混凝土徐变的影响与对收缩影响的规律相同，只是当掺高效减水剂而不节约水泥时，抗压强度明显提高，而徐变明显减小。另外，萘系高效减水剂不仅能显著提高混凝土的抗渗性能，而且对抗冻性能、抗碳化性能均有所提高。

3.3.2　凝结与硬化调节剂

水泥和水一经拌和，水化产物就开始形成，混凝土拌和物便逐渐失去流动性，最终凝结硬化，内部结构随龄期的增长越来越致密，混凝土的强度也就不断提高。混凝土的凝结时间是混凝土工程施工中需要控制的重要参数，它与混凝土的运输、浇筑、振动等工艺密切相关。而混凝土的早期强度还与混凝土脱模时间、养护等工艺有关。不同工程对混凝土的凝结时间有不同的要求：土建工程中往往都希望能尽早脱模，以便进行下一道工序；大体积混凝土要求减缓水泥水化速度，以便降低水化热，推迟达到水化放热温峰的时间；喷射混凝土则要求混凝土拌和物能迅速凝结硬化。此外，施工的气候条件不同，对混凝土的凝结时间和早期强度的要求也不同。例如在北方，冬季施工时为避免混凝土遭到冰冻破坏，就要求混凝土能尽早达到临界强度；在南方，夏季施工时又希望延长凝结时间，以便有充足的时间运输、浇筑、振捣成型。为了满足这些要求，就需要对混凝土凝结时间加以调控。

能对水泥、混凝土的凝结速度加以调节的外加剂称为"调凝剂"，其中包括速凝剂、早强剂、缓凝剂等。

3.3.2.1 速凝剂

速凝剂是调节混凝土（或砂浆）凝结时间和硬化速度的外加剂，能加速水泥的水化作用，并显著缩短凝结时间。我国对速凝剂的研究工作始于 1965 年。在 20 世纪 60 年代初，喷射混凝土施工工艺被广泛应用于道路、隧道、矿山井巷和地下支护衬砌，其基本特点是将水泥、砂、石、速凝剂和水借助高速气流通过混凝土喷射机的喷嘴直接喷射于喷面，迅速凝结硬化，在喷面上形成有一定厚度（50～300mm）的混凝土衬砌。喷面（岩面、模板、旧建筑物）使用喷射混凝土代替浇筑混凝土支护，具有工艺简单、可加快施工速度、节省材料、减少开挖断面、提高衬砌承载能力等优点。

（1）速凝剂的种类　能够使水泥迅速凝结硬化的外加剂品种较多，如 $CaCl_2$、$AlCl_3$、$CaSO_4 \cdot 0.5H_2O$、Na_2SO_4、$Al_2(SO_4)_3$、K_2CO_3、$CaCO_3$、$K_2Cr_2O_7$ 和丙烯酸盐等。这些外加剂相互组合或与其他外加剂复合使用，能使水泥迅速凝结，满足工程要求。

速凝剂的品种和牌号很多，国内外都有不少品种，但按其主要成分，大致可以分为铝氧熟料-碳酸盐型、铝氧熟料-钙矾石型、水玻璃型及其他类型。

（2）速凝剂的性能特点　速凝剂的作用是使混凝土喷射到工作面上后很快就能凝结，因此速凝剂必须具备以下几种性能：

① 使混凝土在喷出后 3～5min 内初凝，10min 之内终凝；

② 使混凝土有较高的早期强度，后期强度降低不能太大（小于 30%）；

③ 使混凝土具有一定的黏度，防止回弹过高；

④ 尽量减小水灰比，防止收缩过大，提高抗渗性能；

⑤ 对钢筋无锈蚀作用。

（3）速凝剂的作用机理　由于速凝剂是由复合材料制成的，同时又与水泥的水化反应交织在一起，其作用机理较为复杂，这里仅就其主要成分的反应加以阐述。

① 铝氧熟料-碳酸盐型速凝剂的作用机理如下：

$$Na_2CO_3 + CaO + H_2O \longrightarrow CaCO_3 + 2NaOH$$
$$NaAlO_2 + 2H_2O \longrightarrow Al(OH)_3 + NaOH$$
$$2NaAlO_2 + 3CaO + 7H_2O \longrightarrow 3CaO \cdot Al_2O_3 \cdot 6H_2O + 2NaOH$$
$$2NaOH + CaSO_4 \longrightarrow Na_2SO_4 + Ca(OH)_2$$

一方面，碳酸钠、偏铝酸钠与水作用都生成 NaOH，NaOH 与水泥浆中的石膏反应，生成 Na_2SO_4，降低浆体中 SO_4^{2-} 浓度。石膏起缓凝作用，由于石膏被消耗而使水泥中的 C_3A 成分迅速溶解进入水化反应，C_3A 的水化又迅速生成钙矾石从而加速了凝结硬化。另一方面，生成的大量 $NaOH$、$Al(OH)_3$、Na_2SO_4 都具有促凝、早强作用。速凝剂中的铝氧熟料及石灰，在水化初期就发生强烈的放热反应，使整个水化体系温度大幅度升高，加速了水化反应的进程和强度的发展。此外，在水化初期，溶液中生成的 $Ca(OH)_2$、SO_4^{2-}、Al_2O_3 等组分结合而生成高硫型水化硫铝酸钙（钙矾石），降低 $Ca(OH)_2$ 浓度，促进 C_3S 的水解，C_3S 迅速生成水化硅酸钙凝胶。迅速生成的水化产物交织搭接在一起形成网络结构的晶体，即混凝土开始凝结。

② 铝氧熟料-钙矾石型速凝剂的作用机理如下：

$$Na_2SO_4 + CaO + H_2O \longrightarrow CaSO_4 + 2NaOH$$
$$CaSO_4 + 2NaOH \longrightarrow Ca(OH)_2 + Na_2SO_4$$
$$NaAlO_2 + 2H_2O \longrightarrow Al(OH)_3 + NaOH$$
$$2NaAlO_2 + 3CaO + 7H_2O \longrightarrow 3CaO \cdot Al_2O_3 \cdot 6H_2O + 2NaOH$$

反应生成的大量 $NaOH$ 消耗了溶液中的 SO_4^{2-}，促进了 C_3A 的水化反应，反应放出大量热，促进了水化物的形成和强度发展。$Al(OH)_3$、Na_2SO_4 具有促进水化作用，使 C_3A 迅速水化生成钙矾石从而加速凝结硬化，进一步降低了液相中 $Ca(OH)_2$ 的浓度，促进 C_3S 水化，生成水化硅酸钙凝胶，因而产生强度。这种速凝剂被称为铝氧熟料-钙矾石型，主要通过早期形成钙矾石促进凝结。

③ 水玻璃型速凝剂是以硅酸钠为主要成分的速凝剂，主要作用机理是硅酸钠与氢氧化钙反应：

$$Na_2O \cdot nSiO_2 + Ca(OH)_2 \longrightarrow (n-1)SiO_2 + CaSiO_3 + 2NaOH$$

反应中生成大量 $NaOH$，如前所述促进了水泥水化，从而使水泥迅速凝结硬化。

3.3.2.2 早强剂

能加速混凝土早期强度发展的外加剂叫作早强剂。

(1) 早强剂的主要用途

① 提高混凝土早期强度，提前拆除模板，增加混凝土构件产量或加快混凝土工程进度。

② 用于冷天混凝土施工，提高低温下混凝土的早期强度，避免混凝土遭受冻害，减少防护费用，保证施工正常进行。

(2) 早强剂的品种与性能　早强剂可分成无机盐类、有机物类、复合型三大类。无机盐类主要有氯化物、硫酸盐、硝酸盐及亚硝酸盐、碳酸盐等。有机物类主要是指三乙醇胺、三异丙醇胺、甲酸、乙二醇等。复合型是指有机物与无机盐复合型早强剂。

① 无机盐类早强剂　无机盐类早强剂主要有氯化钙、氯化钠、氯化铁、硫酸钠、硫酸钙、（亚）硝酸盐类早强剂和碳酸盐类早强剂等，有其各自的特点。例如氯化钙具有明显的早强作用，特别是低温早强和降低冰点作用。在混凝土中掺氯化钙后能加快水泥的早期水化，提高早期强度。当掺 1% 以下时对水泥的凝结时间无明显影响，掺 2% 时凝结时间约提前 $0.67 \sim 2h$，掺 4% 以上就会使水泥速凝。而硫酸钠很容易溶解于水，在水泥硬化时，与水泥水化过程中产生的 $Ca(OH)_2$ 发生下列反应：

$$Na_2SO_4 + Ca(OH)_2 + 2H_2O \longrightarrow CaSO_4 \cdot 2H_2O + 2NaOH$$

所生成的二水石膏颗粒细小，比水泥熟料中原有的二水石膏能更快地参加水化反应：

$$CaSO_4 \cdot 2H_2O + 3CaO \cdot Al_2O_3 + 10H_2O \longrightarrow 3CaO \cdot Al_2O_3 \cdot CaSO_4 \cdot 12H_2O$$

因此能更快地生成水化产物硫铝酸钙，加快水泥的水化硬化速度。由于早期水化物结构形成较快，结构致密程度较差，因而后期 28d 强度会略有降低，早期强度增加得愈快，后期强度就愈容易受影响，因而硫酸钠掺量应有一个最佳控制量，一般在 1%～3%，掺量低于 1%，早强作用不明显，掺量太大，后期强度损失也大，一般以 1.5% 左右为宜。

② 有机物类早强剂　醇类、胺类以及一些有机酸均可用作混凝土早强剂，如甲醇、乙醇、乙二醇、三乙醇胺、三异丙醇胺、二乙醇胺、尿素等，常用的是三乙醇胺。

三乙醇胺早强剂因掺量小、低温早强作用明显，而且有一定的后期增强作用，因此在与无机早强剂复合作用时效果更好。

三乙醇胺的早强作用是由于能促进 C_3A 的水化。在 $C_3A\text{-}CaSO_4\text{-}H_2O$ 体系中，它能加快钙矾石的生成，有利于混凝土早期强度的发展。三乙醇胺分子中有氮原子，它有一对未共用电子，很容易与金属离子形成共价键，发生络合，形成较为稳定的络合物。这些络合物在溶液中形成了许多可溶区，从而提高了水化产物的扩散速率，缩短水泥水化过程中的潜伏期，提高早期强度。

当三乙醇胺掺量过大时，水泥矿物中 C_3A 与石膏在它的催化下迅速生成钙矾石从而缩短了凝结时间。三乙醇胺对 C_3S、C_2S 的水化过程则有一定抑制作用，这又使得后期的水化产物得以充分地生长、致密，保证了混凝土后期强度的提高。

三乙醇胺作为早强剂时，掺量为 0.02%～0.05%，当掺量＞0.1% 时则有促凝作用。

③ 复合型早强剂　各种外加剂都有其优点和局限性。例如氯化物有腐蚀钢筋的缺点，但其早强效果好，能显著降低冰点，如果与阻锈剂复合使用则能发挥其优点，克服其缺点；有些无机化合物有使混凝土后期强度降低的缺点，而一些有机外加剂虽能提高后期强度，但单掺早强作用不大，如果将两者合理组合，则不但能显著提高早期强度，而且后期强度也得到提高，并且能大大减少无机化合物的掺量，这有利于减少无机化合物对水泥石的不良影响。因此使用复合型早强剂不但可显著提高混凝土早强效果，而且可大大拓展早强剂的应用范围。

复合型早强剂可以是无机材料与无机材料的复合，也可以是有机材料与无机材料的复合或有机材料与有机材料的复合。复合型早强剂往往比单组分早强剂的早强效果更好，掺量也可以比单组分早强剂有所降低。众多复合型早强剂中以三乙醇胺与无机盐复合型早强剂效果较好，应用最广。

工程中常用复合型早强剂的配方如表 3-1 所示。

表 3-1　常用复合型早强剂的配方

复合型早强剂的组分	掺量(以占水泥质量比例计)/%
三乙醇胺＋氯化钠	(0.03～0.05)＋0.5
三乙醇胺＋氯化钠＋亚硝酸钠	0.05＋(0.3～0.5)＋(1～2)
硫酸钠＋亚硝酸钠＋氯化钠/氯化钙	(1～1.5)＋(1～3)＋(0.3～0.5)
硫酸钠＋氯化钠	(0.5～1.5)＋(0.3～0.5)
硫酸钠＋亚硝酸钠	(0.5～1.5)＋1.0
硫酸钠＋三乙醇胺	(0.5～1.5)＋0.05
硫酸钠＋二水石膏＋三乙醇胺	(1～1.5)＋2＋0.05
亚硝酸钠＋二水石膏＋三乙醇胺	1.0＋2＋0.05

3.3.2.3　缓凝剂

缓凝剂是一种能延迟水泥水化反应，延长混凝土的凝结时间，使新拌混凝土能较长时间保持塑性，方便浇筑，提高施工效率，同时对混凝土后期各项性能不会造成不良影响的外加剂。缓凝剂按性能可分为仅起延缓凝结时间作用的缓凝剂和兼具缓凝与减水作用的缓凝减水剂两种。

随着复杂条件下混凝土施工技术的发展，缓凝剂和缓凝减水剂的应用领域正在不断拓展。在夏季高温环境下浇筑或运输预拌混凝土时，采取缓凝剂与高效减水剂复合使用的方法可以延缓混凝土的凝结时间，减少坍落度损失，避免混凝土泵送困难，提高工作效率，同时延长混凝土保持塑性的时间，有利于混凝土振捣密实，避免蜂窝、麻面等质量缺陷。在大体积混凝土施工，尤其是重力坝、拱坝等重要水工结构施工中掺用缓凝剂，可延缓水泥水化放热，降低混凝土绝对温升，并延迟温峰出现，避免因水化放热产生温度应力而使混凝土产生裂缝，危及结构安全。缓凝剂和缓凝减水剂除了在大跨度、超高层结构等预应力混凝土构件中使用之外，还在填石灌浆施工法或管道施工的水下混凝土、滑模施工的混凝土以及离心工艺生产混凝土排污管等混凝土制品中得到广泛的应用。

近年来又出现了超缓凝剂，可以使普通混凝土缓凝24h，甚至更长时间，且对混凝土后期各项性能无不良影响。超缓凝剂的开发与应用，为混凝土的多样化施工提供了新的技术手段，并促进了新工艺的出现。特别是对于超长、超高泵送混凝土施工，避免了泵送效率的降低，减少了中间设置的"接力泵"，使高层建筑的混凝土施工更为容易。在持续高温（最高气温40℃以上）条件下施工的高性能混凝土，使用超缓凝剂可以避免混凝土过快凝结、二次抹面困难、混凝土表面干缩裂缝等现象的出现，更为重要的是可以减小由高水泥用量引起的高温升、高温差、高温度应力，从而有利于控制大体积混凝土出现温度应力缝。另外，超缓凝剂还为解决混凝土接槎冷缝以及高抗渗性、高气密性和防辐射混凝土施工困难等问题提供了新的途径。

（1）缓凝剂的分类 缓凝剂的主要功能在于延缓水泥凝结硬化速度，使混凝土拌和物在较长时间内保持塑性。缓凝剂种类较多，按其化学成分可分为无机缓凝剂和有机缓凝剂，按其缓凝时间可分为普通缓凝剂和超缓凝剂。

无机缓凝剂包括：磷酸盐、锌盐、硫酸铁、硫酸铜、硼酸盐、氟硅酸盐等。

有机缓凝剂包括：羟基羧酸及其盐、多元醇及其衍生物、糖类（碳水化合物）等。

缓凝减水剂是兼具缓凝和减水功能的外加剂。主要品种有木质素磺酸盐类、糖蜜类及各种复合型缓凝减水剂等。

（2）缓凝剂作用机理 一般来讲，多数有机缓凝剂有表面活性，它们在固-液界面上产生吸附，改变固体粒子表面性质，或是通过其分子中亲水基团吸附大量水分子形成较厚的水膜层，屏蔽晶体间的相互接触，改变了结构形成过程；或是通过其分子中的某些官能团与游离的 Ca^{2+} 生成难溶性的钙盐吸附于矿物颗粒表面，从而抑制水泥的水化进程，起到缓凝作用。大多数无机缓凝剂能与水泥水化产物生成复盐（如钙矾石）沉淀于水泥矿物颗粒表面，抑制水泥水化。缓凝剂的作用机理较为复杂，通常是以上多种缓凝机理综合作用的结果。

① 无机缓凝剂作用机理 水泥凝胶体凝聚过程的发展取决于水泥矿物的组成和胶体粒子间的相互作用，同时也取决于水泥浆体中电解质的存在状态。如果胶体粒子之间存在相当强的斥力，水泥凝胶体系将是稳定的，否则将产生凝聚。电解质能在水泥矿物颗粒表面构成双电层，并阻止粒子的相互结合。当电解质过量，双电层被压缩，粒子间的引力大于斥力时，水泥凝胶体开始凝聚。

此外，高价离子能通过离子交换和吸附作用影响双电层结构。胶体粒子外界的高价离子可以进入胶体粒子的扩散层甚至紧密层置换出低价离子，导致双电层中反号离子数量减少，扩散层变薄，动电电位的绝对值也随之降低，水泥浆体的凝聚作用加强，产生凝聚现象；同理，胶体粒子外界低价离子浓度较高时，可以将扩散层中的高价离子置换出来，从而使动电电位绝对值增大，水泥颗粒间斥力增大，水泥浆体的流动性提高。

绝大多数无机缓凝剂都是电解质盐类，可以在水溶液中电离出带电离子。阳离子的置换能力随其电负性的大小、离子半径以及离子浓度不同而变化，而同价离子的凝聚作用取决于其离子半径和水化程度。一般来讲，原子序数越大，凝聚作用越强。

难溶电解质的溶度积也会对水泥浆体系的稳定状态产生影响。无机电解质的加入（尤其在水泥水化初期）会影响 $Ca(OH)_2$、C-S-H 的析出成核及 C-A-S-H 的形成过程，进而对水泥的凝结硬化产生重要的作用。例如，铁、铜、锌的硫酸盐，由于溶度积较小，易于在水泥矿物粒子表面形成难溶性的膜层，阻止水泥的水化，产生缓凝效果。图 3-17 为不同磷酸盐对硅酸盐水泥水化热的延缓作用。

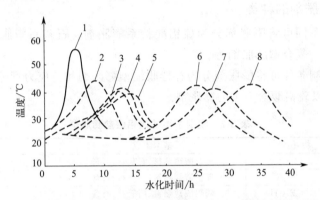

图 3-17　不同磷酸盐对硅酸盐水泥水化热的延缓作用

1—不掺；2—H_3PO_4；3—$NaH_2PO_4 \cdot 2H_2O$；4—$Na_2HPO_4 \cdot 2H_2O$；5—$Na_3PO_4 \cdot 10H_2O$；

6—$Na_6P_4O_{13}$；7—$Na_5P_3O_{10}$；8—$Na_4P_2O_7$（2～8 掺量以 P_2O_5 占水泥质量的 0.3% 计）

② 有机缓凝剂作用机理　羟基羧酸、氨基羧酸及其盐对硅酸盐水泥的缓凝作用主要在于它们的分子结构中含有络合物形成基（—OH、—COOH、—NH_2）。Ca^{2+} 为二价阳离子，配位数为 4，是弱的结合体，能在碱性环境中形成不稳定的络合物。首先，羧基在水泥水化产物的碱性介质中与游离的 Ca^{2+} 反应生成不稳定的络合物，在水化初期控制了液相中的 Ca^{2+} 浓度，产生缓凝作用。随着水化过程的进行，这种不稳定的络合物将自行分解，水化将继续正常进行，并不影响水泥后期水化。其次，羟基、氨基、羧基均易与水分子通过氢键缔合，再加上水分子之间的氢键缔合，使水泥颗粒表面形成了一层稳定的溶剂化水膜，阻止了水泥颗粒间的直接接触，阻碍水化的进行。另外，含羧基或羧酸盐基的化合物也易与游离的 Ca^{2+} 生成不溶性的钙盐，沉淀在水泥颗粒表面，从而延缓了水泥的水化速度。

糖类、多元醇类及其衍生物缓凝剂的缓凝机理：糖类、醇类化合物对硅酸盐水泥的水化反应具有程度不同的缓凝作用，其缓凝作用在于羟基吸附在水泥颗粒表面与水化产物表面上的 O^{2-} 形成氢键。同时，其他羟基又与水分子通过氢键缔合，同样使水泥颗粒表面形成一层稳定的溶剂化水膜，从而抑制水泥的水化进程。在醇类的同系物中，随其羟基的增加，缓凝作用逐渐增强。

③ 木质素磺酸盐缓凝减水剂作用机理　木质素磺酸盐类表面活性剂是典型的阴离子表面活性剂，平均分子量在 20000 左右，属于高分子表面活性剂。另外，木质素磺酸盐中还含

有相当数量的糖，糖类是多羟基碳水化合物，亲水性强，吸附在矿物颗粒表面可以增厚溶剂化水膜层，起到缓凝作用。

3.3.3 膨胀剂

工程中由混凝土收缩造成的工程事故屡见不鲜。为此，裂缝的产生、防治以及修补等问题一直深受工程界的关注。为了解决这种工程问题，1964 年美国学者 Klein 利用硫铝酸钙的膨胀性获得了制造膨胀水泥的专利权，之后日本首先开始将膨胀剂作为单独成分从膨胀水泥中分离出来，随后世界各国都开始了对膨胀剂的研究和应用。

膨胀剂是指与水泥、水拌和后经水化反应生成钙矾石，或钙矾石和氢氧化钙，或氢氧化钙产物，从而使混凝土产生膨胀的物质。

3.3.3.1 膨胀剂的种类

按化学成分的不同可将膨胀剂分为硫铝酸盐系膨胀剂、石灰系膨胀剂、氧化镁型膨胀剂、铁粉系膨胀剂、复合型膨胀剂等。

按膨胀率和限制条件可将膨胀剂分为补偿收缩型膨胀剂和自应力型膨胀剂。

表 3-2 是我国以硫铝酸盐为主的膨胀剂。

表 3-2 我国主要的硫铝酸盐膨胀剂

膨胀剂品种	代号	基本组成	膨胀源
CSA 型膨胀剂	CSA	硫铝酸钙熟料、石灰石、石膏	钙矾石
U 型膨胀剂	UEA	硫铝酸盐熟料、明矾石、石膏	钙矾石
U 型高效膨胀剂	UEA-H	硫铝酸盐熟料、明矾石、石膏	钙矾石
复合型膨胀剂	CEA	石灰系熟料、明矾石、石膏	CaO、钙矾石
铝酸钙膨胀剂	AEA	铝酸钙熟料、明矾石、石膏	钙矾石
明矾石膨胀剂	EA-L	明矾石、石膏	钙矾石

3.3.3.2 膨胀机理

（1）钙矾石的膨胀机理 ①膨胀相是钙矾石，在水泥中有足够浓度 CaO、Al_2O_3、$CaSO_4$ 的条件下均可生成钙矾石，并非一定要通过固相反应生成的钙矾石才能膨胀，通过液相反应也可以产生钙矾石膨胀。②在液相 CaO 饱和时，通过固相反应或原位反应形成针状钙矾石，其膨胀力放大；在液相 CaO 不饱和时，通过液相反应形成柱状钙矾石，其膨胀力较小，但有足够数量钙矾石时，也产生体积膨胀。③在膨胀原动力方面，一种观点是晶体生长压力，另一种观点是吸水膨胀。而游宝坤通过对几种膨胀水泥和膨胀剂进行 X 射线和电镜分析，认为在水泥石孔缝中存在钙矾石结晶体，其结晶生长力能产生体积膨胀，更多的是在水泥凝胶区中生成难以分辨的凝胶状钙矾石。根据 Mehta 和刘崇熙的研究结果，钙矾石表面带负电荷，它们吸水肿胀是水泥石膨胀的主要根源。凝胶状钙矾石吸水肿胀和结晶状钙矾石对孔缝产生的膨胀压力的共同作用，使水泥石产生体积膨胀，而前一种膨胀驱动力比后一种大得多。该观点可以把结晶膨胀学说和吸水肿胀学说统一起来，使钙矾石膨胀机理得到了较为合理的解释。

（2）石灰系膨胀剂的膨胀机理 石灰系膨胀剂（石灰脂膜膨胀剂、氧化钙膨胀剂）是以 CaO 为膨胀源，由普通石灰和硬脂酸按一定比例共同磨细而成。在粉磨石灰（氧化钙）的过程中加入硬脂酸，一方面起助磨剂作用，另一方面在球磨过程中使石灰表面黏附硬脂酸从而形成一层硬脂酸膜，起到了憎水隔离作用，使 CaO 不能立即与水作用，在水化过程中膜逐渐破裂，延缓了 CaO 的水化过程，从而控制膨胀速率。其膨胀反应为：

$$CaO + H_2O \longrightarrow Ca(OH)_2$$

体积比　16.8　　18　　　　33.2

关于 CaO 的膨胀机理，目前还没有确切的定论。R. H. Bogue 认为，水泥中游离石灰的膨胀不是因为溶解于液相再结晶为 $Ca(OH)_2$，而是由固相反应生成 $Ca(OH)_2$ 所致。而 S. Chatterji 认为，CaO 的膨胀分为两个阶段：首先，微细的胶体状 $Ca(OH)_2$ 在水化初期的水泥颗粒间隙中形成，产生膨胀；其次，其再结晶过程是第二阶段膨胀的开始，膨胀在 CaO 水化反应结束后仍能继续进行。

石灰系膨胀剂目前主要用于设备灌浆，制成灌浆料，用于大型设备的基础灌浆和地脚螺栓的灌浆，减少混凝土收缩，增加体积稳定性和提高其强度。这种材料在安装工程中已大量使用，另外也常用作无声爆破时的静态破碎剂。

（3）铁粉系膨胀剂的膨胀机理　铁粉系膨胀剂主要由铁屑、铁粉和一些氧化剂（如重铬酸钾）、催化剂（氯盐）及分散剂等混合制成。铁粉表面被氧化而生成一层铁的化合物，当这类膨胀剂与混凝土拌和物接触时，这些铁的化合物会逐渐溶解，随着水泥水化反应的进行，液相中碱性不断增强，Fe^{3+} 会与碱生成凝胶状的氢氧化铁 $[Fe(OH)_3]$ 而产生膨胀效应，反应为 $Fe^{3+} + 3OH^- \longrightarrow Fe(OH)_3$，这些胶状的铁化合物填充于水泥的孔隙中，随着水分的逐渐蒸发又会结晶析出，这些作用都会使混凝土更为密实，强度得以提高。目前这种膨胀剂用量很少，仅用于二次灌浆的有约束的工程部位，如设备底座与混凝土基础之间的灌浆、已硬化混凝土的接缝、地脚螺栓的锚固、管子接头等。

3.3.4　引气剂

在混凝土搅拌过程中能引入大量均匀分布、稳定而封闭的微小气泡，改善混凝土和易性、提高混凝土抗冻性和耐久性的外加剂，叫作混凝土引气剂。引气剂的掺量通常为水泥质量的 $0.002\% \sim 0.01\%$，掺入后可使混凝土拌和物中引气量达 $3\% \sim 5\%$。引入的大量微小气泡对水泥颗粒及骨料颗粒具有浮托、隔离及"滚珠"作用，因而引气剂具有一定的减水作用。一般地，引气剂的减水率为 $6\% \sim 9\%$，而当减水率达到 10% 以上时，则称之为引气减水剂。

3.3.4.1　引气剂的种类和化学性质

引气剂也属于表面活性剂，同样可以分为阴离子、阳离子、非离子与两性离子等类型，但使用较多的是阴离子表面活性剂。以下是几种使用比较广泛的引气剂。

（1）松香类引气剂　松香类引气剂是目前国内外最常使用的引气剂。该引气剂性能可靠，制备方法简便，价格也较为便宜。松香类引气剂又分为松香皂类与松香热聚物类两种。

① 松香皂类引气剂　松香由在松树上采集的松树脂制得。松香的主要成分是一种松香酸。

松香酸遇碱后产生皂化反应生成松香酸酯，又称松香皂。

$$\text{（松香酸）} + NaOH \xrightarrow{\triangle} \text{（松香酸钠）} + H_2O$$

这种引气剂是最早生产并用于砂浆及混凝土中的引气剂，包括微沫剂、KF 微孔塑化剂等。

② 松香热聚物类引气剂　将松香与苯酚（俗称石炭酸）、硫酸和氢氧化钠以一定比例在反应釜中加热，松香中的羧基与苯酚中的羟基进行酯化反应：

$$\text{（松香酸）} + \text{（苯酚）} \xrightarrow[\triangle]{H_2SO_4} \text{（酯）} + H_2O$$

同时还会发生分子间的缩聚反应：

$$\text{（松香酸）} + 2\,\text{（苯酚）} \xrightarrow{\triangle} \text{（缩聚产物）} + 2H_2O$$

所形成的大分子再经过氢氧化钠处理变为缩聚物的钠盐。该产品为膏状物。

松香热聚物性能与松香皂化物相近，无明显优点，成本略高于松香皂化物，且在生产过程中要使用对环境有污染的苯酚，该产品多用于水工混凝土。

③ 马来酸松香皂引气剂　马来酸松香皂引气剂是用马来酸与松香皂合成的共聚物，由清华大学研究成功。

（2）烷基苯磺酸盐类引气剂　该类引气剂最具代表性的产品为十二烷基苯磺酸盐，属阴离子表面活性剂，易溶于水而产生气泡。另外，该类产品还包括烷基苯酚聚氧乙烯醚（OP）、烷基磺酸盐等。

（3）其他类型引气剂

① 皂角苷类引气剂　多年生乔木皂角树果实皂角中含有一种味辛辣刺鼻的物质，其主要成分为三萜皂苷，具有很好的引气性能。三萜皂苷的结构简式如下：

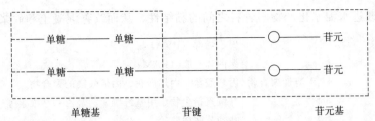

三萜皂苷由单糖基、苷键和苷元基组成。苷元基由两个相连接的苷元组成，一般情况下一个苷元可以连接 3 个或 3 个以上单糖，形成一个较大的五环三萜空间结构。

单糖基中的单糖有很多羟基（—OH），能与水分子形成氢键，因而具有很强的亲水性，而苷元基中的苷元具有亲油性，是憎水基。三萜皂苷属非离子型表面活性剂。三萜皂苷溶于水后，大分子被吸附在气-液界面上，形成两条基团的定向排列，从而降低了气-液界面的张力，使新界面的产生变得容易。若用机械方法搅动溶液，就会产生气泡，且由于三萜皂苷分子结构较大，形成的分子膜较厚，气泡壁的弹性和强度较高，气泡能保持相对稳定。

② 脂肪酸及其盐类引气剂　凡是动物脂肪经皂化后生成的脂肪酸盐均具有引气性质，但引气量不大。这类脂肪酸碳链的碳原子个数一般在 12～20 之间。硬脂酸、动物油脂、椰子油等均属此类，它们具有引气性质，但并未形成引气剂产品。

3.3.4.2　引气剂的作用机理

（1）界面活化作用　引气剂的界面活化作用，即引气剂在水中被界面吸附，形成憎水吸附层，降低界面能，使混凝土拌和过程中引入的气泡能够稳定存在。

（2）起泡作用　引气剂在混凝土中形成的气泡，属于溶胶性气泡，彼此独立存在，其周围被水泥浆体、骨料等包裹而不易消失。

3.3.5　聚合物改性剂

用于混凝土（砂浆）改性的聚合物有四类，即水溶性聚合物、聚合物乳液（或分散体）、可再分散性聚合物粉料和液体聚合物。具体分类如图 3-18 所示。

通常，用于改性的聚合物应该具有如下性能：

① 对水泥水化无负面影响；

② 对水泥水化过程中释放的高活性离子如 Ca^{2+} 和 Al^{3+} 有很高的稳定性；

③ 有很高的机械稳定性，例如在计量、输送和搅拌的高剪切作用之下不会破乳；

④ 有很好的储存稳定性；

⑤ 有较低的引气性；

⑥ 在混凝土或砂浆中能形成与水泥水化产物和骨料有良好黏结力的膜层，且最低成膜温度较低；

⑦ 所形成的聚合物膜应具有极好的耐水性、耐碱性和耐候性。

3.3.5.1　聚合物乳液

关于聚合物乳液对水泥砂浆和混凝土的改性作用，目前比较一致的观点是：改性作用是通过聚合物在水泥浆与骨料间形成具有较高黏结力的膜，并堵塞砂浆内的孔隙来实现的。水泥水化与聚合物成膜同时进行，最后形成水泥浆与聚合物膜相互交织在一起的互联网络结构，具有可反应基团的聚合物可能会与固体氢氧化钙表面或骨料表面的硅酸盐发生反应，这种化学反应能改进水泥水化产物与骨料之间的黏结性，从而改善混凝土和砂浆的性能。

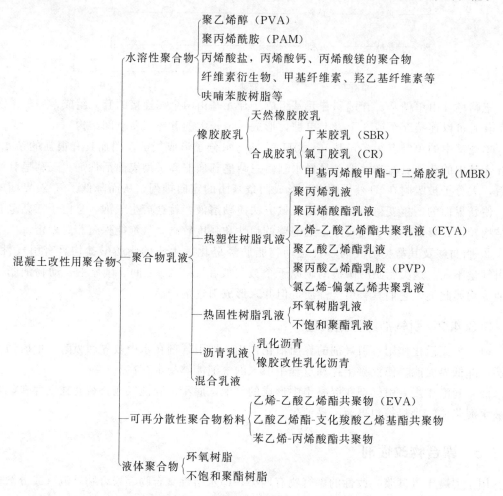

图 3-18　混凝土改性用聚合物分类

3.3.5.2　可再分散性乳胶粉

可再分散性乳胶粉是水泥基或石膏基等干粉预拌砂浆的主要添加剂。它是乙烯和乙酸乙烯酯的共聚物，经喷雾干燥，从起初的 $2\mu m$ 聚集在一起，形成 $80\sim100\mu m$ 的球形颗粒。因为这些粒子表面被一种无机抗硬结构的粉末包裹，所以得到的是聚合物粉末。当该粉末与水、水泥或石膏为底材的砂浆混合时便可再分散，其中的基本粒子（$2\mu m$）会重新形成与原来胶乳相当的状态，故称为可再分散性乳胶粉。

（1）可再分散性乳胶粉的性能　可再分散性乳胶粉具有良好的可再分散性，与水接触时重新分散成乳液，并且其化学性能与初始乳液完全相同。通过在水泥基或石膏基干粉预拌砂浆中添加可再分散性乳胶粉，可以改善砂浆的多种性能，如提高材料的黏结力，降低材料的吸水性和弹性模量，增强抗折强度、抗冲击性、耐磨性和耐久性，提高材料的施工性能，等等。

（2）可再分散性乳胶粉的组成　可再分散性乳胶粉通常为白色粉末，但也有少数有其他颜色。其成分包括聚合物树脂、添加剂（内）、保护胶体、添加剂（外）和抗结块剂等。

（3）可再分散性乳胶粉在砂浆中的作用机理　可再分散性乳胶粉与其他无机胶黏剂（如水泥、熟石灰、石膏、黏土等）以及各种骨料、填料和其他添加剂（如甲基羟丙基纤维素醚、淀粉醚、纤维素纤维）等进行物理混合制成干粉砂浆。当将干粉砂浆加入水中搅拌时，在亲水性的保护胶体以及机械剪切力的作用下，胶粉颗粒分散到水中，正常的可再分散性乳胶粉分散所需要的时间非常短，例如，在干喷混凝土修补砂浆中，加有可再分散性乳胶粉的干砂浆与水仅在喷嘴终处混合约 0.1s 便喷射到施工面上，这已经足以使可再分散性乳胶粉充分分散和成膜。在早期混合阶段，胶粉已经开始对砂浆的流变性以及施工性产生影响，这种影响因胶粉本身的特性以及改性作用的不同而不同，有的有助流作用，有的有增加触变性作用。其影响机理有多个方面，其中较为公认的观点是：可再分散性乳胶粉通过提高砂浆含气量起润滑作用，通过胶粉尤其是保护胶体分散时对水的亲和以及随后的黏稠度对施工砂浆的内聚力提高而提高砂浆的和易性。含有胶粉分散液的湿砂浆施工于作业面上，随着水分的减少，基面的吸收，水硬性材料的反应消耗，面层水分向空气挥发，树脂颗粒逐渐靠近，界面逐渐模糊，树脂逐渐相互融合，最终成为连续的高分子薄膜，该过程主要发生在砂浆的气孔以及固体的表面。

3.3.6 保水剂和增稠剂

应用于干粉砂浆的保水剂和增稠剂为纤维素醚和淀粉醚，而应用于传统建筑砂浆的保水增稠剂为石灰膏和微沫剂。

3.3.6.1 纤维素醚

（1）纤维素醚的基本概念 纤维素醚是由纤维素制成的具有醚结构的高分子化合物。在干粉砂浆中，纤维素醚的添加量很低，但能显著改善湿砂浆的性能，是影响砂浆施工性能的一种主要添加剂。

纤维素醚主要采用天然纤维通过碱溶、接枝反应、水洗、干燥、研磨等工序加工而成。作为主要原材料的天然纤维可分为棉花纤维、杉树纤维等，聚合度的不同将影响产品的最终强度。目前，主要的纤维素厂家都使用棉花纤维作为主要原材料。

（2）纤维素醚的分类 纤维素醚可分为离子型和非离子型。离子型主要有羧甲基纤维素，非离子型主要有甲苯纤维素、甲基羧乙基（丙基）纤维素、羟乙基纤维素等。

（3）纤维素醚的性能 纤维素醚具有如下几点性能。

① 保水性 保水性是甲基纤维素醚的一个重要性能，也是国内很多干粉厂家，特别是南方气温较高地区的厂家关注的性能。纤维素醚的添加量、黏度、颗粒的细度及使用环境的温度等均影响砂浆的保水效果。砂浆的保水性一般随纤维素醚掺量的提高、黏度的增加而增加；纤维素醚的颗粒越细，其砂浆的保水性越好；砂浆的保水性随环境温度的升高而降低。

② 纤维素醚的黏度 黏度是纤维素醚性能的重要参数。一般来说，黏度越高，保水效果越好；黏度越高，对砂浆的增稠效果越明显，但并不是成正比的关系。然而黏度越高，砂浆的分子量越高，其溶解性将相应降低，这对砂浆的强度和施工性能有负面影响。黏度越高，湿砂浆会越黏，施工时，表现为黏刮刀和对基材的黏着性高，但对湿砂浆本身结构强度的增加帮助不大，施工时，表现为抗下垂性能不明显。相反，一些中低黏度但经过改性的甲基纤维素醚则在改善湿砂浆的结构强度方面有优异的表现。

③ 纤维素醚的细度 细度也是纤维素醚的重要性能指标。用于干粉砂浆的纤维素醚要求为粉末，含水率低，而且细度方面要求 $20\% \sim 60\%$ 的粒径小于 $63\mu m$。细度影响到纤维素醚的溶解性。较粗的纤维素醚通常为颗粒状，在水中很容易分散溶解而不结块，但溶解速度

很慢，不宜在干粉砂浆中使用。另外，细度对其保水性也有影响，一般情况下，在黏度和掺量相同的条件下，细度越细，其保水性越好。

④ 纤维素醚的溶解性能　纤维素本身是不溶于水的，它是具有高度结晶性的聚合物。但纤维素分子链上的羟基能够形成分子间氢键，羟基被取代后，分子链间的氢键被破坏，分子链间距拉大，从而赋予其水溶性。水溶性与取代基的种类、大小和取代度有关。

(4) 纤维素醚在水泥基材料中的应用　纤维素醚在混凝土和砂浆以及抹灰灰浆中应用广泛。它用于水泥瓷砖胶黏剂以及抹灰灰浆，能提高保水性，避免砂浆中的水被基材过快吸收，使水泥有足够的水进行水化，砂浆的保水性随纤维素醚掺量增加而提高。纤维素醚还可以提高砂浆的可塑性，改善流变性能，延长瓷砖胶黏剂的可调整时间和晾置时间。当纤维素醚用于高流动性可泵送混凝土和自密实混凝土中时，可以提高水相的黏度，减少或防止泌水和离析。另外，纤维素醚也可用于水下不分散混凝土。

3.3.6.2　淀粉醚

(1) 淀粉醚的基本概念　淀粉醚是一类分子中含有醚键的变性淀粉的总称，与纤维素醚具有相同的化学结构和类似的性能。淀粉醚用于建筑砂浆中，能影响以石膏、水泥和石灰为基料的砂浆的稠度，改变砂浆的施工性和抗流变性能。淀粉醚通常与非改性及改性纤维素醚配合使用，对中性和碱性体系都适合，能与石膏和水泥制品中的大多数添加剂相容（如表面活性剂、纤维素醚、淀粉等水溶性聚合物）。

用于水泥砂浆和混凝土的淀粉醚是经过化学改性的淀粉，可以溶解于冷水中。某些改性淀粉可以赋予改性砂浆特殊的流变性能，用这种淀粉醚改性的瓷砖胶黏剂具有非常好的抗下垂性能。

(2) 淀粉醚的分类　淀粉醚是改性淀粉的一种，主要包括羧甲基淀粉、羟烷基淀粉、烃基淀粉和阳离子淀粉。

(3) 淀粉醚的性能　淀粉醚的特性主要有改善砂浆的抗流变性、提高施工性等。其基本性质见表3-3。

表 3-3　淀粉醚的基本性质

性质类别	具体性质	性质类别	具体性质
溶解性	冷水溶	颗粒度	≥98%（80目筛）
黏度	300～800mPa·s	含水率	≤10%
颜色	白色或浅黄色		

(4) 淀粉醚在建筑中的主要用途　淀粉醚在建筑行业中可以用作以水泥和石膏为基料的手工或机喷砂浆、嵌缝料和胶黏剂，瓷砖胶黏剂，砌筑砂浆，等等。

3.3.6.3　石灰膏以及微沫剂

石灰膏在水泥砂浆中用作增稠材料，具有保水性好、价格低廉的优点，能有效避免砖等砌体由高吸水性而导致的砂浆起壳脱落现象，是传统的建筑材料，广泛用作砌筑砂浆与抹面砂浆。但石灰耐水性差，加之质量不稳定，导致所配制的砂浆强度低、黏结性差，影响砌体工程质量，而且由于石灰粉掺加时粉尘量大，施工现场劳动条件差，环境污染严重，不利于文明施工。

自20世纪70年代末开始，我国某些地方开始采用微沫剂来改善砂浆的和易性，即在水泥砂浆中掺入松香皂等引气剂来代替部分或全部石灰。微沫剂的掺入使浆体体积增加，和易性得到改善，用水量减少，并且搅拌后产生的适量微气泡使拌和物骨料颗粒间的接触点大大减少，降低了颗粒间的摩擦力，砂浆内聚性好，便于施工。但微沫剂掺加量过多将明显降低砂浆的强度和黏结性。

3.3.7 其他外加剂

3.3.7.1 防水剂

(1) 防水剂的定义及特点　混凝土防水剂是一种能减少孔隙，堵塞毛细通道，降低混凝土的吸水性和在静水压力下透水性的外加剂。防水剂能显著提高混凝土的抗渗性，增强其防水、憎水作用，减少渗水和吸水量，提高混凝土的耐久性。

混凝土防水剂一般由无机、有机、高分子等多种材料组成，拌和在水泥或混凝土中，起到减水、密实、憎水、防止渗漏的作用，被广泛用于水塔、水池、屋面、地下室、隧道、桥梁等防水工程内部或外部密封防水。它具有如下特点：

① 能改善拌和物的和易性、保水性，减少用水量，增加密实度；

② 加快水泥水化速度，使水化生成物数量增多、结晶变细；

③ 提高建筑物的强度及防水、抗渗、抗风化、抗冻融、耐腐蚀等性能；

④ 无毒，无污染，使用方便，可在潮湿基面施工。

(2) 防水剂的品种　防水剂的品种很多，主要有如下几类：

① 无机化合物类防水剂，如氯化铁、含锆化合物等。

② 有机化合物类防水剂，如脂肪酸及其盐类、有机硅表面活性剂（甲基硅醇钠、乙基硅醇钠、聚乙基羟基硅氧烷）、石蜡、地沥青、橡胶及水溶性树脂乳液等。

③ 混合物类防水剂，包括无机类混合物、有机类混合物、无机类与有机类混合物。

④ 复合类防水剂，上述各类防水剂与引气剂、减水剂、调凝剂等外加剂的复合物。

3.3.7.2 阻锈剂

混凝土的碱度降低和混凝土中电解质（尤其是 Cl^-）的影响是混凝土中钢筋或预埋铁件发生锈蚀的主要原因。阻锈剂就是为了防止或避免混凝土中钢筋锈蚀而产生的。能阻止或减弱混凝土中钢筋或预埋铁件发生锈蚀作用的外加剂叫阻锈剂。

常用的阻锈剂按所用物质可分为有机与无机两大类。亦可根据阻锈机理的不同，将阻锈剂分为阳极型阻锈剂、阴极型阻锈剂和复合型阻锈剂三种。

(1) 阳极型阻锈剂　阳极型阻锈剂使用最广泛的材料有亚硝酸钠、亚硝酸钙、硝酸钙、苯甲酸钠、铬酸钠和氯化亚锡等。钢筋表面发生电化学反应的区域中存在阳极区和阴极区。阳极型阻锈剂的主要作用是提高钝化膜抵抗 Cl^- 的渗透性，从而达到保护钢筋不被锈蚀的目的。

(2) 阴极型阻锈剂　常用的阴极型阻锈剂主要有表面活性剂类的高级脂肪酸铵盐、磷酸酯等，以及无机盐类的碳酸钠、磷酸氢钠、硅酸盐等。阴极型阻锈剂主要作用于阴极区，其作用机理是这类物质大都是表面活性物质，它们选择性吸附在阴极区，形成吸附膜，从而阻止或减缓电化学反应。

(3) 复合型阻锈剂　复合型阻锈剂对阴极、阳极反应均有抑制作用，它的作用是提高阴、阳极间的电阻，使电化学反应受到抑制，使阴、阳极腐蚀作用减缓甚至中止。该类阻锈剂包括苯甲酸钠＋亚硝酸钠、亚硝酸钙＋亚硝酸钠＋甲酸钙等。

3.3.7.3 发泡剂

（1）发泡剂的概念　发泡剂是其水溶液在通过机械作用力引入空气的情况下产生大量泡沫的一类物质，通常是表面活性剂或表面活性物质。前者如阴离子表面活性剂、阳离子表面活性剂、非离子表面活性剂等，后者如动物蛋白、植物蛋白、纸浆废液等。发泡剂均具有较高的表面活性，能有效降低液体的表面张力，并在液膜表面形成双电子层排列而包围空气形成气泡，再由单个气泡组成泡沫。

发泡剂有广义与狭义两个概念。广义的发泡剂是指所有其水溶液能在引入空气的情况下产生大量泡沫的表面活性剂或表面活性物质。由于大多数表面活性剂与表面活性物质均有大量起泡的能力，因此广义的发泡剂包含了大多数表面活性剂与表面活性物质，因而其范围很广，种类很多，其性能品质相差很大，可选择范围非常广。

狭义的发泡剂是指那些不但能产生大量泡沫，而且泡沫具有优异性能，能满足各种产品发泡的技术要求，真正能用于生产实际的表面活性剂或表面活性物质。它与广义发泡剂的最大区别就是其应用价值，体现其应用价值的是发泡能力特别强、单位体积产泡量大、泡沫非常稳定、可长时间不消泡、泡沫细腻、和使用介质的相容性好等优异性能。狭义的发泡剂就是工业上实际应用的发泡剂，一般常说的发泡剂就是指狭义发泡剂。

（2）混凝土发泡剂　混凝土发泡剂是狭义发泡剂的一个类别，而不是所有的狭义发泡剂。由于泡沫混凝土的特性及技术要求，狭义发泡剂中只有很小一部分能用于泡沫混凝土。混凝土发泡剂是针对制备泡沫混凝土所需的特种发泡剂所提出的新概念，属于表面活性剂或者表面活性物质。

混凝土发泡剂通过机械设备充分发泡，制备出的泡沫应该具备以下三个特征：①必须与水泥等胶凝材料相适应，即不消泡；②必须高稳定，能承载一定的重力和压力，即不塌模；③必须细腻，泡径一般控制在 0.1mm 以下。

（3）混凝土发泡剂的发泡机理　混凝土发泡剂的发泡机理主要是表面活性剂或者表面活性物质在溶剂水中形成一种双电子层的结构，包裹住空气形成气泡。表面活性剂和表面活性物质的分子由性质截然不同的两部分组成，一部分是与油有亲和性的亲油基，另一部分是与水有亲和性的亲水基，溶于水后，亲水基受到水分子的吸引，而亲油基则受到水分子的排斥。为了克服这种不稳定状态，表面活性剂或者表面活性物质只能占据溶液的表面，亲油基伸向气相中，亲水基伸入水中。混凝土发泡剂溶于水后，经机械搅拌引入空气形成气泡（图 3-19），再由单个的气泡组成泡沫。

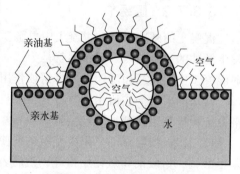

图 3-19　气泡结构示意图

另外，混凝土发泡剂浓度过高或过低均影响泡沫的稳定性。表面活性剂和表面活性物质通过机械方式引入气体形成气泡，气泡的泡壁是双电子层结构，双电子层是否稳定直接关系到气泡的稳定性。如果混凝土发泡剂浓度很大，活性物质会在泡壁中形成胶束，增大泡壁的质量和厚度，严重影响泡壁的稳定性，会出现泌水和气泡串通现象，直接影响泡沫的稳定性，无形中提高了泡沫混凝土的成本。如果混凝土泡沫剂使用浓度很小，会出现发泡率低、泡沫量减少、泡壁不稳定、泡沫容易破裂或消泡等问题，会影响泡沫混凝土的各种性能。

3.3.7.4 养护剂

养护剂又称保水剂，是一种喷涂在新浇混凝土或砂浆表面，能有效阻止内部水分蒸发的混凝土外加剂。

新浇筑的混凝土必须保持表面湿润才能保证水泥颗粒的充分水化，从而满足强度、耐久性等技术指标。

一般地，混凝土拌和物用水量要大于水泥水化的需水量，混凝土初凝之后，蒸发或其他原因造成的水分损失会影响水泥的充分水化，尤其在混凝土的表面层，当混凝土干燥到相对湿度80%以下时，水泥水化就趋于停止，使混凝土各项性能受到损害。而表层混凝土对混凝土结构的耐久性、耐磨性和外观相当重要，因此表面混凝土的养护十分重要。

为此，工程上使用养护剂进行养护，在被养护的混凝土表面喷洒或涂刷一层成膜物质，使混凝土表面与空气隔绝，以防止混凝土内部水分蒸发，保持混凝土内部湿度，起到长期养护的作用。

混凝土养护剂大致可以分为树脂型、乳胶型、乳液型和硅酸盐型四种。国外常用树脂型和乳胶型，而国内采用的养护剂常为乳液型和硅酸盐型。硅酸盐型养护剂以水玻璃为主要成分。

① 水玻璃型　水玻璃型养护剂的作用机理主要是水玻璃能与水化产物 $Ca(OH)_2$ 迅速反应生成硅酸钙的胶体，在混凝土表面形成胶体膜，阻碍内部水分的蒸发，其主要反应如下：

$$Ca(OH)_2 + Na_2O \cdot nSiO_2 \longrightarrow 2NaOH + (n-1)SiO_2 + CaSiO_3$$

② 乳液型　乳液型养护剂主要有矿物油乳液和石蜡乳液等品种。这种乳化液喷洒在混凝土表面，逐渐形成一层脂膜，阻止混凝土水分外溢，起到保水作用。乳液型养护剂保水率可以达到 70%~80%，性能优于水玻璃型，但由于生成油脂膜，对进一步装饰有不利影响，故这种养护剂多用于公路、机场地道、停车场等混凝土层较薄、面积很大又不需进一步装饰的混凝土表面，而水玻璃型多用于工业、民用建筑混凝土的养护。

3.3.7.5 脱模剂

混凝土新技术、新工艺的不断发展，不仅对混凝土工作性、耐久性等性能的要求愈来愈高，而且对混凝土外观质量提出了更高要求。从混凝土的成型工艺来看，不管是预制构件，还是现浇混凝土，为了保证硬化后混凝土表面的光滑平整，不出现蜂窝、麻面，除了要求混凝土具有良好的和易性、保水性和高密实性以外，还要求混凝土模板内表面光滑、与混凝土黏结性弱、模板吸水率低。因此工程中往往采用一种能涂抹在模板上，减小混凝土与模板的黏结力，使模板易于脱离，从而保证混凝土表面光洁的外加剂，称为脱模剂。

（1）脱模剂定义　涂抹在各种模板内表面，能产生一层隔离膜，并且不影响模内混凝土凝结硬化以及硬化混凝土的力学性能，又能减小混凝土与模板之间黏结力的外加剂称为脱模剂。

（2）脱模剂的脱模机理　脱模是克服模板和混凝土之间的黏结力或表层混凝土自身内聚力使之脱离模板的结果。其作用机理表现为下列几方面。

① 隔离模作用　脱模剂涂于模板后迅速干燥成膜，在混凝土与模板之间起隔离作用而达到脱模效果。

② 机械润滑作用　脱模剂在模板与混凝土之间起机械润滑作用，从而克服两者间的黏

结力而达到脱模效果。

③反应作用　含脂肪酸等的化学活性脱模剂涂于模板后，首先使模板表面具有憎水性，然后与模内新拌混凝土中的游离氢氧化钙起皂化反应，生成具有物理隔离作用的非水溶性皂，既起润滑作用，又阻碍或延缓接触面上很薄一层混凝土凝固，拆模时表层混凝土内聚力被破坏从而达到脱模效果。

（3）脱模剂的种类　脱模剂的种类较多，通常可分为纯油类脱模剂、乳化油类脱模剂、皂化油类脱模剂、石蜡类脱模剂、化学活性剂类脱模剂、油漆类脱模剂、合成树脂类脱模剂和其他用纸浆废液、海藻酸钠等配制而成的脱模剂等。

（4）脱模剂在工程中的应用　脱模剂主要用于混凝土大模板施工、滑模施工和预制构件生产。随着我国混凝土工程量的不断增加，脱模剂的使用量越来越大，原有各种脱模剂的性能也在不断改进。一般认为，脱模剂作为混凝土与模板之间的界面物质，既要与混凝土接触，又要与模板接触，是气-液-固三相体系。其中气是指具有一定含气量的混凝土在入模振动密实作用过程中，向混凝土表面富集而形成的气泡。与涂有脱模剂的钢模板接触后，气泡难以逸出，停留在表面，模板拆除后，混凝土表面容易出现蜂窝、麻面，影响表面质量。液是指水溶性脱模剂中的液体。固是指钢模板。降低液气界面张力，有利于气泡脱离固相表面而逸出或破灭，因此在脱模剂中加入消泡剂制成消泡脱模剂不失为脱模剂的新品种之一。试验结果已表明，涂抹消泡脱模剂可减少混凝土表面大孔，避免蜂窝、麻面现象，改善混凝土表面质量。

随着基础建设的发展，大型公路、桥梁、桥柱等现浇构件的表面质量要求也越来越高，正确选择、合理使用不同性质的脱模剂，既可以保证施工质量，又能提高混凝土外观质量。

3.3.7.6　减缩剂

能显著减小混凝土硬化过程中产生的干缩值而不影响混凝土其他性能的外加剂称为减缩剂。减缩剂是性能优异的水的表面活性剂，其主要组成通常是聚醚、聚醇及其衍生物。一些减缩剂的化学组成见表3-4。

表3-4　减缩剂的化学组成

化学组成	说明
$HO(C_3H_6O)_4H$	聚丙烯二醇
$CH_3O(C_2H_4O)_3H$	环氧乙烷甲醇附加物
$C_2H_5O(C_2H_4O)_4(C_3H_6O)_4H$	环氧乙烷环氧丙烷嵌段聚合物
$H(C_2H_4O)_{15}(C_3H_6O)_5H$	环氧乙烷环氧丙烷随机聚合物
$HO(C_2H_4O)_4H$	环氧乙烷环烷基附加物
$CH_3O(C_2H_4O)_4CH_3$	环氧乙烷甲基附加物
$[CH_3O(C_2H_4O)_2]_2CH_2$	两端附加环氧乙烷甲醇
$(CH_3)_2-N-(C_2H_4O)_3H$	环氧乙烷二甲氨基附加物

减缩剂的掺入能大大降低混凝土的干缩变形，但降低幅度随混凝土龄期增长而逐渐减小，而且会降低混凝土的抗压和抗折强度，降低幅度最高可达20%，所以使用时应特别注意。

3.3.7.7　复合外加剂

目前，混凝土中使用单一品种外加剂的情况已很少见，逐渐向着高效能、多功能的方向发展。大量试验资料及工程实践表明，将两种或两种以上外加剂复合，配制成具有多功能或单一功能更优、稳定性更高的复合外加剂是外加剂应用技术发展的趋势。外加剂的复合有两种方式，一种是外加剂生产厂在生产过程中的复合，另一种是外加剂使用者在现场进行配制。

(1) 复合外加剂的基本原理　复合外加剂通常由表面活性剂或高效减水剂与无机电解质组成。将各种外加剂以适当的成分和比例复合，能以最有效的方式影响固相和液相的反应性能以及水泥石结晶结构的物理力学性质。因此复合外加剂应当具备如下作用：

① 排除吸附在水泥颗粒上的空气，使水泥水化完全；

② 短时间内屏蔽水泥颗粒间的引力和斥力，使水泥塑化；

③ 加速水泥结晶形成过程，产生离子链结合；

④ 强化离子变换过程，而不影响水泥水化的诱导期。

(2) 复合外加剂的种类　常用的复合外加剂主要有以下几种：

① 早强减水剂　早强减水剂是一种兼有早强和减水功能的外加剂，由早强剂和减水剂复合而成。由于高效减水剂一般本身就具有早强作用，而普通减水剂一般都有缓凝效果，且早期强度较差，因此，出于技术经济效果的考虑，早强减水剂大多数由普通减水剂与早强剂复合而成。

常见的早强减水剂主要是木钙（木质素磺酸钙）与硫酸钠、硫酸钙、三乙醇胺的复合剂，也有木钙与硝酸盐、亚硝酸盐的复合剂。木钙与早强剂复合以后除具有早强、减水作用外，还有缓凝与引气作用，可改善混凝土的耐久性。

② 缓凝减水剂　缓凝减水剂是兼具缓凝和减水功能的外加剂。主要品种有木质素磺酸盐类、糖蜜类及各种复合型缓凝减水剂等。

③ 混凝土泵送剂　泵送混凝土是利用混凝土输送泵沿管道输送进行浇筑的混凝土。由于泵送混凝土这种特殊的施工方法要求，混凝土除满足一般的强度、耐久性等要求外，还必须满足泵送工艺的要求，即有较好的可泵性，在泵送过程中具有流动性良好、摩擦阻力小、不离析、不泌水、不堵塞管道等性能。为此，在拌制混凝土时一般需要掺入泵送剂，增大混凝土黏聚性，降低泌水性，并减小混凝土坍落度经时损失，从而改善混凝土的可泵性。

一般情况下，泵送剂都是几种常用外加剂按一定配比的复合，可供选择的复合方案很多，但基本都含有下列组分：

a. 减水组分　如减水剂或高效减水剂，其作用是在不增大或略降低水灰比的条件下，增大混凝土的流动性。基准混凝土的坍落度为6~8cm，而加泵送剂后增大到12~22cm，并且在不增加水泥用量的情况下，28d抗压强度不低于基准混凝土。

b. 引气组分　其作用是在混凝土中引入大量的微小气泡，提高混凝土的流动性和保水性，减小坍落度损失，提高混凝土的抗渗性及耐久性。

c. 缓凝组分　其主要作用是减小运输和停泵过程中的坍落度损失，降低大体积混凝土的初期水化热。常用的是糖蜜。

d. 其他组分　如早强组分、防冻组分、膨胀组分、矿物超细掺合料等，其作用是加速模板周转，防止冻害，改善混凝土级配，防止泌水离析，增强体积稳定性，增强混凝土耐久性，防止碱-骨料反应。

综上，根据其组成，混凝土泵送剂具有减水率高、坍落度损失小、不泌水、不离析、保水性好、有一定的缓凝作用和引气性、内摩擦小等特点。

④ 防冻剂　能使混凝土在负温下硬化，并在规定时间内达到足够防冻强度的外加剂叫

防冻剂。在混凝土中掺入防冻剂是混凝土冬季施工最常用的技术措施之一。

加入防冻剂，能降低液相冰点，并能在负温下促进混凝土和建筑砂浆的强度增长。防冻剂绝大部分采用氯盐、亚硝酸盐、硝酸盐、碳酸钾、尿素、氨水及其复合物。

防冻剂绝大多数是复合外加剂，由防冻组分、早强组分、减水组分、引气组分、载体等材料组成。

 知识扩展

港珠澳大桥是我国境内一座连接香港、广东珠海和澳门的桥隧工程，位于广东省珠江口伶仃洋海域内，为珠江三角洲地区环线高速公路南环段。桥隧全长 55 千米，其中主桥 29.6 千米，香港口岸至珠澳口岸 41.6 千米；因其超大的建筑规模、空前的施工难度和顶尖的建造技术而闻名世界。大桥的建设创下多项世界之最，非常了不起，体现了一个国家逢山开路、遇水架桥的奋斗精神，体现了我国的综合国力、自主创新能力，体现了勇创世界一流的民族志气。

 思考题

1. 简述化学外加剂的定义和作用，化学外加剂的具体品种及各自定义和性能。
2. 简述减水剂的作用机理。
3. 高效减水剂主要有哪些类型？每种类型的特点是什么？
4. 简述缓凝剂的分类及作用机理。
5. 简述引气剂的种类及化学性质。

混 凝 土 材 料 学

4

矿物掺合料

现代混凝土科学技术中最突出的两大成就，一是化学外加剂的研究、应用和发展，二是矿物掺合料的研究、应用和发展。后者的重要意义不仅在于节约水泥的经济意义与利用废弃物的环保意义，更是涉及全面提高混凝土各项性能，有可能使混凝土使用寿命提高至 500～1000 年。

4.1 矿物掺合料的概述

4.1.1 矿物掺合料的发展历史

在混凝土中加入工业废渣或天然矿物材料作为掺合料有着悠久的历史。从 20 世纪 30 年代开始，人们就逐渐对矿物掺合料产生了兴趣，但一直到 20 世纪 70 年代能源危机的出现，矿物掺合料的研究才出现一定的转机。近年来，随着绿色高性能混凝土的发展，矿物掺合料与水泥、骨料、水以及外加剂一样受到广泛重视，已成为混凝土的重要组成材料，甚至是不可或缺的组成部分，被称为辅助胶凝材料或者混凝土的第六组分。不同种类的矿物掺合料，如粉煤灰、硅粉、沸石粉、矿渣粉、偏高岭土等的研究也有了很大的进步。矿物掺合料一般来自工业废渣，对其进行合理利用具有很大的价值。一方面，可以消化大量工业废料，减少其造成的环境污染以及土地占用等问题，有利于保护环境；另一方面，可以减少水泥用量从而降低能耗和节约资源，降低混凝土生产成本。技术创新推动着混凝土技术的发展。随着对矿物掺合料研究的深入，一些天然矿物材料和工业废渣的多种优良特性被发现，这有利于改善混凝土的诸多性能，如混凝土的工作性能、力学性能、体积稳定性和耐久性等。例如：硅灰、细磨矿渣及分选超细粉煤灰可用来生产 C100 以上的超高强混凝土、超高耐久性混凝土、高抗渗混凝土。

用于混凝土的矿物掺合料种类繁多，其来源、组成、结构和性能有较大差异，各具特点。应用这些矿物掺合料时，应充分了解其特点，从而使其在混凝土中发挥各自的优良特性，同时应注意避免或减弱其给混凝土带来的不良影响，最大程度地发挥矿物掺合料的潜能。

4.1.2 矿物掺合料的定义

混凝土矿物掺合料的定义：以铝、硅、钙等一种或几种氧化物为主要成分，掺入混凝土中能改善新拌混凝土或硬化混凝土性能的粉体材料。

混凝土矿物掺合料又被称为辅助胶凝材料，通常具有火山灰活性或潜在水硬性，同时也有规定的细度，其掺量一般不小于 5%，如粉煤灰、钢渣粉、粒化高炉矿渣粉、硅灰、磷渣粉等。一般情况下，矿物掺合料的比表面积大于 $350 \mathrm{m}^2/\mathrm{kg}$，比表面积大于 $600 \mathrm{m}^2/\mathrm{kg}$ 的被称为超细矿物掺合料，其增强效果非常明显，但有可能加剧混凝土早期塑性开裂。

4.1.3 矿物掺合料的分类

矿物掺合料可以按照以下三种方法进行分类。

（1）按原料来源分类　矿物掺合料根据来源可分为天然、人工及工业废料三大类（见表 4-1）。

表 4-1　矿物掺合料的分类

类别	品种
天然类	火山灰、凝灰岩、沸石粉、硅质页岩等
人工类	矿渣粉、煅烧页岩、偏高岭土等
工业废料类	粉煤灰、硅灰、钢渣粉、磷渣粉等

（2）按化学活性分类　根据化学活性，矿物掺合料基本可分为三类：

① 有胶凝性（或称潜在水硬活性）的　如粒化高炉矿渣、高钙粉煤灰、沸腾炉（流化床）燃烧脱硫排放的废渣等。

② 有火山灰活性的　火山灰活性是指本身没有或极少有胶凝性，但在有水存在时，能与 $Ca(OH)_2$ 在常温下发生化学反应，生成具有胶凝性的组分。如粉煤灰，原状的或煅烧的酸性火山玻璃和硅藻土，某些煅烧页岩和黏土，以及某些工业废渣（如硅灰）。

③ 惰性的　如磨细的石灰岩、石英砂、白云岩以及各种硅质岩的产物。

（3）按组分分类

① 单组分矿物掺合料　由一种掺合料构成，如矿粉、粉煤灰或硅灰等。

② 复合矿物掺合料　将两种或者两种以上矿物掺合料按一定比例复配而成的多组分粉体材料，如粉煤灰-矿粉、粉煤灰-矿粉-硅灰等。研究表明，通过这种复配，不同矿物掺合料之间可以产生"超叠加"效应，超过单组分矿物掺合料的掺加效果。

4.1.4 矿物掺合料的作用

矿物掺合料在混凝土中的作用主要体现在四个方面：

① 形态效应　利用矿物掺合料的颗粒形态在混凝土中起减水作用。

② 微细骨料效应　利用矿物掺合料的微细颗粒填充到水泥颗粒填充不到的孔隙中，使混凝土中浆体与骨料的界面缺陷减少，致密性提高，大幅度提高混凝土的强度和抗渗性。

③ 化学活性效应　利用其胶凝性或火山灰活性，将混凝土中尤其是浆体与骨料界面处大量的 $Ca(OH)_2$ 晶体转化成对强度及致密性更有利的 C-S-H 凝胶，改善界面缺陷，提高混凝土强度。

④ 温峰削减效应　矿物掺合料替代了部分水泥，使得混凝土中的水泥用量相应减少（特别是在大掺量时），因此胶凝材料所产生的水化热也随之减少。虽然火山灰反应也会产生水化热，但是由于其滞后于水泥的水化放热且延续时间很长，可显著削减混凝土水化放热温峰。

4.2　矿物掺合料的活性激发机理

矿物掺合料的化学活性效应是矿物掺合料能够提高混凝土性能的主要来源。所谓化学活性效应，是指混凝土中矿物掺合料的活性成分所产生的化学效应。在硅酸盐水泥第一次水化后，矿物掺合料中的活性成分会与水泥的水化产物——氢氧化钙和水化硅酸钙等发生二次水化反应（火山灰反应）。而二次水化反应活性的高低与矿物掺合料内玻璃体的含量及结构等密切相关。以常见的矿物掺合料粉煤灰和矿渣粉为例，虽然从外观或从 X 射线衍射（XRD）测试结果看，二者均含有玻璃体或无定形物质，但是，化学组成的不同使得玻璃体内部结构存在差异，从而引起了化学活性的不同。

4.2.1　玻璃体结构理论

玻璃体是物体从高温熔融经过快速冷却而得到的非晶态的固体。其与晶态物质的不同之处在于，不存在完整的原子的长程有序排列。但是，有时会存在短程有序排列结构。正因为是从熔融体经快速冷却得到的，它基本上保持了高温熔融体的结构。

4.2.1.1　高温熔融体的结构理论

关于无机材料高温熔融体的结构，存在如下观点。

(1) 近程有序理论　近程有序理论可以理解为：在中心质点的周围围绕有一定数量的、有规律排列的其他质点，形成了一些小的有序集合体（尺寸约为 1～2nm）；在集合体的周围又存在分子空穴、漏洞或裂缝，这些空穴处于不断产生和消失的动态过程。因此，近程有序理论有时又被称为"空穴结构理论"。

(2) 聚合物结构理论　聚合物结构理论，主要用于描述熔融体中存在相当数量的强共价键。例如，在有 Si—O 键的高温熔体中存在的共价键，将熔体组分的原子结合成聚合度不同的"聚合物"。例如硅酸盐玻璃中存在以共价键（Si—O—Si、Si—O—Si—O—Si 等）结合的二聚体、三聚体甚至多聚体，而且还可以存在环形和有支链的聚合体。

4.2.1.2　玻璃结构的理论

玻璃体是从高温熔融体经快速冷却得到的，理论上它可以保持原有的结构状态，但是，由于玻璃体的组成不同，冷却过程中的变化也就有一定差别。因此，不同玻璃体的结构仍然有各自的特性。关于玻璃结构有如下理论。

(1) 晶子假说　晶子假说，是苏联的列别捷夫于 1921 年提出的关于玻璃结构的学说，该学说被后来的一些材料学家的实验所证实和补充。该假说的要点可归纳为：玻璃体的结构是一种不连续的原子集合体，即无数"晶子"分散在无定形介质中，"晶子"的组成和性质取决于玻璃体的化学组成。"晶子"不同于一般的微晶，而是带有晶格极度变形的微小有序区域。在"晶子"的中心，质点排列较有规律，愈远离中心，变形度愈大；"晶子"分散在无定形介质中，从"晶子"部分到无定形部分是逐步过渡的，两者之间并没有明显的界线。

（2）无规则网络假说　无规则网络假说，是 1932 年德国的 W. H. Zachariasen 提出的关于玻璃结构的另一种学说。其中心论点是：

凡是成为玻璃态的物质，与相应的晶体结构一样，也是由一个三维空间网络所构成的。这种网络是由离子多面体（四面体或三角体）所构成的。晶体结构网络由多面体无数次有规律的重复所构成，而玻璃体结构中多面体的重复却没有规律。

根据该假说，无机氧化物玻璃中的网络是由 O^{2-} 多面体构成的，多面体的中心是网络形成离子（例如 Si^{4+}、P^{5+}、B^{3+} 等），由它们与 O^{2-} 形成的多面体相互结合而组成网络。因此，这些阳离子又被称为网络形成离子。另外一些离子（例如 Na^+、K^+、Ca^{2+}、Mg^{2+} 等）虽然也与 O^{2-} 组成多面体，但是它们不仅不能形成网络，而且可以使网络中的键断裂，也就是能够使网络裂解，这种离子被称为网络调整离子。此外还有一种离子（例如 Al^{3+}），在一定条件下可以是网络形成离子，但在另外的条件下却又是网络调整离子，它可以与其他网络形成离子组成混合网络（例如形成 Si—O—Al—O 键）。

此外，W. H. Zachariasen 还认为，玻璃与其相应的晶体具有相似的内能，提出了形成玻璃体的 4 条规则：

① 网络中每个 O^{2-} 最多只能与 2 个网络形成离子相连；

② 多面体中阳离子的配位数必须是较小的，只能是 4 或更小；

③ 氧多面体之间只能共顶角而不能共棱边或共面；

④ 每个氧多面体至少有 3 个顶角与相邻的多面体共有以形成连续的无规则的空间结构网络。

实际上，这两种假说都存在一定的不完整性。随着材料测试技术的发展，对玻璃结构的认识已经统一：玻璃是具有近程有序、远程无序结构特点的无定形物质，基本上保持了高温状态下的聚合体结构，这种聚合体的大小是不均匀的，而且是多种多样的。这在矿渣和粉煤灰的结构上已经得到了证明。

4.2.2　玻璃体结构分类和结构特征

根据以上高温熔融体和玻璃体结构的概念，可以知道 $CaO-Al_2O_3-SiO_2$ 体系与 $Al_2O_3-SiO_2$ 体系的差别主要在于存在网络调整离子——Ca^{2+}。CaO 的存在使得原来通过共价键（Si—O—Al、Si—O—Si）形成的网络受到破坏，形成了大小不等的聚合体。这是矿渣与粉煤灰中玻璃体结构的主要不同之处。其结构单元如图 4-1 所示。

图 4-1(a) 是 SiO_2 的三维结构示意，当有 Ca^{2+} 掺入时，结构将断裂成如图 4-1(b) 和图 4-1(c) 所示的两个结构，也就是 $[SiO_4]^{4-}$ 四面体的聚合程度将减小。如果体系中有 $[AlO_4]^{5-}$ 四面体存在，情况也基本相同。

4.2.2.1　矿渣玻璃体的结构

现在的所谓"矿渣"，是指从炼铁高炉中排出的高温熔融体经水淬快速冷却得到的含水的固体废物。就化学组成看，矿渣属于 $CaO-Al_2O_3-SiO_2$ 体系；就其结构看，其中大部分（约为 70%～80%）是玻璃体，其他则是辉石类的晶体。

对于矿渣的结构，常以熔融体的结构来描述，即采用 $[SiO_4]^{4-}$ 四面体聚合为不同的硅酸阴离子。但是，这种描述方法缺乏定量的概念。采用 TMS-GLC（trimethysilylation-gas-

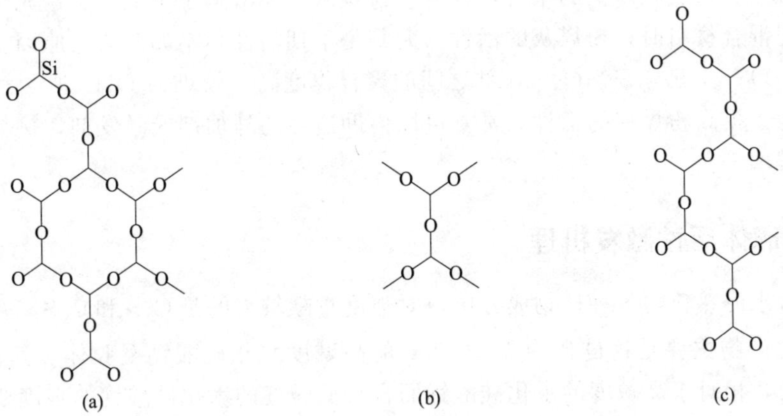

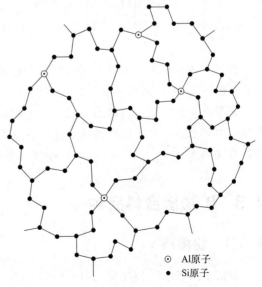

图 4-1　CaO 对 Si—O 键网络结构的分解作用示意图

liquid chromatography，三甲基硅烷化-气液相色谱）技术，测定了 8 种矿渣中 $[SiO_4]^{4-}$ 四面体聚合态的分布，结果见表 4-2。

表 4-2　矿渣中不同聚合度的 $[SiO_4]^{4-}$ 阴离子含量的分布

聚合体离子	$[SiO_4]^{4-}$	$[Si_2O_7]^{6-}$	$[Si_3O_{10}]^{8-}$	$[Si_4O_{12}]^{8-}$	$Si_{1\sim4}$ 总数	高聚合物总数
含量（质量分数）/%	35～50	11～15	2～5	1～5	50～73	27～50

这里需要说明的是，上述 8 种矿渣的化学组成比较相近，几种氧化物的含量（质量分数）如下：SiO_2 32%～35%；Al_2O_3 10%～18%；CaO 35%～43%；MgO 8%～11%（除个别外）。

由于矿渣中 SiO_2 的含量低，（CaO＋MgO）的含量高，因此，矿渣基本上可以完全溶解于三甲基硅烷化溶剂中，从而可推断：$[SiO_4]^{4-}$ 四面体没有聚合成长链状以上的结构。

4.2.2.2　粉煤灰玻璃体的结构

粉煤灰有高钙和低钙之分，但是，即使是高钙粉煤灰，CaO 的含量也不会超过 20%。粉煤灰的化学组成中不仅 CaO 少，R_2O（碱金属氧化物，如 Na_2O、K_2O 等）的含量也不高。一般，粉煤灰中含有晶体 SiO_2、莫来石和残余炭粒，其总量约为 20%，其余为玻璃体，可以采用 $Al_2O_3\text{-}SiO_2$ 体系描述它的结构。

铝硅酸盐玻璃体结构，除 Si—O—Si 键以外，还存在 Si—O—Al 键以及 Al—O—Al 键的结合。Al^{3+} 参与 $[SiO_4]^{4-}$ 四面体网络后，其他离子的状态如图 4-2 所示。

从图 4-2 可以看出，在粉煤灰中，玻璃体的结构基本上是致密的网络结构。采用三甲基硅烷化试剂处理粉煤灰，只有约 5% 的粉煤灰可以溶解于试剂中。这说明，其中玻璃体的 Si—O—Si 键与 Si—O—Al 键之间的聚合

⊙　Al原子
●　Si原子

图 4-2　铝硅酸盐玻璃体的网络结构

度较大，而且是较长链状以上的聚合，因此，粉煤灰不能溶解于试剂中。这充分说明了为什么当用作水泥混合材料时，粉煤灰的活性（尤其是早期活性）不如矿渣，原因就在于粉煤灰玻璃体中 Si—O—Si 键与 Si—O—Al 键之间的聚合程度高，较难为 OH¯ 所裂解，因而不能参与反应。为了提高粉煤灰的活性，常常可以借助适当的外加剂或激发剂，例如 Na_2SO_4 和低模数的水玻璃等。

4.2.3　玻璃体活性激发机理

在硅酸盐水泥熟料的各种矿物成分中，对强度贡献较大的是 C_3S 和 C_2S，两者经水化反应产生的水化产物主要是钙硅比为 $1.5\sim2.0$ 的高碱度水化硅酸钙凝胶体和氢氧化钙晶体。相关研究表明，相对于高碱度的水化硅酸钙而言，低碱度的水化硅酸钙的强度要更高，化学稳定性也更好（表 4-3）。

表 4-3　水化硅酸钙的强度及溶解度

名称	钙硅比（C/S）	晶须抗拉强度/MPa	溶解度/(kg/m³)
高碱度水化硅酸钙	≥1.5	700～800	1.4
低碱度水化硅酸钙	<1.5	1300～2000	0.05

在活性矿物掺合料中，活性 SiO_2 可以与氢氧化钙及高碱度水化硅酸钙发生二次水化反应，生成稳定性更优、强度更高的低碱度水化硅酸钙。同时，活性 Al_2O_3 也可以与氢氧化钙发生二次水化反应，生成水化铝酸钙，继而与二水石膏进一步水化生成水化硫铝酸钙（钙矾石）晶体。

主要火山灰反应如下：

$$(0.8\sim1.5)Ca(OH)_2+SiO_2+[n-(0.8\sim1.5)]H_2O \longrightarrow (0.8\sim1.5)CaO \cdot SiO_2 \cdot nH_2O$$

$$\tag{4-1}$$

$$(1.5\sim2.0)CaO \cdot SiO_2 \cdot nH_2O+xSiO_2+yH_2O \longrightarrow (0.8\sim1.5)CaO \cdot SiO_2 \cdot qH_2O$$

$$\tag{4-2}$$

$$yCa(OH)_2+Al_2O_3+(n-y)H_2O \longrightarrow yCaO \cdot Al_2O_3 \cdot nH_2O \tag{4-3}$$

$$3(CaSO_4 \cdot 2H_2O)+3CaO \cdot Al_2O_3+26H_2O \longrightarrow 3CaO \cdot Al_2O_3 \cdot 3CaSO_4 \cdot 32H_2O$$

$$\tag{4-4}$$

经过上述反应后，不仅水泥石中胶凝物质的组成得到了改善，水化硅酸钙凝胶体由高钙硅比（$C/S \geq 1.5$）转变为低钙硅比（$C/S < 1.5$），其组成也得到了改善，并且数量也增加了；强度低和容易引起腐蚀的氢氧化钙的数量降低很多甚至被消除，使得骨料和水泥石的界面结构得到改善。两个方面的综合作用有效地提高了混凝土的强度和耐久性，并且可以有效降低水化热。

4.3　矿物掺合料品种

4.3.1　粉煤灰

根据《用于水泥和混凝土中的粉煤灰》（GB/T 1596—2017）的规定，粉煤灰是电厂煤粉炉烟道气体中收集的粉末。粉煤灰是我国当前排量较大的工业废渣之一。随着电力工业的发展，燃煤电厂的粉煤灰排放量逐年增加。大量的粉煤灰不加处理，就会产生扬尘，污染大气；若排入水系，则会造成河流淤塞，而其中的有毒化学物质还会对人体和生物造成危害。如能对粉煤灰加以利用，则能产生巨大的经济和环境效益。

（1）粉煤灰的化学组成　粉煤灰是由煤粉经高温煅烧后生成的火山灰质材料，经化学分析，除含有少量未燃尽的煤粉外，其主要化学成分为 SiO_2、Al_2O_3 及少量 Fe_2O_3、CaO、MgO 和 SO_3 等氧化物，其中 SiO_2 和 Al_2O_3 可占 60%以上。我国大多数粉煤灰的氧化物含量范围如下：SiO_2（40%～60%），Al_2O_3（15%～40%），CaO（2%～8%），MgO（0.5%～5%），Fe_2O_3（3%～10%）。我国一些电厂粉煤灰的化学组成见表 4-4。

表 4-4　我国一些电厂粉煤灰的化学组成（质量分数）　　　　单位:%

电厂名称	烧失量	SiO_2	Al_2O_3	Fe_2O_3	CaO	MgO	SO_3	K_2O	Na_2O	合计
湖北汉新发电有限公司	5.83	54.07	29.48	4.80	2.80	0.58	0.51	1.26	0.30	99.63
大唐湘潭发电有限责任公司	1.10	55.09	28.18	8.74	2.00	0.98	0.38	1.54	0.68	98.69
湖北华电青山热电有限公司	1.86	62.34	28.80	3.71	1.47	0.50	0.03			98.71
重庆发电厂	6.44	42.30	29.21	14.86	2.97	0.67	0.07	0.65	0.71	97.88
华能阳逻电厂	3.68	50.65	28.66	6.00	7.34	0.91	0.13			97.37
安徽淮南平圩发电有限责任公司	1.39	57.28	33.54	3.44	1.52	0.58	0.14	0.77	0.39	99.05
湖北省松木坪电厂	2.72	51.20	40.05	2.81	0.94	0.57	0.27			98.56
华能珞璜电厂	2.69	43.77	27.37	17.20	4.09	0.51	1.17	0.82	0.67	98.29
南京电厂	2.08	57.24	27.50	6.28	3.31	1.10	2.27			99.78
神头第二发电厂	1.10	45.97	42.87	3.24	3.13	0.23	0.43	0.43	0.18	97.58
元宝山发电厂	0.50	56.48	20.74	9.13	4.46	2.18	0.53	2.23	1.10	97.35
华能北京热电厂	2.74	38.20	14.68	9.39	25.25	2.14	0.96	1.18	0.43	94.97

（2）粉煤灰的分类　美国标准 ASTM C 618 中把粉煤灰分为 F 级和 C 级两个等级，F级粉煤灰来自次烟煤，C 级粉煤灰来源于美国西部各州的褐煤。C 级粉煤灰中含有大量的CaO，其中大部分存在于玻璃体中。

我国《用于水泥和混凝土中的粉煤灰》（GB/T 1596—2017）也把粉煤灰按照煤种分为F 类和 C 类。F 类粉煤灰是由无烟煤或烟煤煅烧收集得到的粉末；而 C 类粉煤灰是由褐煤或次烟煤煅烧收集得到的粉末，其氧化钙含量一般大于或等于 10%。把拌制混凝土和砂浆用的粉煤灰按其品质分为 Ⅰ、Ⅱ、Ⅲ 三个等级，具体要求见表 4-5。

（3）粉煤灰的技术要求　拌制混凝土和砂浆用粉煤灰应符合表 4-5 中的技术要求，且其放射性应符合《建筑材料放射性核素限量》（GB 6566—2010）规定。

表 4-5　《用于水泥和混凝土中的粉煤灰》（GB/T 1596—2017）对粉煤灰的技术要求

项目		技术要求		
		Ⅰ级	Ⅱ级	Ⅲ级
细度(45μm 方孔筛筛余)/%	F 类	≤12.0	≤30.0	≤45.0
	C 类			
需水量比/%	F 类	≤95	≤105	≤115
	C 类			
烧失量/%	F 类	≤5.0	≤8.0	≤10.0
	C 类			
含水量/%	F 类	≤1.0		
	C 类			
三氧化硫质量分数/%	F 类	≤3.0		
	C 类			

续表

项目		技术要求		
		Ⅰ级	Ⅱ级	Ⅲ级
游离氧化钙质量分数/%	F类	≤1.0		
	C类	≤4.0		
二氧化硅(SiO_2)、三氧化二铝(Al_2O_3)和三氧化二铁(Fe_2O_3)总质量分数/%	F类	≥70.0		
	C类	≥50.0		
密度/(g/cm³)	F类	≤2.6		
	C类			
安定性(雷氏法)/mm	C类	≤5.0		
强度活性指数/%	F类	≥70.0		
	C类			

（4）粉煤灰的矿物组成与活性　粉煤灰中的矿物与母煤的矿物组成有关。母煤中所含的主要是铝硅酸盐矿物、氧化硅、黄铁矿、磁铁矿、赤铁矿、碳酸盐、硫酸盐、磷酸盐及氯化物等，其中主要是铝硅酸盐类的黏土质矿物和氧化硅。煤粉燃烧过程中，这些原矿物会发生化学反应，冷却以后形成粉煤灰中的各种矿物和玻璃体。

粉煤灰中的晶体矿物有石英、莫来石、云母、长石、磁铁矿、赤铁矿、石灰、氧化镁、石膏、硫化物、氧化钛等。粉煤灰中含有大量的玻璃微珠和海绵状玻璃体，其含量最多可达85%，矿物结晶体较少，且燃烧不完全的粉煤灰中还有少部分炭粒。在晶体矿物中，石英通常是α型的，它在常温下没有发现明显的活性，只有在蒸养或压蒸的情况下才能与石灰发生反应。莫来石是惰性成分，它是在粉煤灰冷却过程中形成的微小针状晶体，实际上并不单独存在，而是黏附在玻璃微珠的表面上，或在微珠的玻璃体中，形成网状骨架。硫酸盐矿物有些以粉状形态存在于粉煤灰中，有些也附着在微珠的表面上。赤铁矿、磁铁矿等矿物夹杂在粉屑之中。此外，在高钙粉煤灰中还有CaO结晶体，也可以发现一些水泥熟料矿物C_3A，甚至还可能有少量的C_2S。

表4-6中给出了粉煤灰中主要矿物组分的含量与特征，矿物组成对粉煤灰性质的影响主要表现在对粉煤灰活性的影响。低钙粉煤灰的活性主要取决于非晶态的玻璃体成分及其结构和性质。从矿物组成来说，玻璃体的含量越多，低钙粉煤灰的化学活性越高，而且富钙玻璃体比贫钙玻璃体的活性高。高钙粉煤灰中富钙玻璃体含量较多，又有CaO结晶体和各种水泥熟料矿物，故其活性高于低钙粉煤灰，并具有一定的自硬性。因此，高钙粉煤灰的活性不能不考虑这些结晶矿物的作用。

表 4-6　粉煤灰中主要矿物组分的含量与特征

矿物组分	矿物组分质量分数/%	特征
铝硅酸盐玻璃微珠	50～85	微珠粒径一般为 0.5～250μm，在玻璃体基质中及颗粒表面上可能有石英和莫来石微晶，表面上还可能有微粒状的硫酸盐
海绵状玻璃体（多孔玻璃体）	10～30	海绵状玻璃体是未能熔融成珠而形状不规则的多孔玻璃颗粒，常粗于微珠，也有部分较细的碎屑
石英	1～10	石英物质大部分存在于玻璃基质中，也有一些是单独的 α 型石英颗粒
氧化铁	3～25	氧化铁物质大部分熔融于玻璃体中，玻璃微珠的氧化铁含量越多，颜色越深，部分以磁铁矿、赤铁矿的形式单独存在
炭粒	1～20	未燃尽的炭粒，原始状态有时呈珠状，即"炭珠"，易碎，一般情况下为不规则的多孔颗粒
硫酸盐	1～4	主要是钙和碱金属的硫酸盐，粒径为 0.1～0.3μm，部分以粉状分散于粉煤灰中，部分黏附于玻璃微珠的表面

表 4-7 是几种粉煤灰需水量比和活性指数的测试结果，可以看出，优质Ⅰ级粉煤灰和磨细灰的需水量比均在 88% 与 100% 之间，且 7d 和 28d 胶砂的活性指数都较高。生产高强高性能混凝土时，选用Ⅰ级粉煤灰有利于降低混凝土的水灰比，增强化学外加剂的作用效果，提高混凝土的强度等级。

表 4-7　粉煤灰的需水量比和活性指数

产地	抗压强度比/%		需水量比/%
	7d	28d	
华能北京热电厂Ⅰ级灰	107	117	88.8
华能汕头电厂Ⅰ级灰	97	106	92.0
元宝山发电厂Ⅰ级灰	93	101	91.1
元宝山发电厂Ⅱ级灰	78	84	88
神头第二发电厂粉煤灰	85	89	99.5

注：根据《用于水泥和混凝土中的粉煤灰》(GB/T 1596—2017) 的定义，活性指数指试验胶砂与对比胶砂在规定龄期的抗压强度之比，以百分数表示。

粉煤灰的活性效应是指混凝土中粉煤灰的活性成分（SiO_2 和 Al_2O_3）所产生的化学效应。活性效应的大小取决于反应的能力、速度以及反应产物的数量、结构和性质等。低钙粉煤灰的活性效应只是火山灰反应的硅酸盐化，高钙粉煤灰的活性效应包括一些属于结晶矿物的水化反应。活性反应中还包括水泥和粉煤灰中石灰和石膏等成分激发活性氧化铝含量较高的玻璃相，生成钙矾石晶体的反应以及后期的钙矾石晶体变化。粉煤灰火山灰反应的主要产物是Ⅰ型和Ⅱ型 C-S-H 凝胶，与水泥的水化产物类似。火山灰反应产物与水泥水化产物交叉连接，对促进强度增长（尤其是抗拉强度的增长）起着重要作用。

(5) 粉煤灰活性激发机理　粉煤灰的活性是指粉煤灰在和石灰、水混合后所显示出来的凝结硬化性能。粉煤灰的活性是潜在的，需要激发剂的激发才能发挥出来。具体作用方式包括两个方面：①提供有效的氢氧根离子，以形成较强的碱性环境，促进活性 SiO_2、Al_2O_3 溶蚀，提高火山灰反应的速度；②提供碱性较强的碱，直接参与反应，加快基本火山灰质胶结产物的生成。常用的激发剂有石灰、石膏、水泥熟料等。例如石灰对粉煤灰的激发机理为：

$$m\mathrm{CaO} + n\mathrm{H_2O} + \mathrm{SiO_2} \longrightarrow m\mathrm{CaO} \cdot \mathrm{SiO_2} \cdot n\mathrm{H_2O}$$

$$m\mathrm{CaO} + n\mathrm{H_2O} + \mathrm{Al_2O_3} \longrightarrow m\mathrm{CaO} \cdot \mathrm{Al_2O_3} \cdot n\mathrm{H_2O}$$

粉煤灰中含有较多的活性氧化物 SiO_2、Al_2O_3，它们能与氢氧化钙在常温下起化学反应，生成较稳定的水化硅酸钙和水化铝酸钙。因此粉煤灰和其他火山灰质材料一样，与石灰、水泥熟料等碱性物质混合加水拌和成胶泥状态后，能凝结、硬化并具有一定强度。

粉煤灰的活性不仅取决于它的化学组成，而且与它的物相组成和结构特征有着密切的关系。高温熔融并经过骤冷的粉煤灰，含大量的表面光滑的玻璃微珠，这些玻璃微珠含有较高的化学内能，是粉煤灰具有活性的主要矿物相。玻璃体中活性 SiO_2 和活性 Al_2O_3 含量愈多，活性愈高。

除玻璃体外，粉煤灰中的某些晶体矿物，如莫来石、石英等，只有在蒸汽养护条件下才能与碱性物质发生水化反应，常温下一般不具有明显的活性。

4.3.2　矿渣粉

(1) 矿渣粉的定义　根据《用于水泥、砂浆和混凝土中的粒化高炉矿渣粉》(GB/T

18046—2017)的规定，以粒化高炉矿渣为主要原料，可掺加少量石膏磨制成一定细度的粉体，称作粒化高炉矿渣粉，简称矿渣粉。将磨细得到的粒化高炉矿渣粉应用于水泥生产和混凝土制备中，不仅能改善混凝土的力学和耐久性能，还充分利用了工业副产品，降低了工程造价，有利于环境保护，满足现代材料绿色化和高性能化的发展需要。其中，所用粒化高炉矿渣应符合《用于水泥中的粒化高炉矿渣》（GB/T 203—2008）的规定；所用石膏应为符合《天然石膏》（GB/T 5483—2008）规定的 G 类或 M 类二级（含）以上的石膏或混合石膏；所用助磨剂应符合《水泥助磨剂》（GB/T 26748—2011）的规定，且其加入量不应超过矿渣粉质量的 0.5%。

矿渣粉可用于配制高强、高性能混凝土。它是炼铁高炉排出的熔渣，经磨细后具有很高的活性和极大的表面能，可以弥补硅粉资源的不足，满足配制不同性能混凝土的需求。矿渣粉可等量替代 15%～50% 的水泥，其掺入混凝土中可有以下几方面的效果：①可配制出高强和超高强混凝土；②改善新拌混凝土的和易性，可配制出大流动性且不离析的泵送混凝土；③所配制出的混凝土干缩率大大减小，抗冻、抗渗性能提高，从而提高混凝土的耐久性。

（2）矿渣粉的技术要求　矿渣粉应符合表 4-8 的技术指标规定。

表 4-8　矿渣粉技术指标

项目		级别		
		S105	S95	S75
密度/(g/cm³)		≥2.8		
比表面积/(m²/kg)		≥500	≥400	≥300
活性指数/%	7d	≥95	≥70	≥55
	28d	≥105	≥95	≥75
流动度比/%		≥95		
初凝时间比/%		≤200		
含水量(质量分数)/%		≤1.0		
三氧化硫(质量分数)/%		≤4.0		
氯离子(质量分数)/%		≤0.06		
烧失量(质量分数)/%		≤1.0		
不溶物(质量分数)/%		≤3.0		
玻璃体含量(质量分数)/%		≥85		
放射性		$I_{Ra} \leqslant 1.0$ 且 $I_{\gamma} \leqslant 1.0$		

（3）矿渣粉的化学组成与矿物组成　矿渣的化学成分与硅酸盐水泥类似，主要含有 CaO、SiO_2、Al_2O_3、Fe_2O_3、MgO、FeO、MnO 等氧化物，其中 CaO、SiO_2、Al_2O_3 三者总和约占矿渣质量的 90% 以上，此外还含有少量硫化物（CaS、MnS、FeS）。矿物组成包括水淬时形成的大量玻璃体、钙镁铝黄长石、假硅灰石、硅钙石和少量硅酸一钙或硅酸二钙等矿物。

矿渣的活性取决于它的化学成分、矿物组成及冷却条件。若矿渣中 CaO、Al_2O_3 含量高，SiO_2 含量低，则矿渣活性高。此外，矿渣粉的活性还与其粉磨细度有关，通常矿渣粉的比表面积越大，其活性越高。不同细度矿渣粉的活性指数与龄期的关系如图 4-3 所示。矿渣越细，早龄期的活性指数越大，但细度对后期活性指数的影响较小。

（4）矿渣粉活性激发机理　由于矿渣粉的活性与化学组成有一定关系，因此，根据化学组成可以对矿渣粉的活性进行粗略评定。用化学组成评定矿渣粉的活性通常采用活性系数和碱性系数两个指标。

活性系数是指矿渣粉中 Al_2O_3 含量（％）与 SiO_2 含量（％）之比，即：

$$活性系数 = \frac{Al_2O_3 \text{ 含量}}{SiO_2 \text{ 含量}}$$

碱性系数是指磨细矿物中碱性氧化物含量（％）与酸性氧化物含量（％）之比，即：

$$碱性系数(K) = \frac{CaO \text{ 含量} + MgO \text{ 含量}}{SiO_2 \text{ 含量} + Al_2O_3 \text{ 含量}}$$

根据碱性系数大小，将矿渣粉分为碱性矿渣粉（$K>1$）、中性矿渣粉（$K=1$）、酸性矿渣粉（$K<1$）三类。

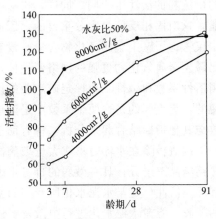

图 4-3 细磨矿渣粉的活性指数与龄期的关系

在硅酸盐玻璃结构中，SiO_2 和 Al_2O_3 是网络形成体，这些氧化物在硅酸盐玻璃中以四面体或八面体的形式存在，这些四面体或八面体互相联结，形成硅酸盐玻璃的网状结构。而 CaO 等一些碱性氧化物则是网络变性体，这些氧化物的进入打破了硅酸盐玻璃中一些 Si—O 键和 Al—O 键，使网状结构解体。正是碱性氧化物的这种破键作用，使得矿渣粉表现出较高的活性。另外，这些碱性氧化物进入玻璃网络结构，并可以通过与水反应生成水化硅酸钙、水化铝酸钙等水化产物，使矿渣粉表现出胶凝性。因此，碱性系数不能简单地看成是矿渣粉酸碱度的表征，而是矿渣粉胶凝性的表征。如果用该指标来分析粉煤灰等火山灰质材料，则火山灰质材料的碱性系数比矿渣粉低得多，这表明火山灰质材料中的玻璃网状结构与矿渣粉中的网状结构相比较为完整。这就从结构上说明了为什么火山灰质材料的活性远不及矿渣粉。

从定义上看，活性系数是矿渣粉中 Al_2O_3 含量与 SiO_2 含量的比值，但实际上反映了矿渣粉中铝酸盐矿物与硅酸盐矿物的相对数量关系。一般而言，铝酸盐矿物比硅酸盐矿物的活性高，特别是在碱性氧化物较少的情况下，矿渣粉中 Al_2O_3 几乎都与碱性氧化物结合形成铝酸盐矿物，而 SiO_2 仅仅是部分地与碱性氧化物结合形成硅酸盐矿物，其余部分则以无定形 SiO_2 形式存在，其活性相对较低，也不具有胶凝性。因此，活性系数从另一个侧面反映了矿渣粉的活性。对于碱性活性较低的矿渣粉，活性系数对矿渣粉活性的反映较敏感。对于碱性系数较高的矿渣粉，由于 SiO_2 基本上都形成了活性较高的 $\beta\text{-}C_2S$，没有无定形 SiO_2 存在，硅酸盐矿物的活性与铝酸盐矿物相差不大，因而活性系数对矿渣粉活性的反映不太敏感。

值得注意的是，活性系数和碱性系数仅仅是从化学组成上反映了矿渣粉的活性，但矿渣粉的活性不仅取决于化学组成，还与冷却速度、粉磨细度有着密切的关系。在高温下，矿渣粉以熔融状态存在，或者形成高温型的矿物，若以较快的速度冷却，这些熔融的液体则转变成高度无序的无定形物质，一些高温型的矿物则保持着高温下的晶型，如 SiO_2 熔融体冷却成玻璃态 SiO_2，C_2S 以高温型的 $\beta\text{-}C_2S$ 形式存在。这种高温型的状态才是矿渣粉活性的源泉。若以较慢的速度冷却，熔融的液体则由无序状态向有序状态转变，高温型的矿物也向低温晶型转变，如玻璃体无序化程度较低，$\beta\text{-}C_2S$ 转变成 $\gamma\text{-}C_2S$，这些转变丧失了高温形态，也就丧失了活性。因此，即使化学组成相同，以不同的冷却速度得到的具有不同矿物形态的矿渣粉的活性也不同。同样，机械粉磨作用提高了矿渣粉的比表面积，提高了颗粒的表面能，这对固相反应是十分重要的，因此，不同细度的矿渣粉活性也不同。此外，在碱性系数中仅考虑了碱土金属氧化物含量，没有考虑碱金属氧化物的含量。实际上，碱金属氧化物是比碱土金属氧化物更强的网络变性体，它对打破网络结构具有更强的作用。从这些方面看，用活性系数和碱性系数评定矿渣粉的活性具有一定的局限性。尽管如此，该方法还是比较简便的，更重要的是这两个系数不是简单的数据处理，而是有较深刻的内涵。如果将这两个系数与其他指标结合起来分析，将有助于对矿渣粉的性能有更加深刻的认识。

矿渣粉除在水淬时形成大量玻璃体外，还含有钙镁铝黄长石和很少量的硅酸一钙或硅酸二钙结晶态组分，具有微弱的自身水硬性。又由于其在碱激发、硫酸盐激发或复合激发下具有反应活性，能与水泥水化所产生的 $Ca(OH)_2$ 发生二次水化反应，生成低钙型的水化硅酸钙凝胶，能在水泥水化过程中激发、诱增水泥的水化程度，加速水泥水化的反应进程。需要说明的是，不同产地的矿渣，因化学组成或淬冷条件的差异，矿渣的活性差异较大。

4.3.3 硅灰

硅灰，又叫硅微粉，也叫微硅粉或二氧化硅超细粉，一般情况下统称硅灰。根据《砂浆和混凝土用硅灰》（GB/T 27690—2023）的规定，硅灰是指在冶炼硅铁合金或工业硅时，经收集通过烟道排出的硅蒸气得到的以无定形二氧化硅为主要成分的粉体材料。其外观为灰色或灰白色粉末，耐火度大于 $1600℃$，容重为 $200\sim250kg/m^3$。虽然目前对硅灰研究较多，但其掺量有限，全球硅灰产量也不过一二百万吨。

（1）硅灰的化学组成　硅灰的主要成分是 SiO_2，一般占 $85\%\sim96\%$，而且绝大多数是无定形二氧化硅。此外，还有少量的 Fe_2O_3、Al_2O_3、CaO、SO_3 等，其含量随矿石的成分不同而稍有变化，一般不超过 1%。硅灰的烧失量约为 1.5%。虽然硅灰中 SiO_2 含量极高，但在生产不同的合金产品时，所得硅灰的 SiO_2 含量也不同，通常混凝土中使用的硅灰是指生产硅单质和 75% 硅铁时的工业副产品。

（2）硅灰的矿物组成　由于硅灰的化学组成比较简单，主要是 SiO_2，其他成分较少，因此，硅灰的矿物组成也比较简单，主要是一些无定形 SiO_2 矿物和少量的高温型 SiO_2 矿物。

（3）硅灰的水化活性　硅灰的活性是指硅灰的火山灰性质。由于硅灰的化学组成以 SiO_2 为主，CaO 含量极低，其矿物组成主要是玻璃体，几乎没有水泥熟料矿物，因此，硅灰不具有自硬性。一般认为，较高的形成温度和相当大的比表面积是硅灰活性的主要来源，且硅灰的活性远比粉煤灰高。

将二氧化硅还原成硅单质需要在 $2000℃$ 的温度下进行，在该温度下，部分硅转化为蒸气，蒸气冷凝而形成硅灰。在蒸气中不可能存在有序的排列，在冷凝过程中，这种高度无序的结构保存下来，形成无定形二氧化硅。因此，硅灰的结构特征是高度无序性，具有较高的能量和较高的活性。

硅灰相当细，颗粒直径通常小于 $1\mu m$，平均粒径在 $0.1\mu m$ 左右。硅灰的比表面积大约为 $10000\sim20000m^2/kg$，是粉煤灰的 $10\sim20$ 倍，表面力场的不均匀性使表面物质处于更高的能量状态，因而硅灰比粉煤灰的活性高。

由于水泥熟料矿物的水化反应与硅灰中活性组分和 $Ca(OH)_2$ 的火山灰反应之间的相互关联，硅灰较快的火山灰反应速度必将对水泥熟料的水化反应过程起到更大的促进作用，这是硅灰活性效应的另一个重要方面。严格地说，硅灰在高温下形成无定形结构和表面高能结构是真正意义上的活性，而较小颗粒所导致的较快的反应速度以及由此产生的对水泥水化的促进作用仅仅是一种表现形式。

4.3.4 偏高岭土

（1）高岭土、偏高岭土的基本性质　偏高岭土（metakaolin，MK）是以高岭土（$Al_2O_3 \cdot 2SiO_2 \cdot 2H_2O$）为原料，在适当温度（$600 \sim 900℃$）下经脱水形成的无水硅酸铝（$Al_2O_3 \cdot 2SiO_2$）。高岭土属于层状硅酸盐结构，由四面体配位的氧化硅和八面体配位的氧化铝层交替组成，层与层之间由范德瓦耳斯力结合，OH^- 在其中结合得较牢固。高岭土在空气中受热时会发生结构变化，约 $600℃$ 时，高岭土的层状结构因脱水而破坏，形成结晶度很差的过渡相——偏高岭土，反应式如下：

$$2Al_2Si_2O_5(OH)_4 \longrightarrow 2Al_2Si_2O_7 + 4H_2O$$

偏高岭土中有大量无定形二氧化硅和氧化铝，原子排列不规则，呈热力学介稳状态，在适当激发下具有胶凝性。温度升至 $925℃$ 以上，偏高岭土开始结晶，转化为莫来石和方石英，失去水化活性。从理论上讲，当高岭土煅烧至其中的 OH^- 完全脱去，偏高岭土结构无序程度最大又无新的结晶相形成时活性最高，但实际对高岭土的热处理过程很难得到完全理想的结构。高岭土经过煅烧后，结构发生了很大的变化，高岭土结构中的六配位铝绝大部分转化成具有反应活性的四配位铝，并且绝大部分的矿物结晶也发生了转变。

（2）偏高岭土的水化产物　偏高岭土是一种高活性火山灰质材料，在水泥水化产物 $Ca(OH)_2$ 的作用下发生火山灰反应，生成的水化产物与水泥类似，起辅助胶凝材料的作用，是优质的活性矿物掺合料。M. Murate 等研究了偏高岭土作为混凝土矿物掺合料时的水化反应，证明该反应是偏高岭土、氢氧化钙与水的反应。偏高岭土（$Al_2O_3 \cdot 2SiO_2$，简式为 AS_2）与 $Ca(OH)_2$（简式为 CH）比率和反应温度不同，其水化产物亦不同，包括托勃莫来石（CSH-I）、水化钙铝黄长石（C_2ASH_8）及少量水化铝酸钙（C_4AH_{13}）。不同 AS_2/CH 比率下的反应式如下：

$AS_2/CH = 0.5$ 时，　　　$AS_2 + 6CH + 9H \longrightarrow C_4AH_{13} + 2CSH$

$AS_2/CH = 0.6$ 时，　　　$AS_2 + 5CH + 3H \longrightarrow C_3AH_6 + 2CSH$

$AS_2/CH = 1.0$ 时，　　　$AS_2 + 3CH + 6H \longrightarrow C_2ASH_8 + CSH$

（3）偏高岭土的作用机理　偏高岭土之所以能提高混凝土的强度及其他性能，主要在于它的加速水泥水化效应、填充效应和火山灰效应。S. Wild 等认为加速水泥水化是偏高岭土能大幅度提高混凝土强度的重要原因，填充效应居次，火山灰效应则发生在 $7 \sim 14d$ 之间。

① 加速水泥水化效应　偏高岭土是介稳态的无定形硅铝化合物，在碱激发下，硅铝化合物由解聚到再聚合，形成一种硅铝酸盐网络结构。偏高岭土掺入混凝土中，其中的 Al_2O_3 和 SiO_2 迅速与水泥水化生成的 $Ca(OH)_2$ 发生反应，促进水泥的水化反应进行。

② 填充效应　混凝土可视为连续级配的颗粒堆积体系，粗骨料的间隙由细骨料填充，细骨料的间隙由水泥颗粒填充，水泥颗粒之间的间隙则要更细的颗粒来填充。细磨的偏高岭土在混凝土中可起这种细颗粒的作用。另外，水化反应生成具有填充效应的水化硅酸钙及水化硫铝酸钙，优化了混凝土内部孔结构，降低了孔隙率并减小了孔径，使混凝土形成密实充填结构和细观层次自紧密堆积体系，从而有效地改善了混凝土的力学性能及耐久性。

③ 火山灰效应　偏高岭土的加入能改善混凝土中浆体与骨料间的界面结构。混凝土中浆体与骨料间的界面区由于富集 $Ca(OH)_2$ 晶体而成为薄弱环节，偏高岭土有大量断裂的化学键，表面能很大，能迅速吸收部分 $Ca(OH)_2$ 发生二次水化反应，促进 AFt 和 C-S-H 凝胶生成，从而改善界面区 $Ca(OH)_2$ 的取向度，降低它的含量，减小它的晶粒尺寸。这不仅有利于混凝土力学性能的提高，也改善了耐久性。

4.3.5　沸石粉

(1) 天然沸石粉的定义　根据《混凝土和砂浆用天然沸石粉》(JG/T 566—2018) 的规定，天然沸石粉是以天然沸石岩为原料，经粉磨至规定细度的粉状材料，根据技术要求将其分为Ⅰ、Ⅱ、Ⅲ三个质量等级。

(2) 天然沸石粉的技术要求　混凝土和砂浆用天然沸石粉应符合表 4-9 的技术指标规定。

表 4-9　沸石粉的技术要求

项目		Ⅰ级	Ⅱ级	Ⅲ级
吸铵值/(mmol/100g)		≥130	≥100	≥90
细度(45μm 筛余)(质量分数)/%		≤12	≤30	≤45
活性指数/%	7d	≥90	≥85	≥80
	28d	≥90	≥85	≥80
需水量比/%		≤115		
含水量(质量分数)/%		≤5.0		
氯离子含量(质量分数)/%		≤0.06		
硫化物及硫酸盐含量(按 SO_3 质量计)(质量分数)/%		≤1.0		
放射性		应符合 GB 6566 的规定		

(3) 天然沸石粉的化学组成和矿物组成　天然沸石粉的化学组成因产地不同存在差异，一般来说，各种成分的含量大约为：SiO_2（61%～69%），Al_2O_3（12%～14%），Fe_2O_3（0.8%～1.5%），CaO（2.5%～3.8%），MgO（0.4%～0.8%），K_2O（0.8%～2.9%），Na_2O（0.5%～2.5%），烧失量（10%～15%）。从化学组成上看，天然沸石粉中 SiO_2 和 Al_2O_3 含量较高，占 3/4 以上，而碱性氧化物较少，特别是碱土金属氧化物很少。因此，天然沸石粉属于火山灰质材料。

天然沸石粉的矿物组成主要为骨架铝硅酸盐结构的沸石族矿物，具有稳定的正四面体硅（铝）酸盐骨架，骨架内含有可交换的阳离子和大量的孔穴和通道，其直径为 0.3～1.3nm，因此具有很大的内比表面积。沸石结构中通常含有一定数量的水，这种水在孔穴和通道内可以自由进出，空气也可以自由进出这些孔穴和通道。

天然沸石粉颗粒一般为多孔的多棱角颗粒，正是这种多孔和多棱角的颗粒特征，导致了天然沸石粉通常具有较大的需水量。

(4) 天然沸石粉在水泥基材料中的作用　尽管天然沸石粉与粉煤灰都是火山灰质材料，但由于组成和结构的差异，在水泥基材料中表现出不同的行为，也将发挥不同的作用。

① 天然沸石粉的需水行为和减水作用　影响矿物掺合料需水行为的三个基本要素是颗粒大小、颗粒形态和比表面积。颗粒大小决定其填充行为，影响填充水的数量；颗粒形态决定其润滑作用；比表面积决定其表面水的数量。对于天然沸石粉，颗粒大小是由粉磨细度决定的，细度越高，越有利于填充在水泥颗粒堆积的空隙中，从而减少填充水的数量。天然沸

石粉是通过粉磨而成的，具有不规则的颗粒形状，这种颗粒运动阻力较大，因此不具有润滑作用。天然沸石粉具有很大的内比表面积，能吸附大量的水。综合这三个基本要素的作用，天然沸石粉不具有减水作用。粒度细，可以更好地填充颗粒堆积的空隙，减少填充水量。但是，在提高细度的同时，却增大了比表面积，相应地增加了表面水量。因此，即使增大粉磨细度，也不能使天然沸石粉表现出减水作用。

② 天然沸石粉的活性行为和胶凝作用　天然沸石粉的活性行为和胶凝作用一般比粉煤灰等其他一些火山灰质材料强。天然沸石粉之所以具有较高的火山灰活性，是因为在它的骨架内含有可交换的阳离子以及较大的内比表面积。结构中存在活性阳离子是胶凝材料具有活性的一个本质因素。活性阳离子的存在，使它具有较强的火山灰反应能力。硅酸盐矿物的水化反应是一种固相反应，天然沸石粉结构中的孔穴为水和一些阳离子的进入提供了通道，而较大的内比表面积为水和阳离子提供了较多与固体骨架接触和反应的面，使反应能够较快地进行。由于这两方面的因素，天然沸石粉常常表现出较高的活性。

③ 天然沸石粉的填充行为和致密作用　天然沸石粉的填充行为取决于它的细度。一般来说，天然沸石粉表现出较好的填充行为，能使硬化水泥石结构致密。这也是它常常用于高强混凝土的一个重要原因。

④ 天然沸石粉的稳定行为和益化作用　矿物掺合料的稳定行为包括在新拌混凝土中的稳定行为和在硬化混凝土中的稳定行为两个方面。在新拌混凝土中，天然沸石粉对水的吸附作用使水不容易泌出，因而表现出较好的稳定行为。天然沸石粉具有较好的保水作用，这是它的一个重要特征，是其他矿物掺合料所不及的。掺入天然沸石粉后，水泥浆较黏稠，增大了骨料运动的阻力，因此有效地防止了离析。天然沸石粉的这种稳定作用对混凝土的施工有着重要意义，特别是在较大压力下泵送时，更能体现出该作用的重要性。此外，天然沸石粉的这种稳定作用对硬化混凝土的性能也有着潜在的影响，这种影响表现在两个方面。

a. 天然沸石粉的稳定行为为混凝土的均匀性提供了保证。在混凝土的浇筑过程中，离析和泌水将导致各部位混凝土不均匀，从而导致性能不均匀。

b. 天然沸石粉的稳定行为可以减少混凝土中缺陷形成的可能性。当混凝土泌水时，由于骨料的阻碍作用，水在骨料下富集，形成水囊，这些缺陷对混凝土的性能有非常大的影响。天然沸石粉的稳定行为避免或减少了泌水，也就减少了这些缺陷形成的可能性。

总之，天然沸石粉与粉煤灰的差异主要表现在三个方面：a. 火山灰活性通常比粉煤灰高；b. 需水量也比粉煤灰高，但具有较强的保水作用；c. 体积稳定性较差。这些差异必将对混凝土的性能产生一系列的影响，必须引起注意。

4.3.6　石粉

石粉主要指混凝土骨料加工和建筑装饰石材生产过程中产生的粒径小于 0.16mm 的微细颗粒。将这些石粉稍作加工，作为混凝土矿物掺合料使用，替代日益紧缺的粉煤灰和价格相对昂贵的矿渣粉或硅灰，不仅可以解决当前混凝土原材料紧缺问题并降低混凝土造价，而且可以有效缓解石粉废渣对生态环境的污染压力，实现固体废物的资源化利用。

自然界中常用的岩石有石英岩、花岗岩、石灰岩、大理石，对应的石粉有石英岩粉、花岗岩粉、石灰石粉和大理石粉。其中，石灰岩和大理石是目前使用最广泛的骨料类型，石灰石粉和大理石粉也相对较多。与花岗岩相比，石灰岩的强度明显偏低，而其他性能较为接近。也正是由于石灰岩的强度较低，容易将其磨细成石灰石粉，加工费用也相对较低。

（1）石灰石粉的化学组成　石灰石粉的化学组成比较简单，主要成分是 CaO，烧失量高达 40% 以上，此外含有少量的 SiO_2、MgO、Al_2O_3、Fe_2O_3、K_2O、Na_2O 及 SO_3 等多种成分。

（2）石灰石粉的矿物组成　石灰石粉主要由结晶度较高的方解石矿物组成，含量高达 90% 以上。方解石矿物的晶体形状多种多样，它们的集合体可以是一簇簇的晶体，也可以是粒状、块状、纤维状、钟乳状、土状等。方解石的活性不高，从而导致石灰石粉的活性偏低。

（3）石灰石粉的颗粒形貌与粒径　首先，从颗粒形貌上看，石灰石粉的颗粒形状既不规则，又多棱角，因此石灰石粉颗粒需要更多的包裹水，这也是掺加石灰石粉的混凝土需水量大幅增加或者保水性明显提高的重要原因。其次，石灰石粉拥有较好的颗粒级配，用作混凝土矿物掺合料时有良好的填充效果。

由于石灰岩的强度较低，很容易将其磨细加工成石灰石粉。石灰石粉颗粒粒径一般在 $0.5\sim300\mu m$ 范围内，大多数颗粒在 $50\mu m$ 以下，其中在 $2\mu m$ 和 $10\mu m$ 附近的颗粒较多，比粉煤灰的颗粒稍细。

（4）石灰石粉在混凝土中的作用机理　石灰石粉在混凝土中的作用机理主要包括填充效应、晶核效应和活性效应。在水化早期（28d 之前）以填充效应和晶核效应为主，而在后期（180d 之后）则以填充效应和活性效应为主。

① 填充效应　石灰石粉的填充效应表现为石灰石粉对水泥基浆体和浆体-骨料界面过渡区中空隙的填充作用。经过磨细的石灰石粉的粒径通常不大于 $10\mu m$，其颗粒粒径比水泥颗粒小，细小的石灰石粉填充在水泥颗粒之间，不仅改善了胶凝材料的颗粒级配，而且具有良好的分散作用，对水泥的絮凝结构有解絮作用；另外，细小的石灰石粉还能填充在浆体-骨料界面的空隙中，使水泥石结构和界面结构更为致密，提高了水泥石强度和界面强度。

② 晶核效应　石灰石粉在水泥水化硬化浆体中多以方解石的形式存在，水泥浆体在水化的过程中，不仅以未水化的熟料颗粒为晶核生长，而且以粒状方解石为中心产生聚合生长。石灰石粉颗粒作为成核场所，诱导溶解状态的 C-S-H 遇到固相粒子并接着沉淀于其上的概率有所增加，这种作用在水化早龄期阶段是显著的，即产生所谓的"晶核效应"。尤其当石灰石粉磨得较细时，这种作用更加明显。

③ 活性效应　过去，大多数的研究认为石灰石粉属于惰性材料，之所以能在混凝土中起积极作用，主要是因为它具有微骨料效应。得出这样结论的主要原因可能有两个：一是采用的石灰石粉的粒径较大，通常以 $80\mu m$ 或 0.16mm 为衡量指标；二是水化龄期不够长，石灰石粉需要一定的环境和足够的水化时间才能够发生水化反应。但是近年来的研究结果则认为石灰石粉具有一定的水化活性，并非完全惰性。在水化中后期，石灰石粉能够与水泥熟料矿物成分 C_3A 或者水化产物水化铝酸钙反应，生成水化碳铝酸钙，可以与其他水化产物相互搭接，使水泥石结构更加致密，从而有利于提高混凝土的强度和耐久性。石灰石粉细度越大，活性效应越明显。

（5）石灰石粉对混凝土性能的影响

① 工作性能　由于石灰石粉的填充效应，掺入适量的石灰石粉后改善了混凝土拌和物的工作性能。具体表现在以下几个方面。a. 提高了混凝土拌和物的初始坍落度，初始坍落度基本随石灰石粉掺量的增加而增大，这有利于混凝土的泵送施工。b. 随着石灰石粉的掺入，新拌混凝土坍落度经时损失也明显降低。一方面是因为部分水泥被石灰石粉取代后，水泥用量减少，而石灰石粉的早期活性较低，导致整个胶凝材料体系的水化反应速率随之减缓；另一方面是因为致密且细小的碳酸钙颗粒表面能仅为 $230\times10^{-7}J/cm^2$，这有利于颗粒

的分散和填充，可以显著降低流体的黏度，也会减少混凝土坍落度的经时损失。c.石灰石粉的密度小于水泥，在胶凝材料总量不变的情况下，使混凝土中的含浆量增大，并增大了固体的表面积对水体积的比例，从而减少了泌水和离析，改善了混凝土拌和物的保水性和黏聚性，这对于炎热气候条件下混凝土的施工或长距离运输是非常有利的。

② 混凝土强度　石灰石粉的填充效应使水泥基体更加致密，显然对于任何龄期的混凝土强度都有利，而晶核效应使水泥早期水化加快，有利于混凝土早期强度的发展，活性效应则对混凝土的后期强度有利。

③ 混凝土耐久性　关于石灰石粉对混凝土耐久性的影响结果，不同学者持不同意见，甚至是截然不同的观点。部分学者经过研究认为，石灰石粉的加入对混凝土的耐久性产生了正面影响，例如提高了混凝土的抗渗性、抗氯离子渗透性和抗碳化性能；另一部分学者则认为石灰石粉的加入对混凝土的耐久性产生了负面影响，例如降低了混凝土的抗氯离子渗透性、抗侵蚀性和抗冻性等。

4.3.7　其他品种矿物掺合料

工业废渣等固体废物长期堆存不仅占用大量土地，而且会造成水体和大气的严重污染。为了满足混凝土生产和环境保护的双重需求，急需研究和开发新的矿物掺合料。我国拥有大量钢渣和磷渣资源，如目前的钢铁和有色金属行业，从采选到最后冶炼都会产生大量废渣，我国现存已有 5 亿吨废渣，且每年还在新增，其利用率仅为 22%。如能将它们适当加工之后应用于混凝土中，不仅能缓解粉煤灰、矿渣粉和硅灰供不应求的局面，为混凝土提供来源更为广泛的掺合料，有利于混凝土行业的可持续发展，同时还能变废为宝，有效解决环境污染问题。

4.3.7.1　钢渣粉

（1）钢渣粉的定义　根据《用于水泥和混凝土中的钢渣粉》（GB/T 20491—2017）的规定，钢渣粉是由符合《用于水泥中的钢渣》（YB/T 022）标准规定的转炉或电炉钢渣（简称钢渣），经磁选除铁处理后，粉磨达到一定细度的产品。2018 年，我国钢渣产生量达 1.21 亿吨，在炼钢过程中，每生产 1 吨粗钢，产生钢渣约 130 千克。

（2）钢渣粉的技术要求　钢渣粉应符合表 4-10 的技术指标规定。

表 4-10　钢渣粉技术指标

项目		一级	二级
比表面积/(m^2/kg)		≥350	
密度/(g/cm^3)		≥3.2	
含水量(质量分数)/%		≤1.0	
游离氧化钙含量(质量分数)/%		≤4.0	
氯离子含量(质量分数)/%		≤0.06	
三氧化硫含量(质量分数)/%		≤4.0	
活性指数/%	7d	≥65	≥55
	28d	≥80	≥65
流动度比/%		≥95	
安定性	沸煮法	合格	
	压蒸法	6h 压蒸膨胀率≤0.50%[①]	

① 如果钢渣粉中 MgO 含量不大于 5%，可不检验压蒸安定性。

（3）钢渣粉的化学组成与矿物组成　钢渣粉的化学成分与硅酸盐水泥类似，主要含有

CaO、SiO$_2$、Al$_2$O$_3$、Fe$_2$O$_3$、FeO、MgO、MnO 等氧化物，其中 CaO、SiO$_2$、Fe$_2$O$_3$、FeO、MgO 约占矿渣质量的 80%以上，其中 CaO 含量为 44%左右，SiO$_2$ 含量为 10%～15%，Fe$_2$O$_3$ 与 FeO 含量之和约为 20%，且 FeO 含量一般高于 Fe$_2$O$_3$，MgO 的含量为 6%～13%。矿物组成包括 C$_3$S、C$_2$S、C$_2$F、C$_{12}$A$_7$、C$_4$AF、RO 相（MgO、FeO 和 MnO 的固溶体）、Ca$_2$Al$_2$Si$_3$O$_{12}$、Fe$_3$O$_4$、f-CaO 和 f-MgO 等多种高温型晶体。C$_3$S、C$_2$S 和 RO 相是钢渣粉的主要矿物成分，其中 C$_3$S、C$_2$S、C$_{12}$A$_7$、C$_4$AF 是活性组分。此外，钢渣粉中还含有游离氧化镁（f-MgO）、游离氧化钙（f-CaO）等组分，这些组分后期水化产生体积膨胀，可能引起体积安定性不良等问题。

（4）钢渣粉在混凝土中的作用机理　钢渣粉在混凝土中主要有胶凝效应和微骨料填充效应两方面的作用。钢渣粉中 C$_3$S、C$_2$S 等活性矿物成分使钢渣粉具有一定的胶凝性能。但是，钢渣粉的水化过程与水泥有明显的差异：水泥的早期水化很快，后期水化较慢；在不使用激发剂时，钢渣粉在常温条件下的水化速率很慢，诱导期很长，后期水化对钢渣粉的水化程度有很大的贡献。钢渣粉的粒径分布与水泥、粉煤灰、矿渣粉等的粒径分布规律不同。钢渣粉中颗粒粒径主要分布在小于 6μm 或大于 60μm 的区间，而在 6～60μm 区间内的颗粒较少。粒径较小的颗粒可以填充硬化浆体中水分消耗或散失留下的孔隙，起到微骨料填充的作用。

4.3.7.2 磷渣粉

（1）磷渣粉的定义　根据《用于水泥和混凝土中的粒化电炉磷渣粉》（GB/T 26751—2022）的规定，粒化电炉磷渣粉是粒化电炉磷渣经粉磨制成的一定细度的粉体。其中粒化电炉磷渣应满足《用于水泥中的粒化电炉磷渣》（GB/T 6645—2008）规定，根据该标准，电炉法制取黄磷时，得到的以硅酸钙为主要成分的熔融物，经淬冷成粒，即为粒化电炉磷渣。通常每生产 1 吨黄磷，大约会产生 8～10 吨磷渣，2016 年我国磷渣产量为 560 万～700 万吨。

（2）磷渣粉的技术要求　磷渣粉应符合表 4-11 的技术指标规定，根据磷渣粉的物理性能和化学性能，将磷渣粉划分为 L95、L85、L70 三个质量等级。

表 4-11　磷渣粉技术指标

项目		级别		
		L95	L85	L70
比表面积/(m^2/kg)		≥350		
活性指数/%	7d	≥70	≥60	≥50
	28d	≥95	≥85	≥70
流动度比/%		≥95		
密度/(g/cm^3)		≥2.8		
五氧化二磷含量/%		≤3.5		
碱含量(Na$_2$O+0.658K$_2$O)(质量分数)/%		≤1.0		
三氧化硫含量(质量分数)/%		≤1.0		
氯离子(质量分数)/%		≤0.06		
烧失量(质量分数)/%		≤3.0		
含水量(质量分数)/%		≤1.0		
玻璃体含量(质量分数)/%		≥80		
放射性		I_{Ra}≤1.0 且 I_γ≤1.0		

（3）磷渣粉的化学组成与矿物组成　磷渣粉的化学成分以 CaO 和 SiO$_2$ 为主，二者之和大约占到 90%，其中 CaO/SiO$_2$ 约为 1.3。另外，磷渣粉还含有少量的 Al$_2$O$_3$、MgO、

Fe_2O_3、P_2O_5、F^- 及 K_2O、Na_2O 等多种成分。磷渣粉的化学组成与矿渣粉接近，但是磷渣粉中的 Al_2O_3 含量明显低于矿渣粉，同时存在少量的 P_2O_5，这是导致磷渣粉的化学活性不如矿渣粉的两个原因。磷渣粉的矿物组成与磷渣的形成过程有关。自然冷却形成的块状磷渣的主要矿物成分为环硅灰石、枪晶石、硅酸钙，副矿物有磷灰石、金红石等结晶相。水淬骤冷形成的粒化电炉磷渣以无定形硅氧四面体为主，玻璃体含量大约在 $80\% \sim 90\%$，潜在矿物晶相为硅灰石（$3CaO \cdot 2SiO_2$）和枪晶石（$3CaO \cdot 2SiO_2 \cdot CaF_2$）；此外还有石英、假硅灰石（$\alpha\text{-}CaO \cdot SiO_2$）、方解石及氟化钙等部分结晶相。从矿物组成上来看，水淬粒状磷渣是一种同时具有火山灰活性和潜在水硬性的材料，同时水淬粒状磷渣具有和水淬高炉矿渣相似的玻璃体结构，所以具有较高的活性。而自然冷却的块状磷渣结构稳定、活性极低，一般只能作为填料或混凝土骨料。

（4）磷渣粉在混凝土中的作用机理　磷渣在混凝土中有火山灰活性效应、缓凝效应和微骨料效应三方面的作用。

① 火山灰活性效应　尽管水淬磷渣粉具有较高的活性，但其自身并不具有水硬性或者只有潜在水硬性，只有在激发剂存在的条件下才能发生水化反应，形成胶凝物质并具有水硬活性，即所谓火山灰效应。磷渣粉掺入混凝土中，和水泥一起作为胶凝材料，水泥熟料水化生成的 $Ca(OH)_2$ 及水泥中的缓凝剂——石膏可以作为磷渣粉玻璃体的活性激发剂。其水化过程为：混凝土加水后，首先是水泥熟料矿物发生一次水化，生成的 $Ca(OH)_2$ 成为磷渣粉的碱性激发剂；然后，$Ca(OH)_2$ 和磷渣粉中的活性 SiO_2 和 Al_2O_3 之间发生二次水化反应，形成具有胶凝性能的水化硅酸钙和水化铝酸钙。

② 缓凝效应　一般来说，在水泥和混凝土中掺入磷渣粉后，它们的凝结时间均有不同程度的延长，并且随着 P_2O_5 含量的增大而缓凝效果更好。关于磷渣粉缓凝的作用机理有以下几种解释。第一种学说认为，磷渣中少量的 P_2O_5 和氟（F）与水泥水化析出的 $Ca(OH)_2$ 反应，生成难溶的磷酸钙和氟羟基磷灰石，包裹在水泥颗粒周围，从而延缓了水泥的凝结硬化。同时，磷渣粉的掺入减少了水泥熟料的用量，从而导致凝结时间的延长。第二种学说认为，磷渣粉中的磷酸根等离子的存在限制了三硫型水化硫铝酸钙（钙矾石，AFt）的形成，而硫酸根又阻碍了六方水化物 C_4AH_{13} 和 C_2AH_{19} 向立方水化物 C_3AH_6 的转化。磷渣粉中的可溶性 P_2O_5 与水泥中石膏的复合作用延缓了 C_3A 的整个水化过程，从而产生缓凝效应。第三种学说认为，磷渣粉对水泥和混凝土的缓凝作用是由吸附作用引起的，即硅酸盐水泥水化初期形成的半透水性水化产物薄膜对磷渣粉颗粒的吸附，导致水化产物膜层的致密度增加，从而导致离子通过薄膜的速率下降，引起水化速率的降低，从而导致缓凝。另外，磷渣粉中可溶性磷和氟对水泥和混凝土的缓凝同样起作用。

③ 微骨料效应　活性磷渣粉的加入可以有效改善混凝土中的颗粒级配。首先，在混凝土体系中，粗骨料与细骨料形成混凝土的骨架，水泥颗粒粒径较小，填充在粗、细骨料的空隙中（一级填充）；其次，磨细的磷渣粉可以填充在水泥颗粒之间的空隙中（次级填充），从而得到较高的密实度。磷渣粉的微骨料效应还体现在磷渣粉颗粒填充在水泥粒子的絮凝结构中，使水泥絮凝结构中的水被释放出来，使浆体得到稀释，起到减水作用。

4.3.8　复合矿物掺合料

由两种或两种以上的矿物掺合料，按一定比例混合，必要时可掺加适量石膏和助磨剂，再粉磨至规定细度的粉体材料称为复合矿物掺合料。根据《混凝土用复合掺合料》（JG/T

486—2015）的规定，复合矿物掺合料中每种矿物掺合料的质量分数应不小于10％，加入的助磨剂应不超过复合矿物掺合料总质量的0.5％，复合矿物掺合料中不应掺入除石膏、助磨剂以外的其他化学外加剂。

（1）分类　复合矿物掺合料可分为普通型、早强型和易流型，其中普通型可分为Ⅰ级、Ⅱ级、Ⅲ级。

（2）标记方法　复合矿物掺合料的标记由复合矿物掺合料名称代号、分类代号和标准编号三部分组成。表示如下：

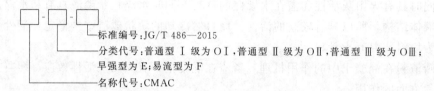

标准编号：JG/T 486—2015
分类代号：普通型Ⅰ级为OⅠ，普通型Ⅱ级为OⅡ，普通型Ⅲ级为OⅢ；
早强型为E；易流型为F
名称代号：CMAC

① 普通Ⅱ级的复合矿物掺合料表示为：CMAC-OⅡ-JG/T 486—2015。
② 早强型复合矿物掺合料表示为：CMAC-E-JG/T 486—2015。
③ 易流型复合矿物掺合料表示为：CMAC-F-JG/T 486—2015。

（3）复合矿物掺合料的技术指标　复合矿物掺合料的技术指标应符合表4-12的规定。

表4-12　复合矿物掺合料的技术指标

序号	项目		普通型①			早强型②	易流型①
			Ⅰ级	Ⅱ级	Ⅲ级		
1	细度③（45μm 筛余）（质量分数）/%		≤12	≤25	≤30	≤12	≤12
2	流动度比/%		≥105	≥100	≥95	≥95	≥110
3	活性指数/%	1d	—	—	—	≥120	—
		7d	≥80	≥70	≥65	—	≥65
		28d	≥90	≥75	≥70	≥110	≥65
4	胶砂抗压强度增长比		≥0.95			≥0.90	
5	含水量（质量分数）/%		≤1.0				
6	氯离子含量（质量分数）/%		≤0.06				
7	三氧化硫含量（质量分数）/%		≤3.5			≤2.0	
8	安定性	沸煮法④	合格				
		压蒸法⑤	压蒸膨胀率不大于0.50%				
9	放射性		合格				

① 普通型、易流型在流动度比、活性指数和胶砂抗压强度增长比试验中，胶砂配比中复合矿物掺合料占胶凝材料总质量的30％。

② 早强型在流动度比、活性指数和胶砂抗压强度增长比试验中，胶砂配比中复合矿物掺合料占胶凝材料总质量的10％。

③ 当复合矿物掺合料组成中含有硅灰时，可不检测该项目。

④ 仅针对以C类粉煤灰、钢渣或钢渣粉中一种或者几种为组分的复合矿物掺合料。

⑤ 仅针对以钢渣或钢渣粉为组分的复合矿物掺合料。

多功能性的复合矿物掺合料可改善单一品种矿物粉体材料的一些不足，发挥不同材料之间的协同互补作用，给水泥混凝土带来诸多优势：改善混凝土拌和物的工作性，提高早期强度，提高超细复合矿物掺合料在水泥混凝土中的掺量，降低水化热，提高耐久性和减小收缩，等等。当然，以上复合矿物掺合料也是近些年的研究成果，随着科技的进步，会不断有新的复合矿物掺合料出现。

知识扩展

　　上海中心大厦，是上海市的一座巨型高层地标式摩天大楼，总建筑面积57.8万平方米，建筑主体为地上127层，地下5层，建筑高度为632米，结构高度为580米，占地面积30368平方米。其建造地点位于一个河流三角洲，土质松软，含有大量黏土。在竖起钢梁前，工程师打了980个基桩，深度达到86米，而后浇筑60881立方米混凝土进行加固，形成一个超深、超大、无横梁支撑的单体建筑基坑，其大底板是一块直径121米、厚6米的圆形钢筋混凝土平台，11200平方米的面积相当于1.6个标准足球场大小，厚度则达到两层楼高，是世界民用建筑底板体积之最。其施工难度之大，对混凝土的供应和浇筑工艺都是极大的挑战。

思考题

　　1. 简述矿物掺合料的分类。各类矿物掺合料的性能和活化机理是什么？
　　2. 试从材料的化学组成和矿物组成方面论述矿渣粉比粉煤灰活性高的原因。
　　3. 硅灰提高混凝土性能的机理有哪些方面？
　　4. 钢渣和磷渣的活化新途径有哪些？
　　5. 如何设计、制备高性能矿物掺合料？

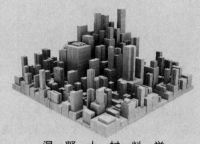

混 凝 土 材 料 学

5

新拌混凝土的性能

　　混凝土原材料加水拌和后形成混凝土拌和物，该拌和物具有一定的流动性、黏聚性和可塑性。随着时间的推移，胶凝材料的反应不断进行，水化产物不断增加，形成凝聚结构，此时混凝土开始凝结硬化，逐步失去流动性和可塑性，最终形成具有一定强度的水泥石。凝结硬化前的混凝土拌和物通常称为新拌混凝土，凝结硬化后的混凝土则称为硬化混凝土。

　　混凝土作为结构材料，其硬化前的性能对工程质量的影响非常重要。新拌混凝土的性质既影响浇筑施工的质量，又影响混凝土性质的发展。因此，新拌混凝土必须具有良好的工作性和合适的凝结时间，以便于施工，确保获得良好的浇筑质量。

　　新拌混凝土可以看成是一种由水和分散粒子组成的体系，具有弹性、黏性、塑性等特性。水泥加水拌和后立即溶解出一种可溶性的成分，开始水化反应，所以尚未凝固的混凝土中的液体部分是一种强碱性的溶液；固体部分则为从微米级的微小水化物颗粒到厘米级的粗骨料，而且骨料的表面有一层吸附水膜，这样形成一种不同形状、不同密度的颗粒聚集体，这些颗粒聚集体有的凝聚，有的独立分散；气体部分则是直径为 $10\mu m\sim 1mm$ 的气泡群；此外还有封闭在水泥凝聚体内部的空气。上述气、液、固三相，通过搅拌作用从宏观上来说是均匀分布在混合料中。但实际上新拌混凝土是一种非均质、非密实、各向异性的材料，是一种随时间、温度、湿度和受力状态不断演变的弹-黏-塑性混合物，除原有的固相材料外，还有水泥水化生成的水化产物，液相存在于凝胶孔、毛细孔、固相周界以及游离状态中，气相存在于未被水分占据的孔隙和气泡中。随时间推移，液相通过蒸发或参与水泥水化反应而逐渐减少，而固相则在不断增加。因此，新拌混凝土的性能和构成比较复杂，可以运用流变学理论加以研究和认识。

5.1　新拌混凝土流变学

5.1.1　流变学基本模型

　　流变学是研究物体流动和变形的科学，是近代力学的一个分支。凡是在适当的外力作用下，物质能流动和变形的性能称为该物质的流变性。流变学的研究对象几乎包括了所有的物质，综合研究了物质的弹性变形、塑性变形和黏性流动。对水泥混凝土而言，则是研究水泥浆、砂浆和混凝土混合料黏性、塑性、弹性的演变，以及硬化混凝土的强度、弹性模量和徐变等问题。

研究材料的流变特性时，要研究材料在某一瞬间的应力和应变的定量关系，这种关系常用流变方程来表示。而一般材料流变方程的建立，都基于以下三种理想材料的基本模型（或称流变基元）的基本流变方程。

（1）胡克（Hooke）固体模型（H-模型）　表示具有完全弹性的理想材料。

（2）圣维南（St. Venant）固体模型（Stv-模型）　表示超过屈服点后只具有塑性变形的理想材料。

（3）牛顿（Newton）液体模型（N-模型）　表示只具有黏性的理想材料。

以上三种基本模型的表示方式、流变方程和应力-应变-时间的关系如图 5-1 所示。

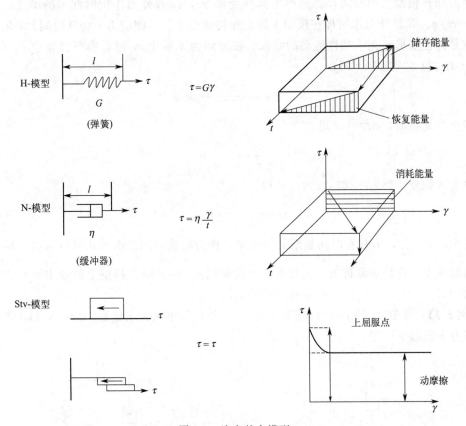

图 5-1　流变基本模型

弹性、塑性、黏性和强度是四个基本流变性质，根据这些基本性质可以导出其他性质。胡克固体具有弹性和强度，但没有黏性。圣维南固体具有弹性和塑性，但没有黏性。牛顿液体具有黏性，但没有弹性和强度。严格地说，以上三种理想物体并不存在，大量物体介于弹性体、塑性体、黏性体之间。所以实际材料具有所有上述四种基本流变性质，只是在程度上有差异。因此各种材料的流变性质可用具有不同的弹性模量 G、黏度系数 η 和表示塑性的屈服应力 τ_y 的流变基元以不同的形式组合成的流变模型来研究。

最简单的流变模型可由流变基元串联或并联而成。若用 H、Stv、N 分别表示上述三种流变基元，用符号"—"表示串联，用符号"｜"表示并联，则可用不同的符号表示出各种流变模型的结构式。

【例 5-1】 麦克斯韦（Maxwell）模型（图 5-2）是最简单的串联模型，M＝N—H，用来表示恒定变形下的应力变化历程。

在这种模型中，各基元所受的应力相等，而总的变形为各基元变形之和，即：

$$\tau = \tau_e = \tau_v \tag{5-1}$$

$$\gamma = \gamma_e = \gamma_v \tag{5-2}$$

因此，

$$\gamma = \frac{\tau}{G} + \frac{\tau t}{\eta} \tag{5-3}$$

式中，τ、γ 分别为模型的总应力和总变形；τ_e、γ_e、τ_v、γ_v 分别表示弹性基元的应力、变形和黏性基元的应力、变形。

外力加在模型上的瞬间，首先产生弹性变形 γ_e，随着外力作用时间 t 的增加，黏性流动 $\gamma_v = \tau t / \eta$。如果外力作用加在模型上后，保持变形不变，则应力 τ 将随时间 t 的增加而减少，这是弹性变形转化为黏性流动的结果。在时间为无限小 dt 时，模型将发生 $d\gamma$ 的变形，它等于 $d\gamma_e$ 与 $d\gamma_v$ 之和，即：

$$d\gamma = \frac{1}{G} d\tau + \frac{\tau}{\eta} dt \tag{5-4}$$

当 γ 为定值时，$d\gamma = 0$，得：

$$\frac{d\tau}{\tau} = -\frac{G}{\eta} dt \tag{5-5}$$

对上式积分，当 $t = 0$ 时，$\tau = \tau_0$，得：

$$\tau = \tau_0 e^{-\frac{G}{\eta}t} = \tau_0 e^{-\frac{t}{T}} \tag{5-6}$$

式中，$T = \dfrac{\eta}{G}$，为具有时间量纲的物理量，称为松弛时间。由上式可以看出，应力 τ 将随时间而减小，这种现象称为应力松弛。当时间间隔 $t = T$ 时，模型上的应力 τ 只为初始应力 τ_0 的 $1/e$。

【例 5-2】 开尔文（Kelvin）模型（图 5-3）是最简单的并联模型，M＝N｜H，用来表示恒定应力下的形变过程。

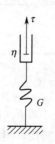

图 5-2　麦克斯韦模型

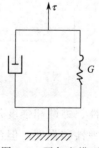

图 5-3　开尔文模型

在这种模型的情况下，各基元的变形都相等，而总的应力则等于各基元应力之和，即：

$$\gamma = \gamma_e = \gamma_v \tag{5-7}$$

$$\tau = \tau_e + \tau_v \tag{5-8}$$

因此，

$$\tau = G\gamma + \eta \frac{\mathrm{d}\gamma}{\mathrm{d}t} \qquad (5\text{-}9)$$

对上式积分，当 $t=0$ 时，$\gamma=0$，得：

$$\gamma = \frac{\tau}{G}(1 - \mathrm{e}^{-\frac{G}{\eta}t}) \qquad (5\text{-}10)$$

由上式可以看出，模型在外力作用的瞬间（$t=0$），$\tau=0$。随着时间的增加，γ 也增加，当 $t=\infty$ 时，$\gamma = \frac{\tau}{G}$，即以弹性应变 γ_e 为极限值。这说明弹性形变并不是立刻完成的，而是随时间按指数关系推迟完成，这种现象称为徐变，也称为滞弹性。

在外力除去以后，变形的恢复也是逐渐进行的。设除去作用力时的变形为 γ_0，则变形的恢复与时间的关系为：

$$\gamma = \gamma_0 \mathrm{e}^{-\frac{G}{\eta}t} \qquad (5\text{-}11)$$

可见只有当 $t=\infty$ 时，变形才能完全消失，这种现象称为弹性后效。

5.1.2 新拌混凝土流变方程

固体材料在外力作用下要发生弹性变形和流动，应力小时做弹性变形，应力大于某一限度（屈服值）时发生流动。混凝土混合料也基本上具有类似的变形特性，但由于屈服值很小，因此由流动方面的特征支配。

5.1.2.1 混凝土流变方程

水泥、砂浆及混凝土混合料的流变特征接近宾汉姆（Bingham）模型，因此，混凝土混合料的流变性质可以用宾汉姆模型来研究。宾汉姆模型的结构式为 M＝（N｜Stv）—H，如图 5-4 所示。显然，当 $\tau < G\gamma_e$ 时，并联部分不发生变形，因此：

$$\tau = G\gamma_e \qquad (5\text{-}12)$$

$$\gamma_e = \frac{\tau}{G} \qquad (5\text{-}13)$$

当 $\tau > \tau_y$ 时，则在并联部分发生与应力（$\tau - \tau_y$）成正比的黏性流动，因此有：

$$\tau - \tau_y = \eta \frac{\mathrm{d}\gamma}{\mathrm{d}t} \qquad (5\text{-}14)$$

由于总的变形 $\gamma = \gamma_e = \gamma_v$，而 γ_e 是常数，因此上式可写成

$$\tau = \tau_y + \eta \frac{\mathrm{d}\gamma}{\mathrm{d}t} \qquad (5\text{-}15)$$

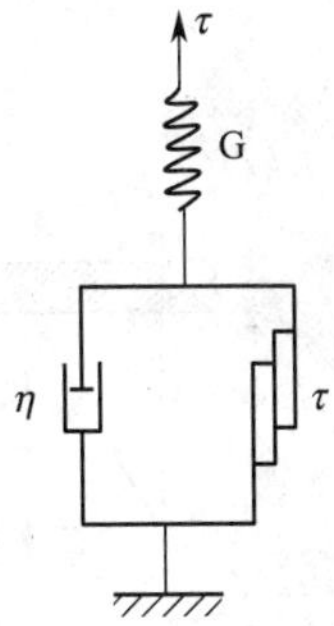

图 5-4 宾汉姆模型

此式即称为宾汉姆方程。符合宾汉姆方程的液体称为宾汉姆体。式中若 $\tau_y = 0$，则称为牛顿液体公式。

牛顿液体和宾汉姆体的流变方程中黏度系数 η 为常数，变形速度 $D\left(=\dfrac{\mathrm{d}\gamma}{\mathrm{d}t}\right)$ 和剪切应力 τ 的关系曲线（称流动曲线）成直线形状，如图 5-5 中 a、c。但若液体中有分散粒子存在，胶体中凝聚结构比较强，黏度系数 η 将是 τ 或 D 的函数，则流动曲线形状如图 5-5 中曲线 b、d，分别称为非牛顿液体和一般宾汉姆体。超流动性的混凝土混合料接近非牛顿液体，一般

的混凝土混合料接近一般宾汉姆体。

5.1.2.2 混合料流变参数 τ_y 与 η 的含义

由混凝土混合料的流变方程 $\tau = \tau_y + \eta \dfrac{\mathrm{d}\gamma}{\mathrm{d}t}$ 可知屈服剪切应力 τ_y 与黏度系数 η 是决定混合料流变特性的基本参数。

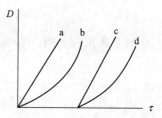

图 5-5　流动曲线的基本类型
a—牛顿液体；b—非牛顿液体；
c—宾汉姆体；d——般宾汉姆体

屈服剪切应力 τ_y 是阻止塑性变形的最大应力，故又称塑性强度。当在外力作用下产生的剪切应力小于屈服剪切应力时，混合料不发生流动；只有当剪切应力比屈服剪切应力大时，才会发生流动，并可塑造成任意形状的制品，而且只有在制品本身的重量不产生超过屈服剪切应力的应力时，制品的形状才可能保持不变。

混合料的屈服剪切应力是由组成材料各颗粒之间的附着力和摩擦力引起的。如图 5-6 所示，A 在 B 的平面上，A 给予 B 以垂直压力 p，当 A 开始滑动时，接触面上产生剪切应力 τ，如 A 与 B 间没有附着力，则库仑定律成立：

$$\tau = \mu p = p \, \mathrm{tg}\phi \tag{5-16}$$

式中，μ 为摩擦系数；ϕ 为摩擦角。

如果 A 与 B 间有附着力，则接触面上产生的剪切应力用 τ_y 表示，τ_y 与 p 的关系为：

$$\tau_y = \tau_0 + p \, \mathrm{tg}\phi \tag{5-17}$$

式中，τ_0 可以认为是垂直压力 p 为零时（即不考虑外力及重力时）所存在的剪切阻力，称为附着力，是 A 与 B 间的内聚力引起的。

屈服剪切应力可用试验方法测定。如利用图 5-7 所示装置，当改变垂直压力时，可测得不同混凝土混合料发生运动的最大剪切应力 τ_{max}。作 p-τ 直线，延长此直线交于 τ 轴上的数值便是 τ_y，与 p 轴的交角便是摩擦角 ϕ（图 5-8）。

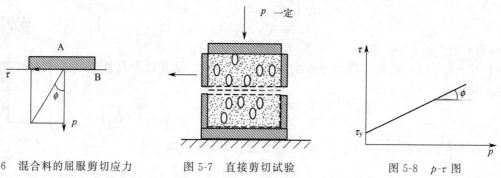

图 5-6　混合料的屈服剪切应力　　　图 5-7　直接剪切试验　　　图 5-8　p-τ 图

黏度系数 η 是液体内部结构阻碍流动的一种性能。它是流动的液体中，在平行于流动方向的各流层之间产生的与流动方向相反的阻力（黏滞阻力）的结果。因此，黏性是流动的反面。对于不同的液体，黏性的大小取决于液体的内部结构。如果黏性大到无穷，物体的流动微乎其微，以致无法测量，实际上就成为弹性固体。黏性愈小，则流动性愈大。黏度系数单位用 Pa·s 表示。当剪切应力 $\tau = 1\mathrm{N/m^2}$，产生速度梯度 $D = 1\mathrm{s^{-1}}$ 时，黏度系数 $\eta = 1\mathrm{Pa·s}$。水的黏度系数约为 $1\mathrm{mPa·s}$。

像水泥浆、混凝土混合料等带有分散粒子、能形成凝聚力结构的液体，其黏度系数随剪切应力或速度梯度而变化，实质上是随其凝聚结构的破坏程度而变化。如图 5-9、图 5-10 所示（α 表示结构破坏曲线，η 表示黏度变化曲线），这种随结构破坏程度而变化的黏度系数称为结构黏度系数。结构黏度系数、结构破坏程度与剪切应力之间的关系如图 5-9、图 5-10 所示。可见，当剪切应力小于 τ_1 时，凝聚结构实际上未破坏，此时黏度系数具有恒定的最大值（η_0），虽然也会发生缓慢的流动，但实际上觉察不到。当 τ 接近 τ_y 时，黏度系数大大降低，结构发生"雪崩"式的破坏。当结构完全破坏时，黏度系数就会达到最低值 $\eta_{\min}$，此时黏度系数不再随应力值的变化而变化。

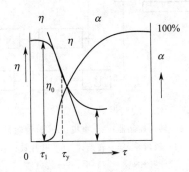

图 5-9　在稳定流动下，结构黏度系数（η）、
结构破坏程度（α）与剪切应力（τ）的关系曲线

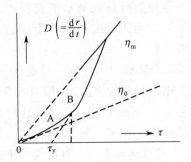

图 5-10　在具有凝聚结构的系统中，流动
速度与剪切应力的关系曲线

5.1.2.3　流变参数的测试方法

目前大多数研究水泥基材料流变所使用的流变仪（或黏度计）都采用同轴圆筒式的结构。该仪器由内外两个同轴的圆筒构成，测量时用混凝土填满两个圆筒之间的环形空间，然后保持其中一个圆筒静止不动，让另一个圆筒旋转，通过改变转速来测量扭矩值。同轴圆筒流变仪又可以分为两类：一种是外筒旋转，测量外筒转速及内筒所受扭矩，称作 Couette 型流变仪；另一种是内筒旋转，同时测量内筒转速和所受扭矩，称为 Searle 型流变仪，如图 5-11 所示。流变仪的几何构造，特别是转子（或内筒）与外筒的间距、转子的形状等因素对测量结果有很大影响。国际上曾于 2000 年和 2003 年分别用多种类型的混凝土流变仪对同一混凝土拌和料进行测试，发现不同混凝土流变仪的测试

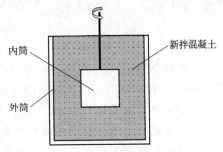

图 5-11　Searle 型同轴圆筒旋转式
流变仪的几何构造示意图

结果呈现出相同的规律，但测试结果的绝对值却存在较大的差异，这表明流变仪的几何结构对测量数据有直接影响，进而影响流变模型的建立。对同一混凝土材料来说，其转速-扭矩函数曲线并非唯一，而是会随着流变仪的尺寸变化而改变，可见转速-扭矩函数曲线不能用来表征材料的流变性能。因此需要分别把扭矩和转速转换成与仪器构造无关的基本物理量，即剪切应力 τ 与剪切速率 γ，并建立剪切速率与剪切应力的函数关系（即流变模型）$\tau = f(\gamma)$，以此来表征材料的流变性能。

为了消除触变性对测量的影响，通常混凝土流变仪在测量前需要用最大转速对混凝土拌和物进行数十秒的预剪切，然后按照一定的级差值从大到小逐级降低转速，每一级转速都要保持一定时间，并以一定的采样频率持续记录转速值和内筒所受的扭矩值。由于从高转速级降到低转速级的过程中扭矩和转速信号不稳定，因此舍弃每级转速初始阶段的扭矩和转速数

据，对剩余的数据取平均值，也可以取最高或者最低的十个点作为该级的转速和扭矩值，在获得一系列转速和扭矩值后，绘制扭矩-转速曲线，把它们代入不同的转换方程中，对数据进行拟合，计算材料的剪切应力与剪切速率，从而了解材料的流变特性。研究人员用这种流变仪研究了各种类型高效减水剂对新拌混凝土的作用，如果改为用传统的坍落度试验，将很难得到这些结果。

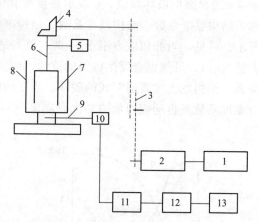

图 5-12　旋转叶片式流变仪工作简图

1—转速控制器；2—电机；3—链齿轮；
4—斜齿轮；5—转速计；6—叶片轴；
7—叶片；8—装料筒；9—传力件；
10—传感器；11—应变仪；
12—单板机；13—打印机

我国学者陈健中研制的一种混凝土流变仪，使用效果较好，基本构造如图 5-12 所示。它由一个直径为 30cm、高为 16cm 的装料筒 8 和一个旋转的叶片 7 组成。转速控制器 1 控制电机 2，电机 2 通过链齿轮 3、斜齿轮 4 和转速计 5 等传动装置使叶片轴 6 旋转，装于装料筒中的新拌混凝土被叶片 7 带动而转动。作用于拌和料上的扭矩通过传力件 9 相平衡并传递到传感器 10 上，经动态应变仪 11 和单板机 12，最后由打印机 13 自动将扭矩和转速值打印出来。

试验时拌和料装入料筒后，叶片转速由 10r/min、20r/min、30r/min、40r/min 到 50r/min 逐级增大，然后由 50r/min 至 10r/min 逐级减小，得到速度上升阶段和下降阶段的扭矩（T）-转速（N）曲线，下降阶段的 T-N 曲线符合下列方程：

$$T = g + hN \qquad (5\text{-}18)$$

式中，g、h 为常数。

所测得的扭矩 T 与作用于拌和料的切应力 τ 成正比，转速 N 与切应变速率 $\mathrm{d}\gamma/\mathrm{d}t$ 成正比。因此 g 和 h 分别相当于屈服切应力 τ_y 和结构黏度系数 η，用若干种典型的宾汉姆流体以标准的旋转式流变仪测得它们的 τ_y 及 η 值，再用该仪器测得 g 及 h 值，就能找到 τ_y 与 g 以及 η 与 h 的关系式，从而由实测的新拌混凝土的 g 和 h 计算得 τ_y 和 η 值。

陈健中配制了各种水灰比、水泥用量、砂率、外加剂掺量以及粉煤灰掺量的拌和料，他试验用的石子最大粒径为 20mm，测得这些新拌混凝土的流变特性参数，并与传统的坍落度方法进行对比。试验得到下列颇有意义的结论。

① 新拌混凝土转速下降阶段的流变特征符合宾汉姆流变方程，因此可以用流变学概念研究新拌混凝土的流变特性。

② 在坍落度大于 8cm 时，坍落度与测得的屈服切应力有很好的相关性，但与结构黏度的相关性不显著。因此传统的坍落度实际上表征了屈服应力，但不能反映结构黏度，同时屈服切应力值比坍落度更为灵敏（图 5-13）。

③ 在一般的配比条件下，如屈服切应力增大，结构黏度也增大，两者同方向变化。但在某些特殊条件下，两者反方向变化。如测得用粉煤灰等量取代水泥，拌和料的屈服切应力降低，而结构黏度增大。传统的坍落度试验则无法反映这种变化。这说明用两个流变特征参数比用单一坍落度能更好地表征拌和料的性能。

可以说，新拌混凝土流变特性的研究才刚开始，但已显示出优越性。它最适用于大流动

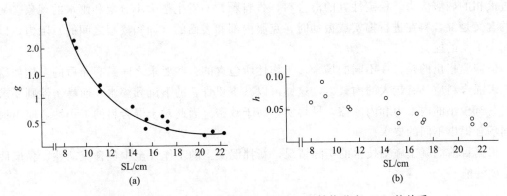

图 5-13　坍落度（SL）与极限切应力（g）和结构黏度（h）的关系

性混凝土、泵送混凝土和各种外加剂作用的实验室研究。可以预期，随着大流动性混凝土和新型外加剂的出现和发展，流变特性的研究将不断加强和深化。

　　当然，流变仪的测试也有其缺点和局限性：它适用于坍落度较大的拌和料，对低流动性非拌和料响应不够灵敏；试验用的石子粒径不能太大（不大于 16～20mm），否则将影响数据的离散性和可取性。因此流变仪还不能完全代表工程上用的实际的混凝土，且试验仪器也有待改进和标准化。

5.2　新拌混凝土工作性

　　新拌混凝土经运输、平仓、捣实、抹面等工序，成为具有一定形状的均匀而密实的结构，而此过程可以看作是对新拌混凝土的加工过程，或者说是新拌混凝土的工作过程。因此新拌混凝土最重要的特性就是在加工过程中能否良好地工作，这一特性称为新拌混凝土的工作性。新拌混凝土的性能，直接影响到施工的难易程度和硬化混凝土的性能与质量。在一定的施工条件下，新拌混凝土工作性良好，则施工时能耗较少，并可得到具有要求强度和耐久性的外观平整、内部均匀而密实的优质混凝土。改善新拌混凝土的工作性，不仅能保证和提高结构物的质量，而且能够节约水泥、简化工艺和降低能耗。新拌混凝土的其他特性，如含气量、凝结时间、容重等，也均与混凝土的施工质量和硬化后混凝土的质量有着密切的关系。研究并掌握新拌混凝土的特性及其影响因素，对于保证大体积混凝土质量、改善施工条件、加快施工速度和节约投资具有重要的意义。

5.2.1　新拌混凝土工作性的概念

　　新拌混凝土最重要的特性就是工作性。迄今为止，各国混凝土研究者一直应用流变学理论来确定混凝土混合料的流变特性，但其研究结果仍不能很好地满足实际应用。目前，各国学者仍较普遍地使用"工作性"这一提法来描述混合料的流变性能。而混凝土工作性的定义很难准确描述，一般认为它的全部含义应当是"流动性＋可塑性＋稳定性＋易密性"，四者缺一不可。流动性取决于分散系统中固、液相的比例，增加水的量，混合料的流动性提高。可塑性是指在一定外力作用下产生没有"脆性"的塑性变形的能力。混合料的可塑性与水灰比及水泥浆体或砂浆的含量有关。稳定性是指在分散系统中固体的重力所产生的剪切应力不超过液相的屈服应力。稳定性好的混合料，骨料颗粒不发生按大小分层和泌水的现象。易密性的含义是混合料在进行捣实或振动时，克服内部和表面的（即和模板之间的）阻力，以达到完全密实的能力。

但需要指出的是，在不同的场合，工作性所包含的一些要求之间是有矛盾的。例如稳定性要求混合料应具有较大的内聚力，这样可以减少粗骨料的下沉和泌水，而易密性则要求混合料具有较小的内聚力和内摩擦，易捣实，易于致密。因此对于混合料的工作性，应当根据不同场合提出不同的要求。

根据目前混凝土施工技术的实际情况，新拌混凝土的工作性至少包含流动性、黏聚性两种主要性能。

5.2.2 流动性测试方法评述

表征液体流动速度的物理参数是黏度，当切应力一定时，黏度越小，流动速度就越大；表征塑性体变形的特征参数是屈服点，应力超过屈服点，物体发生塑性变形。然而混凝土拌和料是一种非均质材料，既非理想的液体，又非弹性体和塑性体，它的流动性能很难用物理参数来表示。因此这里讨论的流动性完全是从工程实用的角度表征拌和料浇筑振实难易程度的一个参数。流动性大（好）的拌和料较易浇筑振实。

几十年来，很多混凝土学者致力于设计一种能更好反映拌和料流动性的仪器和测试方法，比较典型的测试方法有坍落度试验、VB试验、密实因素试验等。

5.2.2.1 坍落度试验

坍落度试验是1923年由美国学者阿布拉姆斯（D. A. Abrams）借鉴查普曼（C. M. Chapman，1913）的砂浆试验首先提出的。该方法是目前世界各国广泛应用的实验室和现场测试方法，而且是列入各国标准和规程的标准测试方法。

将拌好的混凝土拌和物按一定方法装入坍落度筒，并按一定方式插捣，待装满刮平后，垂直平稳地向上提起坍落度筒，测量筒高与坍落后混凝土试体最高点之间的高度差，即为该混凝土拌和物的坍落度值，如图5-14所示。观察坍落度后再目测混凝土试体的黏聚性及保水性。黏聚性的检查方法是用捣棒在已坍落的混凝土锥体侧面轻轻敲打，此时如果锥体逐渐下沉，则表示黏聚性良好；如果锥体倒塌，或部分崩裂，或出现离析现象，则表示黏聚性不好。保水性以混凝土拌和物中稀浆析出的程度

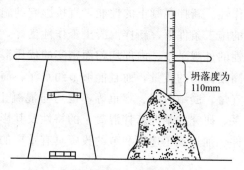

图5-14 混凝土拌和物坍落度的测定

来评定。坍落度筒提起后如有较多的稀浆从底部析出，锥体部分的混凝土也因失浆而骨料外露，则表明此混凝土拌和物保水性不好。若没有或仅有少量稀浆从底部析出，锥体部分的混凝土也没有因失浆而骨料外露，则表示此混凝土拌和物保水性良好。

坍落度试验不需要复杂的仪器设备，仅需一个坍落度筒，测试方法也很简单，但却能在一定程度上表征拌和料浇筑振实的难易程度。在试验时，拌和料在自重作用下，克服内部颗粒间摩擦而流淌。当拌和料较干，坍落度为0~2cm时，坍落度值难以反映出拌和料流动性的差异。当拌和料为富水泥浆时，坍落度值能较好地反映浇筑难易的程度，这也是该方法目

前被广泛采用的原因。

但是随着各种高效减水剂的问世，大流动性拌和料，甚至流态混凝土发展很快，坍落度高达 18～20cm 以上。这时坍落度试验显得不能灵敏地反映这种大流动性拌和料的差异，如何更好地反映大流动性拌和料的流动性指标又成为目前研究的新问题。另外，坍落度不能用于不同容重的骨料（如普通砂石骨料与轻骨料）配制的拌和料之间的相互比较，这是由于拌和料自身重量不同，即使坍落度相同，它们的振实难易程度也并不相同。

尽管坍落度试验有一些局限性，但对于普通混凝土拌和料，目前还是公认的比较实用而且简便的方法。因此将坍落度作为表述拌和料流动性的主要指标。

5.2.2.2 VB 试验

VB 试验仪如图 5-15 所示。VB 试验仪由一标准坍落度筒放置在直径为 305mm 的圆筒内，圆筒牢固地固定在振动台上构成。用标准方法将拌和料填满坍落度筒，开启振动台，直到玻璃板完全与拌和料表面密贴，用混凝土表面气泡完全消失所需的振动时间表征拌和料的流动性（以 VB 秒表示）。

该方法对低流动性或干硬性混凝土拌和料很适用，是一种适用于实验室的试验方法，能弥补坍落度试验对低流动性拌和料灵敏度不够的不足。但该方法对流动性较大的拌和料不灵敏。目前预制构件厂还采用该方法，现场浇筑的混凝土不用。

玻璃圆盘制导器

图 5-15 VB 试验仪

图 5-16 密实因素试验装置

5.2.2.3 密实因素试验

密实因素试验是英国学者提出的试验方法，已列入英国标准中。该方法通过对一定数量的拌和料做标准数量的功后，测定拌和料所达到的密实程度。

试验装置如图 5-16 示，它由两个截头圆锥形料斗和一个圆柱形容器所组成。试验时用拌和料缓慢地装满最上面的料斗，然后打开料斗底门，拌和料落到底下的料斗中，这个料斗比上面的料斗小，多余的料就溢出来，这就使得在标准状态下能得到具有近似数量的混合料，大大减少了在上一料斗中人工装料时人为因素的影响。打开底下料斗的底门，拌和料就落到圆柱筒容器中，用镘刀刮去多余的拌和料，称重，即得到已知体积圆柱筒容器内拌和料的容重，此容重除以完全密实的拌和料容重即定义为密实因素，完全密实的拌和料容重可按拌和料各组分的绝对体积计算得到，也可将拌和料分层（每层约 5mm）注入，每层充分捣实后实际称量计算得到。

由于对坍落度大于 10cm 的拌和料密实因素不灵敏，该方法适用于低流动性的拌和料。

5.2.2.4　高性能和超高性能混凝土的流变性

近年来，建筑结构向着高层化、复杂化、大型化等方向发展，同时也面临着更特殊的使用条件要求和更严苛的建造环境，诸多类似的新变化和新要求对传统混凝土材料的性能提出了严峻的考验。在此背景下，高性能混凝土（HPC）和超高性能混凝土（UHPC）应运而生，被认为是未来混凝土材料发展、革新的方向。不同于普通混凝土，新拌高性能混凝土和超高性能混凝土同时具备高流动性和高黏聚性，确定普通混凝土流变性能参数的传统试验方法已不能够准确地反映高性能混凝土的工作性能。同时，随着自动化施工的发展，泵送混凝土施工技术得到了广泛的应用，高性能混凝土的泵送需要在高压、高空、长距离、分叉等更复杂的条件下进行，也带来了许多诸如离析、管堵、计算理论模糊以及泵送过程中压力损失严重等泵送施工问题。

高性能混凝土和超高性能混凝土的高工作性能与其他几方面的性能既相互排斥又相互依赖。为使高性能混凝土和超高性能混凝土具有高强、高体积稳定性、高耐久性，要求其在配制时具有低水胶比，但低水胶比必定会对新拌混凝土的流动性造成影响，因此高性能混凝土和超高性能混凝土的高工作性能与其他性能是相互排斥的。但同时，也正由于高性能混凝土和超高性能混凝土的工作性能优良，在施工时其混凝土拌和物的密实程度、均匀性更好，硬化后的强度、耐久性也更好。由此可见，设计高性能混凝土和超高性能混凝土配合比时需协调好拌和物的流变性能和其他性能间的关系。因此，高性能混凝土和超高性能混凝土尤其是超高性能混凝土新拌混凝土的流变性是今后混凝土工作者们重要的研究课题之一。

5.2.3　影响流动性的因素

使混凝土拌和料具有流动性的根本因素是水泥浆，所以从本质上讲，影响拌和料的主要因素是拌和料中水泥浆的数量和水泥浆本身的流动性。而影响水泥浆流动性的因素是水泥浆中水泥的浓度（水灰比）、水泥的性质和外加剂。因此，影响混凝土拌和料流动性的主要因素可归纳如下。

（1）单位体积拌和料中水的用量　外加剂固定后，用水量是影响流动性最敏感的因素。所以在设计配合比的过程中，当所用骨料一定时，首先通过改变用水量来调节流动性。水灰比是由强度和耐久性要求决定的，因此改变用水量的同时，水泥用量也随之改变。用水量与坍落度和维勃稠度的关系分别如图 5-17、图 5-18 所示。

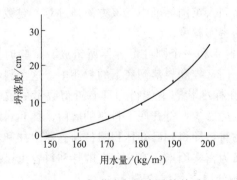

图 5-17　坍落度与用水量的关系

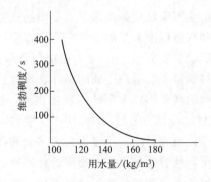

图 5-18　维勃稠度与用水量的关系

由图 5-17、图 5-18 可以看出，新拌混凝土的坍落度随用水量的增加而增大，而维勃稠度随用水量的增加而减小，说明随着用水量的增加，新拌混凝土的流动性逐渐增大。用水量对新拌混凝土工作性的影响较复杂，用水量增加能增加其流动性，但增加到一定程度时，又会降低新拌混凝土的稳定性和抗离析性能，因此采用适当的用水量是保证新拌混凝土在施工中既有良好的流动性又有较好的稳定性和均匀性的关键。

（2）外加剂　外加剂对流动性的影响极大，特别是减水剂和高效减水剂。在现代混凝土中，掺加外加剂已成为提高流动性的最主要措施。除减水剂外，掺加引气剂也能提高流动性，这是因为引入的空气泡使水泥浆体的体积增大。混凝土中含气量每增加 1%，水泥浆体体积约增加 2.0%～3.5%，同时引入的微细空气泡在拌和料中起类似滚珠的作用。引气对流动性的提高效果对于贫水泥的混凝土拌和物尤为显著。

（3）水泥品种和混合材料　水泥品种、生产水泥时所掺加的混合材料的品种和掺量，以及拌制混凝土时掺加的混合材料的品种和掺量对拌和料流动性也有较大影响。为了叙述方便，这里把水泥和混合材料统称为胶凝材料。胶凝材料对流动性的影响主要表现在胶凝材料需水量的不同，需水量越大，拌和料的流动性越小。

一般水泥中掺加火山灰质混合材料使胶凝材料的需水量增大，在胶凝材料用量相同的条件下，流动性降低。换句话说，为得到相同的流动性，掺加火山灰质混合材料时，要适当加大单位体积用水量。掺加矿渣也可能略微增大胶凝材料的需水量，但对新拌混凝土的流动性影响不太大。无论在生产水泥时，还是在拌和混凝土时，掺加粉煤灰对新拌混凝土流动性的影响都主要取决于粉煤灰本身的质量。高质量粉煤灰需水量小，而且其中玻璃球含量大，有滚珠效应。所以当胶凝材料和水的用量一定时，掺加高质量的 I 级粉煤灰能增大流动性，掺加低质量的粉煤灰则使流动性降低。

水泥熟料中铝酸盐矿物的需水量最大，C_2S 需水量最小，所以含铝酸盐矿物多的水泥流动性较小。但由于硅酸盐水泥熟料中矿物组成的变化幅度不是很大，因此对流动性的影响不很显著。

（4）粗细骨料特征和级配　骨料的级配、粒径和表面状态对新拌混凝土流动性也有影响。

级配好的骨料空隙少，在相同水泥浆量的条件下，可获得较大的流动性。但在富水泥拌和料中，其影响减小。大粒径骨料比表面积小，包裹骨料表面所需水泥浆少，为得到相同流动性所需的用水量就少。细骨料（砂）的细度影响更显著，如用粒度较细的砂，流动性减小。细骨料与粗骨料的比例也影响流动性，砂率大则流动性小。用表面光滑的卵石和河砂配制的新拌混凝土较表面呈棱角形的碎石和山砂配制的新拌混凝土流动性好。含泥量大的骨料需水量大大增加，对流动性很不利。

5.2.4　新拌混凝土的坍落度损失

新拌混凝土的流动性随着时间而变化，这是混凝土水化硬化的必然结果。坍落度损失是指新拌混凝土的流动性随时间而逐渐降低的现象。坍落度损失是所有混凝土的一种正常现象。它是硅酸盐水泥水化浆体在形成钙矾石和水化硅酸钙等水化产物的同时，逐渐变稠、凝聚的结果。混凝土拌和物中的游离水由于水化反应、吸附于水化产物表面或者蒸发等逐渐减少时，就会造成坍落度损失。新拌混凝土过早稠化，根据出现时间的先后，可能导致搅拌机鼓筒的力矩增加，在搅拌机中或工地上需要另外补加水，搅拌车的鼓筒内壁上会有混凝土黏挂，导致混凝土难以泵送和浇灌，在浇灌和抹面工序中需要多花劳动力，最终降低成品的质量和产量。另外，当重新调拌过程中加水过多或搅拌不够充分时，还会导致强度、耐久性以及其他性能下降。

5.2.4.1 造成混凝土坍落度损失的原因

造成混凝土坍落度损失的原因主要有如下几个方面。

（1）胶凝材料水化速度较快　在混凝土中，胶凝材料与水反应而生成水化产物，水化产物的生成使得水泥浆体由分散状态向凝聚结构转化。这一转化过程必将引起混凝土的坍落度损失。胶凝材料的水化速度决定了水化产物的生成速度，因而也将影响混凝土的坍落度损失速度。

近年来，我国的水泥普遍向细化和高 C_3S 方向发展，因此水泥的水化速度普遍加快，这也是混凝土坍落度损失加快的一个原因。

（2）骨料吸水率较大　混凝土的流动性与混凝土中游离水含量有着密切的关系。混凝土中游离水减少，坍落度也就减小。然而，如果在拌制混凝土时采用干骨料，而且骨料的吸水率较大，干骨料可以从混凝土中吸取大量的水分，使混凝土中的游离水减少，导致混凝土坍落度减小。可以作一个粗略的估计，在普通混凝土中，粗骨料用量大约为 $1100kg/m^3$，细骨料用量大约为 $700kg/m^3$。如果骨料的吸水率为 1%，则对于 $1m^3$ 混凝土，粗骨料可吸取 $11kg$ 水，细骨料可吸取 $7kg$ 水。也就是说，粗骨料的吸水作用可使混凝土中的游离水减少 $11kg/m^3$，若该吸水过程在 $1h$ 内完成，就有可能使混凝土的坍落度在 $1h$ 内损失 $40\sim50mm$。同样，对于细骨料也可作同样的考虑，它的吸水作用可以使混凝土的坍落度损失达到 $20\sim30mm$。若拌制混凝土时，粗、细骨料都是干料，它们的吸水作用就可能使混凝土中的游离水减少 $18kg/m^3$，可使其坍落度损失达到 $60\sim80mm$，甚至更多。由此可见，骨料的吸水作用对混凝土坍落度损失有不可忽略的影响。对于一些硬质的干净骨料，吸水率一般不大，但对于一些软质骨料，或者含有较多碎屑、细粉的骨料，吸水率可能较大，因此要引起注意。

（3）外加剂的影响　混凝土所掺加的外加剂一定要与水泥相适应，否则会引起混凝土坍落度的损失。另外，不同外加剂对坍落度损失有不同影响。掺减水剂，特别是高效减水剂比不掺减水剂的坍落度损失明显增大，这也是在炎热地区或炎热季节使用高效减水剂需解决的一个问题。

（4）水分蒸发　混凝土中游离水的减少是新拌混凝土坍落度损失的一个重要原因，蒸发是混凝土中游离水损失的途径之一。因此，水分蒸发也是引起坍落度损失的重要原因之一。混凝土中的水分蒸发与环境条件有关，在高温、干燥天气，混凝土中的水分容易蒸发，因而也容易引起一定的坍落度损失。而在潮湿天气，该影响很小。

（5）气泡的逃逸　混凝土的坍落度与含气量有着密切的关系。混凝土的含气量越大，坍落度损失也越大。如果气泡从混凝土中逸出，则混凝土中含气量降低，坍落度也随之降低。如果混凝土中的气泡不稳定，从混凝土中逸出是可能的，特别是在混凝土运输过程中，搅拌车的筒体不停转动，混凝土在筒体中不停翻滚，气泡更易逸出。这些气泡一旦逸出，必将引起混凝土的坍落度损失。

（6）水泥熟料组成　水泥熟料组成对坍落度损失的影响主要在于熟料中碱（K_2O+Na_2O）的含量和 C_3A 的含量。高碱高 C_3A 水泥比低碱低 C_3A 的坍落度损失速度快得多。

水泥或混凝土中掺加矿渣、粉煤灰等混合材料能减缓坍落度损失，因为掺加混合材料降

低了碱和 C_3A 的浓度，而这些混合材料在早期几乎不参与水化反应。

上述内容分析了可能引起混凝土坍落度损失的一些原因，但对于具体的混凝土，引起混凝土坍落度损失的原因不尽相同，或者是由于其中一个，或者是其中某几个原因兼而有之。因此，应根据具体情况作具体的分析。

5.2.4.2　影响混凝土坍落度损失的主要因素

（1）水泥对新拌混凝土坍落度损失的影响　水是新拌混凝土中唯一的液相，是决定混凝土流动性的重要因素，而且只有具有液态性质的水才对混凝土的流动性有贡献。然而，水泥的水化过程是熟料矿物与水的反应过程，在该过程中，液相的水逐渐减少。同时，水化产物的形成使得固相增多，固体粒子相互连接增多。这两个原因导致新拌混凝土的流动性减小。因此，新拌混凝土坍落度损失与水泥的水化过程有着密切的关系。水泥的水化速度越快，新拌混凝土的坍落度损失也就越大。

在水泥熟料矿物中，C_3A 水化速度最快，当有足够的石膏存在时形成钙矾石，该反应一方面结合了大量的水，另一方面，由于钙矾石为一种针状晶体，在外力作用下较难运动，而且易与其他颗粒交叉搭接，因此对新拌混凝土的坍落度损失影响较大。C_2S 的水化速度较慢，形成胶凝产物，因而对新拌混凝土的坍落度损失影响较小。根据各熟料矿物的水化速度，各种矿物对新拌混凝土坍落度损失的影响依次为：

$$C_3A>C_3S>C_4AF>C_2S$$

另外，值得注意的是，水泥中的石膏也可能对新拌混凝土的坍落度损失产生较大的影响。在水泥中，石膏是调凝剂。一般情况下，加入石膏后，水泥的水化速度减慢，但当石膏掺量太大时，反而会使水泥的水化速度加快。因此，无论石膏掺量不足还是掺量太大，均会导致新拌混凝土有较大的坍落度损失，所以，应适当控制水泥中石膏的掺量。此外，石膏的结晶形态也会对新拌混凝土的坍落度损失产生一定的影响。半水石膏可以迅速地与水反应形成二水石膏。如果水泥粉磨时温度较高，一部分二水石膏可能脱水形成半水石膏，当水泥中半水石膏较多时则会出现假凝现象。

水泥的细度也将影响新拌混凝土的坍落度损失。一方面，在相同条件下，水泥越细，水化速度越快，新拌混凝土的坍落度损失也就越大；另一方面，水泥越细，单位体积水泥熟料颗粒数量越多，在相同水灰比时水泥颗粒之间的距离也就越小，水泥水化时，所形成的水化产物很容易将这些较小的颗粒连接起来。这也是太细的水泥易造成坍落度损失较大的一个原因。

（2）骨料对新拌混凝土坍落度损失的影响　在通常情况下，骨料不与水反应，但它可以使水由液体性质转变为固体性质，这就是骨料颗粒对水的吸附性。在不受任何限制时，水分子可以自由运动，因而表现出液体性质。但水分子吸附到骨料颗粒表面后，水分子的运动受到骨料颗粒的限制，因而表现出固体性质。骨料表面吸附了一定数量的水，这部分水转变为固体性质，具有液体性质的水减少，混凝土的流动性也就随之降低。因此，骨料颗粒对水的吸附作用也会导致新拌混凝土的坍落度损失。

骨料对新拌混凝土坍落度损失的影响与吸水速度有关。如果吸水速度很快，吸水过程在搅拌阶段就已经基本完成，新拌混凝土制成后，骨料不表现出明显的吸水作用，因而也就不表现出明显的坍落度损失。这种骨料仅仅影响混凝土的用水量，而不影响新拌混凝土的坍落度损失。如果骨料的吸水速度很慢，在遇水后的几个小时内仅吸附很少的水，大量水分是在以后的较长时间内逐渐吸附的,这种骨料不仅不影响混凝土的用水量,对坍落度损失的影响也不大。如果骨料的吸水主要集中在拌水后的 $1\sim2h$ 内,则会显著地影响新拌混凝土的坍落度损失。

另外,骨料中的有害杂质对混凝土坍落度损失也有一定的影响。

(3) 化学外加剂对新拌混凝土坍落度损失的影响　从对新拌混凝土坍落度损失的影响来说,主要有三类化学外加剂,即缓凝剂、减水剂、引气剂。

由于水泥的水化速度对新拌混凝土的坍落度损失有很大影响,而缓凝剂恰恰能起到调节水泥水化速度的作用,因此,掺加缓凝剂必然对新拌混凝土的坍落度损失产生较大的影响。一般,掺入缓凝剂可以减小坍落度损失,特别是在温度较高的季节,常用掺入缓凝剂的方法来减小坍落度损失。

掺入减水剂,特别是高效减水剂可以显著地降低水泥浆体的屈服应力和黏度,因而可以增大新拌混凝土的流动性,或者在保持流动性不变的情况下减少用水量。但是,减水剂降低水泥浆体的屈服应力和黏度的作用常常随时间而有较大的变化。随着时间的延长,这种作用明显减弱,从而使新拌混凝土的流动性迅速减小。因此,采用减水剂既可以显著地增大新拌混凝土的坍落度,又可能导致较大的坍落度损失,在采用减水剂时应充分考虑它的这一特点,并采取相应的技术措施。

另外,减水剂对新拌混凝土坍落度损失的影响还与减水剂和水泥之间的适应性有关。一般情况下,如果减水剂与水泥相互不适应,则会造成较大的坍落度损失。

掺入引气剂可以在新拌混凝土中引入一定数量的气泡,这些气泡的存在不仅可以改善硬化混凝土的抗冻融性能,而且能提高新拌混凝土的流动性。但是,如果这些气泡不稳定,将较快地从新拌混凝土中逸出。气泡一旦逸出,水泥浆的流动性和体积含量都将减小,从而造成新拌混凝土的坍落度损失。另外,气泡的稳定性与所引入气泡的性质有关。大气泡较容易从混凝土中逸出,因而不稳定,小气泡则较稳定。气泡的稳定性也与水泥浆体的黏度有关。气泡存在于水泥浆体中,水泥浆体越黏稠,气泡逸出就越困难,因而越稳定。对于高强度等级的混凝土,通常采用较小的水灰比,水泥浆体较黏稠,气泡不易逸出,因而引起的坍落度损失较小。对于低强度等级的混凝土,水灰比通常较大,水泥浆体的黏度较小,气泡较容易逸出。因此,对于低强度等级的引气混凝土,如果配合比不适当,可能会出现较大的坍落度损失。

(4) 矿物掺合料对新拌混凝土坍落度损失的影响　矿物掺合料对新拌混凝土坍落度损失有三方面的影响:一是影响胶凝材料的水化速度,二是影响水泥浆体的保水性能,三是影响水泥浆体的黏度。

由于矿物掺合料的活性通常比水泥熟料低,因此,用矿物掺合料部分取代水泥,使胶凝材料的水化反应速度减慢,可以减小坍落度损失。

由于水分蒸发是影响新拌混凝土坍落度损失的一个不可忽视的因素,而一些较细的矿物掺合料可以增强水泥浆体的保水性,如优质粉煤灰、硅灰等,因而可以有效地减少水分蒸发,减小新拌混凝土的坍落度损失。但是,如果矿物掺合料对水具有缓慢的吸附作用,缓慢吸附过程本身就是一个使液态水减少的过程,掺入这种矿物掺合料不但不能使新拌混凝土的坍落度损失减小,甚至可能使新拌混凝土的坍落度损失增大。

(5) 环境对新拌混凝土坍落度损失的影响　一般情况下,环境温度越高,水泥的水化速度越快;湿度越小,混凝土对外失水相对越多;天气干燥、水分蒸发、搅拌过程中气泡的外逸等均能导致混凝土的坍落度损失。

5.2.4.3 减少坍落度损失的主要措施

由于引起混凝土坍落度损失的原因各有不同，因而也应采取不同的措施。针对上述引起混凝土坍落度损失的主要原因和各种因素的作用，可相应采取以下措施。

（1）选择相适应的胶凝材料-外加剂体系　当胶凝材料与外加剂不适应时，应重新选择胶凝材料或者外加剂，使其能够相互匹配，共同工作。出现与胶凝材料不适应现象的减水剂一般是萘系高效减水剂和三聚氰胺高效减水剂，而聚羧酸盐高效减水剂和一些接枝共聚物通常与胶凝材料有较好的适应性。

解决外加剂与胶凝材料不适应所引起的坍落度损失问题的另一种方法是采用后掺法。所谓后掺法，是在搅拌好基准混凝土之后，根据需要在一定时间后再将减水剂掺入新拌混凝土中，使其流态化。一般认为，在混凝土加水拌和后 $5\sim50s$ 掺入减水剂，坍落度损失较小。

（2）延缓胶凝材料的水化　延缓胶凝材料的水化通常有两种方法：

① 调整胶凝材料系统　不同胶凝材料系统水化速度是不一样的。一般，矿物外加剂掺量较大的胶凝材料系统水化速度较慢，特别是粉煤灰等火山灰质材料掺量较大时，对胶凝材料的水化速度影响较大。因此，如果胶凝材料的水化较快，可以通过提高矿物外加剂掺量的方法延缓胶凝材料的水化。同时，提高粉煤灰等火山灰质材料的掺量也能改善混凝土的保水性能，有助于减小混凝土的坍落度损失。

② 采用缓凝剂　许多研究表明，掺入缓凝剂可以减少混凝土的坍落度损失，而且不会带来生产工艺上的困难。特别是在高温季节，掺入缓凝剂可以有效地控制胶凝材料的水化速度，从而达到控制混凝土坍落度损失的目的。

（3）骨料在使用前进行预吸水处理　前面分析了当拌制混凝土的骨料是干料时，骨料的吸水作用对混凝土坍落度可能产生影响。如果拌制混凝土时骨料已经含有一定水分，拌制成混凝土后，它从混凝土中吸取的水分将减少，所引起的混凝土坍落度损失也会减小。坍落度的损失是一个过程，它与骨料的吸水过程有关。不管骨料饱和吸水率多大，只要这一吸水过程在混凝土拌制完毕以前完成，就不会导致混凝土的坍落度损失。在拌制混凝土的前一天洒水使骨料润湿，将骨料的吸水过程由混凝土拌制以后移至混凝土拌制以前，可以有效地消除由骨料吸水造成的混凝土坍落度损失。但对骨料进行润湿处理时应注意洒水量不要太多，应分次喷洒，每次不宜太多，且在使用前应将骨料翻匀。

（4）增强混凝土的保水能力　增强混凝土的保水能力可以减少混凝土中水分的蒸发，达到减少混凝土坍落度损失的目的。一般可以采取如下措施来增强混凝土的保水能力：

① 调整混凝土的配合比　在混凝土中，各种组分的保水能力是不同的，而且差异较大。例如，一些优质粉煤灰的保水能力较强，而矿渣的保水能力则较差。调整各组分的比例，可以改善混凝土的保水能力。

② 掺入矿物保水剂　一些矿物掺合料具有很强的保水能力，如磨细的沸石粉等，掺入这些矿物可以显著地改善混凝土的保水性能。

③ 掺入化学保水剂　可以改善混凝土保水性的化学外加剂主要是一些纤维素醚。一般情况下，掺入 $0.1\%\sim0.2\%$ 的纤维素醚就可以使混凝土的保水性能得到显著的改善。

（5）控制混凝土中不稳定气泡的含量　在混凝土中，并不是所有的气泡都会逸出，引起坍落度损失的主要是一些较大的气泡。因此，应控制混凝土中大气泡的含量。一般可以采取以下三方面的措施：

① 对于没有抗冻性要求的混凝土，可掺入适量的消泡剂，避免在混凝土中形成不稳定的气泡。

② 如果混凝土没有抗冻性要求，应严格控制减水剂的引气量，并通过质量较好的引气剂引入较稳定的小气泡，且应选用引气量较小的减水剂。另外，当同时掺入减水剂和引气剂时，应注意二者的相容性。

③ 适当提高水泥浆的黏度。显然，混凝土中的气泡不可能存在于骨料中，只能存在于水泥浆中。水泥浆的黏度也是影响气泡稳定性的一个重要因素。如果水泥浆太稀，气泡不容易稳定，当出现这种情况时，可适当提高水泥浆的黏度，为气泡的稳定创造条件。

（6）掺入一定数量的矿物掺合料　矿物掺合料对减少新拌混凝土的坍落度损失有诸多方面的作用，是比较有效的技术途径，但也应注意可能带来的不利影响。从减少坍落度损失的角度考虑，不同矿物外加剂的作用效果是不同的，不同品质的矿物外加剂作用效果也不同。

优质粉煤灰能有效地降低胶凝材料的水化速度，具有较好的保水性能，也能提高水泥浆体的黏度，防止气泡逸出，而且表面坚硬，对水没有持续吸附过程，因此，对减少新拌混凝土坍落度损失有较好的效果。但一些烧失量大的粉煤灰可能表现出持续吸水现象，引起新拌混凝土的坍落度损失。

磨细矿渣粉的保水性能较差，而且其对胶凝材料水化速度的控制作用不如粉煤灰，因此，减少混凝土坍落度损失的效果差于粉煤灰，特别是在干燥环境中效果更差。

以上介绍了控制混凝土坍落度损失的一些方法，在使用时要对症下药，具体情况具体对待，且要注意把握好尺度，力争将负面影响降低到最低限度。

另外，前面虽然分析了影响坍落度损失的各种因素，但实际情况往往是比较复杂的，混凝土的坍落度损失可能是某一种原因引起的，也可能是几种原因综合作用的结果。对于某种原因引起的坍落度损失，可以采取某一种技术措施或几种措施进行解决，而某一种技术措施可能往往只对某种原因引起的坍落度损失有效。因此，控制混凝土的坍落度损失首先应该分析引起坍落度损失的主要原因。只有掌握了主要原因，才能有的放矢地采取相应的措施，取得理想的效果。

5.3　影响混凝土工作性的主要因素

新拌混凝土的工作性受外加剂、混凝土单位用水量、砂率和材料组成等的影响。

5.3.1　水泥与外加剂之间的适应性

水泥与外加剂的相容性或适应性是混凝土研究工作者经常遇到的问题，主要表现在所配制的混凝土坍落度损失大、和易性差、开裂等。水泥与外加剂的相容性问题在普通混凝土中一直存在，近几年来在商品混凝土尤其是在低水灰比的高性能混凝土中相容性问题更突出、更普遍。

5.3.1.1　适应性的概念与评价

适应性也称为相容性。可以这样定性地理解适应性的概念：按照混凝土外加剂应用技术规范，将经检验符合有关标准的外加剂掺加到按规定可以使用该品种外加剂的水泥所配制的混凝土中，若能产生应有的效果，就说该水泥与这种外加剂是适应的；如果不能产生应有的效果，就说该水泥与这种外加剂之间不适应。

关于外加剂和水泥之间适应与否，目前还不能定量表示，大多以水泥系统中掺入某种功能外加剂后能否达到预期的效果来表示适应与否。

就减水剂而言，经相关标准检验合格的产品，可以在保持相同用水量的情况下，增加混凝土的流动性；或者在保持混凝土流动性相同的情况下，降低混凝土的单位用水量。然而在实际应用中，同一减水剂在有些水泥系统中，在常用掺量下，即可达到通常的减水率；而在另一些水泥系统中，要达到此减水率，则减水剂的量要增加很多，有时甚至在其掺量增加50%以上时，仍不能达到其应有的减水率。另外，同一减水剂在有些水泥系统中，在水泥和水接触后的 60～90min 内仍能保持大坍落度，并且没有离析和泌水现象；而在另一些情况下，则不同程度地存在坍落度损失快的问题。这时就说前者减水剂和水泥是适应的，后者则是不适应的。同一种水泥，当使用不同生产厂家生产的同一类型减水剂时，即使水灰比和减水剂掺量相同，也会出现明显不同的使用效果。这都说明了水泥与减水剂之间存在适应性问题。

加拿大 Aitcin 等研究者采用 Marsh Cone（锥形漏斗，Marsh 筒）和 Mini-Slump（微型坍落度仪）等研究水泥-高效减水剂适应性的试验方法，经过大量探索性试验，得出了有益的结论。根据 Aitcin 等的研究，认为水泥与高效减水剂适应性可以用初始流动度、是否有明确的饱和点以及流动性损失三个方面来衡量，固定水灰比，测定在高效减水剂不同掺量条件下水泥浆体的流动性指标，所得到的适应性特征曲线有四种类型，如图 5-19 所示。

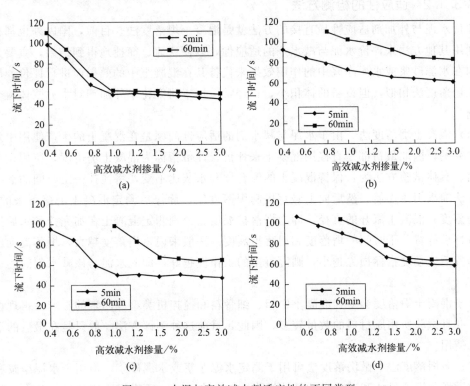

图 5-19　水泥与高效减水剂适应性的不同类型

（$W/C=0.32$，实验室温度为 22℃）

该图所示的曲线是在水灰比为 0.32，实验室温度为 22℃的条件下，随高效减水剂掺量的增加，不同品种水泥浆体的流动性指标（流下时间）的变化曲线，这里的流下时间是反映浆体流动性的指标，与浆体的黏度密切相关，流下时间值越大，表明浆体的流动性越差。

① 适应性优良，即图 5-19（a）所示的曲线，饱和点明显，减水剂的饱和掺量不大，约为 0.8%～1.0%，水泥浆体的初始流动性较好，且静停 1h 后浆体的流动性损失很小，表明该水泥与高效减水剂的适应性优良。

② 适应性最差，即图 5-19（b）所示的类型，减水剂的饱和掺量较大，在 1.5%左右，且水泥浆体的初始流动性不好，静停 1h 后浆体的流动性损失大，表明该水泥与高效减水剂的适应性差。

③ 初始适应性较好，但浆体的流动性损失显著，即图 5-19（c）所示的类型，适应性介于①和②之间。

④ 初始适应性不良，减水剂的饱和掺量较大，但浆体的流动性损失不大，如图 5-19（d）所示，适应性介于①和②之间。

对同一高效减水剂，饱和点因水泥而异；而对同一水泥，饱和点也会因高效减水剂而异。饱和点的流动度与掺量受水灰比、水泥细度、C_3A 含量、硫酸盐含量及溶解速率、高效减水剂的质量、搅拌机类型及参数（旋转速度、叶片的剪切作用）等多种因素的影响。对于大多数高效减水剂-水泥体系，其饱和点掺量可能在 0.8%～1.2%。在配制高性能混凝土时，高效减水剂的掺量通常要接近或等于其饱和点掺量。

5.3.1.2　适应性的检测方法

评价水泥与外加剂适应性最直接的方法就是混凝土坍落度法。目前，国内外也都在积极探索利用其他方法来评价水泥与减水剂的适应性，以便快速、简捷地得到结果，主要是利用减水剂在水泥砂浆或水泥净浆中的作用效果来代替其在混凝土中的效果而进行评价，原理与混凝土坍落度法相似，但设备的体积小，也经常被用于研究化学外加剂对水泥浆体流变性能的影响。

（1）混凝土坍落度法　由于水泥与减水剂的适应性问题是在混凝土的生产使用中发现并开始研究的，因此最初都是直接用混凝土来评价，评价指标为混凝土坍落度，所用设备为坍落度筒。具体试验方法为：保持混凝土的配合比和水灰比不变，将搅拌一定时间的混凝土按一定方法灌满坍落度筒，然后向上竖直提起坍落度筒，静停后测定混凝土坍落下来的高度，即为坍落度；混凝土流开的直径，即为坍落扩展度。分别测定混凝土在加完拌和水后搅拌出机和搅拌后静置若干时间的坍落度和坍落扩展度。一般来说，坍落度越大，坍落流动度值越大；静置后流动度指标损失越小，则混凝土的工作性越好，即此水泥与该减水剂间的适应性也越好。

由于混凝土坍落度会受到混凝土中粗、细骨料和搅拌机类型等因素的影响，再现性相对较差，并且试验所用原材料的数量较多，因此，目前这种测评方法一般只是在最后的混凝土施工时使用。

（2）微坍落度法　微坍落度法可用于测定水泥净浆或水泥砂浆，但用于水泥净浆和水泥砂浆的微坍落度仪尺寸和试验中的具体操作方法存在差异，而微坍落度仪尺寸基本上都已不再与坍落度筒的尺寸成严格的比例。截锥圆模为国内外研究者广泛采用，但各国研究者所用的截锥尺寸有较大差异。用于砂浆和用于净浆的截锥圆模尺寸也相差较大。一般评价指标有：浆体流动度——流下浆体圆饼的平均直径；流动面积——流下浆体圆饼的面积［或者相对流动面积——流下浆体扩散的圆环面积（圆饼面积减去所用试模底面面积）与所用试模底面面积的比值］。流动度、流动面积或相对流动面积越大，则浆体的流动性越好，说明该水泥与这种减水剂的适应性越好。

Kantro 发明的微坍落度法最早主要测试水泥浆体的黏度，其尺寸与坍落度筒的尺寸成严格的比例关系，原理与坍落度法基本相同，上口直径 19mm，下口直径 38mm，高 57mm，提起截锥 1min 后，测量流动浆体的直径。为了测试引气减水剂对浆体的影响，Zhor 和 Bremner 对此试验方法又做了改进，用树脂玻璃代替玻璃板，将树脂玻璃放置在天平上，提起截锥后，测试浆体质量和引气量，2d 后测量树脂玻璃上硬化浆体的面积。

（3）漏斗法   测试砂浆和净浆工作性的漏斗尺寸有多种，但其原理都是测定一定体积的新拌砂浆和净浆从漏斗口流下的时间。流下的时间越短，浆体流动性越好；流下的时间越长，浆体流动性越差。漏斗按其形状可分为圆形漏斗和矩形漏斗。

① 圆形漏斗   圆形漏斗常用于测定水泥净浆，也可用于测定水泥砂浆，但其尺寸略有差别，特别是底部流出孔的直径有所不同，如日本土木工程标准 JSCE-F531 规定的用于测定水泥砂浆的 J 形漏斗的尺寸为：顶端直径 100mm，底端流出孔直径 8mm，高 35mm。

美国标准 ASTM C939 列入的流动锥试验漏斗尺寸见图 5-20。该试验主要测定用于预制骨料混凝土的浆体流动性能，也可测试其他高流动性浆体，可用于现场和实验室。

莫斯锥（Marsh Cone）试验是油井水泥中经常使用的一种非标准化方法。莫斯锥的下部开口直径为 5mm，漏斗内盛 1L 水泥浆体，记录浆体从下口流出的时间，流下时间应该与浆体的黏度有关。然而，也有研究发现莫斯锥试验的流下时间与实验室平板流变仪测得的黏度没有关联性，而是可能与摩擦和离析等因素有关。

混凝土试验用的漏斗尺寸更大一些，总长 615mm，出口长度 150mm，上部直径 230mm，下口直径 75mm，可以测试骨料粒径至 20mm 的混凝土。

② 矩形漏斗   矩形漏斗常用于测定砂浆，日本土木工程标准规定的用于测定水泥砂浆的 P 形漏斗的形状和尺寸见图 5-21。

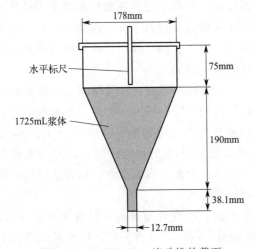

图 5-20   ASTM C939 流动锥的截面

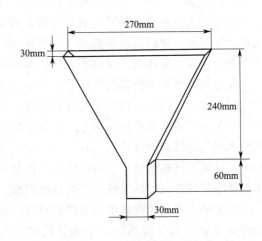

图 5-21   P 形漏斗形状及尺寸

（4）水泥浆体稠度法   国内外有不少学者用水泥浆体稠度法来评价水泥与减水剂之间的适应性，在水灰比和减水剂掺量一定时，水泥浆体的稠度越小，则表明浆体的流动性越好。

在试验时常用锥体在水泥浆体中沉入度的变化来反映高效减水剂的作用效果。高效减水剂掺入后，锥体沉入度的增加值越大，则减水剂的作用效果越好，相应的这种水泥与减水剂的适应性就越好。

孙振平、蒋正武等研究人员用这种方法研究了同种减水剂与几种水泥之间及同种水泥与几种不同减水剂之间的适应性问题，试验中减水剂的掺加方法、搅拌时间等条件均相同，试验结果如表 5-1 和表 5-2 所示。

表 5-1　同种减水剂对 5 种水泥的作用效果

| 水泥种类 | 基准浆体情况 | | 掺加 0.5％减水剂 | | 掺加 0.75％减水剂 | | 适应性 |
	W/C	沉入度/mm	沉入度/mm	增加值/mm	沉入度/mm	增加值/mm	
1	0.255	16	23	7	41	25	优
2	0.260	16	18	2	28	12	中
3	0.261	17	21	4	32	15	良
4	0.250	16	17	1	20	4	差
5	0.260	17	21	4	30	13	良

表 5-2　不同减水剂对同种水泥的作用效果

| 减水剂种类 | 掺加 0.5％减水剂 | | 掺加 0.75％减水剂 | | 掺加 1.0％减水剂 | | 适应性 |
	W/C	沉入度/mm	W/C	沉入度/mm	W/C	沉入度/mm	
未掺		16		16		8	—
A		23		41		35	优
B		16		28		22	中
C	0.250	21	0.250	32	0.233	28	良
D		15		16		12	差
E		17		27		23	中
F		16		34		32	中
G		18		19		14	差

（5）水泥净浆流动度法　为了建立一套国内外适用的、快速有效评价水泥-减水剂适应性的检测方法，中国建筑材料科学研究院（现中国建筑材料科学研究总院）和清华大学等单位相关研究人员参考国外研究者的经验，对如前所述多种方法进行了验证性试验，包括混凝土坍落度试验、微坍落度试验和水泥浆体稠度试验等。结果表明，这些试验方法所得到的减水剂饱和掺量、浆体的流动度损失速度与程度的规律是一致的。

在比较砂浆跳桌流动度和净浆流动度试验方法的可行性时发现，砂浆跳桌流动度随时间变化的规律不很明显，试验重现性也不好，试验操作对结果影响较大。另外，在水灰比较大时，砂浆在高效减水剂掺量很小的情况下也会出现离析现象。采用水泥净浆流动度［《混凝土外加剂匀质性试验方法》（GB/T 8077）］来检测水泥-减水剂的适应性时，影响因素相对较少，有试验材料用量少、测试所需工作量小、评价指标全面等明显优点。该方法所用的装置包括净浆搅拌机、测定流动度的截锥圆模、玻璃板与直尺。

以某种水泥和高效减水剂为试验对象，固定水灰比，改变外加剂的掺量拌制水泥净浆。先慢搅 2min，再快搅 3min，将浆体迅速注入截锥圆模内，用刮刀刮平后，将截锥圆模向上垂直提起，用直尺量取流淌部分互相垂直的两个方向的最大直径，取平均值作为水泥净浆流动度的初始值。静停 1h，再次快搅 2min，测定 1h 后的净浆流动度，考察水泥净浆流动性的经时变化，找出使水泥浆体流动性损失达到最小的外加剂掺量。该方法实际上是对现行水泥净浆流动度试验方法的改良，操作比较简单，且重现性好，可以普遍采用。

该方法的评价指标为减水剂的饱和掺量、水泥浆体的初始流动度和流动度随时间的损失，根据减水剂不同掺量下水泥浆体的初始流动度及 1h 后的流动度，绘制水泥浆体流动度与减水剂掺量间的关系曲线，即可明确表示出减水剂的饱和掺量、水泥浆体初始流动度及流动度损失等指标。可选用如下几个评价指标：

C_d——减水剂对水泥的饱和掺量；

f_0——减水剂推荐掺量下水泥浆体的初始流动度；

f_1——减水剂推荐掺量下水泥浆体加水 1h 后的流动度。

5.3.1.3 适应性的影响因素

（1）外加剂的影响 减水剂种类不同，对水泥的适应性也不同。氨基磺酸盐和聚羧酸盐系减水剂对水泥适应性好，混凝土坍落度损失较小，但氨基磺酸盐掺量大时易泌水；萘系高效减水剂与三聚氰胺树脂系减水剂对水泥的适应性差些，主要表现在混凝土坍落度损失较快，特别是高浓型萘系减水剂用于缺硫水泥（例如 Na_2SO_4 含量低于 5%）时，这种现象更为严重。

除了高效减水剂以外，不同普通减水剂、缓凝减水剂，对不同水泥的适应性也不一样。因此，正确使用不同品种缓凝剂及缓凝减水剂是控制混凝土坍落度损失的一个非常重要的方法。

（2）水泥的影响 水泥熟料矿物组成、水泥颗粒细度、水泥颗粒级配、水泥颗粒形状及混合材料等均影响水泥与外加剂的适应性。

① 水泥的熟料矿物组成 在水泥的四大主要矿物成分中，由于硅酸盐矿物（主要指 C_3S 和 C_2S）的 ξ-电位为负值，因此对外加剂分子的吸附能力较弱。而铝酸盐矿物（主要指 C_3A 和 C_4AF）的 ξ-电位为正值，因而对外加剂分子的吸附能力较强，会吸附较多外加剂，从而降低溶液中外加剂的浓度。因此，在硅酸盐水泥的四大矿物成分中，影响适应性的主要因素是 C_3A 和 C_4AF 的含量。C_3A 和 C_4AF 的含量越低，水泥与外加剂的适应性越好；C_3A 和 C_4AF 的含量越高，外加剂的分散效果越差，外加剂对水泥的适应性越差。

高性能混凝土以低水灰比为特征，由于 C_3A 水化速度最快，因此当水泥中含有较多的 C_3A 矿物成分时，用于溶解硫酸盐的水分就变得很少，从而产生 SO_4^{2-} 的量也少，使液相中的高效减水剂浓度下降，失去对水泥的分散作用，加速流动性损失。因此水泥中硫酸钙的溶解速率，或溶液中的 SO_4^{2-} 浓度是控制拌和物流变行为的重要因素。

② 水泥颗粒细度 水泥颗粒对外加剂分子具有较强的吸附性，在掺加外加剂的水泥浆体中，水泥颗粒越细，比表面积越大，则对外加剂分子的吸附量越大。在相同的外加剂掺量下，细度较大的水泥，其塑化效果要差一些。

贾祥道、姚燕等以 I 型硅酸盐水泥为研究对象，用水泥净浆流动度试验研究了水泥细度变化对水泥与减水剂适应性的影响，减水剂对水泥的饱和掺量和浆体初始及 1h 后的流动度分别如图 5-22、图 5-23 所示。结果表明以下几点。a. 减水剂的饱和掺量均随着水泥细度的提高而逐渐增大，并且，水泥细度变化后，水灰比对减水剂的饱和掺量有一定影响，但水灰比并不影响减水剂饱和掺量的变化规律，即水泥磨细后，减水剂的饱和掺量相应增大，且水灰比较低时，这种增加幅度更大一些。b. 水泥比表面积提高后，减水剂对水泥的饱和掺量有所增大，水泥浆体流动度及保持效果变差。因此，在配制低水灰比的高性能混凝土时，尤

其要注意所选用水泥的比表面积，以使所用水泥与减水剂有良好的适应性。c. 随着水泥比表面积的提高，水泥颗粒对减水剂的吸附量逐渐增大，这是减水剂的饱和掺量随水泥比表面积提高而逐渐增大的原因；但是水泥颗粒单位面积上减水剂的吸附量却逐渐减小，这是在减水剂掺量一定的条件下，水泥浆体流动度随水泥比表面积提高而逐渐减小的原因。

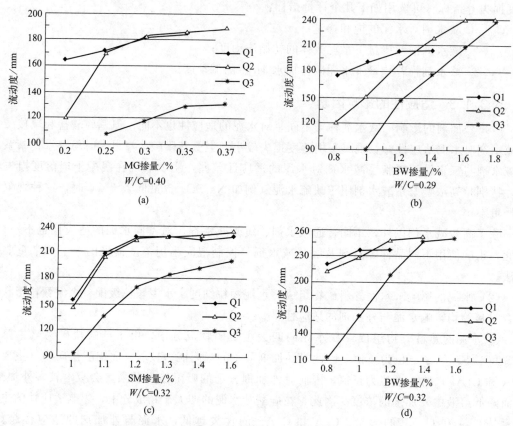

图 5-22　减水剂 MG、BW、SM 对水泥 Q1、Q2、Q3 的饱和掺量

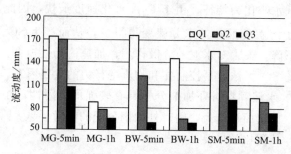

图 5-23　减水剂推荐掺量下水泥 Q1、Q2、Q3 浆体初始及 1h 后的流动度

③ 水泥颗粒级配　在水泥比表面积相近时，水泥颗粒级配对减水剂适应性的影响主要表现在水泥颗粒中微细颗粒含量的差异，特别是小于 $3\mu m$ 部分颗粒的含量，这部分微细颗粒对减水剂的作用影响很大。而且水泥中小于 $3\mu m$ 颗粒的含量因各水泥生产厂家粉磨工艺的不同而相差较大，为 $8\% \sim 18\%$ 不等，特别是在开流磨系统使水泥比表面积提高后，过粉碎现象严重时，微细颗粒含量会更大，因而会对水泥与减水剂的适应性产生很大影响。

贾祥道、姚燕等取同种水泥熟料用试验小磨粉磨，制备颗粒级配不同的水泥 X1、X2，控制水泥的比表面积在 $315m^2/kg$ 左右，其中水泥 X2 所含 $10\mu m$ 以下（特别是小于 $3\mu m$）的颗粒较多，而水泥 X1 所含 $24\mu m$ 以上（特别是 $24\sim48\mu m$ 间）的颗粒较多。三种减水剂 MG、BW 和 SM 对水泥 X1、X2 的饱和掺量试验结果见图 5-24，MG、BW、SM 分别按照推荐掺量 0.25%、0.75% 和 0.75% 掺加时，水泥 X1、X2 浆体的初始及 1h 后的流动度如图 5-25 所示。

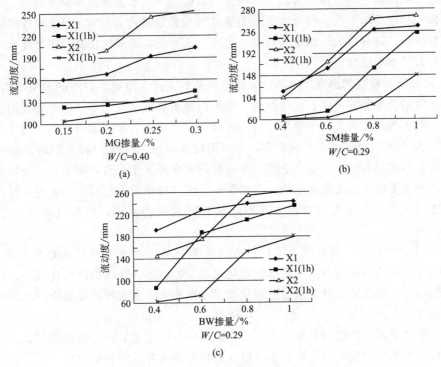

图 5-24 减水剂 MG、BW、SM 对水泥 X1、X2 的饱和掺量

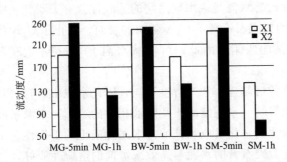

图 5-25 水泥 X1、X2 浆体的初始及 1h 后的流动度

从图 5-24、图 5-25 可以看出，MG 对水泥 X1、X2 的饱和掺量均在 0.25% 左右，BW 对水泥 X1、X2 的饱和掺量均在 0.8% 左右，SM 对水泥 X1、X2 的饱和掺量也都在 0.8% 左右，即减水剂 MG、BW、SM 对水泥 X1、X2 的饱和掺量相差不大。而对三种减水剂，水泥 X2 的初始流动度损失远大于水泥 X1，但 1h 后的流动度远小于 X1。

可见，在一般情况下，水泥比表面积相近时，水泥颗粒中微细部分颗粒的含量对减水剂的饱和掺量影响不大，但对水泥浆体的初始及 1h 后的流动度有明显影响。贾祥道、姚燕等又通过试验，提出当微细颗粒含量较大时，在W/C较大或减水剂的掺量较大的情况下，水泥浆体的初始流动性较好。同时，微细颗粒含量的增大加剧了水泥浆体流动度的损失。

④ 水泥颗粒球形度　球形度是指与粒子投影面积相等的圆的周长除以粒子投影的轮廓长度所得的值，颗粒形状越接近球体，球形度数值就越大。日本 Isao Tanaka 等用球形度分别为 0.85 和 0.67 的球形水泥与普通水泥做了砂浆流动度对比试验，试验中胶砂比为 1∶2，水灰比为 0.55，前者的流动度为 277mm，而后者的流动度仅为 177mm。可见，水泥颗粒球形度对水泥与减水剂的适应性也有较大影响。一般情况下，水泥颗粒球形度提高后，虽然对减水剂的饱和掺量影响不大，但可增大水泥浆体的初始流动度，且在W/C较低或减水剂掺量较小的情况下，这种增大效果更为明显。另外，水泥颗粒球形度提高，还可使水泥浆体流动度的保持效果得到改善。

⑤ 水泥的新鲜程度和温度　一方面，由于粉磨时会产生电荷，新鲜的水泥出磨时间短，颗粒间相互吸附凝聚的能力强，正电性强，吸附阴离子表面活性剂多，因此表现出减水剂减水率低、混凝土坍落度损失快的现象。另一方面，刚磨出来的水泥温度很高，当水泥温度低于 70℃时对减水剂的塑化效果影响不大，当水泥温度超过 80℃时，减水剂的塑化效果明显降低，当水泥温度更高时，可能会造成二水石膏脱水变成无水石膏，需水量及外加剂吸附量明显增大，坍落度损失也会明显加快。所以新鲜水泥（特别是出厂日期 12d 内）具有需水量大、坍落度损失快、易速凝等特点；使用陈放时间较长的水泥，就可以避免上述现象的发生。

⑥ 水泥中的碱含量　碱含量（K_2O、Na_2O）对水泥与外加剂的适应性也有重要影响。水泥中碱的存在会使减水剂对水泥浆体的塑化效果变差、水泥浆体的流动性减小，且随着水泥碱含量的增大，高效减水剂对水泥的塑化效果逐渐变差，也会导致混凝土的凝结时间和坍落度经时损失变大。

另外，水泥中碱的形态对外加剂作用效果的影响有一定差异，一般认为，以硫酸盐形式存在的碱对减水剂作用效果的影响要小于以氢氧化物形式存在的碱的影响。

⑦ 水泥中石膏的形态和掺量　水泥中掺入石膏可延缓水泥的水化，减少水泥水化产物对减水剂的吸附，从而改善水泥与减水剂之间的适应性。有关研究表明，掺入石膏后，由于石膏与 C_3A 反应生成的钙矾石覆盖了 C_3A 颗粒的表面，阻止了 C_3A 的进一步水化，从而减弱了 C_3A 颗粒对减水剂的吸附，因此，可使减水剂 FDN 在水泥矿物 C_3A 上的吸附量由 150mg/g 降低到 12.4mg/g。

由于不同种类石膏的溶解速率和溶解度不同，因此水泥中石膏的种类和含量对水泥与减水剂的适应性也有较大影响。水泥混凝土孔隙液相中的 SO_4^{2-} 来源于硅酸盐水泥中不同形式的硫酸盐，直接影响水泥的水化反应和硅酸盐水泥混凝土的工作性。一般情况下，含半水石膏、二水石膏的水泥比含硬石膏的水泥与高效减水剂的适应性要好，这是由于前者释放硫酸根离子的速度快。

（3）矿物掺合料的影响　混凝土的矿物掺合料主要有粉煤灰、矿渣、磷渣、沸石、火山灰、硅灰等。在混凝土中掺入粉煤灰等矿物掺合料，有利于提高水泥浆体的流动性，提高外加剂的使用效果，改善外加剂与水泥间的适应性。由于具有颗粒表面接近球形、活性低、吸水量少、改善颗粒级配等特点，粉煤灰和矿渣是目前使用最广泛、效果最好的矿物掺合料。

贾祥道、姚燕等研究了粉煤灰、矿渣细度和掺量变化对水泥与减水剂适应性的影响。选用三种不同细度的矿渣 S1、S2、S3（比表面积分别为 350m²/kg、450m²/kg、550m²/kg）

和粉煤灰 F2、F1、F0（比表面积分别为 $320m^2/kg$、$400m^2/kg$、$500m^2/kg$），采用 30% 的掺量（内掺）掺入水泥，分别记作 W1、W2、W3 和 Y2、Y1、Y0，试验主要包括减水剂的饱和掺量试验和减水剂推荐掺量下水泥的净浆流动度及其保持试验、掺矿渣和粉煤灰的水泥在溶有减水剂的水溶液中颗粒表面 ζ-电位的测定、矿渣和粉煤灰对减水剂吸附量的测定、矿渣和粉煤灰对水泥浆体黏度的影响等。结果表明：粉煤灰的掺入可降低减水剂的饱和掺量，而矿渣的掺入则对减水剂的饱和掺量影响不大；矿渣和粉煤灰的掺入可使水泥浆体的初始流动度增大、流动度损失减小，且这种改善效果随水泥中矿渣和粉煤灰掺量的增大和比表面积的提高而增强；矿渣和粉煤灰对减水剂的吸附量较小，这样在减水剂掺量一定的条件下可有较多的减水剂被吸附在水泥熟料颗粒表面，从而使水泥颗粒间的斥力增大，表现为水泥浆体中水泥颗粒表面的 ζ-电位绝对值增大，因而提高了水泥浆体的流动度及流动度保持效果。

（4）骨料级配对适应性的影响　骨料级配越好，外加剂与水泥的适应性就越好。骨料级配良好的混凝土，由于细骨料有效地填充粗骨料间的空隙，使填充骨料间空隙和包裹粗、细骨料所需的水泥浆体减少，节约的水泥浆体用来改善混凝土的流动性，因此外加剂使用效果更好。相反，骨料级配不良的混凝土，即使增加外加剂掺量也无法解决流动性差的问题。

（5）环境条件的影响　当环境温度较高时，混凝土表面水分蒸发和水泥的水化反应速度都将加快，而混凝土内部游离水通过毛细管补充到混凝土表面，并被蒸发而减少。这两方面的原因将使新拌混凝土坍落度损失加快。因此在高温环境中，需要提高混凝土外加剂的掺量并采取措施减少混凝土表面的水分蒸发。搅拌及运输过程中气泡逸出也会引起坍落度损失。如果混凝土运输距离较远或者浇筑速度较慢，则水化及水分蒸发会加快新拌混凝土坍落度损失。

5.3.1.4　适应性的改善措施

长期以来，混凝土工作者在提高减水剂与水泥的适应性方面进行了大量的研究工作，提出了各种改善外加剂与水泥适应性的方法。

（1）新型高性能减水剂的开发应用　目前国内外广泛使用的高效减水剂主要为萘磺酸盐甲醛缩合物（萘系高效减水剂）和三聚氰胺磺酸盐甲醛缩合物（三聚氰胺树脂系高效减水剂），它们的减水率高，但缺陷是与水泥适应性不太好，混凝土坍落度损失快。为了克服萘系高效减水剂和三聚氰胺树脂系高效减水剂的缺陷，国内外目前研究最多的是氨基磺酸盐系及聚羧酸盐系新型高效减水剂。这两种新型高效减水剂可以很好地控制混凝土坍落度损失。

（2）外加剂的复合使用　通过外加剂的复合使用，提高减水剂与水泥的适应性。例如高效减水剂与缓凝剂或缓凝减水剂复合使用，主要通过缓凝组分的缓凝作用抑制水泥的早期水化反应，从而减小混凝土的坍落度经时损失；减水剂与引气剂复合使用，主要通过引入大量微小气泡，增大混凝土拌和物的流动性，同时增大黏聚性，减少混凝土的离析和泌水；减水剂与减水剂复合使用，通过协同效应和超叠加效应，提高减水剂与水泥的适应性。

（3）改变外加剂的掺入方法　改变外加剂的掺入时间，即采用后掺法、多次添加法等，保持混凝土的流动性。在水化反应的整个过程中，保证水泥浆体中的外加剂浓度，避免因外加剂含量下降，使大部分新生成的水化产物不能得到外加剂的吸附，引起水化产物相互搭接而产生凝结。

（4）适当调整混凝土配合比　混凝土拌和物初始坍落度的大小对 2h 经时损失速度影响

很大。通常初始坍落度小，坍落度 2h 经时损失速度大；而随着初始坍落度增大，坍落度经时损失速度特别是 1h 坍落度经时损失速度减小。因此，对于运输路程较远的商品泵送混凝土，如果坍落度损失过快，而通过调整外加剂配方及掺量的方法又不能很好地解决问题，在这种情况下，则适当调整混凝土配合比（包括浆量多少、砂率大小等），在原坍落度设计值基础上，在充分保证硬化混凝土各种性能的前提下，适当增大混凝土初始坍落度，也不失为一种解决工程中紧急事件的应急方法。

（5）提高水泥中混合材料的比表面积　提高水泥中混合材料的比表面积，在不降低混合材料掺量的条件下可提高水泥强度，降低水泥生产成本，改善水泥与减水剂之间的适应性，是生产优质水泥的可行技术措施之一。

（6）选用合适的水泥品种，调整掺合料　不同水泥品种，对混凝土外加剂的适应性不同，因此，合理选用水泥品种可改善减水剂与水泥的适应性。同时，应尽量降低游离 CaO、MgO、$CaSO_4$ 的含量，有效控制 C_3A、SO_4^{2-}、OH^- 的平衡，使 C_3A 含量小于 8%。

总之，水泥与外加剂之间的适应性是随着混凝土科学技术发展而发展的问题，特别是高强、高性能混凝土的研究、发展和应用已使水泥与外加剂之间的适应性成为国内外混凝土研究领域的热点。另外，随着混凝土外加剂行业的发展，新品种外加剂将不断出现，水泥与外加剂的适应性也必然是一个不断发展的问题，需要研究者进行更系统、更深入的研究。

5.3.2　混凝土单位用水量对流动性的影响

一般地，混合物由固相粒子和液相二相混合而成，其黏度应为液相黏度，固相粒子形状、大小、数量以及化学组成的函数。然而，固相粒子形状及大小对混合料的影响一般很难定量描述。为方便起见，将固相粒子与液相的体积比作为独立的变量，并将固相粒子的形状和大小的影响作为参数考虑。

现假设新拌混凝土的流动度为 y，固相粒子以 dV_s 增加时，流动度变化为 dy，dy 与固相粒子总体积 V_s 和水的总体积 W 之比的增量 $d\left(\dfrac{V_s}{W}\right)$ 及流动度 y 成正比，因此有

$$dy = -Ky d\left(\frac{V_s}{W}\right) \tag{5-19}$$

上式中，负号表示 $d\left(\dfrac{V_s}{W}\right)$ 增加时，dy 将减小。积分上式，得

$$y = Y_0 e^{-K(V_s/W)} \tag{5-20}$$

式中，Y_0 是常数，由流动性试验方法确定，其含义可理解为 $V_s=0$ 时的流动度，即水的流动度；K 为常数，由固相粒子的性质决定。

对于 $1m^3$ 混合料，

$$V_s + W = 1$$

式（5-20）可以改写为

$$y = Y_0 e^{-K[(1-W)/W]}$$

或

$$\ln \frac{y}{Y_0} = K\left(1 - \frac{1}{W}\right)$$

这里若用坍落度表示新拌混凝土的流动度，并假定单位加水量为 W_0，混合料的坍落度

为 $y_0(\text{cm})$，根据式(5-20)，有

$$\ln\frac{y}{Y_0}=K\left(1-\frac{1}{W_0}\right)$$

如假定除单位用水量以外，其他条件没有变化，则可用上式消去式(5-19)中的系数 K，得

$$\lg\left(\frac{y}{Y_0}\right)=\left[\frac{W_0}{1-W_0}\lg\left(\frac{y_0}{Y_0}\right)\right]\left(\frac{1}{W}-1\right) \tag{5-21}$$

由式(5-21)可见，$\lg y$ 与 $\frac{1}{W}$ 呈线性关系。

在很大范围内，流动度的变化率和单位用水量的变化率成正比，故可表示为

$$\frac{\mathrm{d}y}{y}=n\left(\frac{\mathrm{d}W}{W}\right)$$

积分可得

$$y=CW^n \tag{5-22}$$

或

$$y=y_0\left(\frac{W}{W_0}\right)^n=y_0K^n$$

式中，$K=\left(\dfrac{W}{W_0}\right)$，为需水量倍数，由上式可得

$$K=\left(\frac{y}{y_0}\right)^{\frac{1}{n}} \tag{5-23}$$

式中，n 为试验方法常数，与混凝土成分无关。

当混凝土拌和物干硬时，少量加水引起的流动度变化不大；流动度较大时，少量加水将引起坍落度大幅度增加。上式中的幂函数高次抛物线很好地描述了这一实验事实。

若以坍落度表示流动度，$n=10$，十分符合实验值；以混凝土流动桌试验表示流动度，$n=5$，较符合实验值；以重塑试验表示流动度，$n=-9$，与实验值符合较好。

随着近几年混凝土技术的发展，高流动性、高性能混凝土应用越来越普遍，为了更好、更全面地反映混合料的流动性，出现一些新的方法，如流动度（扩展度）、L-型流动工作度等，其试验方法常数 n 以及其他有关系数都有待试验确定。但要获得这些常数不再需要重新进行系统试验，将有关单位如施工单位、大专院校及相关研究院所的已有数据加以收集整理分析即可。

根据上述分析与论述可知，在混凝土骨料性质一定的条件下，如果单位用水量不变，在一定范围内，即使单位水泥用量变化，流动性混凝土的坍落度（流动性）也基本保持不变，这就是固定用水量定则，或称需水量定则。

5.3.3 砂率的影响

砂率是指单位体积混凝土所用材料中，细骨料占骨料总量的百分比。大量试验证明，砂率对混合料的工作性有很大影响，表5-3是苏联的试验资料，从该表可以看出，保持水泥及用水量不变，存在一最佳砂率值使得坍落度最大。

砂率对工作性影响的原因，一般认为是细骨料含量适当的砂浆在混合料中起着润滑作

用，可减少粗骨料颗粒之间的摩擦阻力，所以在一定的砂率范围内，随着砂率的增大，润滑作用愈加明显，混合料的塑性黏度降低，流动性提高。但砂率超过一定范围后，细骨料的总表面积增加过大，需要的润湿水分数量增大，在加水量一定的条件下，砂浆的黏度增加过大，从而使混合料流动性降低。因此，对于一定级配的粗骨料和一定水泥用量的混合料，均有各自的最佳砂率，使得在满足工作性要求的条件下加水量最少。

表 5-3 砂率对混合料坍落度的影响（$W/C = 0.65$，水泥标准稠度为 23.6%）

序号	每立方米混凝土混合材料用量/kg				砂率/%	坍落度/cm
	水泥	砂	砾石	水		
1	241	664	1334	156.8	33	0
2	241	705	1293	156.8	35	3.5
3	241	765	1232	156.8	38	5
4	241	794	1203	156.8	39.7	3
5	241	826	1178	156.8	41	1.5
6	241	868	1135	156.8	43	1

5.3.4 材料组成的影响

根据实践经验，影响新拌混凝土工作性的主要因素有内因和外因两个方面，内因是组成材料的质量及用水量，外因是环境条件（如温度、湿度和风速）以及时间等。

（1）组成材料质量及用水量的影响

① 水泥特性的影响 水泥的品种、细度、矿物组成以及混合材料的掺量等直接影响用水量。由于不同品种的水泥达到标准稠度的用水量不同，因此不同品种水泥配制的混凝土拌和物具有不同的工作性。通常普通水泥拌和物比矿渣和火山灰水泥拌和物工作性好。矿渣水泥拌和物流动性最大，但黏聚性差，易泌水离析；火山灰水泥黏聚性好，但流动性小。此外，水泥的细度也影响混凝土拌和物的工作性。

② 骨料特性的影响 骨料的特性包括骨料最大粒径、形状、表面纹理（卵石、碎石）、级配和吸水性等，这些特性将在不同程度上影响新拌混凝土的工作性。其中最明显的是，卵石拌制的混凝土和易性较碎石好。骨料的最大粒径增大，可使骨料的总表面积减少，拌和物的工作性也随之改变。具有优良级配的混凝土拌和物工作性也较好。

③ 集浆比的影响 集浆比是指单位体积混凝土拌和物中，骨料（集料）绝对体积与水泥浆绝对体积之比。水泥浆在混凝土拌和物中，除了填充骨料间的空隙外，还包裹骨料的表面，以减少骨料颗粒间的摩擦阻力，使混凝土拌和物具有一定的流动性。在单位体积混凝土拌和物中，如水灰比保持不变，则水泥浆的数量越多，拌和物的流动性越大。但如果水泥浆数量过多，骨料的含量将相对减少，达到一定限度时，将会出现流浆现象，使混凝土拌和物的黏聚性和保水性变差，同时对混凝土的强度和耐久性也会产生一定的影响。此外水泥浆数量增加，就要增加水泥用量，提高混凝土的单价。若水泥浆数量过少，不足以填满骨料的空隙和包裹骨料表面，则混凝土拌和物黏聚性变差，甚至产生崩坍现象。因此，混凝土拌和物中的水泥浆数量应根据具体情况决定，在满足工作性要求的前提下，同时要考虑强度和耐久性要求，尽量采用较大的集浆比（即较少的水泥浆用量），以节约水泥用量。

④ 水灰比的影响 在单位体积混凝土拌和物中，集浆比确定后，即水泥浆的用量为一固定数值时，水灰比即决定水泥浆的稠度。水灰比较小，则水泥浆较稠，混凝土拌和物的流动性亦较小，当水灰比小于某一极限值时，在一定施工方法下就不能保证密实成型；水灰比

较大，则水泥浆较稀，混凝土拌和物的流动性虽然较大，但黏聚性和保水性却随之变差，当水灰比大于某一极限值时，将产生严重的离析、泌水现象。因此，为了使混凝土拌和物能够密实成型，所采用的水灰比值不能过小；为了保证混凝土拌和物具有良好的黏聚性和保水性，所采用的水灰比值又不能过大。在实际工作中，为增加拌和物的流动性而增加用水量时，必须同时增加水泥用量，保证水灰比不变，否则将显著降低混凝土的质量。因此，决不能以单纯改变用水量的方法来调整混凝土拌和物的流动性。在通常的使用范围内，当混凝土中用水量一定时，水灰比在小范围内变化对混凝土拌和物的流动性影响不大。

⑤ 外加剂的影响　在拌制混凝土拌和物时，加入少量的外加剂，在不增加水泥用量的情况下，可改善拌和物的工作性，同时提高混凝土的强度和耐久性。

⑥ 矿物掺合料的影响　在混凝土中掺入磨细的矿物掺合料，取代部分水泥，减少胶凝材料总量中水泥的用量，能减少同一龄期水化物的生成量。同时，粉煤灰、磨细矿渣等矿物掺合料的水化反应依赖于水泥水化产生的碱性物质的激发，胶凝体的生成速度远远低于硅酸盐水泥，可以减缓拌和物的初凝速度。如果掺入粉煤灰，还可以在混凝土中发挥其球形颗粒的粒形效应，使混凝土的流动性进一步得到提高，这种粒形效应在粉煤灰表面未生成大量水化胶凝体之前会一直发挥作用，所以掺入粉煤灰能改善水泥与外加剂的适应性，减少坍落度损失。

（2）环境条件及时间的影响　搅拌后的混凝土拌和物，随着时间的延长会逐渐变得干稠，坍落度降低，流动性下降，从而使工作性变差。其原因是一部分水已与水泥反应，一部分水被水泥骨料吸收，一部分水蒸发，再加上混凝土凝聚结构逐渐形成，致使混凝土拌和物的流动性变差。

混凝土拌和物的和易性也受温度的影响，环境温度升高，水分蒸发及水化反应加快，相应使流动性降低。因此，施工中为保证一定的工作性，必须注意环境温度的变化，采取相应的措施。

5.4　离析和泌水

5.4.1　离析和泌水产生的原因

新拌混凝土的离析是指混合料各组分发生分离，造成不均匀和失去连续性的现象。这是由构成混合料的各种固体颗粒的大小、密度不同引起的。

搅拌后的混凝土混合料可以看成是均匀分布的。但是在静止情况下，颗粒在重力作用下下沉（也可能上浮），造成混凝土混合料的不均匀。在这种情况下，颗粒运动力为颗粒的自重，阻力为液体的黏滞阻力和浮力。

混合料的离析通常有两种形式：一种是粗骨料从混合料中分离，因为它们比细骨料更易于沿着斜面下滑或在模内下沉；另一种是稀水泥浆从混合料中淌出，这主要发生在流动性大的混合料中。

混合料的离析分为施工作业中产生的离析和浇筑后产生的离析，但前者主要是粗骨料颗粒的离析，这种情况也称为狭义的混合料离析。

完全处于均匀分布状态的颗粒群，如果其中有一颗粒同其周围的另一颗粒间产生错动，颗粒分布必然形成不均匀状态，这种现象在实际工程中常见。混凝土从斜溜槽向下流动时或由高处下落而堆积时粗颗粒骨料的运动就是这样。

混凝土流下斜槽时,对于非干硬性混凝土,靠近表面的那部分比靠近溜槽壁面的那部分流得快。但对于干硬性混凝土,其流动却是沿槽面滑动,全部形成整体而移动。

整体移动的混凝土,因为所有混凝土颗粒之间的相对位置不变,所以不发生离析。这种移动当混凝土屈服剪切应力比溜槽面上的抗剪力大时才发生,因为坍落度越小,混凝土的屈服剪切应力越大,所以能保持在塑性状态的范围内,坍落度越小的混凝土,对材料离析的抵抗性越强。经验中也是这样,坍落度 5~10cm 的塑性混凝土很少出现离析。

混凝土从高处落下时,越向下落,下落速度越大,同时在颗粒之间产生垂直方向的相对位移。停止时,由于材料成分不同,停止的位置也不同,因此引起混合料离析。

颗粒的运动方程为

$$\frac{4}{3}\pi r^3 \rho_p \frac{dv}{dt} = \frac{4}{3}\pi r^3 \rho_p g - 6\pi r\eta v - \frac{4}{3}\pi r^3 \rho_1 g \tag{5-24}$$

式中　ρ_p——颗粒的密度,g/cm^3;

　　　ρ_1——液体的密度,g/cm^3;

　　　r——颗粒的半径,cm;

　　　η——液体的黏度系数,0.1Pa·s;

　　　v——颗粒的运动速度,cm/s。

整理得　　　　　　$$\frac{dv}{dt} + \frac{9\eta}{2\rho_p r^2} - v = g\left(1 - \frac{\rho_1}{\rho_p}\right)$$

积分,并代入初始条件 $t=0$,$v=0$,得:

$$v = \frac{2r^2 g(\rho_p - \rho_1)}{9\eta}\left(1 - e^{-\frac{9\eta}{2\rho_p r^2}t}\right)$$

最终速度为　　　　　　$$v = \frac{2r_g^2(\rho_p - \rho_1)}{9\eta} \tag{5-25}$$

由此可见,颗粒的运动速度与颗粒粒径的平方及颗粒与液体的密度差成正比,与液体的黏度成反比。

在新拌混凝土中,颗粒相与液体相的划分是相对的,根据考虑问题的角度不同,采取不同的划分方法。

(1)将骨料看成是颗粒相,砂浆看成是液体相　粗骨料的粒径较大,如果砂浆没有足够的黏度阻碍粗骨料的运动,将出现粗骨料的分离。粗骨料的粒径越大,阻碍骨料运动所需的砂浆黏度也应越大。如果 $\rho_p > \rho_1$,v 为正值;如果 $\rho_p < \rho_1$,v 为负值;如果 $\rho_p = \rho_1$,$v = 0$。这表明,对于重骨料,骨料颗粒很容易下沉,而且骨料越重,下沉速度越快;当骨料的密度与砂浆密度相近时,骨料不易运动,新拌混凝土能保持较好的稳定性;对于一些轻骨料,骨料颗粒容易上浮,骨料越轻,上浮速度越快。

(2)将骨料看成是颗粒相,水泥浆看成是液体相　在这种情况下,如果产生分离,则是水泥浆与骨料分离。对于普通骨料,$\rho_p > \rho_1$,因此,出现分离时,骨料下沉,水泥浆上浮,该现象称为浮浆。从式(5-25)可以看出,骨料的运动速度取决于水泥浆的黏度,水泥浆的黏度越小,骨料颗粒越容易下沉,因而越容易出现浮浆。

(3)将固体颗粒都看成是颗粒相,水看成是液体相　从该角度看,所产生的分离是水与固体颗粒的分离,称为泌水。从式(5-25)可以看出,水的黏度是固定的,泌水的程度则取决于胶凝材料颗粒的粒径与密度。

从以上分析可以清晰地理解，粗骨料离析、浮浆、泌水实质上是三个不同层次的分离现象。

5.4.2 离析和泌水对硬化混凝土性能的危害

新拌混凝土的泌水使表面混凝土含水量很大，硬化后表面混凝土的强度明显低于下面混凝土，甚至在表面产生大量容易脱落的"粉尘"。如果泌出的水分受到骨料或钢筋的阻碍，则可能在这些骨料或钢筋下形成水囊，影响硬化水泥石与骨料或钢筋的黏结。

新拌混凝土的浮浆将导致表面混凝土与下面混凝土的水泥浆含量不一致。表面混凝土水泥浆含量越多，在干燥的环境中干缩变形越大。下面混凝土骨料较多，由于骨料的弹性模量一般大于硬化水泥石，因此，较多的骨料在下面富集，下部混凝土具有较高的弹性模量，从而对表面混凝土的变形产生较大的约束，使混凝土表面出现裂缝。这种收缩称为塑性收缩，由此产生的裂缝称为塑性收缩裂缝。

粗骨料的分离同样导致表面混凝土与下面混凝土水泥浆含量的不一致性，也可以引起混凝土表面开裂。

由此可知，新拌混凝土不同层次的分离必将导致各部分混凝土分布的不均匀性，这种分布的不均匀性必将导致各部分混凝土的性能差异，而正是这种性能的差异使得混凝土内部或表面产生缺陷，影响混凝土的性能和正常使用。因此，必须注意新拌混凝土的各种分离现象，并采取有效措施来减少这些分离现象，保证新拌混凝土的均匀性，从而保证各部分混凝土性能的一致性。用不同方法划分颗粒相和液体相，有助于更深刻地认识泌水、浮浆、粗骨料离析问题，把握事物的本质，找出解决问题的方法。

5.4.3 离析和泌水的评价方法

(1) 新拌混凝土泌水的评定方法 新拌混凝土泌水的评定通过泌水率试验进行。试验设备为一个内径和高均为 267mm 的带盖金属圆筒。试验时将一定量的新拌混凝土装入圆筒中，经振捣或插捣使之密实，混凝土表面低于筒口 4cm 左右，然后静置并计时，每隔 20min 用吸管吸取试样表面泌出的水分，并用量筒计量。试验直到连续三次吸水时均无泌水为止。

对于新拌混凝土的泌水特征，通常采用下列特征值来表示：①泌水量，是指新拌混凝土单位面积上的平均析出水量，cm^3/cm^2；②泌水率，指析出水量对新拌混凝土含水量之比，%；③泌水速度，指析出水的速度，cm/s；④泌水容量，指新拌混凝土单位厚度平均析出水深度，cm/cm。

假设新拌混凝土的体积为 V（cm^3），断面面积为 A（cm^2），高度为 H（cm），含水量为 W（cm^3），析出水量为 W_b（cm^3），析出水深度为 H_b（cm），单位时间的平均泌水量为 Q（cm^3/s），则：

$$泌水量 = \frac{W_b}{A}$$

$$泌水率 = \frac{W_b}{W}$$

$$泌水速度 = \frac{Q}{A}$$

$$泌水容量 = \frac{H_b}{H} = \frac{W_b}{V}$$

（2）新拌混凝土离析的评定方法　目前，对新拌混凝土离析的评定还没有一种较为成熟的方法，更无统一的标准。以下介绍几种评定方法，以供参考。

① 落差试验方法　落差试验方法是 Hughes 在 1961 年提出的一种测量新拌混凝土抗离析性能的方法。试验装置如图 5-26 所示。试验时将一定量的新拌混凝土装入料斗中，并使其自由下落，落下的拌和物碰到圆锥体后被分散开。以圆锥体底面中心为圆心，直径380mm 的圆为内圈，380mm 以外的为外圈，分别收集内圈和外圈范围内的拌和物，并计算各自的粗骨料含量。内外圈拌和物中粗骨料含量的差别较小，说明该新拌混凝土的均匀性较好，有较强的抗离析能力。

② 摇摆试验方法　摇摆试验方法是测量大坍落度（200mm 左右）混凝土在运输过程中可能产生的离析的一种方法。摇摆试验装置如图 5-27 所示。在试验时将新拌混凝土装满由三节连成的圆筒，筒底中心焊接一根直径 25mm、长 150mm 的圆钢棍，扶住把手，左右摇摆圆筒，并使筒底两侧轻击地面，使筒中新拌混凝土试样左右摇摆和上下振动。摇摆一定次数后，分别将三节圆筒卸下，筛出各节圆筒中的粗骨料并称重。按式（5-26）计算骨料的分离因素：

$$S = \frac{|g_1 - \bar{g}| + |g_2 - \bar{g}| + |g_3 - \bar{g}|}{\bar{g}} \tag{5-26}$$

式中，S 为骨料的分离因素；g_1、g_2、g_3 为上、中、下圆筒中的骨料质量，kg；$\bar{g}$ 为三节圆筒中骨料的平均质量，kg。

骨料分离因素 S 值越小，则新拌混凝土的抗离析性能越好。

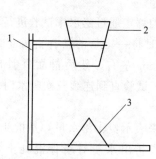

图 5-26　落差试验装置示意

1—支架；2—锥形漏斗；
3—圆锥体

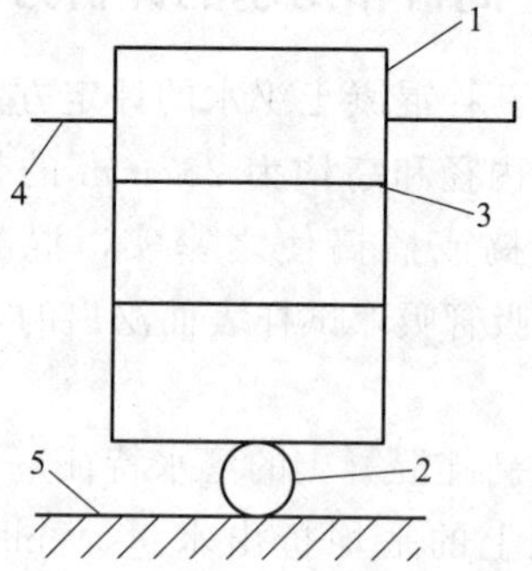

图 5-27　摇摆式抗离析试验筒

1—内径为 150mm 的三节圆筒；2—φ25 圆钢棍；
3—带螺栓的法兰盘；4—把手；5—硬质地面

③ 分层度试验方法　分层度试验方法用于检验自密实混凝土拌和物的稳定性，其方法类似摇摆试验方法，所用仪器也是三节圆筒，圆筒的内径为 115mm，每节高度为 100mm。试验时，将混凝土拌和物用料斗装入筒中，平至料斗口，垂直移走料斗，静置 1min，用刮刀将多余的拌和物除去并抹平，要轻抹，不允许压抹。然后，将检测筒放在跳桌上，以 1 次/s 的速度转动摇柄，使跳桌跳动 25 次。分节拆除检测筒，并将每节筒中的拌和物分开，之后分别放入 5mm 的圆孔筛中，用清水冲洗，筛除水泥浆和细骨料，将剩余的粗骨料用海绵拭干表

面的水分，用天平称其质量，得到上、中、下三段拌和物粗骨料的湿重：$m_上$、$m_中$、$m_下$。用下式评定混凝土拌和物的稳定性：

$$F_1=\frac{m_下-m_上}{\bar{m}}\times100\%\qquad(5\text{-}27)$$

$$F_2=\frac{m_中}{\bar{m}}\times100\%\qquad(5\text{-}28)$$

式中　F_1——混凝土拌和物稳定性评价指标；

　　　F_2——试验的校验指标，应接近$100\%+2\%$；

　　　$\bar{m}$——每段混凝土拌和物中湿骨料的质量的平均值；

　　　$m_上$——上段混凝土拌和物中湿骨料的质量；

　　　$m_中$——中段混凝土拌和物中湿骨料的质量；

　　　$m_下$——下段混凝土拌和物中湿骨料的质量。

上述方法均能较好地判断新拌混凝土的稳定性，只是不同方法适用于不同的混凝土。但是，这些方法存在共同的不足之处，就是都没有提出一个判断依据。这些指标应控制在什么范围内就可以保证在实际工程中不会出现离析？在这些方法中对这一问题并没有做出回答，这也是这些方法不成熟的表现之一。如果不解决这一问题，在实际应用中就无法控制。当然，解决该问题需要一个过程，需要积累试验结果与实际工作情况的相关性来综合考虑。

5.4.4　防止离析和泌水的措施

泌水现象是水与固体颗粒的分离，由式(5-25)可知，解决泌水的办法有两种：一是减小胶凝材料颗粒的粒径，二是减小胶凝材料的密度。提高水泥粉磨细度可以有效地减少泌水，这实质上是减小颗粒粒径的技术途径。掺入优质粉煤灰、硅粉等矿物掺合料也可以有效地减少泌水，该措施有两个作用。一是这些矿物掺合料的颗粒粒径通常比水泥小，用它们取代部分水泥可以减小胶凝材料的平均粒径。特别是硅灰的颗粒粒径非常小，因此，掺入少量的硅灰就可以有效控制泌水。二是矿物掺合料的密度比水泥小，因而可以减小颗粒的沉降速度，达到减少泌水的目的。从这一点可以认识到，掺入磨细矿粉比粉煤灰容易产生泌水。磨细矿粉的密度大约为2700kg/m^3，粉煤灰的密度大约为2200kg/m^3，水泥的密度大约为3100kg/m^3。由式(5-25)可知，当颗粒的粒径相同时，磨细矿粉颗粒的沉降速度大约为水泥颗粒的81%，而粉煤灰颗粒的沉降速度仅为水泥颗粒的57%。由此看来，从减少泌水的角度，粉煤灰比磨细矿粉更有效。

浮浆现象是水泥浆与粗骨料的分离，由式(5-25)可知，解决这一问题也有两个技术途径，一是减小颗粒的粒径，二是增大水泥浆的黏度。从前一个技术途径考虑，采用较细的砂有利于减少浮浆。从后一个技术途径考虑，则可以通过减小水灰比，增大水泥浆体积含量来实现。

如果出现粗骨料分离，则表明砂浆的黏度太小，可适当地提高砂率。

从上述分析可看出，防止新拌混凝土出现各种离析，关键在于混凝土各种颗粒之间能有较好的级配，在不同层次上阻碍颗粒的运动，这样才能使混凝土具有较好的均匀性。

在压力作用下的泌水称为压力泌水，对于泵送混凝土，特别是对于高压下的泵送混凝土来说是一个很重要的性能指标，它反映了在压力作用下水的分离能力。如果压力泌水较快，在泵送时一部分水先被抽出，而剩下流动性较差的混凝土。这不但破坏了混凝土的均匀性，更重要的是剩下的流动性较差的混凝土容易堵塞管道。同样，在压力作用下也可能出现泌浆或粗骨料与砂浆分离的现象，这些现象也会因为粗、细骨料留存而堵塞管道。因此，对于泵送混凝土，不仅要注意静态下的分离现象，也要注意压力作用下的分离现象。

知识扩展

武汉长江隧道是湖北省武汉市境内连接江岸区与武昌区的过江通道，位于长江水道之下，为武汉市区中部城市主干道路的组成部分。该工程的技术创新包括建立了高性能盾构管片的设计概念、设计理论和设计准则等，制定了高抗渗、长寿命、大直径盾构管片的生产技术模式，研发了管片工厂化生产工艺、组装工艺、无损检测技术及耐久性评价办法等工程应用关键技术，确保了管片生产的高质量。武汉长江隧道是长江上建成的第一条隧道，是当时中国地质条件最复杂、工程技术含量最高、施工难度最大的江底隧道工程，中国工程技术人员在开挖这一江底隧道的过程中，成功攻克了五大世界性施工技术难题；武汉长江隧道周密的设计、精心的施工和创新的建设模式将为类似隧道工程的建设提供典范。

思考题

1. 简述三种理想材料基本模型的流变方程。简述新拌混凝土的流变方程、流变参数的物理意义，以及流变参数的测试方法。
2. 简述混凝土工作性、流动性、可塑性、稳定性、易密性的定义。
3. 简述流动性的评价方法。
4. 影响混凝土流动性的因素有哪些？其原因各是什么？
5. 简述混凝土坍落度损失的定义、影响因素及原因和预防措施。
6. 水泥与外加剂适应性的概念是什么？其检测方法和影响因素有哪些？
7. 影响混凝土工作性的主要因素有哪些？
8. 简述离析和泌水的概念、对硬化混凝土性能的危害及预防措施。

混 凝 土 材 料 学

6

硬化混凝土的结构

水泥加水拌和后，很快发生水化反应，开始具有流动性和可塑性。随着水化反应的不断进行，浆体逐渐失去流动性和可塑性而凝结硬化，由于水化反应的逐渐深入，硬化的水泥浆体不断发展变化，结构变得更加致密，最终形成具有一定机械强度的稳定的水泥石结构。而水泥的水化硬化是黏结粗细骨料，并使混凝土具有整体性的决定因素，其水化产物不断填充粗细骨料等固相组分堆积后留下的空隙，与固相颗粒紧密黏结，不断形成致密的内部结构，从而使密实度、强度等物理力学性能得以发展。因此，混凝土内部结构的含义不仅包括水泥石的结构，即水化产物的类型、结晶状态、大小以及聚集形式等，还包括固相组分的堆积状态、孔结构及水泥石-骨料界面等。

6.1 硬化水泥浆体的组成和结构

硅酸盐水泥的凝结硬化过程是一个长期的、逐渐发展的过程，因此，硬化的水泥浆体结构是一种不断变化的结构材料，它随时间、环境条件的变化而发展、变化。硬化的水泥浆体具有较高的抗压强度和一定的抗折强度及孔隙率，外观和其他一系列特征又与天然石材相似，因此通常又称为水泥石。

硬化水泥浆体是一个非均质的多相体系，也是固-液-气三相共存的多孔体。水泥石孔隙中的水溶液构成液相，当孔中不含溶液时，则为气相。为提高混凝土抗冻性而引入的微小气泡，也是气相的重要组成部分。固相则主要由氢氧化钙（羟钙石，CH）、水化硅酸钙凝胶（C-S-H 凝胶）、三硫型水化硫铝酸钙（钙矾石，AFt）、单硫型水化硫铝酸钙（AFm）、未水化的水泥颗粒以及混合材料和掺合料中尚未水化的或惰性的颗粒组成。戴蒙德（S. Diamond）根据电子显微镜观测发现，在充分水化的水泥浆体中，各种水化产物的相对含量为：凝胶占 70%左右，CH 占 20%左右，钙矾石和单硫型水化硫铝酸钙约为 7%。但是，随着活性矿物掺合料的广泛应用，在火山灰效应的作用下，水泥石中的 CH 减少，形成更多的凝胶。这些水化产物的特性见表 6-1。

表 6-1　水泥石中各水化产物的特性

产物	密度/(g/cm³)	结晶程度	微观形貌	观察手段
C-S-H 凝胶	2.3~2.6	很差	针状、网络状、大粒子状等	SEM[1]
CH	2.24	很好	六方板状	OM[2]、SEM
钙矾石（AFt）	约 1.75	好	细长棱柱状	OM、SEM
单硫型水化硫铝酸钙（AFm）	1.95	尚好	薄六方板状、不规则花瓣状	SEM

① SEM：扫描电子显微镜。
② OM：光学显微镜。

6.1.1　水泥水化物的组成、结构和形貌

水泥浆体中主要有四种固相物质，主要分为结晶相和非结晶相。结晶相是氢氧化钙（CH）、三硫型水化硫铝酸钙（AFt）和单硫型水化硫铝酸钙（AFm）；非结晶相即凝胶相，成分是水化硅酸钙凝胶（C-S-H 凝胶）。以下简要介绍这四种主要固相物质的化学组成、结构和形貌，可以用电子显微镜确定其形貌、数量、类型等。

6.1.1.1　C-S-H 凝胶

C-S-H 凝胶是一种钙硅比（Ca/Si 比）、水硅比（H/Si 比）不确定，结晶度很差、微观形貌多样的凝胶体。因其水化后的体积占固相总体积的 2/3 以上，故决定了浆体性能，对水泥石的性能起主导作用。

（1）化学组成　表征 C-S-H 凝胶化学成分的两个常用的主要指标是钙硅比（Ca/Si 比）和水硅比（H/Si 比），这两个比值都是不固定的数值，试验研究确定其 Ca/Si 比在 1.5~2.0 之间，并且结构水变化更大。在 C-S-H 凝胶水化形成时，在相对较纯的系统中则会呈现较长程的有序性，但是在水泥浆的体系中则未必会出现长程有序生长。在水泥浆体中，C-S-H 凝胶能吸附大量氧化物杂质，形成固溶体，故其组成是随一系列因素的变化而变化的。一些试验研究分别就水化时间、水固比、水化温度对 Ca/Si 比和 H/Si 比的影响做了探讨，其中水固比对 C-S-H 凝胶组成有较显著的影响，随着水固比的降低，C-S-H 凝胶的 Ca/Si 比和 H/Si 比都彼此相似地提高；石膏存在条件下，硫酸盐要进入 C-S-H 凝胶体的结构中，并且进入量与 Ca/Si 比有关，Ca/Si 比大，结构中 SO_3 取代 SiO_2 就多，并且 C_3S 浆体的抗压强度随 C-S-H 凝胶中硫酸盐含量的增加而降低。

除 Ca/Si 比和 H/Si 比在较大范围内变动外，C-S-H 凝胶中还存在不少种类的其他离子。图 6-1 为拉霍夫斯基（E. E. Lachowski）等用分析电镜对水泥浆体中 C-S-H 凝胶、$Ca(OH)_2$、三硫型以及单硫型水化硫铝酸钙组

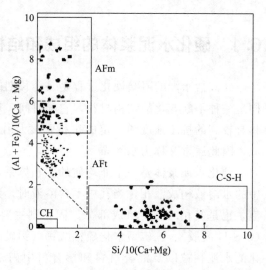

图 6-1　用分析电镜所测主要水化产物的原子比
（W/C=0.7，龄期 1~28d）

成的测定结果。研究表明几乎所有的 C-S-H 凝胶都含有相当数量的 Al、Fe 和 S，而 AFt 和

AFm 相又含有不少的 Si；值得注意的是，测定数据都很分散，分布在一个较广的范围内，说明各个颗粒的组成都有所不同，存在相当明显的差异。另外，可能还有一些离子进入 C-S-H 凝胶，例如少量的 Mg、K、Na 等，个别还有 Ti 和 Cl 的痕迹。表 6-2 为测定结果的一例，以相对于 10 个（Ca＋Mg）原子的比例表示各元素的平均原子数。

表 6-2 C-S-H 凝胶等水化产物组成实测一例

水化产物	Ca	Si	Al	Fe	S	Mg	K	Na	Ti	Cl
C-S-H 凝胶	10.0	4.7	0.5	0.1	0.8	<0.1	0.1	<0.1	<0.1	<0.1
AFt	9.94	0.63	3.44	0.13	3.35	0.06	0.19	—	—	—
AFm	9.95	0.55	4.30	0.15	0.75	0.05	0.1	—	—	—

（2）结构 C-S-H 凝胶的结晶程度极差。图 6-2 为普通硅酸盐水泥经充分水化后的 X 射线衍射图（XRD 图）。虽然其组成大部分已经是 C-S-H 凝胶，但表明 C-S-H 凝胶存在的只不过是勉强能检出的三个弱峰（图 6-2 中用蛋形描出的部分）。而且即使经过很长时间，其结晶度仍然提高不大，例如一个龄期达 20 年的 C_3S 浆体，其 X 射线衍射谱线仍与图 6-2 所示的非常接近。

泰勒（H. F. W. Taylor）等提出，由于 C-S-H 凝胶衍射图上 1.80Å（1Å＝0.1nm）处的弱峰与 3.0～3.1Å 处的弥散峰和 $Ca(OH)_2$ 的面网间距基本相等，因此这些近程有序的 C-S-H 凝胶也具有类似 $Ca(OH)_2$ 的层状构造。

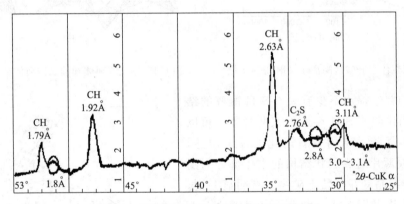

图 6-2 普通硅酸盐水泥硬化浆体的 XRD 图

另外，从硅酸盐阴离子的角度考虑，水化是硅酸盐阴离子不断聚合的过程。C-S-H 凝胶是一种由不同聚合度的水化物所组成的固体凝胶。C_3S、C_2S 矿物中的硅酸盐阴离子都以孤立的 $[SiO_4]^{4-}$ 四面体形式存在。随着水化的进行，这些单聚物逐渐聚合成二聚物 $[Si_2O_7]^{6-}$ 以及聚合度更高的多聚物。图 6-3 为伦茨（C. W. Lentz）用三甲基硅烷化法（TMS 法）研究硅酸盐阴离子类别随时间变化的结果。有关资料表明，在长期（1.8～6.3 年）水化的浆体中，硅酸根的单聚物占 9%～11%，二聚物占 22%～30%，而三聚物和四聚物很少，但其他多聚物达 44%～51%。由此可见，在反应初期，C-S-H 凝胶中的硅酸盐主要以二聚物形式存在，但以后高聚合度的多聚物所占比例相应增大。在完全水化的浆体中，大约有 50% 的硅以多聚物形式存在，而且即使水化反应已经基本结束，聚合作用仍然继续进行。至于多聚物的类别，各方面测定结果有出入，有的认为以线型的五聚物（Si_5O_{16}）居多。

因此，泰勒认为，许多硅酸钙水化物晶体的结构，可以设想是由钙氧八面体和 $[Si_2O_7]^{6-}$ 结合起来，再由这些链连接成片，使其具有层状构造。因为在硅酸盐中，金属氧多面体决定了硅酸盐阴离子连接的方式，$[Si_2O_7]^{6-}$ 二聚物的两个硅氧四面体中相邻两个氧的距离恰好和钙氧八面体中两个相邻氧的距离相同 [图 6-4(a)]。如果在每两个 $[Si_2O_7]^{6-}$ 之间再加一个硅氧四面体，就可以构成线型的五聚物短链 [图 6-4(b)]，C-S-H 凝胶的结构在相当程度上类似于 $Ca(OH)_2$，它由很小的钙氧片构成近程有序的层状构造，但其中有较大比例的氧是硅酸盐的一部分。另外，水泥中的其他离子，如铝、铁、硫等常可替代硅或钙，使硅酸盐阴离子和钙氧八面体不能完全相配，从而又会使薄片产生弯曲或起皱等变形现象。

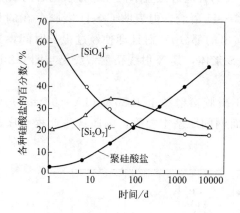

图 6-3　水泥浆体中硅酸盐阴离子随时间的变化

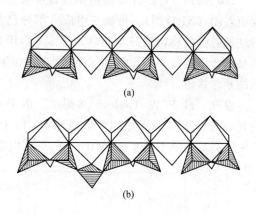

图 6-4　钙氧八面体和硅氧四面体结合示意图

研究者们曾经提出不少有关 C-S-H 凝胶的结构模型，试图说明 C-S-H 凝胶的某些性能。可以认为，C-S-H 凝胶的结构具有退化的黏土构造，由 C-S-H 凝胶薄片组成层状结构的主体部分（图 6-5）。但是与结晶良好的黏土矿物又有明显差别，C-S-H 凝胶薄片很不平整，也不是有规则地上下整齐堆叠，结晶度极差。这样，薄片之间所形成的空间就很不规则，从而形成各种大小的孔隙。曾经测定，C-S-H 凝胶在水饱和时的比表面积达 $750m^2/g$ 以上，又由于具有如此巨大的自由表面，必然处于高能状态。因此，表面能减小的趋向，将是引起一系列物理变化的原因之一。

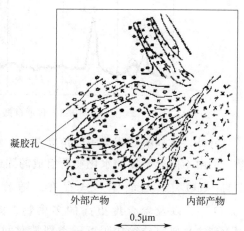

图 6-5　C-S-H 凝胶的结构示意图

过去不少文献常将常温下水泥浆体中所形成的水化硅酸钙称为托勃莫来石凝胶（Tobermorite gel），这是因为其 X 射线衍射图中三个强峰的 d 值与天然矿物托勃莫来石的大致相等。另有一些证据认为，某些水化硅酸钙具有羟硅钠钙石（Jennite）的退化结构。但实际上天然矿物托勃莫来石或羟硅钠钙石都具有固定的组成，结晶程度极好。原先又曾将水泥浆体中的水化硅酸钙称为 C-S-H 凝胶（Ⅰ）和 C-S-H 凝胶（Ⅱ），但它们的结晶程度较好。所以，从组成的结构看，一般水泥浆体中的水化硅酸钙，既不像托勃莫来石和羟硅钠钙石等拥有完善的结晶，又不像 C-S-H 凝胶（Ⅰ）或 C-S-H 凝胶（Ⅱ）等结晶程度居中。由于组成不定，结晶程度极差，故笼统地称之为 C-S-H 凝胶反而较为相宜。

（3）形貌　用扫描电子显微镜（SEM）观测时，可以发现水泥浆体中的 C-S-H 凝胶有各种不同的形貌，根据戴蒙德的观测至少有以下四种：

第一种为纤维状粒子，称为Ⅰ型 C-S-H 凝胶，如图 6-6 所示，为水化早期从水泥颗粒向外辐射生长的细长条物质，长约 $0.5 \sim 2\mu m$，宽一般小于 $0.2\mu m$，通常在尖端上有分叉现象。亦可能呈现板条状或卷箔状薄片、棒状、管状等形态。

第二种为网络状粒子，称为Ⅱ型 C-S-H 凝胶，呈互相连接的网状构造，如图 6-7 所示。其组成单元也是一种长条形粒子，截面积与Ⅰ型相同，但每隔 $0.5\mu m$ 左右就叉开，而且叉开角度相当大。粒子间叉枝交结，并在交结点继续生长，从而形成连续的三维空间网。

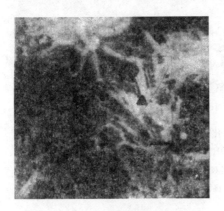

图 6-6　Ⅰ型 C-S-H 凝胶的 SEM 图

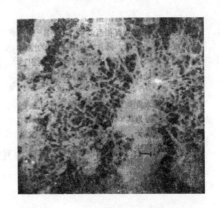

图 6-7　Ⅱ型 C-S-H 凝胶的 SEM 图

第三种是等大粒子，称Ⅲ型 C-S-H 凝胶，为小而不规则、三向尺寸近乎相等的颗粒，也有扁平状，一般不大于 $0.3\mu m$。图 6-8 为在不同水泥浆体中所观测到的几例。通常在水泥水化到一定程度后才出现，在水泥浆体中常占相当数量。

图 6-8　Ⅲ型 C-S-H 凝胶的 SEM 图

图 6-9　Ⅳ型 C-S-H 凝胶的 SEM 图

第四种为内部产物，称Ⅳ型 C-S-H 凝胶，即处于水泥粒子原始周界以内的 C-S-H 凝胶。由图 6-9 可见，其外观呈皱纹状，与外部产物保持紧密接触，具有规整的孔隙或紧密集聚的等大粒子。典型的颗粒尺寸或孔的间隙不超过 $0.1\mu m$。

一般说来，水化产物的形貌与其可能获得的生长空间有很大的关系。C-S-H 凝胶除具有上述四种基本形态外，还可能在不同场合观察到呈薄片状、珊瑚状以及花朵状等各种形貌。另外，研究表明 C-S-H 凝胶的形貌还与 C_3S 的晶型有关，三方晶型的 C_3S 水化成薄片状，单斜晶型的为纤维状，而三斜晶型的则生成无定形的 C-S-H 凝胶。

格拉瑟（Dent Glasser）等则提出将 C-S-H 凝胶区分为"表面水化物"和"沉淀水化物"两类。表面水化物在 C_3S 表面区域形成，具有大致固定的厚度，并且随着 C_3S 的消耗而相应收缩，其形貌可能与Ⅳ型 C-S-H 凝胶相似。而沉淀水化物又包括Ⅰ型和Ⅲ型 C-S-H 凝胶。他们认为表面水化物在水化的诱导期形成，而 $Ca(OH)_2$ 与Ⅰ型 C-S-H 凝胶晶核的成长就标志着诱导期的结束，随后Ⅲ型 C-S-H 凝胶开始形成，逐渐长大、增多，直至将 $Ca(OH)_2$ 和Ⅰ型 C-S-H 凝胶都包裹在内。图 6-10 为这两类水化物形成的示意图。

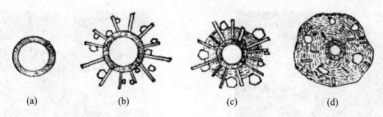

(a)　　　　(b)　　　　(c)　　　　(d)

图 6-10　表面水化物和沉淀水化物的形成示意图

（a）表面水化物（Ⅳ型 C-S-H）；（b）$Ca(OH)_2$ 和Ⅰ型 C-S-H 开始沉淀；

（c）Ⅲ型 C-S-H 开始形成；（d）Ⅲ型 C-S-H 继续生长，

将 $Ca(OH)_2$ 和Ⅰ型 C-S-H 逐渐包裹在内

6.1.1.2　氢氧化钙

氢氧化钙具有固定的化学组成，纯度较高，仅可能含有极少量的 Si、Fe 和 S，结晶良好，属三方晶系，具有层状构造，由彼此联结的 $[Ca(OH)_6]^{4-}$ 八面体组成。结构层内为离子键，结合较强，而结构层之间则为分子键，层间联系较弱，可能为硬化水泥浆体受力时的一个裂缝来源。其晶体结构形态决定了在显微镜下 $Ca(OH)_2$ 为六角形片状晶体，且具有确定的比例。氢氧化钙形成的晶体尺寸较大，比 C-S-H 凝胶的粒子大两到三个数量级，占水泥浆体固相体积的 $20\%\sim25\%$，这些颗粒主要在充水的毛细孔中生长，并能包围水化一半的颗粒，有时还完全淹没这些颗粒。

有些研究者对比了用化学萃取法和 X 射线衍射定量法所得的结果后，又认为水泥浆体中还可能有无定形 $Ca(OH)_2$ 存在。

水化过程到达加速期后，较多的 $Ca(OH)_2$ 晶体即在充水空间中成核结晶析出。其特点是只在现有的空间中生长，如果遇到阻挡，则会朝另外方向转向长大，甚至会绕道水化中的水泥颗粒而将其完全包裹起来，从而使其实际所占的体积有所增加。在水化初期，$Ca(OH)_2$ 常呈薄的六角板状，

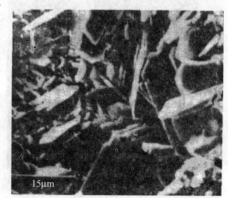

15μm

图 6-11　在孔隙中生长的 $Ca(OH)_2$ 晶体

宽约几十微米，用普通光学显微镜即可清晰分辨；在浆体孔隙内生长的 $Ca(OH)_2$ 晶体（图 6-11）有时长得很大，甚至肉眼可见。随后，$Ca(OH)_2$ 长大变厚成叠片状。另外，$Ca(OH)_2$ 的形貌受水化温度的影响，对各种外加剂也比较敏感。

6.1.1.3　钙矾石

水化早期有利于生成钙矾石（AFt），它是典型的 AFt 相，化学式为 $3CaO \cdot Al_2O_3 \cdot 3CaSO_4 \cdot 32H_2O$。其晶相属三方晶系，柱状结构，一般形成的晶体很多都是长径比大于 10 的六方截面的细棱柱体。晶体结构建立在基本柱状结构单元 $\{Ca_3[Al(OH)_6] \cdot 12H_2O\}^{3+}$ 上，如图 6-12 所示，由 $[Al(OH)_6]^{3-}$ 八面体和其周围三个钙多面体结合构成，每一个钙多面体上配以 OH^- 及水分子各四个。柱间的沟槽中则有起电价平衡作用的 SO_4^{2-} 三个，从而将相邻的单元柱相互连接成整体，另外还有一个水分子存在。所以可以归纳出类似钙矾石柱状结构的 AFt 相的通式为 $\{Ca_6[Al(OH)_6]_2 \cdot 24H_2O\} \cdot (X_n) \cdot (yH_2O)$，其中 X 为柱状体沟槽中的离子（如 SO_4^{2-}），n 为离子数，y 为沟槽中的水分子数。在某些特殊场合，一些离子（OH^-、CO_3^{2-}、Cl^- 等）可以取代 SO_4^{2-}，而 Fe^{3+}、Si^{4+} 能部分取代 Al^{3+}，故水泥浆体中钙矾石不会是确切的化学式，一般用 AFt 表示。

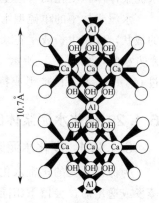

图 6-12　钙矾石相的结构单元

在硅酸盐水泥浆体中，钙矾石一般呈六方棱柱状结晶，其形貌取决于实有的生长空间以及离子的供应情况。在水化开始的几小时内，常以凝胶状析出，然后长成针棒状，棱面清晰，尺寸和长径比虽有一定变化，但两端挺直，一头并不变细，也无分叉现象（图 6-13）。根据透射电镜的观测结果，一些钙矾石以空心的管状形式出现，在组成上可能有一定差别。

另外，在水泥浆体中，有些钙矾石晶粒细小，用一般的光学显微镜不易分辨清楚。但钙矾石中的沟槽水较易脱出，而在高真空和电子束的作用下又极易分解，脱硫还可能失钙，迅速变为无定形，故用电子光学法分析时也有不少问题。因此，影响测试结果的因素更为复杂，必须予以足够的注意。

图 6-13　钙矾石的 SEM 图像

6.1.1.4　单硫型水化硫铝酸钙

在一般的硅酸盐水泥浆体中，钙矾石最终会转变成单硫型水化硫铝酸钙（$3CaO \cdot Al_2O_3 \cdot CaSO_4 \cdot 12H_2O$，AFm），它呈六角形片状晶体，同样属三方晶系，层状结构，其基本单元层为 $[Ca_2Al(OH)_6]^+$，层间为 $\frac{1}{2}SO_4^{2-}$ 以及三个水分子（H_2O），故其结构式为 $[Ca_2Al(OH)_6](SO_4)_{0.5} \cdot 3H_2O$。同钙矾石一样，其通式为 $\{[Ca_2Al(OH)_6]^{2+} \cdot$

$24H_2O\} \cdot nX^{m-} \cdot yH_2O$，式中 X^{m-} 为层间离子，n 为 X^{m-} 离子数，y 为层间水分子数。

与钙矾石相比，单硫型盐中的结构水少，占总量的 34.7%，但其相对密度较大，达 1.95，所以当接触到各种来源的 SO_4^{2-} 而转变成钙矾石时，结构水增加，相对密度减小，从而会产生相当的体积膨胀，成为引起硬化水泥浆体体积变化的一个主要原因。

水泥浆体中的单硫型水化硫铝酸钙，开始为不规则的板状，成簇生长或呈花朵状，再逐渐变为发展很好的六方板状，如图 6-14 所示。板宽几个微米，但厚度不超过 $0.1\mu m$，相互间能形成特殊的边-面接触。

图 6-14　水泥浆体中的 AFm 相

6.1.2　硬化水泥浆体的孔结构和水的形态

6.1.2.1　硬化水泥浆体的孔结构与分类及其影响因素

为保证水泥的正常水化，通常拌和用水量要较大地超过理论上水化所需水量。残留水分蒸发或逸出后，会留下相同体积的孔隙，这些孔的尺寸、形态、数量及分布，都是硬化水泥浆体的重要特征。

（1）孔的分类　关于水泥石中孔的分类方法很多，研究者们所持的看法也不完全一致。有人将硬化浆体中的孔分为毛细孔和凝胶孔两大类。在水化过程中水不断被消耗，同时本身产生蒸发，使原来充水的地方形成空间，这些空间被生长的各种水化产物不规则地填充，最后分割成形状极不规则的毛细孔，其尺寸大小一般在 $10\mu m$ 到 100nm 的范围内变化。另外，在 C-S-H 凝胶所占据的空间中存在凝胶孔，其尺寸更为细小，用扫描电子显微镜也难以分辨。关于其具体尺寸大小，各研究者观点尚未统一。例如，鲍尔斯（Powers）等认为凝胶孔大部分在 $1.5\sim3nm$ 左右，费尔德曼（Feldman）等则强调胶间孔的存在，近藤连一和大门正机又将凝胶孔分为微晶间孔和微晶内孔两种。C-S-H 凝胶孔结构模型如图 6-15 所示。

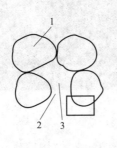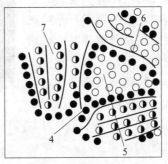

图 6-15　C-S-H 凝胶孔结构模型
1—凝胶颗粒；2，4—窄通道；3—胶粒间孔；
5—微晶间孔；6—单层水；7—微晶内孔

还有人将凝胶孔分为胶粒间孔、微孔和层间孔三种，如表 6-3 所示。可见，孔的尺寸在极为宽广的范围内变化，孔径可从 $10\mu m$ 一直小到 0.5nm，大小相差 5 个数量级。实际上，孔的尺寸具有连续性，很难明确地划分界限。对于一般的硬化水泥浆体，总孔隙率常常超过

50%，因此，它成为决定水泥石强度的重要因素。尤其当孔半径大于 100nm 时，就成了强度破坏损失的主要原因。但一般在水化 24h 以后，硬化浆体大部分（70%～80%）的孔径已在 100nm 以下。

表 6-3　孔的一种分类方法

类别	名称	直径	孔中水的作用	对浆体性能的影响
毛细孔	大毛细孔	10～0.05μm	与一般水相同	强度、渗透性
	小毛细孔	50～10nm	产生中等的表面张力	强度、渗透性、高湿度下的收缩
凝胶孔	胶粒间孔	10～2.5nm	产生强的表面张力	相对湿度50%以下时的收缩
	微孔	2.5～0.5nm	强吸附水,不能形成新月形液面	收缩、徐变
	层间孔	<0.5nm	结构水	收缩、徐变

另外，也有人将孔分为凝胶层间孔、毛细孔和气孔三大类。

① C-S-H 凝胶中的层间孔　即常说的凝胶孔，鲍尔斯曾假设 C-S-H 凝胶结构中的层间孔宽度为 1.8nm（有关文献指出凝胶孔的孔径范围为 1.2～3.2nm），而费尔德曼和塞雷达却认为其宽度应在 0.5～2.5nm。这样大小的孔径由于尺寸比较微小，对水化水泥浆体的强度和渗透性不会产生不利的影响。

② 毛细孔　它代表那些没有被水化水泥浆体的固相产物所填充的空间。其孔径约在 10～1000nm 之间。水泥-水混合物总体系在水化过程中的总体积基本维持不变，但是水化产物的平均表观密度明显低于未水化水泥的密度。有关文献表明，预计 1cm³ 的水泥完全水化后要 2cm³ 的空间来容纳。因此，水泥的水化可以看作是原来的混合体系空间随着水化的进行逐渐被水化产物填充的过程，没有被填充的空间就成了毛细孔。毛细孔的体积和孔径呈较大范围的变化，主要与水灰比及新拌水泥浆体中未水化的水泥颗粒的间距有关。大于 50nm 的毛细孔在现今较多的文献中被视为宏观孔，对水泥石的最终强度和渗透性等特性的影响较大；而小于 50nm 的毛细孔则被视为微观孔，对于干缩和徐变等性能有重要影响。

③ 气孔　气孔一般呈球形，孔径尺寸较大，属于宏观孔隙。主要形成原因是在混凝土拌和过程中水泥浆体里通常会带入少量空气，这种引入的气泡直径可能达到 3mm。在提高混凝土抗冻性时，可以有目地在其中掺入外加剂（如引气剂）引入微小的直径在 50～200μm 左右的气泡。可以看出，不管是带入的气泡还是故意引入的气泡都远远大于水化水泥浆体里的毛细孔，将对强度、渗透性和抗冻性等产生巨大影响。

（2）孔径分布的影响因素　水泥石孔径分布的影响因素很多，主要有水化龄期、水灰比、养护制度、外加剂以及水泥的矿物组成、成型方法等。

① 水泥水化龄期对孔径分布的影响　有人曾研究过矿物组成不同的各种硅酸盐水泥在标准条件下水泥石的孔结构形成过程的动力学，其研究表明，随着水化龄期的延长，总孔隙率降低，毛细孔减少，凝胶孔增多，而且这个结论已经得到了充分的肯定。

② 水灰比的影响　水灰比对水泥石的总孔隙率和孔径分布的影响非常大。研究表明，当水灰比提高时，水泥石中出现最概然孔径（出现概率最大的孔径）向尺寸增大方向移动的现象，即随着水灰比的提高，水泥石中出现大孔的概率增大。

③ 不同养护制度对水泥石孔径分布的影响　同一种水泥（相同矿物组成）在不同养护条件下其孔径分布和强度变化见表 6-4。从以上实验结果可知，与常温下养护的水泥石相比，低温下养护的水泥石强度发展慢，强度值低，这主要是由于低温下水化程度较低，其凝胶孔少、毛细孔多。而经蒸养后，水化程度提高，水化物洁净程度提高，导致其凝胶孔相对

于常温养护的水泥石少，所以蒸养的水泥石强度比常温养护的低。

表 6-4　养护条件对水泥石孔径分布的影响

养护条件	总孔隙 /(cm³/g)	孔径分布/%				抗压强度 /MPa
		$>10^3$ nm	$10^3 \sim 10^2$ nm	$10^2 \sim 10$ nm	$10 \sim 4.0$ nm	
90℃,11h	0.107	4.3	3.9	68.0	22.8	60.27
20℃,28d	0.051	22.6	4.7	26.0	41.4	79.83
0℃,28d	0.096	6.5	44.7	33.2	14.6	32.83

④ 掺减水剂对水泥砂浆孔径分布的影响

相关实验得出，加入减水剂后，水泥砂浆最概然孔径大大变小，如图 6-16 所示。这是因为，加入减水剂后可以在较低的水灰比条件下得到流动性较高的水泥砂浆浆体，不仅可以满足施工和易性要求，还可以大大提高混凝土强度。

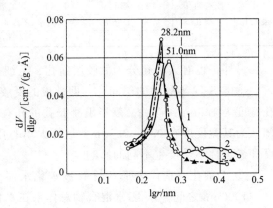

图 6-16　减水剂对水泥砂浆孔径分布的影响
1—未掺减水剂；2—掺 0.5%氨基磺酸盐减水剂；
3—掺 0.5%萘系减水剂

6.1.2.2　水泥石中水的存在形态

水泥石中水分以多种形式存在，根据水与固相组分的相互作用以及水分从水化水泥浆体中迁移的难易程度可以将其分为几种类型。由于环境因素的影响，比如环境相对湿度下降时，饱和水泥浆体中的水不断减少，故不同水分状态之间没有绝对分明的界限，并且很难定量地加以区分。因此从实用的观点出发，鲍尔斯把水泥石中的水分为两大类，即蒸发水和非蒸发水；凡是在 P 干燥条件或 D 干燥条件下可以蒸发的水为蒸发水，不能蒸发的叫非蒸发水。另外，在水泥浆体中存在的水还有如下几种类型。

（1）毛细孔水　存在于 10nm 以上孔隙里的水叫作毛细孔水，不受固体表面存在的吸引力的作用。水化水泥浆体里的毛细孔水根据所在的毛细孔孔径大小又可以分为两类：存在于大于 50nm 毛细孔中的水，因其迁移不会引起任何体积变化，称为游离水；存在于 10～50nm 小毛细孔里的水，其受到毛细张力作用，失水时会使体系收缩。

（2）吸附水　以中性水的形态存在，不参与水化物的结晶结构，在分子张力或表面张力作用下被吸附于固体粒子的表面或孔隙之中。这些水会随着周围环境的湿度、温度、应力的变化而产生相应的变化，并且对水泥石的性能产生重大影响。有关研究表明，在引力作用下浆体中的水分子物理吸附到固相表面，被氢键吸附的可达 6 个水分子层即 1.5nm，当水泥浆体干燥至相对湿度 30%时，会失去大部分吸附水导致水泥浆体收缩。

（3）层间水　一般存在于层状结构的硅酸盐水化物的结构层之间，与 C-S-H 凝胶结构相关联，在 C-S-H 凝胶的层与层之间，氢键牢牢地键合一个单分子水层。层间水的性质介于结晶水和吸附水之间，只有在相对湿度低于 11%时才会失去层间水，并且失水时会使 C-S-H 凝胶结构发生收缩。

（4）化学结合水　也称结构水。它并不以水分子形式存在，而是以 OH⁻ 形式参与组成水化物的结晶结构，并且有固定的配位位置和确定的含量比。这种水干燥时不会失去，只有在受热使水化物分解时才会失去。

根据费尔德曼-塞雷达模型，与 C-S-H 凝胶相关的各种类型的水分如图 6-17 所示。

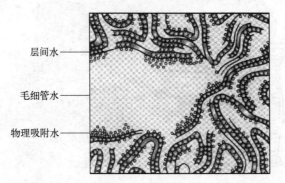

层间水

毛细管水

物理吸附水

图 6-17 与 C-S-H 凝胶相关的各种类型水分的图解模型

6.2 硬化混凝土的界面

6.2.1 界面过渡区

在实验过程中会遇到下列种种情况：混凝土的抗压强度要比其抗拉强度高，基本上高一个数量级；混凝土受拉时呈脆性，而受压时呈相对的韧性；使用非常密实的骨料时，混凝土渗透性仍然比相应的水泥浆体大一个数量级；混凝土中骨料的粒径增大，其强度就下降。近几十年来的研究解释了这些疑问，主要是因为骨料颗粒和硬化水泥浆体之间存在界面过渡区（interfacial transition zone，ITZ）。混凝土中，在骨料颗粒周围有一薄区，其中硬化浆体的结构与较远离此物理结构的"本体"水泥浆体（基体）在形貌、成分和密度等方面显著不同。该区被称为骨料-水泥界面过渡区，其典型厚度为 $20\sim40\mu m$。混凝土的微结构由骨料、胶凝材料浆体、骨料-胶凝材料浆体之间的界面三相构成。界面过渡区是混凝土中的薄弱环节，其力学性能、扩散和抗渗性能均比基体要弱，对混凝土的强度、弹性模量、收缩、传输等诸多性能都有影响。

以前，混凝土通常被理解成基体和骨料组成的两相体系。基体的组成和微结构在接近骨料表面时发生变化，邻近骨料颗粒处的非均质性是非常突出的。而随着后来对界面过渡区的研究，这个区域物相被看作混凝土的第三相，如图 6-18 所示（De Rooij 等 1998 年研究得到）。

6.2.1.1 界面过渡区的微结构

一般认为界面过渡区的发展过程是：首先，新拌成型的混凝土中，大骨料颗粒表面形成水膜，使得界面过渡区的水灰比比水泥砂浆基体的水灰比大很多；随后，由硫酸钙和铝酸钙分解产生的 SO_4^{2-}、OH^-、Ca^{2+} 及铝酸根离子反应生成钙矾石（AFt）和氢氧化钙 $[Ca(OH)_2]$；又由于界面区域水灰比较大，结晶产物在靠近粗骨料时形成粗大的晶体物质，板状的氢氧化钙趋于与骨料的 C 轴表面垂直定向排布，钙矾石针状柱体巨大，因此构成了比水泥砂浆基体有更多孔隙的构架，如图 6-19 所示；最后，随着水化的进行，结晶不良的 C-S-H 凝胶和次生的钙矾石、氢氧化钙晶体开始填充在大钙矾石和氢氧化钙晶体构架之间的空隙里，这有助于提高过渡区的密实度，从而提高混凝土的强度。混凝土中水泥浆体本体和过渡区的示意见图 6-20。

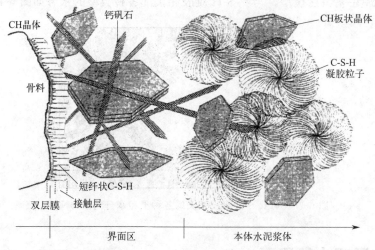

图 6-18　界面过渡区的示意性图例（De Rooij et al.，1998）

(a) 界面过渡区中氢氧化钙晶体的扫描电镜照片

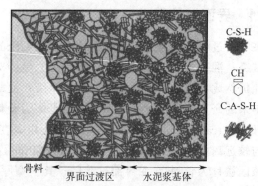

(b) 混凝土中界面过渡区和水泥浆基体的示意

图 6-19　电镜照片及结构示意

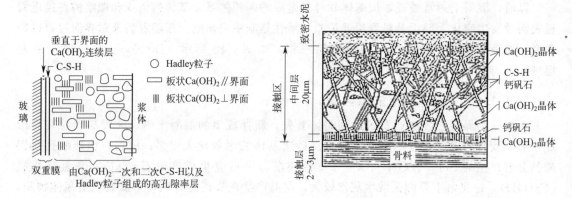

图 6-20　混凝土中界面过渡区示意

　　一些研究者将此微结构的特点归结如下：①水灰比高；②孔隙率高；③Ca/Si比大；④晶体取向生长；⑤在骨料表面附近CH和AFt有富集现象，且结晶颗粒尺寸较大。

而国内外研究者探讨的对于混凝土界面过渡区的一些潜在可行的研究方法有：

① 界面区形貌特征——SEM（二次电子成像和背散射电子成像）、ESEM（环境扫描电镜）；

② 孔结构测试——压汞法（MIP）、交流阻抗谱（ACIS）、X射线小角散射（SAXS）等方法；

③ AFt和CH晶体相对含量、分布和晶体尺寸——XRD（X射线衍射）定量分析；

④ CH取向性——XRD色谱法测定；

⑤ Ca/Si比——电子探针仪定量分析。

6.2.1.2 过渡区的强度

过渡区的强度主要取决于三个因素：①孔的体积和孔径大小；②氢氧化钙晶体的大小与取向层；③存在的微裂缝。

在水化的早期，过渡区内的孔体积与孔径均比水泥砂浆基体大，因此，过渡区的强度较低。

大的氢氧化钙晶体黏结力较小，不仅因为其表面积，而且相应的范德瓦耳斯引力也弱。此外，其取向层结构为劈裂拉伸破坏提供了有利条件。

混凝土过渡区中微裂缝的存在，是强度低的原因之一。过渡区中的微裂缝主要以界面缝形式出现，由粗骨料颗粒周围表面所包裹的水膜形成。骨料的粒径及其级配，水泥用量，水灰比，养护条件，混凝土表面的温度、湿度差等因素都会影响裂缝的产生及数量。微裂缝在受荷载过程中会因应力集中而扩散，使混凝土提前破损。

由于过渡区内存在上述三个因素，因此，过渡区的强度低于水泥浆体本体和水泥砂浆基体。

6.2.1.3 过渡区对混凝土性能的影响

如前所述，过渡区的黏结强度较低，成为混凝土中的一个薄弱环节，可视之为混凝土的强度限制相。

在硬化混凝土的结构中，由于过渡区结构的强度低于水化水泥浆体和骨料相，因此，混凝土在受荷载后至破坏的过程中呈现了非弹性行为。在拉伸荷载作用下，微裂缝的扩展比压荷载作用更为迅速。因此，混凝土的抗拉强度显著低于抗压强度，且呈现脆性破坏。

过渡区结构中存在的孔隙和微裂缝，对混凝土的刚性与弹性也有很大影响。过渡区在混凝土中起着水泥砂浆基体和粗骨料颗粒间的搭接作用，由于该搭接作用很薄弱，不能较好地传递应力，故混凝土的刚性较小，特别是在暴露于火或高温环境中时，微裂缝的扩展更激烈，从而使混凝土的弹性模量比抗压强度低得更快、更多。

过渡区结构的特性也影响到混凝土的耐久性。由于存在于其中的微裂缝具有贯通性，因此，混凝土的抗渗性比水化水泥浆体和水泥砂浆均差，微裂缝的存在甚至对钢筋的锈蚀也有不良影响。

6.2.2 界面过渡区形成机理

关于界面过渡区形成机理的理论有多种，但是都没有得到国际上的充分认可。最简单的一种阐述是：水加入后，立刻在所有的固体颗粒表面覆盖一层水膜，并且所有颗粒上的这层

水膜厚度恒定为 $10\mu m$。另一种理论建立在"局部泌水"（Scrivener et al.，1986）的理论之上，研究报告称在拌和期间，砂粒和水泥粒子会产生相对位移，砂粒可能在水泥浆体凝结之前发生沉降，在界面上产生浆体密度较低的区域，且泌出的水分聚集在大骨料的下方，形成一层附加的低密度浆体的薄弱面。有关该微观结构的定量研究（Hoshino，1989）已经进一步证实了该理论，但是这并不是界面过渡区形成的唯一机理。

"附壁效应"也是解释界面过渡区形成最常用的机理之一（Ollivier et al.，1994）。Mehta 和 Monteiro(1998) 曾用这个术语来解释粒子在侧壁上堆集的问题，侧壁在这里指的是骨料的表面。但是附壁效应不能说明界面区上约 $50\mu m$ 的厚度，因为水泥颗粒粒径从 $1\mu m$ 到 $100\mu m$ 具有一个很宽的尺寸范围，并且较小的颗粒填充在较大颗粒之间的空隙里，在界面上造成宽度仅约 $10\mu m$ 的一个颗粒密实度的梯度。

近年来荷兰代尔夫特理工大学（TUDelft）所做的研究认定在胶体理论的基础上可以更好地阐明界面过渡区的形成，并且 DLVO 理论已被用于对此做出解释（Yang et al.，1997）。就各种水化系统来说，胶体理论解释界面过渡区形成涉及范德瓦耳斯引力和双电层静电互斥力。

用胶体缩水凝聚过程来解释界面过渡区也是值得关注的途径。当一种胶体性的溶胶快速凝聚时，会形成一个非常疏松多孔的结构，其中大多数粒子都只与两三个其他粒子相连接，含有大量截留溶液（Hunter，1993），如图 6-21 所示。凝胶在快速凝聚之后，其中的粒子仍然保持着部分能够移动的自由，絮凝过程和凝聚过程缓慢进行，延缓凝胶强度的产生，并且其凝胶中与每个粒子接触的粒子数目增加，但是系统的自由能必然要减小，使得分散相产生收缩，溶液随着体积的减小自然被挤压出去——Thomas Graham (1949) 首次将这种现象命名为"缩水凝聚"。在水泥凝胶缩水凝聚期间，水泥凝胶体积收缩，水分被挤压出凝胶结构之外，从而使已浇筑水泥中初始均匀的物质在富固相物质和富水的情况下重新排布。除了水分被挤压出去外，他们在试验中还发现水泥凝胶的收缩，其收缩作用来自水泥水化期间化学收缩和胶体的缩水凝聚，并且缩水凝聚比化学收缩的收缩比要大。

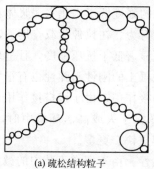 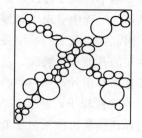

(a) 疏松结构粒子　　　　(b) 收缩结构，仅连接2或3个其他
　　　　　　　　　　　　　　粒子的接触粒子数有所增加

图 6-21　缩水凝聚效应示意图（de Rooij et al.，1998）

6.2.3　界面过渡区的改善措施

界面过渡区是混凝土中最薄弱的环节，混凝土的强度、抗渗、抗冻、耐蚀等重要性能常常因为界面上存在的缺陷而受到巨大损失，甚至引起严重破坏，故界面区的这些缺陷阻碍着

混凝土性能的进一步提高。因此有效改善界面过渡区的性能，降低混凝土界面缺陷成为广大混凝土工作者努力的目标。

从界面过渡区的形成机理和结构特点出发，寻找抑制其形成或改善其结构的途径，实际上就是混凝土高性能化的技术关键，因此，能使混凝土高性能化的技术措施均能改善其过渡区的结构和性能。

6.2.3.1　降低水灰比

从前面介绍的界面过渡区的形成机理可知，骨料表面区域水灰比高是过渡区薄弱的一个重要原因，且骨料表面水膜的厚度直接影响界面过渡区的结构和水化物的形状。而骨料表面的水膜厚度在很大程度上取决于浆体水灰比的大小。一般随着水灰比的增大，水膜会变厚，其中的离子浓度降低。由于在硅酸盐水泥中最先生成的是钙矾石和氢氧化钙，水灰比增大，其晶体将生长得粗大而且会定向排列，孔隙增大，阻碍生成的凝胶与骨料接触，从而使界面区的孔隙率、黏结能力下降，故降低水灰比在一定程度上对界面性能有一定的增强作用。

6.2.3.2　掺加矿物超细粉和化学外加剂

掺入混凝土拌和物中的矿物掺合料［如硅灰（SF）、粉煤灰（FA）等］能迅速与水泥水化生成的 CH 作用，生成 C-S-H 凝胶和钙矾石，在消耗 CH 的同时产生更多对强度有贡献的产物（如 C-S-H 凝胶），而且该反应过程能干扰水化物的结晶。与此同时，未参与反应的细微矿物颗粒对界面处孔隙具有极好的微填充作用。这些因素都有利于界面过渡区结构的优化和改善。

K. H. Khagat 和 P. C. Aitcin 等以 15% 的 SF 等量取代水泥后，水胶比为 0.33 的混凝土界面过渡区孔隙率及原生 CH 结晶含量明显降低，如图 6-22 模型所示。模型图中（a）、（b）为未掺加 SF 的混凝土硬化前、后界面连接处的情形，（c）、（d）为掺加 SF 的混凝土硬化前、后界面连接处的情形。（a）中粗骨料表面周围形成水囊，而界面连接处水泥微粒也不充足；（b）中所示过渡区存在大量 CH 晶体和孔隙，还有一些针状物填充其间；（c）中粗骨料周围的空间被 SF 微粒填充，而不是为水所占据；（d）中过渡区中 CH 晶体和孔隙都明显减少。这个对比试验的结果充分证明了掺加矿物超细粉对改善混凝土界面过渡区的作用。

掺入化学外加剂（如高效减水剂）后，混凝土界面处 CH 晶体的取向程度大大降低，取向范围也大大缩小。这意味着过渡层厚度减小，不利界面效应也减弱，过渡层更趋于均衡。

6.2.3.3　择优选取骨料

不同性质的骨料制作的混凝土，界面过渡区会有不同的性质。采用性质优良的骨料对混凝土界面过渡区结构和性能的改善也有重要意义。如果骨料吸水，则可以降低骨料周围浆体的水胶比，从而减少界面的不利因素。例如采用陶粒作为粗骨料制作的混凝土强度可以远高于陶粒本身的强度，就是利用了陶粒吸水的原理。有水硬活性或潜在水硬活性的骨料可在界面处参与水化反应从而改善界面。例如选择适当的水泥熟料球作为混凝土的粗骨料。

6.2.3.4　改善混凝土制作工艺

混凝土的搅拌、成型和养护等工艺过程均可影响界面的结构和性能。因此，混凝土搅拌的均匀性、投料的先后顺序、投料方式，以及振捣、成型和后期的养护等各个环节都应按照科学的施工标准，严格要求，才能在一定程度上改善由施工造成的界面区的缺陷。如日本提

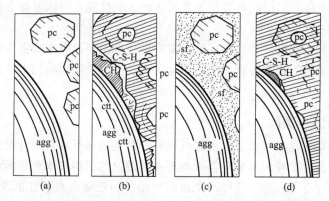

图 6-22　掺与不掺硅粉的混凝土中水泥石与粗骨料界面区形成模型

pc—水泥；agg—骨料；ctt—钙矾石；sf—硅灰

出的骨料裹浆工艺（SEC）将混凝土用水量分两次投入搅拌，第一次投入的用水量与水泥形成的低水灰比水泥浆体可以包裹骨料的表面，改善界面的特性与结构，因此一定程度上提高了混凝土性能。

6.2.4　硫酸盐对界面过渡区的劣化

硫酸盐对混凝土的侵蚀是一个十分复杂的过程，涉及物理、化学、力学等作用，其影响因素复杂且危害性大，因此硫酸盐对混凝土的侵蚀破坏是影响混凝土耐久性且造成混凝土老化病害的重要因素之一。

6.2.4.1　硫酸盐与干湿循环作用下界面过渡区的劣化

在硫酸盐环境中，混凝土中的水化产物与硫酸盐中的侵蚀性离子发生反应生成膨胀性产物，通过扫描电镜分析发现，其主要分布在混凝土内部的孔隙、微裂缝处以及界面过渡区，如图 6-23 所示。原因主要是它们比在水泥砂浆基体相中有更大的孔隙，使得硫酸根离子容易传输，钙离子和含铝相等也更加容易向这些位置移动。随着侵蚀产物聚集及膨胀应力增大，混凝土中微裂纹增多，浆体和骨料界面的黏结性降低，混凝土出现酥松并产生剥落，导致混凝土强度降低。

(a) 孔隙中　　50μm　　　　(b) 微裂缝中　　10μm　　　　(c) 界面过渡区中　　5μm

图 6-23　干湿循环条件下硫酸盐侵蚀混凝土的产物分布

图 6-24 给出了侵蚀初期混凝土内部的微观形态。从图 6-24(a) 可以看出，混凝土水化情况较好，结构密实，但存在初始微裂缝，说明混凝土存在一定的初始缺陷。从图中还可以看到大

量纤维状和絮状的水化产物（C-S-H 凝胶）填充在混凝土内部的孔隙和微裂缝中，此时混凝土内部并没有明显的侵蚀产物存在。从图 6-24(b) 可以看出，侵蚀初期的混凝土中存在大量完整的氢氧化钙晶体。随着硫酸根离子渗入，氢氧化钙晶体开始被侵蚀，其边缘呈现锯齿状，部分氢氧化钙晶体周围已经生长了少量针状钙矾石晶体，如图 6-24(c) 所示。

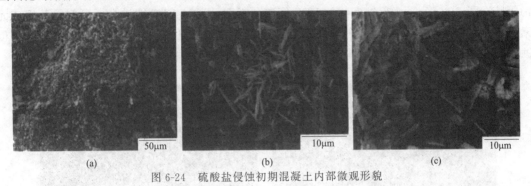

图 6-24　硫酸盐侵蚀初期混凝土内部微观形貌

图 6-25 为硫酸盐与干湿循环作用下混凝土孔隙中钙矾石的变化过程。从图 6-25(a) 可以看出，在侵蚀 90d 后，混凝土孔隙中出现少量的针状侵蚀产物，且晶体尺寸较小。随着侵蚀时间增至 180d，孔隙中的针状晶体数量继续增多，且侵蚀产物个体变大，如图 6-25(b) 所示。侵蚀时间达到 360d 后，混凝土中的孔隙基本被这种针状侵蚀晶体填满，此时的针状晶体呈现交错分布且尺寸较大，并伴有裂缝出现，如图 6-25(c) 所示。图 6-25(d) 为侵蚀产物的 EDS 能谱（能量色散 X 射线谱）分析图，通过 EDS 能谱分析可知，其组成元素主要有 Al、Si、S、Ca 和 O，说明这种针状侵蚀晶体为钙矾石，它是硫酸盐侵蚀过程中最为常见的膨胀性产物。图 6-25(e) 和图 6-25(f) 是混凝土孔隙中填满侵蚀产物的微观形貌。从低倍数扫描电镜图片即图 6-25(e) 中可以看出，多个孔隙已经被侵蚀产物填平；从高倍数扫描电镜图片即图 6-25(f) 中可以看出，针状钙矾石与簇状钙矾石在孔隙中密集分布，相互胶结成纤维状。

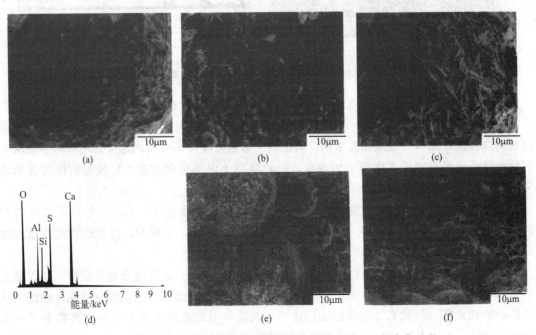

图 6-25　硫酸盐与干湿循环作用下混凝土孔隙中钙矾石的变化过程

图 6-26 为硫酸盐与干湿循环作用下混凝土孔隙中石膏的微观形貌。从图 6-26（a）和图
6-26（b）可以看出，在侵蚀 360d 后，混凝土孔隙中有大量的短柱状侵蚀产物交错分布，在
孔隙边缘伴有微裂缝出现。从图 6-26（c）可以看出，混凝土中砂浆和骨料界面过渡区中同样
有大量的短柱状晶体和部分针状钙矾石晶体，还有少量没有被侵蚀消耗完全的絮状水化硅酸
钙凝胶。图 6-26（d）为侵蚀产物的 EDS 能谱分析图，通过 EDS 能谱分析可知，其组成元
素主要有 Ca、S 和 O，说明这种短柱状晶体为石膏。和钙矾石一样，石膏同样是硫酸盐侵
蚀过程中常见的侵蚀产物，尤其常出现在高浓度硫酸盐溶液中。

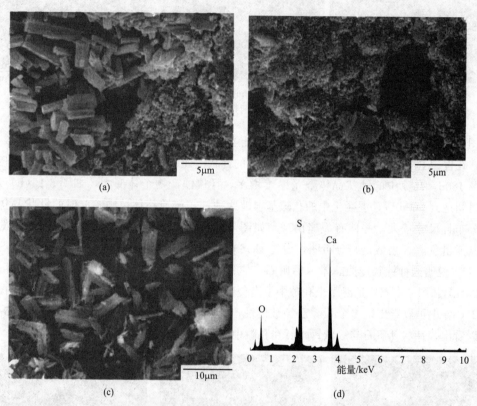

图 6-26　硫酸盐与干湿循环作用下混凝土孔隙中石膏的微观形貌和 EDS 能谱

侵蚀过程中生成的膨胀性产物均比原固相体积大，钙矾石的固相体积增大 94%，石膏
的固相体积增大 124%，当膨胀产生的内应力超过混凝土的抗拉强度时，混凝土开裂。在侵
蚀初期，侵蚀产物基本填充在孔隙中，对混凝土起到密实加固作用，这很好地解释了混凝土
相对动弹性模量与抗压强度的增加现象。随着混凝土内部裂缝增多，这种密实作用逐渐消
失，宏观表现为混凝土相对动弹性模量降低与抗压强度损失。

在微观形貌观测中，同样发现大量花瓣状晶体在界面处分布，如图 6-27（a）和图 6-27
（b）所示。通过 EDS 能谱分析可知，其组成元素主要有 Na、S 和 O，说明这种花瓣状晶体
为硫酸钠晶体，如图 6-27（c）所示。

在硫酸钠溶液干湿循环过程中，除了硫酸钠的化学侵蚀，还伴随着物理侵蚀。当混凝土
处于干状态时，由于混凝土内部水分蒸发，硫酸钠溶液浓度迅速增大，即会出现硫酸钠结晶
现象，尤其是在 10% 的高浓度硫酸钠溶液中。试验中可以看到混凝土试块外部覆盖了一层
白色结晶盐，而且在局部流失砂浆的粗骨料周围也可观测到白色结晶盐。

图 6-27 硫酸盐与干湿循环作用下混凝土中硫酸钠晶体的微观形貌和 EDS 能谱

从图 6-28(a) 可以看出，试验中部分混凝土试块表层有放射状爆米花型晶体存在。通过图 6-28(b) 的 EDS 能谱分析结果可知，其组成元素主要有 Ca、C 和 O，说明这类物质为碳酸钙晶体。分析认为，可能是试验时间过长，在试验后期混凝土试块表层出现了部分碳化现象，但未对硫酸盐侵蚀产生明显影响。

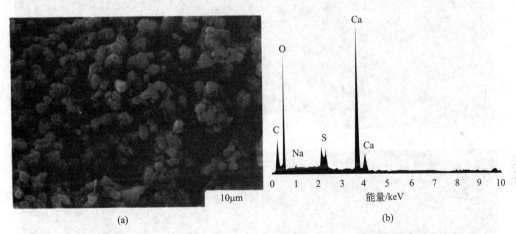

图 6-28 硫酸盐与干湿循环作用下混凝土中碳酸钙晶体的微观形貌和 EDS 能谱

综上所述，混凝土在硫酸盐与干湿循环共同作用下的微观结构，经历了一个侵蚀产物在混凝土孔隙与浆体骨料界面过渡区不断聚集发展，并伴随硫酸盐结晶破坏，在侵蚀区混凝土中产生微裂缝，且微裂缝不断扩展、连通，最终导致混凝土劣化破坏的过程。

6.2.4.2 硫酸盐与冻融循环作用下界面过渡区的劣化

在未侵蚀混凝土以及硫酸钠溶液侵蚀的混凝土冻融循环第 100 次、200 次、300 次时取出试块，进行扫描电镜测试，观察混凝土的微观形貌。图 6-29 是硫酸钠侵蚀与冻融循环复合作用下混凝土试样的微观形貌。

图 6-29(a) 和图 6-29(b) 为冻融循环前混凝土试样的微观形貌，可以看出，未受硫酸盐侵蚀与冻融破坏的混凝土结构较完整密实，并且可以看到大量絮状水化硅酸钙凝胶，但仍可见少许微裂缝，说明混凝土存在初始损伤。图 6-29(c) 是冻融循环 100 次后混凝土中水泥石骨料界面，可以看到少量针状钙矾石晶体。在冻融循环初期，由于进入混凝土内部的硫酸根离子浓度较低，因此钙矾石晶体数量较少且结晶不良。由图 6-29(d) 可见，冻融循环 200 次后，混凝土中侵蚀产物不断增多，在混凝土孔隙中可见大量簇状钙矾石晶体，且结晶状态良好。随着冻融循环增加至 300 次，冻融破坏与硫酸盐侵蚀造成混凝土劣化加剧，硫酸根离

子通过微裂缝持续渗入混凝土，导致混凝土孔隙内硫酸根离子浓度增大，侵蚀产物钙矾石晶体不断增多，并有石膏晶体生成，如图 6-29(e) 所示。钙矾石结晶容易在微小孔隙中和水泥石骨料界面上生成，随着侵蚀程度增大，混凝土内部孔隙逐渐变大，针状钙矾石与簇状钙矾石在孔隙中和界面上大量生长，并伴有裂缝出现，如图 6-29(f) 所示。侵蚀过程中生成的膨胀性产物均比原固相体积大，当膨胀产生的内应力超过混凝土的抗拉强度时，混凝土开裂。由图 6-29(g) 和图 6-29(h) 可见，随着冻融破坏与硫酸盐侵蚀加剧，混凝土内部裂缝逐渐扩展和增多，孔隙处裂缝连通，混凝土结构明显疏松。

硫酸镁侵蚀与冻融循环共同作用下，混凝土微观形貌与硫酸钠溶液中冻融循环类似，在混凝土孔隙中和界面过渡区同样发现了大量钙矾石晶体和石膏晶体，并伴有裂缝出现和混凝土结构疏松。

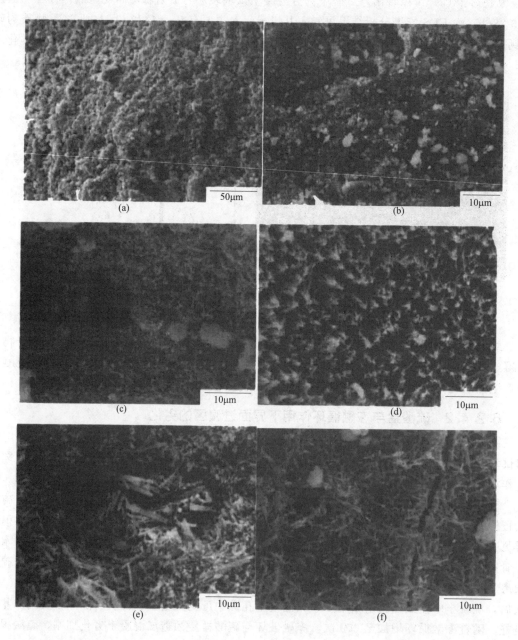

(g)　　　　　　50μm　　　　　　　　　(h)　　　　　10μm

图 6-29　硫酸钠侵蚀与冻融循环复合作用下混凝土试样的微观形貌

6.3　中心质假说

6.3.1　概述

早在 20 世纪 50 年代中期，吴中伟教授就提出了"中心质假说"，用以阐明并改进混凝土的组成结构和提高其性能。该论述对孔缝结构与界面有独特的见解。

该论述将混凝土作为一种复合材料，认为混凝土是由各级分散相分散在各级连续相中而组成的多相聚集体。中心质假说将各级分散相命名为中心质，将各级连续相命名为介质。中心质与介质根据尺度分别分为大、次、微三个层次，即大中心质、次中心质、微中心质和大介质、次介质、微介质。

大中心质包含各种骨料、掺合料、增强材料、长期残存的未水化的水泥熟料。

次中心质是粒度小于 10μm 的水泥熟料粒子，属过渡性组分。

微中心质是水泥水化后生成的各种晶体，包括 Ⅰ 型、Ⅱ 型 C-S-H 纤维状和网状结晶。

大介质是大中心质所分散成的连续相，其中有结构膜层。

次介质是次中心质所分散成的连续相，其中有水化层。

微介质是微中心质所分散成的连续相。Ⅲ 型和 Ⅳ 型 C-S-H、尺寸较小的不规则形状的粒子与结构水及吸附水均可视为该级的连续相。

混凝土组成结构的中心质假说的图解如图 6-30 所示。从图 6-30 中可看出，该假说把孔、缝这种特殊的分散相也列为中心质。由于其性质与功能不同于其他中心质，因此命名为负中心质 P。在三个层次的中心质与介质间均有各自的界面区，即界面 Ⅰ、Ⅱ、Ⅲ。

该图解实际上就是混凝土组成结构的模型。为得到最优化的混凝土组成结构，应使水泥基材料的性能得到充分的发挥，从而得到一个最终结构模型，该模型应是在一定的实验基础上，通过抽象、判断、推理而得来的，可用于描述和解释并据以改进各种水泥基材料的性能。因此，该模型不仅具有理论意义，且具有实际应用价值。

混凝土的理想结构模型应体现最优化的混凝土组成结构，可概括为以下几个要点。

① 各级中心质（分散相）以最佳状态（均布、网络、紧密）分散在各级介质（连续相）之中。在中心质与介质间存在着过渡区的界面，是渐变的非均质的过渡结构。结构组成的排列顺序为中心质-界面区-介质。

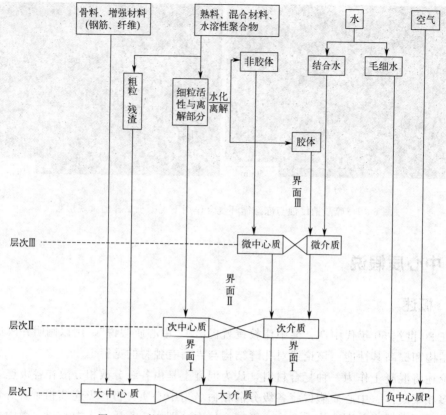

图 6-30　水泥基复合材料（混凝土）中心质理论

② 网络化是中心质的主要特征。各层次的中心质网络构成水泥基材料的骨架。各级介质填充于各级中心质网络之间。强化网络骨架是提高水泥基材料性能的一个必要条件。

③ 界面区保证中心质与介质的连续性。因此，界面区的优劣决定了水泥基材料的强度、韧性、耐久性、整体性与均匀性的优劣。界面区不应是水泥基材料中的薄弱部分，因为它的作用是将中心质的某些性能传给介质，应有利于网络结构的形成和中心质效应的发挥。强化界面区是提高水泥基材料性能的又一个必要条件。

④ 各种尺度的孔、缝也是一种分散相，分布在各级介质之中，因此也是中心质。尺度较大的孔（毛细孔）对强度等性能不利，也不参与构成网络。因此，对其尺度与含量应加以限制。但是，它在水泥基材料中还起着补给水分与提供水化物空间的有利作用。孔的有利作用过去很少提及，但吴中伟教授对此一直很重视，认为孔在水泥基材料中的存在有利于水化，此外，今后在研究开发轻质高强混凝土、提高混凝土抗裂性与耐久性（如抗冲磨、抗冻融等）时，应加强并深化对孔的研究。

在上述要点中，吴中伟教授对界面与孔所提出的观点是十分值得重视的。

对中心质网络化、界面区组成结构和中心质效应的含义及其作用，分别阐述于下。

6.3.2　中心质网络化

中心质网络不仅包括各种金属增强材料与金属增强材料网片在水泥基材料中形成的大中心质网络骨架，还有：不同尺度、不同性质的纤维增强材料在水泥基材料中形成的大中心质与次中心质网络；聚合物在混凝土中所形成的次中心质网络；MDF（无宏观缺陷）材料中大量未水化水泥熟料粒子间充满的聚合物与水化反应生成的相互交错的网状物所形成的次中心质与微中心质网络；聚合物与水泥两相间通过化学键合作用形成两相互穿网络结构，这种结构进一步成为次中心质与微中心质网络；各水化产物形成的针、柱状结晶相互组成的微中心质网络。

6.3.3　界面区组成结构

界面区通过强化，能够具有比介质更好的物理力学性能。因此，强化界面区是提高水泥基材料各种性能的关键。当今人们基于对界面区的认识，总是认为界面区是薄弱环节，总是研究如何减少或削弱其影响。而根据中心质假说，吴中伟教授提出：利用界面化学键合作用与中心质效应叠加作用，能够强化界面结构，从而提高水泥基材料的均匀性与整体性。笔者认为在这方面具有很大的潜力，应深入研究中心质效应，不仅界面区本身可以形成网络，还可设想通过中心质效应建立中心质的网络。

6.3.4　中心质效应

中心质对介质的吸附、化合、机械咬合、黏结、稠化、晶核作用、晶体取向和晶体连生等一切物理、化学和物理化学的效应都称为中心质效应。中心质假说中提出了中心质效应的概念。大中心质效应对整个体系的形成、发展与性能起着重要的作用，它能够改善大介质的某些性能，使在效应范围（或称为效应圈）内的大介质得到强化，强度、密实度等都得到显著的提高。中心质效应与界面区有密切的关系，薄弱的界面区会阻断或削弱中心质效应的发挥。界面区性能愈好，中心质效应愈能得到充分发挥，使有效效应距（效应半径）增大，效应的叠加作用也能得到加强，对中心质的网络化也有利。

当中心质的间距小于有效效应距时，由于效应圈互相重叠，就能产生效应叠加作用，使界面得到进一步强化，并使水泥基材料的有关性能得到显著的提高。

图 6-31 展示了不同中心质间距的效应叠加作用。

从图 6-31(c) 可知，当中心质间距大于 2 倍有效效应距时，就不存在效应叠加作用，因此，大介质与界面区的性能不均匀。而在图 6-31(a) 中，当中心质间距等于或小于有效效应距时，大介质处于效应叠加作用的范围内，其性能就均匀并得到明显的提高。

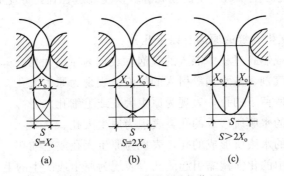

图 6-31　中心质效应叠加作用

在中心质效应的研究中，可用三个量描述效应的变化，称为中心质效应的三要素，分别

为效应程度 I、效应梯度 r 和有效效应距 X_e，见图 6-32。

图 6-32 中的效应程度 I 反映界面处效应的大小，主要取决于中心质的表面物理、化学性能与变形性能等。效应梯度 r 反映效应程度随界面距而变化（递减）的梯度，主要取决于界面区性质的优劣。有效效应距 X_e 反映中心质效应能明显达到介质的有效范围。不同的中心质，由于其性能不同，三要素值也不相同，见图 6-32 中的性能 1、2、3。

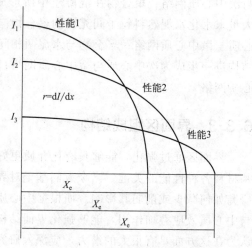

图 6-32 中心质效应三要素

吴中伟教授在中心质假说中特别强调并重视负中心质对混凝土结构及性能的作用。他认为在混凝土结构中必然存在的作为特殊分散相的孔、缝，不仅是混凝土结构的缺陷，当其尺度超过一定范围时，还会对混凝土的许多性能，如强度、刚度、变形性能等力学行为，以及抗渗、抗冻、耐蚀等耐久性产生负面作用（因此在中心质假说中将其命名为负中心质），此外，也必须看到孔、缝对混凝土结构及性能还具有积极的作用：

① 孔、缝既能为水泥的继续水化提供水源及供水通道，又可成为水化产物生长的场所，从而为混凝土结构及性能的发展创造条件。

② 由于混凝土中形成了各种中心质的网络骨架，因此荷载、干湿、温度等外界因素的作用并非完全反映为外形体积的变化，可能更多地反映在孔、缝的变化上。

③ 尺寸较小的孔、缝，不但对混凝土的某些性能如强度、一定水压下的抗渗性无害，而且对轻质、隔热及抗冻性还有一定的益处。

④ 可利用孔、缝网络改善混凝土结构，如用聚合物浸渍形成大中心质网络。

需要说明的是，凝胶微晶间孔与内孔不属于负中心质，而应归属于微介质。

负中心质就其形成及发展的过程而言，可分为原生孔缝和次生孔缝两种。原生孔缝是混凝土在制备过程中即已形成并在养护后即已存在的孔缝。次生孔缝是在混凝土养护结束后，在使用过程中，由于荷载、温度变化、化学侵蚀等外界因素以及内部的化学与物理化学变化的继续，在已硬化的混凝土中所产生的新孔缝。次生孔缝往往是原生孔缝引发、延伸和扩展所形成的。

形成原生孔缝与次生孔缝的原因有以下几种。

① 由原材料带入或制备过程中混入的气泡，表现为原生大孔。

② 由外加剂如引气剂、减水剂等引入的气泡，表现为原生大孔。

③ 多余的拌和水所留下的孔，表现为原生大孔或毛细孔。

④ 大中心质周围的水膜所形成的孔，表现为原生大孔。

⑤ 次中心质周围的水膜所形成的孔，表现为原生大孔或毛细孔。

⑥ 水泥水化过程中的化学减缩引起的孔，表现为原生或次生的毛细孔或过渡孔。

⑦ 水化产物结晶转变所留下的孔。如三硫型水化硫铝酸钙，在石膏消耗完毕后转化为单硫型，这时由于单硫型硫铝酸钙体积变小而形成孔，表现为原生或次生的毛细孔。

⑧ 次中心质水化后留下的 Hadley 孔（因由 Hadley 发现而命名），这是水泥熟料颗粒完

全水化并干缩后所余留的孔，表现为次生的细孔。

⑨ 由于外界条件如荷载、干缩、冷缩所引起的孔，表现为次生的大孔及毛细孔。这是负中心质变化最主要也是最常见的原因。

在外界各种化学和物理化学因素以及各种侵蚀因素的作用下，混凝土将发生收缩或膨胀体积变形。其中，大中心质变化甚微，大介质、次介质、微中心质及微介质的变化也不显著，而变化最大的是负中心质。凡引起收缩或膨胀的各种因素均能导致负中心质发生变化。因此，在混凝土变形的研究中，负中心质也是一个重要方面。混凝土一些性能的变化与波动也与负中心质的变化有关。

负中心质在外界因素（荷载、温度、湿度）作用下所发生的变化有两个发展趋势：第一个发展趋势是裂缝从大中心质向大介质延伸发展；第二个发展趋势是裂缝从次中心质向次介质延伸发展。

负中心质与中心质一样，能形成网络分布，概括为以下三个方面：

① 从原生孔缝引发扩展为次生孔缝，所有孔缝贯穿分布在整个系统中形成负中心质网络。

② 从大中心质界面缝引发延伸向大介质并贯穿于大介质中的孔缝，与邻近的大中心质界面缝连通，组成了这一部分的负中心质网络。

③ 次中心质界面缝引发延伸向次介质并贯穿于次介质中的孔缝，与邻近的大中心质界面缝连通，组成另一部分的负中心质网络。

负中心质的网络分布表明了混凝土中所存在的缺陷，随着负中心质的变化和网络分布的发展，混凝土的强度等性能将逐渐降低。但是，在一定范围内，混凝土的强度等性能不受负中心质变化的影响或影响甚微，其原因在于：

① 各级中心质网络结构的骨架作用、各级介质在骨架中的填充作用以及中心质效应的增强作用，是混凝土强度及其他性能的主要保证。

② 一定尺度以下的负中心质对混凝土的某些性能不产生或很少产生负面作用。

③ 某些负中心质对混凝土的某些性能起有益的作用。如在混凝土中引入大量均匀分布的 $50\sim200\mu m$ 的气泡，可改善混凝土的抗冻性、新拌混凝土的和易性，并可减少用水量以补偿由于气泡的存在所造成的强度损失。

负中心质的变化还包括孔缝减少的变化，如：

① 在中心质效应发挥充分时，可使其周围的水膜消除。

② 新生成的水化物能堵塞部分孔缝，尤其是混凝土中含有膨胀组分时，在水化过程中新生成的钙矾石结晶可通过膨胀填充部分孔缝。

减少负中心质的数量、减小尺寸是提高混凝土强度及主要性能的有效措施，用聚合物浸渍、填充孔缝，可显著改善混凝土的一些主要性能。此外，由于大中心质界面缝既削弱了大中心质效应，又成为引发次生裂缝的起源，因此减少大中心质的水膜层及界面缝的来源是减少负中心质的主要方法，使用高效减水剂不失为一项重要措施。再者，提高次中心质的分散程度和水化程度也是减少负中心质的重要方法之一。在混凝土中由于多余水分所留下的孔缝，部分将被水泥水化物所填充，孔缝率也会随着水化程度的提高而逐渐降低，这就是所谓的裂缝自愈现象。若在混凝土中掺加膨胀剂或配制膨胀混凝土，则减少负中心质的效果更为显著。

根据中心质假说的理论，混凝土最终结构的形成乃是组分变化与中心质效应的结果，表现为网络化的各级中心质分布在各级介质之中，在中心质与介质接触部位存在过渡层的不均匀结构。中心质网络构成了整个结构的骨架，而过渡层则使结构成为整体。因此，研究中心质网络与过渡层，是改进混凝土最终结构和提高混凝土主要性能的关键。

中心质假说不仅适用于混凝土，也同样适用于高强、特高强水泥基材料与纤维增强水泥材料，通过改进其结构组成，从而提高性能。该论述已为钢丝网水泥结构、钢纤维增强水泥基材料、聚合物水泥混凝土以及高强、特高强混凝土的配制工艺提供了理论基础。

📚 知识扩展

吴中伟（1918—2000），中国工程院院士、建筑材料与土木工程专家，长期从事水泥、混凝土的科学和工程研究。

① 率先提出"混凝土科学技术"概念，组织起第一支混凝土科研队伍，创建了我国第一个混凝土研究室。

② 首次提出混凝土中心质假说，为混凝土的组成结构和技术发展提供理论基础；开拓了中国水泥混凝土的全面研究，倡导开发绿色高性能混凝土。

③ 在国内最早提出碱-骨料反应等问题，创造性地提出防止破坏混凝土结构的碱-骨料反应的措施；研制成功我国最早的混凝土外加剂即引气剂，至今仍广泛应用；研究开发膨胀混凝土并首创膨胀混凝土后浇缝，保证了混凝土建筑的整体性。

📖 思考题

1. 混凝土的结构由哪三大部分组成？
2. 简述硬化水泥浆体的孔结构和水的形态。
3. 简述混凝土过渡区的结构特点，过渡区强度的决定因素，过渡区对混凝土性能的影响，改善界面过渡区的措施。
4. 简述中心质假说的基本内容。画出该理论的基本结构示意图。

混 凝 土 材 料 学

7

混凝土的物理力学性能

作为结构材料，混凝土主要承受压力，采用符合质量要求的混凝土对建筑安全至关重要。因此，混凝土的物理力学性能也是设计者和质量控制工程师们最关注的性能之一。不同的强度等级代表着不同的抗压能力。本章主要介绍混凝土的各种强度以及混凝土在荷载和非荷载条件下的变形对其力学性能的影响。

7.1 混凝土的物理性能

7.1.1 混凝土的密实度

密实度是混凝土重要的物理性能之一，它表示在一定体积的混凝土中，固体物质的填充程度，可由下式表示：

$$D = \frac{V}{V_0} \tag{7-1}$$

式中　D——密实度；

　　　V——绝对体积；

　　　V_0——表观体积。

事实上，绝对密实的混凝土是不存在的，因此密实度 D 值总是小于 1。混凝土中不同程度地含有孔隙，孔隙率可用下式计算：

$$P = 1 - D = 1 - \frac{V}{V_0}$$

式中，P 表示混凝土的孔隙率。

当 $V_0 = 1$ 时，式(7-1) 可写成：

$$D = V = \frac{\gamma_0}{\rho}$$

式中　γ_0——混凝土的容重；

ρ——混凝土的密度。

因此，精确测定混凝土的密实度，需要测定混凝土的密度，这实际上是很困难的，因为需要将具有代表性的混凝土试样磨成粉末。在实际应用中，采用单位体积混凝土中所有固体成分的体积总和（包括化学结合水和单分子层吸附水）来近似地确定其密实度已足够精确，即

$$D = V_w + V_c + V_a \qquad\qquad (7\text{-}2)$$

式中　V_w——每立方米混凝土中强结合水的绝对体积；

　　　V_c——每立方米混凝土中水泥的绝对体积；

　　　V_a——每立方米混凝土中骨料的绝对体积。

由于混凝土中水泥的水化是不断进行的，因此，V_w 值随着混凝土龄期和水泥品种的不同而变化。V_a 也可分为粗骨料和细骨料的绝对体积，因此式(7-2) 可写成：

$$D = V_c + V_s + V_g + V_w = \frac{W_c}{\rho_c} + \frac{W_s}{\rho_s} + \frac{W_g}{\gamma_g} + \frac{\beta W_c}{1000}$$

式中　W_c、W_s、W_g——每立方米混凝土中水泥、细骨料、粗骨料的用量，kg；

　　　ρ_c、ρ_s、ρ_g——水泥、细骨料、粗骨料的密度，kg/m³；

　　　β——一定龄期的混凝土的结合水系数，以强结合水占水泥质量的百分数计，%。

β 值可根据表 7-1 选用。

表 7-1　水泥在不同龄期的结合水系数 β

水泥品种	龄期				
	3d	7d	28d	90d	360d
快硬硅酸盐水泥	0.14	0.16	0.20	0.22	0.25
普通硅酸盐水泥	0.11	0.12	0.15	0.19	0.25
矿渣硅酸盐水泥	0.06	0.03	0.10	0.15	0.23

根据 28d 混凝土密实度的不同，混凝土可分为下列等级：

① 高密实度混凝土，$D = 0.87 \sim 0.92$；

② 较高密实度混凝土，$D = 0.84 \sim 0.86$；

③ 普通密实度混凝土，$D = 0.81 \sim 0.83$；

④ 较低密实度混凝土，$D = 0.78 \sim 0.80$；

⑤ 低密实度混凝土，$D = 0.75 \sim 0.77$。

对所用材料相同而结构不同的混凝土，或者对结构相同但所用骨料孔隙率不同的混凝土，其密实性可用容重近似地比较，也可用 γ 射线和超声波等进行测试。

混凝土的密实度与混凝土的主要技术性能，如强度、抗冻性、不透水性、耐久性、传声和传热性能等都有密切的联系。但需要指出的是，混凝土的密实度或孔隙率由于还不能反映混凝土中孔隙的特征，如孔隙大小、形状、分布及封闭程度，因此还不能完全说明混凝土的结构。

7.1.2　混凝土的渗透性

混凝土材料的渗透性主要是指液体和气体对其渗透的性质，是混凝土的一项重要物理性能，不仅对要求防水的结构物具有重要意义，更重要的是可用于评价混凝土抵抗环境中侵蚀

性介质侵入和腐蚀的能力。混凝土的渗透性，指液体流过混凝土的流畅性。混凝土的抗掺性是指混凝土在压力水的作用下抵抗渗透的能力。因此，混凝土阻碍液体向其内部流动的能力越好，混凝土的抗渗性能越好。混凝土的耐久性，与水和其他有害化学液体流入其内部的数量、范围等有关，因此抗渗性能高的混凝土，其耐久性就强，混凝土抗渗性能是表征其耐久性的一个重要指标。

衡量材料渗透性能的指标一般为渗透系数，单位 cm/s。渗透系数 k_q 可通过下式计算：

$$dq/dt = k_q \times (\Delta HA/L\mu) \tag{7-3}$$

式中　dq/dt——液体流动速率；

　　　μ——液体的黏度；

　　ΔH——压力梯度；

　　　A——面积；

　　　L——材料厚度。

混凝土的渗透性可用相对渗透系数评定。相对渗透系数可由下式计算：

$$S_k = \frac{PD_m^2}{2TH} \tag{7-4}$$

式中　S_k——相对渗透系数，cm/h；

　　D_m——平均渗透高度，cm；

　　　P——混凝土孔隙率；

　　　T——恒压时间，h；

　　　H——压力水头，用水柱高度表示，cm。

我国目前一般用抗渗等级表示混凝土的抗渗性能。抗渗等级是用 28d 龄期的标准试件，在标准试验方法下所能承受的最大水压力确定的，每隔 8h 水压增加 0.1MPa。混凝土的抗渗等级以每组 6 个试件中 4 个未出现渗水时的最大水压力（MPa）计算。混凝土抗渗等级分为 P4、P6、P8、P10、P12、P12 以上，其计算公式为：

$$P = 10H - 1 \tag{7-5}$$

式中　P——抗渗等级；

　　　H——6 个试件中 3 个试件渗水时的水压力，MPa。

混凝土的抗渗等级与渗透系数的关系见表 7-2。

表 7-2　混凝土的抗渗等级与渗透系数的关系

抗渗等级	渗透系数/(cm/s)	抗渗等级	渗透系数/(cm/s)
P4	0.783×10^{-8}	P10	0.177×10^{-8}
P6	0.419×10^{-8}	P12	0.129×10^{-8}
P8	0.261×10^{-8}	>P12	$<0.129 \times 10^{-8}$

混凝土的渗透性与水灰比、水泥品种、水泥的水化程度、粗骨料的最大尺寸、骨料的级配、粉煤灰掺合料、骨料与水泥浆体界面的裂缝和骨料的渗透性等因素有关，因为这些因素决定了混凝土的结构、孔隙率等。

混凝土的水灰比越大，水化程度越低，水泥浆体的毛细孔率越高，水泥浆体含有越多的大孔和连通性良好的孔，混凝土的渗透性就越高。在相同的水灰比下，水化程度越低，混凝土中未水化物及毛细管水比例越大，孔隙率越大。水化程度随混凝土龄期的增长而提高，混凝土的密实性也相应提高。在相同水化程度下，水灰比越大，混凝土的孔隙率越高。图 7-1

给出了水灰比、水化程度和毛细管孔隙率之间的关系。混凝土的渗透性与固体水化产物百分比之间的关系见图7-2。由图可知，固体水化产物百分比越小，孔隙率越大，渗透系数越大。

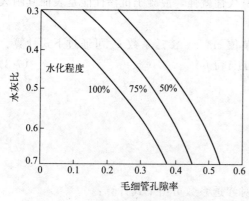

图7-1　混凝土水灰比、水化程度和毛细管孔隙率之间的关系

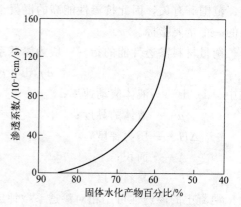

图7-2　混凝土的渗透性与固体水化产物百分比之间的关系

水泥的水化程度也与养护条件有关。养护的时间、温度、湿度等都会影响混凝土的水化，因此，养护条件也会影响混凝土的渗透性。一般来讲，蒸汽养护的混凝土的渗透性比标准养护的混凝土的渗透性要大。

一般认为骨料的渗透性比水泥浆体要低，而实际上某些骨料的渗透系数与水泥浆体的渗透系数相差不大，且当骨料的孔隙率达10%时，其渗透性比水泥浆体还要高很多。当粗骨料中夹杂风化程度较大或有明显层理结构的骨料时，渗透性将更高。

骨料的形状、最大尺寸及级配，对骨料与水泥浆体界面上的结构有影响。当骨料中含有较多的片状、条状骨料，或骨料的尺寸较大、骨料的级配不好时，界面上将存在较多的游离水或孔隙，水分蒸发后会形成较多的孔隙，且混凝土的干燥收缩也会引起界面裂缝。因此，骨料的尺寸越大，骨料的级配越差，水灰比越大，混凝土的渗透性越高。水灰比和骨料粒径对混凝土渗透性的综合影响如图7-3所示。

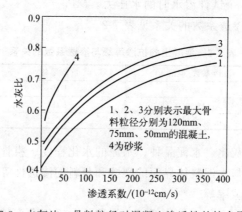

图7-3　水灰比、骨料粒径对混凝土渗透性的综合影响

因此，提高混凝土抗渗性能可以采用以下措施：

① 减小水灰比，提高强度；

② 选择渗透性小的骨料；

③ 在保证相同强度的条件下，掺加适量矿物掺合料，如硅灰、矿渣微粉、优质粉煤灰等；

④ 适量引入微小空气泡，可采用引气剂和减水剂共掺的方法；

⑤ 适当振捣，加强养护，避免在施工期干湿交替；

⑥ 掺加某些防水剂也有助于提高抗渗性。

7.1.3 混凝土的干缩与湿胀

混凝土在硬化过程中及暴露在环境中由于干燥和吸湿引起含水量的变化，同时也引起混凝土的体积变化，称为干缩和湿胀。其在干燥与潮湿环境中的典型变形如图 7-4 所示。

处在潮湿环境中的混凝土吸水会引起体积膨胀，称为湿胀。混凝土膨胀产生的原因：混凝土在吸湿过程中，由于水泥凝胶体颗粒之间吸入水分，水分子破坏了凝胶体颗粒的凝聚力，迫使颗粒分离从而使胶体粒子间距离变大，加上水的侵入使凝胶体颗粒表面形成吸附水，降低了表面张力，也使颗粒发生微小的膨胀，从而使凝胶体膨胀。

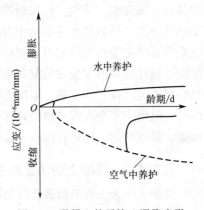

图 7-4 混凝土的干缩、湿胀变形

处在干燥环境中的混凝土，失水会引起体积收缩，但干缩的体积不等于失水的体积，这种收缩称为干燥收缩，简称干缩。混凝土干缩产生的原因：混凝土在干燥过程中，毛细孔水蒸发使毛细孔形成负压，伴随着空气湿度的降低，负压逐渐增大，产生收缩力，导致混凝土收缩。若毛细孔水蒸发完毕后继续干燥，则会引起凝胶体吸附水进一步蒸发，吸附水的蒸发会导致胶体粒子间距离变小，使凝胶体收缩。凝胶体失水引起的收缩，在重新吸水后大部分可以恢复。

混凝土干燥收缩是不能完全恢复的，分为可逆收缩与不可逆收缩两类。对于普通混凝土而言，不可逆收缩约为干缩的 0.3～0.6 倍，而下限更为普遍。这种不可逆收缩的原因是一部分接触较紧密的凝胶体颗粒，在干燥期间失去吸附水膜后，发生新的化学结合，这种结合，即使再吸水也不会发生破坏。但是，随着水泥水化程度的提高，凝胶体这种由于干燥出现更紧密结构的作用就会减少。

在连续不断的干湿循环后，混凝土干缩和湿胀的绝对值也会变小，这是因为混凝土在保水期间进一步水化，使水泥石强度愈来愈高。

在制造断面小预应力构件时可以利用混凝土干缩湿胀的特点，在后张预应力之前，先让混凝土干燥，施加预应力后由于吸收湿空气中的水分而产生一定的膨胀，因此可以抵消徐变引起的收缩，即所谓的"无徐变无收缩混凝土"。

影响混凝土干燥收缩的因素主要有以下几项。

① 水泥细度及水泥品种 如矿渣水泥比普通水泥的收缩大；采用较高强度的水泥，由于其颗粒较细，造成的混凝土收缩也较大。

② 水泥用量 混凝土的干燥收缩主要来源于水泥浆的收缩，这是因为骨料的收缩很小。在保持水灰比不变时，水泥用量越大，混凝土干燥收缩越大。

③ 用水量 配制混凝土时，水灰比越大，则拌和用水量越多，硬化后形成的毛细孔越多，混凝土干缩值也越大。

④ 骨料的种类与数量 砂石在混凝土中形成骨架，对抵抗收缩变形有一定作用。骨料的弹性模量越高，混凝土的收缩越小。水泥净浆、水泥砂浆、混凝土三者的收缩比约为 1∶2∶5。

⑤ 养护条件 采用蒸汽养护可减少混凝土干缩，蒸压养护效果更显著。

7.1.4 混凝土的热性能

混凝土目前仍是建筑主体结构和建筑围护结构等部位应用比例最大的建筑材料。混凝土在整个土建施工当中占有重要地位，对工期、进度起着决定性作用。加强对混凝土施工过程的管理，确保施工质量，往往能控制造价，并取得较好的经济效益、得到社会的好评。混凝土的热物理特性对其在建筑物中发挥稳定可靠的使用功能起着极为重要的作用，例如对某些建筑物有特别绝热等级要求，某些混凝土板不允许因温度变化导致开裂和挠曲，一些超静定结构必须计算因温度变化引起的应力，大体积混凝土温度应力的控制等，均需要对混凝土的热物理性能有深入的了解。混凝土的热物理性能与其他建筑材料在某些方面有相同或相似的性质，但由于本身内部结构的特殊性，混凝土又有其特殊的热物理性能，下面着重从热膨胀性能、导热性能、比热容以及导温性能等几方面加以论述。

7.1.4.1 混凝土的热膨胀性能

混凝土作为一种类似多孔材料的材料，其热膨胀性能与组分水泥石、骨料以及水泥石孔隙中的含水情况等因素有关。

混凝土的热膨胀性能由热膨胀系数表示，其大小可由水泥石和骨料的热膨胀系数的加权平均值确定，即

$$\alpha_c = \frac{\alpha_p E_p V_p + \alpha_a E_a V_a}{E_p V_p + E_a V_a} \tag{7-6}$$

式中　α_c——混凝土的热膨胀系数，$℃^{-1}$；

　　　α_p——水泥石的热膨胀系数，$℃^{-1}$；

　　　α_a——骨料的热膨胀系数，$℃^{-1}$；

　　　E_p——水泥石的弹性模量；

　　　E_a——骨料的弹性模量；

　　　V_p——水泥石的体积率；

　　　V_a——骨料的体积率，$V_a = 1 - V_p$。

一般地，水泥石的热膨胀系数为 $10 \times 10^{-6} \sim 20 \times 10^{-6}℃^{-1}$，骨料的热膨胀系数为 $6 \times 10^{-6} \sim 12 \times 10^{-6}℃^{-1}$，混凝土的热膨胀系数为 $7 \times 10^{-6} \sim 14 \times 10^{-6}℃^{-1}$。可以看出，混凝土的热膨胀系数与骨料的热膨胀系数十分接近。试验结果表明，混凝土的热膨胀主要受骨料的约束，即受混凝土中骨料含量的影响，而受水泥石的影响很小。也就是说，混凝土的热膨胀系数是骨料含量的函数或骨料热膨胀系数的函数，如图 7-5 所示。

对于水泥石，其热膨胀包括两方面：一是其本身受热膨胀，二是受湿胀压力的作用而膨胀。一方面由于水的热膨胀系数为 $210 \times 10^{-6}℃^{-1}$，比水泥凝胶的热膨胀系数大得多，因此

当温度升高时，水的膨胀体积大于凝胶孔的体积从而导致凝胶体膨胀；另一方面，随着温度的升高，毛细孔中水的表面张力减小，加之水受热膨胀以及凝胶水的迁入，使得毛细孔水液面升高，弯月面曲率下降，从而使毛细孔内收缩压力减小，水泥石膨胀。然而试件在干燥或饱水状态下，这种湿胀压力并无作用，因为这时无水的曲面存在。由此可见，水泥石的热膨胀系数应是湿度的函数，相对湿度为100%（饱水状态）和0（干燥状态）时最小，约在相对湿度为70%时最大，见图7-6。

水泥石的热膨胀系数随龄期的增加而减小，这是因为水化的继续进行使结晶物质的含量增加，减少了凝胶体的湿胀压力。这一点也反映在蒸压养护的水泥石试件中，蒸压养护（高压蒸汽养护）的水泥石凝胶体含量很少，其热膨胀系数基本不随湿度而变化，如图7-6所示。

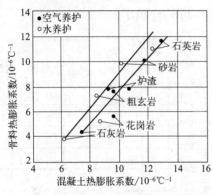

图 7-5 骨料的热膨胀系数对混凝
土热膨胀系数的影响

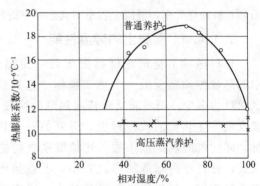

图 7-6 水泥石的热膨胀系数与
环境相对湿度的关系

7.1.4.2 混凝土的比热容

比热容的定义为1kg物质（材料）升高或降低1℃所吸收或放出的热量，单位为 kJ/(kg·℃)。普通混凝土的比热容一般为 0.88～1.09kJ/(kg·℃)，且随其含水量的增加而增大。

水泥石的骨料比热容与混凝土比热容的关系可用下式表示：

$$C = C_p(1 - W_a) + C_a W_a \tag{7-7}$$

式中 C——混凝土的比热容，kJ/(kg·℃)；

C_p——水泥石的比热容，kJ/(kg·℃)；

C_a——骨料的比热容，kJ/(kg·℃)；

W_a——混凝土中骨料的质量分数，%。

7.1.4.3 混凝土的导热性能

导热性能是材料的一个非常重要的热物理指标，它表示材料传递热量的能力。一般用热导率 λ 表示材料传递热量即导热性能的大小。

材料热导率的单位为 kJ/(m·h·℃)，它表示：在一块面积为 $1m^2$，厚度为 1m 的板材上，板的两侧温度差为1℃时，在 1h 内通过板面的热量。因此，可以看出，热导率越小，说明材料传递热量的能力越差，即材料的绝热性能及保温性能越好。

混凝土的导热性能用混凝土的热导率 λ 表示，其大小取决于混凝土的组成。饱水状态下，混凝土热导率一般为 $5.02\sim5.86kJ/(m\cdot h\cdot ℃)$。骨料的种类对混凝土的热导率有很大的影响，如表7-3所示。

表7-3　不同种类骨料的混凝土热导率

骨料种类	混凝土容重/(kg/m³)	混凝土热导率/[kJ/(m·h·℃)]
重晶石	3640	4.94
花岗岩	2800	12.56
火成岩	2540	5.19
白云石	2560	13.23
膨胀矿渣珍珠岩混凝土	1990	2.34

由于空气的热导率非常小，仅为 $0.092kJ/(m\cdot h\cdot ℃)$，是水的热导率 $2.18kJ/(m\cdot h\cdot ℃)$ 的1/24，因此干燥的混凝土比含水的混凝土热导率小。同样，由于空气的热导率要远远小于水泥石和骨料的热导率，混凝土容重对其热导率的影响很大，如图7-7所示。

7.1.4.4　混凝土的导温性能

材料热导率是衡量材料侧面有一定温差时，引起热量传递多少的一个热工指标。它只反映传送热量的多少，而不能反映传递热量的快慢程度。要反映传递热量的快慢程度，需要另一个热工指标，即材料的热扩散系数。热扩散系数的物理意义是，材料在冷却或加热过程中，各点达到相同温度的速度。材料热扩散系数越大，说明材料各点达到相同温度的速度越快。材料热扩散系数与材料的热导率成正比，与材料的比热容和容重的乘积成反比。

混凝土的导温性能，即其对热的扩散性能，用混凝土的热扩散系数 α 表示，它表示混凝土本身在受热或冷却时，各部位的温度趋向一致的能力。不同种类的混凝土，其热扩散系数（m^2/h）越大，表明该混凝土内各部位温度越易达到均匀一致。其计算公式为：

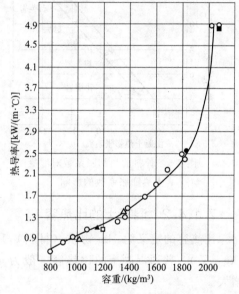

图7-7　混凝土的热导率与容重之间的关系

$$\alpha=\frac{\lambda}{C\gamma} \tag{7-8}$$

式中　λ——混凝土的热导率，$kW/(m\cdot ℃)$；

C——混凝土的比热容，$kJ/(kg\cdot ℃)$；

γ——混凝土的容重，kg/m^3。

一般普通混凝土的热扩散系数为 $0.002\sim0.006m^2/h$。影响混凝土的热导率及比热容的因素，同样影响其热扩散系数。

7.2　混凝土的强度

强度是新拌混凝土硬化后的重要力学性质，也是混凝土质量控制的主要指标。同时，混凝土的其他性能，如弹性模量、抗渗性、抗冻性等都与混凝土强度密切相关。随着时代的发展，混凝土有关规范也在不断更新。2010 年的《混凝土结构设计规范》中淘汰了低强度钢筋，增加了高强度钢筋，标志着低强度钢筋已经无法适应工程需求。此后该规范也经过了多次修订和征求意见。

材料的强度被定义为抵抗外力不受破坏的能力。混凝土强度主要有抗压强度、抗拉强度、抗折强度及抗剪强度等。其中以抗压强度最大，抗拉强度最小，仅为抗压强度的 $1/20 \sim 1/10$，故混凝土主要用于承受压力。

7.2.1 混凝土强度的基本理论

混凝土强度的基本理论一般可分为细观力学和宏观力学理论两类。混凝土强度的细观力学理论，是根据混凝土材料细观非均质性的特征，研究组成材料对混凝土强度所起的作用。而混凝土强度宏观力学理论，则是假设混凝土材料为宏观均质且各向同性材料，研究混凝土在复杂应力作用下的普适化破坏条件。可见两种理论的出发点是不同的，前者是混凝土材料设计的主要依据，而后者应是混凝土结构设计的重要依据。

组成材料对混凝土水泥石的性能、骨料的性能、水泥石与骨料之间的界面结合能力以及它们的相对体积含量产生影响。一般来讲，研究混凝土细观力学强度理论时，均将水泥石性能作为主要影响因素，并建立一系列的阐述水泥石孔隙率或密实度与混凝土强度之间关系的计算公式。如根据水灰比计算混凝土强度的公式就是其中一例，该方法在混凝土配合比设计中起到了极大的作用。

其他如 T.C. 鲍威尔斯（Powers）根据胶空比计算混凝土的公式以及 G. 威舍尔斯（Wishers）的水泥石抗压强度（R）的经验公式 $[R = 3100(1-V_p) \times 2.7$，$V_p$ 为水泥石的孔隙率] 都具有同样的基本观点。T.C. 亨逊（Hansen）研究多孔固体材料的抗压强度（R）与孔隙率（V_p）的关系，采用单位立方体中包含一个半径为 r 的球形孔隙的简单强度模型，如图 7-8 所示，并假定：

$$R = R_0(1 - \pi r^2) \tag{7-9}$$

式中，R_0 为无孔隙固体材料的强度。由于强度模型的孔隙率为 $V_p = 4\pi r^3/3$，因此可得

$$R = R_0(1 - 1.2 V_p^{\frac{2}{3}}) \tag{7-10}$$

但按 T.C. 亨逊理论公式计算的 R/R_0 值，与一些材料的试验结果相差很大，普适的表示多孔材料强度与孔隙的理论公式至今没有真正建立起来。按照断裂力学的观点，决定材料断裂强度的是某处存在临界裂缝宽度，它与孔隙的形状和尺寸有关，而不是总的孔隙率，因而引用断裂力学的基本观点研究水泥石和混凝土的强度是可行的。

迄今为止，没有很好的定量方法描述骨料对混凝土强度所起的作用。困难主要存在于以下三方面。一是水泥石与骨料之间的界面结合强度对混凝土的强度有很大影响，但目前没有很好的方法来测定界面的结合强度。二是对骨料的几何形状、大小、粒径分布及表面状况的定量描述没有很好的方法。三是强度是结构敏感性的性质，只要材料的内部结构在某处破坏，即可导致整个截面的断裂，而不必每处结构都破坏才导致断裂。截至目前，混凝土的配合比设计均

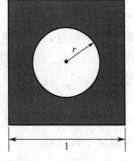

图 7-8　多孔固体材料
抗压强度模型

没有全面考虑骨料对其强度的贡献。例如对于高强乃至超高强混凝土和轻骨料混凝土的强度，在一定条件下骨料应是起主导作用的因素，这方面系统定量的研究难度会很大。

7.2.2 混凝土受压破坏理论

7.2.2.1 混凝土的受压破坏机理

混凝土的抗压强度是混凝土材料最基本的性质，也是实际工程对混凝土要求的基本指标，而抗压强度以混凝土破坏时的压应力大小来衡量。因此，研究混凝土的强度必须研究混凝土的破坏过程。

混凝土在压力作用下，产生纵向与横向变形。当荷载增大到一定程度，试件中部的横向变形达到混凝土的极限值时，则产生纵向裂纹，继续增加荷载，裂纹进一步扩大和延伸，同时产生新的纵向裂纹，最后混凝土丧失承载能力而被破坏。因此，混凝土的受压破坏过程，实际上是内部裂纹扩展以至互相连通的过程，也是混凝土内部结构不连续的变化过程。当混凝土的整体性和连续性遭到破坏时，其外观体积也发生变化，随着荷载增大，体积发生膨胀。根据这一现象，可以得出混凝土在压力作用下产生裂纹的判断依据。

了解机理的目的是搞清楚裂纹在混凝土中产生的部位，以及裂纹扩展与延伸的途径，从而可以采取针对性措施，提高混凝土的强度。

7.2.2.2 压应力状态下混凝土的力学行为

在压荷载的作用下，混凝土处于压应力状态，其力学行为的特征是混凝土内部微裂缝的扩展。通过混凝土受压的应力-应变曲线，可以描述并阐明混凝土内部微裂缝的扩展与强度破坏的关系，因为混凝土的应力-应变曲线的变化及混凝土的破损都是受混凝土内部微裂缝的扩展过程所控制。

混凝土是一种复合材料，其强度是水泥强度、骨料强度以及组分材料之间相互作用的函数。从图7-9所示的骨料、混凝土与硬化水泥浆体的典型应力-应变曲线中可以看出，骨料与硬化水泥浆体的前大半段的应力-应变曲线呈线性关系，而混凝土的应力-应变曲线却呈现高度的非线性关系，表征了混凝土在压荷载作用下的非弹性力学行为。

混凝土的应力-应变曲线与其两种组分材料的应力-应变曲线存在明显的差别，它们的弹性模量相差较大，但更重要的是混凝土在承受荷载前已存在的内部裂缝和缺陷，在压应力状态下都会扩展，直接导致了混凝土应力-应变曲线的非弹性力学行为。由于混凝土内部的裂缝更多集中在骨料与水泥浆体的界面，因此，界面黏结强度与混凝土的应力-应变曲线的特性有更为密切的关系，最终也会影响混凝土强度。试验已经表明，降低骨料与水泥浆体间界面的黏结强度，会加剧混凝土应力-应变曲线的非线性。高强混凝土由于具有较强的界面黏结强度，其应力-应变曲线就趋于线性；采用接近水泥基材刚度的骨料，其混凝土的应力-应变曲线也趋于线性。

混凝土在压荷载作用下，裂缝的扩展过程可分为三个阶段——裂缝引发、裂缝缓慢扩展与裂缝快速扩展。裂缝扩展的三个阶段决定了不同应力状态下混凝土应力-应变曲线的性质与混凝土破损的关系，如图7-10所示。

（1）裂缝引发阶段 在混凝土所受的荷载低于30%极限荷载（即混凝土的压应力低于极限的30%）时，其内部的界面缝在这样的低压应力状态时十分稳定，几乎没有扩展的倾向。但是，在拉应变高度集中的局部区域内，也可能引发一些附加的裂缝，这些微裂缝在低应力时也能保持稳定。因此，此阶段混凝土的应力-应变曲线几乎是直线。

（2）裂缝缓慢扩展阶段　在混凝土所受的荷载为极限荷载的 30％～50％（混凝土的压应力为极限的 30％～50％）时，界面缝开始扩展，但比较缓慢，且其大多数扩展仍在界面过渡区，如图 7-10 所示，此时的裂缝扩展是黏结裂缝缓慢生长。此阶段的混凝土应力-应变曲线开始产生一定的曲率，呈较弱的非线性。此时，如果保持混凝土的应力水平不变，则裂缝扩展就会停止。因此，此阶段也可称为稳定的裂缝扩展阶段。

混凝土所受的荷载一旦超过极限荷载的 50％，裂缝扩展就开始延伸到水泥基材中，随着水泥基材的开裂，原有的分离界面缝也在扩展，并开始贯通，逐渐形成一个连续的裂缝体系。

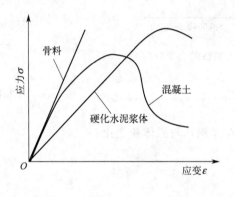

图 7-9　典型应力-应变曲线

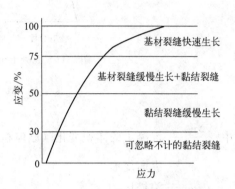

图 7-10　不同应力情况下的裂缝扩展图

（3）裂缝快速扩展阶段　对混凝土继续施加荷载，当压应力超过极限应力的 75％时，水泥基材的裂缝迅速扩展并延伸，在第二阶段中所形成的裂缝体系成为不稳定状态，最终引起混凝土的破损。在此阶段，即使荷载不再继续增加，裂缝扩展也会自发继续而不停止。因此，此阶段也可称为不稳定的裂缝扩展阶段。

通过上述的混凝土在压应力状态下以应力-应变曲线表征的力学行为，可以理解在钢筋混凝土和预应力混凝土结构设计中对混凝土一系列的力学性能指标作出的相应的规定，例如混凝土设计强度的取值、疲劳强度设计值、长期荷载作用下的混凝土设计强度的取值（包括预应力混凝土结构中建立的混凝土预压应力值）等。这些规定都反映了混凝土在不同压应力状态下的力学行为特性，都与混凝土内部裂缝扩展的规律有内在的联系。

应该指出，图 7-10 所示的图形是在"柔性"材料试验机所做的试验情况下得出的。若使用能维持恒定应变速率并具有足够刚性的材料试验机进行试验，得出全应力-应变曲线，则混凝土的全应力-应变曲线将显示出很明显的曲线下降分枝，如图 7-11 所示。

从图 7-10 所反映的曲线看出，即使当荷载达到最大值时，裂缝也还未扩展到能引起受压的混凝土完全破损。而从图 7-11 中可看出，一直到应力-应变曲线的峰点，已经微裂的混凝土保持一超静定的稳定结构，在裂缝完全贯通混凝土之前，仍然存在一些附加的应变能力。因此，可以说明混凝土的断裂是逐渐的，而不是某单一裂缝不稳定扩展的结果。

7.2.2.3　判断混凝土受压过程中出现裂纹的依据

采用混凝土棱柱体试件，尺寸为 10cm×10cm×30cm。在轴向压力作用下，从中取出单位立方体，其体积变化可用式(7-11) 表示：

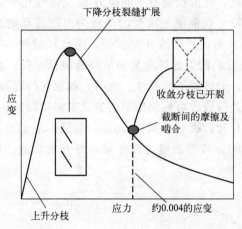

图 7-11　混凝土全应力-应变曲线的三个分枝

$$\frac{\Delta v}{v} = \varepsilon(1-2\mu) \tag{7-11}$$

式中　$\dfrac{\Delta v}{v}$——混凝土的体积变化（原体积减去现在体积）与原体积之比；

ε——纵向变形；

μ——泊松比。

从式(7-11)可知，$\mu > 0.5$ 表示在压缩的情况下，混凝土的体积反而产生膨胀，这是由于混凝土在受压过程中产生了裂纹，使混凝土外观体积增大。

混凝土及其组成材料在荷载增大到一定程度之后才出现裂纹。裂纹出现后，其特征是荷载增大的同时，体积发生膨胀。

当作用压力为 P_1 时，材料的体积变化为：

$$\frac{\Delta v_1}{v} = \varepsilon_1(1-2\mu_1) \tag{7-12}$$

当作用压力为 P_2 时，材料的体积变化为：

$$\frac{\Delta v_2}{v} = \varepsilon_2(1-2\mu_2) \tag{7-13}$$

式中　ε_1——作用压力为 P_1 时的纵向弹性变形；

ε_2——作用压力为 P_2 时的纵向弹性变形；

μ_1——作用压力为 P_1 时的泊松比；

μ_2——作用压力为 P_2 时的泊松比；

$\dfrac{\Delta v_1}{v}$——作用压力为 P_1 时的体积变化与原体积之比；

$\dfrac{\Delta v_2}{v}$——作用压力为 P_2 时的体积变化与原体积之比。

作用压力由 P_1 增大到 P_2 时，其单位体积变化为：

$$\frac{\Delta v_1 - \Delta v_2}{v} = (\varepsilon_1 - \varepsilon_2)(1-2\mu_{12}) \tag{7-14}$$

式中　μ_{12}——作用压力由 P_1 增大到 P_2 时，混凝土在该荷载区间的泊松比。

由式 (7-14) 可知，若 $\mu_{12} > 0.5$，则说明作用荷载由 P_1 增大到 P_2 时，混凝土的体积膨胀，因此将 $\mu_{12} > 0.5$ 作为检验混凝土在压缩条件下出现裂缝的依据。

7.2.3 混凝土抗压强度

7.2.3.1 立方体抗压强度

根据《混凝土物理力学性能试验方法标准》(GB/T 50081—2019) 的规定，采用标准试件（边长为 150mm 的立方体试件），在标准养护条件下 [温度为 (20±2)℃，相对湿度为 95% 以上] 养护到 28d 龄期，所测得的抗压强度值称为混凝土立方体抗压强度，以 f_{ce} 表示。由于混凝土的强度受尺寸效应的影响，随试件尺寸的增加而变小，随试件尺寸的减小而增大，因此标准规定，混凝土强度等级小于 C60 时，用非标准试件测得的强度值均应乘以尺寸换算系数：对 200mm×200mm×200mm 试件可取为 1.05；对 100mm×100mm×100mm 试件可取为 0.95。当混凝土强度等级不小于 C60 时，宜采用标准试件；当使用非标准试件，混凝土强度等级不大于 C100 时，尺寸换算系数宜由试验确定，在未进行试验确定的情况下，对 100mm×100mm×100mm 试件可取为 0.95；混凝土强度等级大于 C100 时，尺寸换算系数应经试验确定。

混凝土的强度等级采用符号 C 和相应的立方体抗压强度标准值表示，可分为 C10、C15、C20、C25、C30、C35、C40、C45、C50、C55、C60、C65、C70、C75、C80、C85、C90、C95、C100 共 19 个强度等级。如 C30 表示立方体抗压强度标准值为 30MPa，亦即混凝土立方体抗压强度不小于 30MPa 的概率要求在 95% 以上。

7.2.3.2 轴心抗压强度

在混凝土结构设计中，常以轴心抗压强度 f_{cp} 为设计依据。标准试件尺寸为 150mm×150mm×300mm 的棱柱体试件，经标准条件养护到 28d 龄期所测得的抗压强度为轴心抗压强度。同一混凝土的轴心抗压强度 f_{cp} 小于立方体抗压强度 f_{ce}，$f_{cp} = (0.7 \sim 0.8) f_{ce}$。这是因为抗压强度试验时，试件在上下两块钢压板摩擦力的约束下，侧向变形受到限制，即"环箍效应"，此效应的影响高度大约为试件边长的 0.866，如图 7-12 所示。因此立方体试件几乎整体受到环箍效应的限制，测得的强度相对较高。而棱柱体试件的中间区域未受到环箍效应的影响，属纯受压区，测得的强度相对较低。

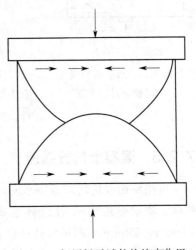

图 7-12 钢压板对试件的约束作用

混凝土强度等级小于 C60 时，用非标准试件测得的强度值均应乘以尺寸换算系数，对 200mm×200mm×400mm 试件为 1.05，对 100mm×100mm×300mm 试件为 0.95。当混凝土强度等级不小于 C60 时，宜采用标准试件；使用非标准试件时，尺寸换算系数应由试验确定。

7.2.3.3 圆柱体抗压强度

立方体抗压强度在我国以及德国、英国等部分欧洲国家常用，而美国、日本等国常用直径为 150mm、高度为 300mm 的圆柱体试件按照 ASTMC 39 进行抗压强度试验。当混凝土

拌和物中粗骨料最大粒径不同时，其圆柱体的直径也不尽相同，但是试件始终保持高度与直径之比为2。与立方体试件抗压强度一样，在进行抗压强度试验时，直径越大，强度越低。同一混凝土的圆柱体抗压强度 f_c 小于立方体抗压强度 f_{ce}，$f_c = (0.8 \sim 0.9) f_{ce}$。

7.2.4 混凝土抗拉强度

混凝土作为一种脆性材料，其抗拉强度很小，仅为抗压强度的 $1/20 \sim 1/10$，混凝土强度等级越高，抗拉强度与抗压强度的比值越小。混凝土在使用过程中除了承受外部荷载外，还要承受内部拉应力。抗拉强度越高，拉应力使材料开裂的可能性越小。抗拉强度是结构设计中裂缝宽度和裂缝间距计算控制的主要指标，也是抵抗由于收缩和温度变形而导致开裂的主要指标。

用轴向拉伸试验测定混凝土的抗拉强度，由于荷载作用线不易对准受拉试件轴线而产生偏拉，且夹具处由于应力集中常发生局部破坏，因此试验测试非常困难，测试值的准确度也较差，故国内外普遍采用劈裂法间接测定混凝土的抗拉强度，即劈裂抗拉强度。

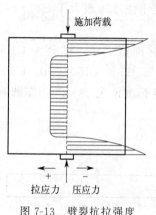

图 7-13 劈裂抗拉强度
试验装置示意图

劈裂抗拉强度试验的标准试件尺寸为 $150mm \times 150mm \times 150mm$ 的立方体，在上下两相对面的中心线上施加均布线荷载，使试件内竖向平面上产生均匀拉应力，如图 7-13 所示。

此拉应力可通过弹性理论计算得出，计算式为：

$$f_{ts} = \frac{2F}{\pi A} = 0.637 \frac{F}{A} \tag{7-15}$$

式中　f_{ts}——混凝土劈裂抗拉强度，MPa，计算结果应精确至 0.01MPa；

　　　F——破坏荷载，N；

　　　A——试件劈裂面积，mm^2。

采用 $100mm \times 100mm \times 100mm$ 的非标准试件测得的强度值应乘以尺寸换算系数 0.85；当混凝土强度等级大于等于 C60 时，采用非标准试件的尺寸换算系数应由试验确定。

7.2.5 混凝土抗折强度

道路路面或机场跑道用水泥混凝土通常以抗折强度为主要强度指标，以抗压强度为参考指标。测定强度时采用的标准试件是尺寸为 $150mm \times 150mm \times 600mm$（或 $150mm \times 150mm \times 550mm$）的棱柱体试件，经标准养护条件养护至 28d 龄期，采用三点弯曲加载方式，测定其抗折强度。试验装置如图 7-14 所示。

抗折强度 f_f 的计算公式为：

$$f_f = \frac{FL}{bh^2} \tag{7-16}$$

式中　f_f——混凝土抗折强度，MPa，计算结果应精确至 0.1MPa；

　　　F——试件破坏荷载，N；

　　　L——支座间跨度，$L = 450mm$；

　　　b——试件截面宽度，mm；

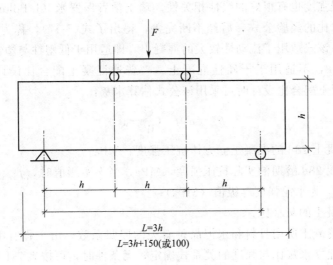

图 7-14　混凝土抗折试验装置

h——试件截面高度，mm。

当试件为 $100mm \times 100mm \times 400mm$ 非标准试件时，应乘以尺寸换算系数 0.85；当混凝土强度等级不小于 C60 时，宜采用标准试件；使用非标准试件时，尺寸换算系数应由试验确定。

7.2.6　影响混凝土强度的因素

7.2.6.1　水泥强度等级与水灰比

从混凝土的结构与混凝土的受力破坏过程可知，混凝土的强度主要取决于水泥石的强度和界面黏结强度。普通混凝土的强度主要取决于水泥强度等级与水灰比。水泥强度等级越高，水泥石的强度越高，对骨料的黏结作用也越强。水灰比越大，在水泥石内造成的孔隙越多，混凝土的强度越小。在能保证混凝土密实成型的前提下，混凝土的水灰比越小，混凝土的强度越高。但当水灰比过小时，水泥浆稠度过大，混凝土拌和物的流动性过小，在一定的施工成型工艺条件下，混凝土不能密实成型，反而导致强度严重降低。混凝土强度与水灰比和灰水比的关系分别如图 7-15 和图 7-16 所示。

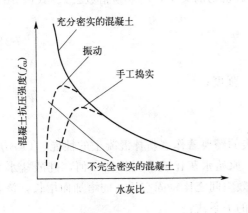

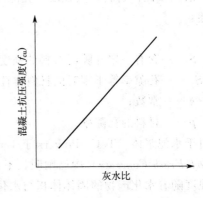

图 7-15　混凝土强度与水灰比的关系　　　　图 7-16　混凝土强度与灰水比的关系

从图 7-16 可知，混凝土的立方体抗压强度与灰水比呈线性增长关系，同时混凝土立方体抗压强度与水泥强度也有很好的线性相关性。瑞士学者保罗米（J. Bolomey）最早建立了混凝土强度与灰水比的经验公式，后经不断完善，得出了式(7-17)，称为混凝土强度公式，又叫保罗米公式。该式适用于流动性较大的混凝土，即适用于低塑性与塑性混凝土，采用的水灰比为 0.4～0.8，不适用于干硬性混凝土。《普通混凝土配合比设计规程》(JGJ 55—2011) 推荐在混凝土配合比设计时可采用该公式估算水灰比。

$$f_{cu} = \alpha_a f_{ce} \left(\frac{C}{W} - \alpha_b \right) \tag{7-17}$$

式中　f_{cu}——混凝土 28d 的混凝土立方体抗压强度，MPa；

　　　f_{ce}——水泥 28d 龄期的实际抗压强度，MPa，当无实测值时，$f_{ce} = 1.0～1.13 f_{ce,k}$，

　　　　　　$f_{ce,k}$ 为水泥强度等级值（MPa）；

　　　C/W——混凝土的灰水比；

　　α_a、α_b——与混凝土所用骨料和水泥品种有关的回归系数，由工程所用水泥、骨料，通过建立水灰比与强度的关系式确定，无条件时，可按表 7-4 中数据选用。

表 7-4　回归系数 α_a、α_b 选用表

系数	骨料以干燥状态为基准		骨料以饱和面干状态为基准			
	卵石混凝土	碎石混凝土	卵石混凝土		碎石混凝土	
			普通水泥	矿渣水泥	普通水泥	矿渣水泥
α_a	0.48	0.46	0.539	0.608	0.637	0.610
α_b	0.33	0.07	0.459	0.666	0.569	0.581

利用上述公式，可根据所用水泥的强度和灰水比估计混凝土的强度，或根据要求的混凝土强度及所用水泥的强度等级计算配制混凝土时应采用的灰水比。

7.2.6.2　骨料的质量和种类

质量好的骨料是指骨料有害杂质含量少，骨料形状多为球形或棱柱形，骨料级配合理。采用质量好的骨料，混凝土强度高。表面粗糙且有棱角的碎石骨料，与水泥石的黏结较好，且骨料颗粒间有嵌固作用，因此碎石混凝土较卵石混凝土强度高。

7.2.6.3　孔隙率的影响

一般均质固体材料，其强度与孔隙率间存在着密切的关系，用下列指数公式[式(7-18)]来描述：

$$S = S_0 e^{-kp} \tag{7-18}$$

式中　S——含有一定孔隙的材料的强度；

　　　S_0——孔隙率等于零时的材料本征（固有）强度；

　　　k——常数；

　　　p——材料的孔隙率。

对于水泥浆体，T. C. Powers 于 1968 年发表的经典著作《新拌混凝土的性能》(*Properties of Fresh Concrete*) 中已阐明，不论龄期、原始水灰比或水泥特性如何，硅酸盐水泥浆体强度随着水化产物的固体体积与水化产物有效空间之比（固空比）的增加而增长，该著作还提出了水泥浆体 28d 抗压强度和固空比之间的关系式：

$$R = a x^3 \tag{7-19}$$

式中　R——水泥浆体 28d 抗压强度；

a——孔隙率等于零时的水泥浆体本征强度；

x——固空比。

式（7-18）反映了简单均质固体材料的孔隙率与强度的关系，式（7-19）是把水泥浆体也作为均质材料来对待。

混凝土的强度与孔隙率间存在相似的关系，但是由于混凝土中含有骨料，就不能将之视为均质材料，也就不能简单地将其强度与孔隙率建立一个如同水泥浆体的通用关系式。水泥浆体孔隙率相同的情况下，混凝土的强度可以有极大的差异，有时强度差别可达数倍之大。其原因在于混凝土中除水泥浆体外还含有大量的粗、细骨料，而混凝土的孔隙率主要取决于粗、细骨料的级配。此外，还由于混凝土中的粗骨料与水泥浆体间存在过渡区的界面缝。所以，混凝土材料的强度与孔隙率的关系更复杂，难以建立一个通用的关系式。

7.2.6.4 养护条件的影响

混凝土的养护是指混凝土浇筑完毕后，人为地（或自然地）使混凝土在保持足够湿度和适当温度的环境中进行硬化，并增长强度的过程。

（1）干湿度的影响　干湿度直接影响混凝土强度增长的持久性。在干燥的环境中，混凝土强度发展会随水分的逐渐蒸发而减慢或停止。因为混凝土结构内水泥的水化只能在有水的毛细管内进行，而且混凝土中大量的游离水在水泥的水化过程中会被逐渐产生的凝胶所吸附，使内部供水化反应的水愈来愈少。而潮湿的环境会不断地补充混凝土内水泥水化所需的水分，混凝土的强度就会持续不断地增长。

图 7-17 是混凝土强度与保持潮湿时间的关系。从图可知，混凝土保持潮湿的时间越长，混凝土最终强度就越高。所以我国规范要求，混凝土浇筑完毕，养护前宜避免太阳光暴晒；塑性混凝土应在浇筑完毕 6～18h 内开始洒水养护，低塑性混凝土宜在浇筑完毕后立即喷雾养护，并及早开始洒水养护；养护需连续进行，养护时间不少于 28d。

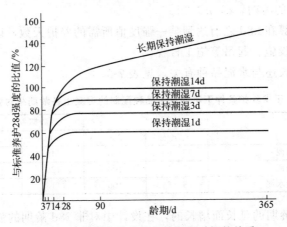

图 7-17　混凝土强度与保持潮湿时间的关系

（2）养护温度的影响　养护温度是决定混凝土内水泥水化作用快慢的重要条件。养护温度高时，水泥水化速度快，混凝土硬化速度就较快，强度增长大，图 7-18 是养护温度对混凝土强度的影响。研究表明养护温度不宜高于 40℃，也不宜低于 4℃，最适宜的养护温度是 5～20℃；养护温度低时，硬化比较缓慢，但可获得较高的最终强度；当温度低至 0℃ 以下时，水泥不再进行水化反应，硬化停止，强度也不再增长，还会产生冻融破坏，致使已有强度受到损失。因此，在低温季节浇筑混凝土时，混凝土浇筑时的温度不宜低于 3～5℃，浇筑完毕后应立即覆盖保温，必要时应增设挡风保温措施。

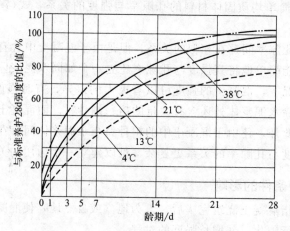

图 7-18　养护温度对混凝土强度的影响

7.2.6.5　龄期

在正常养护条件下，混凝土强度随龄期的增加而增大，最初 1～14d 内强度增长较快，28d 以后增长缓慢。用中等强度等级普通硅酸盐水泥（非 R 型）配制的混凝土，其强度与龄期（$n \geq 3$）的对数成正比，关系为：

$$\frac{f_{28}}{f_n} = \frac{\lg 28}{\lg n}$$

(7-20)

式中　f_n——龄期为 n 天的混凝土抗压强度；

　　　f_{28}——28d 龄期的混凝土抗压强度；

　　　n——混凝土的龄期，d，$n > 3d$。

利用该公式可推算在 28d 之前达到某一强度值所需的养护天数，以便组织生产，确定拆模、撤除保温和保潮设施、起吊等施工日程。

混凝土强度的增长还与水泥品种有关，见表 7-5。

表 7-5　正常养护条件下不同水泥品种配制的混凝土各龄期相对强度约值　单位：MPa

水泥品种	龄期				
	7d	28d	60d	90d	180d
普通硅酸盐水泥	55～65	100	110	110	120
矿渣硅酸盐水泥	45～55	100	120	130	140
火山灰质硅酸盐水泥	45～55	100	115	125	130

混凝土强度是随龄期的延长而增长的，在设计中对非 28d 龄期的强度提出要求时，必须说明相应的龄期。大坝混凝土常选用较长的龄期，利用混凝土的后期强度以便节约水泥。但也不能选取过长的龄期，以免造成早期强度过低，给施工带来困难。应根据建筑物形式、地区气候条件以及开始承受荷载的时间，选用 28d、60d、90d 或 180d 为设计龄期，最长不宜超过 365d。在选用长龄期为设计龄期时，应同时提出 28d 龄期的强度要求。施工期间控制混凝土质量一般仍以 28d 强度为准。

7.2.6.6 施工方法、施工质量及其控制

采用机械搅拌可使拌和物的质量更加均匀，特别是对水灰比较小的混凝土拌和物。当其他条件相同时，采用机械搅拌的混凝土与采用人工搅拌的混凝土相比，强度可提高约 10%。采用机械振动成型时，机械振动作用可暂时破坏水泥浆的凝聚结构，降低水泥浆的黏度，从而提高混凝土拌和物的流动性，有利于获得致密结构，这对水灰比小的混凝土或流动性小的混凝土尤为显著。

此外，计量的准确性、搅拌时的投料次序与搅拌制度、混凝土拌和物的运输与浇灌方式（不正确的运输与浇灌方式会造成离析、分层）对混凝土的强度也有一定的影响。

7.2.6.7 试验参数对强度的影响

试验参数包括混凝土试件尺寸、几何形状、干湿状况以及加荷条件等。$15cm \times 15cm \times 15cm$ 的混凝土立方体试件比 $\varphi 15 \times 30cm$ 圆柱体的强度约高 10%～15%。在进行混凝土试件强度压力试验时，气干试件比饱和湿度状态下的相应试件的强度高 20%～25%。

混凝土试件在进行强度压力试验时，加荷条件对强度有重要的影响。当加载速度较快时，混凝土的变形速度将滞后于荷载的增长速度，所以测得的强度偏高；加载速度慢，混凝土内部充分变形，因此测得的强度偏低。为了使测得的混凝土强度比较正确，应按照国家规范规定的加载速度进行试验。

7.2.6.8 拌和水

用于拌制混凝土的水，当杂质过量时不仅影响混凝土的强度，而且影响凝结的时间、盐霜（白色盐类在混凝土表面的沉积），并腐蚀钢筋及预应力钢筋。通常，拌和水很少成为混凝土强度的影响因素，因为在混凝土拌和物的规范中，对水质量的保护是用一条款说明应符合饮用水标准。决定未知拌制水的性能是否适用的最佳方法，是用未知水拌制的水泥的凝结时间和砂浆强度与用清洁水拌制的对比。用有疑问的水拌制的试块 7d、28d 抗压强度应等于参考试样或至少是参考试样强度的 90%；同样，拌和水的质量对水泥凝结时间的影响应在可接受的范围内。

7.3 混凝土在非荷载作用下的变形

混凝土的变形与强度一样，也是混凝土一项重要的力学性能。水泥混凝土在凝结硬化过程中以及硬化后，受到荷载、温度、湿度以及大气中 CO_2 的作用，会发生相应整体的或局部的体积变化，产生复杂的变形，也往往会引起混凝土的开裂以至破损。混凝土的变形可分为非荷载作用下的变形（如化学收缩、温度收缩、干燥收缩、塑性收缩、自生收缩、碳化收缩等）和荷载作用下的变形（如弹塑性变形、徐变等）。

7.3.1 化学收缩

由水泥水化产物的总体积小于水化前反应物的总体积而产生的混凝土收缩，称为化学收缩。化学收缩的幅度一般为 7% 左右。化学收缩是不可恢复的，贯穿于水泥水化的全过程，其收缩量随混凝土龄期的延长而增加，大致与时间的对数成正比。一般在混凝土成型后 40d

内收缩量增加较快,以后逐渐趋向稳定。收缩值约为 $(4\sim100)\times10^{-6}\mathrm{m/m}$,可使混凝土内部产生微细裂缝。这些微细裂缝可能会影响混凝土的承载性能和耐久性能。

7.3.2 塑性收缩

塑性收缩是混凝土在浇灌后的初期变形,是由新拌混凝土表面水分蒸发而引起的变形。塑性收缩在混凝土仍处于塑性状态时发生。因此,也可称之为混凝土硬化前或终凝前收缩。塑性收缩一般发生在道路、地坪、楼板等大面积的工程中,以夏季施工最为普遍。

产生塑性收缩或开裂的原因是在暴露面积较大的混凝土工程中,当表面失水的速率超过了混凝土泌水的上升速率时,会造成毛细管负压,新拌混凝土的表面会迅速干燥而产生塑性收缩。此时,混凝土的表面已相当稠硬而不具有流动性。若此时的混凝土强度尚不足以抵抗因收缩受到限制而引起的应力,在混凝土表面即会产生开裂。此种情况往往在新拌混凝土浇捣以后的几小时内就会发生。

典型的塑性收缩裂缝是相互平行的,间距约为 2.5~7.5cm,深度约为 2.5~5cm。

当新拌混凝土被基底或模板材料吸去水分时,也会在其接触面上产生塑性收缩而开裂,也可能加剧混凝土表面失水所引起的塑性收缩而开裂。

影响塑性收缩开裂的外部因素有风速、环境温度和相对湿度等,内部因素包括水灰比、矿物细掺料、浆骨比、混凝土的温度和凝结时间等。通常,预防塑性收缩开裂的方法是降低混凝土表面的失水速率。美国混凝土学会(ACI)305 委员会建议夏季施工时的蒸发速率控制在 $1\mathrm{kg/(m^2 \cdot h)}$ 以下。采取防风、降低混凝土的温度、延缓混凝土凝结速率等措施都能控制塑性收缩。最有效的方法是终凝(开始常规养护)前保持混凝土表面的湿润,如在表面覆盖塑料薄膜、喷洒养护剂等。

7.3.3 温度变形

温度变形是指混凝土浇筑后随着水泥水化放热而开始出现膨胀,峰值温度后的降温过程中产生的收缩。温度收缩又称冷缩,实际指的是混凝土随温度降低而发生的体积收缩。升温期间因混凝土弹性模量还很低,只产生较小的压应力,且因徐变作用而松弛;降温期间因弹性模量增长,而松弛作用减小,受约束时形成大得多的拉应力,当超过抗拉强度(断裂能)时出现开裂。在相同温度变化条件下,温度变形取决于混凝土的温度变形系数,即单位温度变化条件下混凝土的线收缩系数,通常为 $(6\sim12)\times10^{-6}℃^{-1}$。设取 $10\times10^{-6}℃^{-1}$,则温度下降 15℃造成的冷收缩量达 150×10^{-6}。如果混凝土的弹性模量为 21GPa,不考虑徐变等产生的应力松弛,该冷缩受到完全约束所产生的弹性拉应力为 3.1MPa,已经接近或超过普通混凝土的极限抗拉强度,容易引起冷缩开裂。因此,在结构设计中必须考虑到该冷缩造成的不利影响。

混凝土中水泥用量越高,混凝土内部温度会越高。混凝土内部绝热温升会随着截面尺寸的增大而升高,混凝土又是热的不良导体,散热较慢,因此在大体积混凝土内部的温度较外部高,有时内外温差可达 50~70℃。这将使内部混凝土的体积产生较大的相对膨胀,而外部混凝土却随气温降低而相对收缩。内部膨胀和外部收缩互相制约,在外层混凝土中将产生很大的拉应力,严重时使混凝土产生裂缝。因此,对大体积混凝土工程,必须尽量减少混凝土发热量,目前常用的方法有:最大限度减少用水量和水泥用量;大量掺加粉煤灰等低活性掺合料；采用低热水泥；预冷原材料；选用热膨胀系数低的骨料，减小热变形；在混凝土中埋冷却水管，表面绝热，减小内外温差；对混凝土合理分缝、分块以减轻约束；等等。

7.3.4 干燥收缩

　　干燥收缩是指混凝土停止养护后，在湿度不饱和的空气中失去内部毛细孔和凝胶孔的吸附水而发生的不可逆收缩，它不同于干湿交替引起的可逆收缩。随着相对湿度的降低，水泥浆体的干缩增大（如图7-19所示）。在大多数土木工程中，混凝土不会连续暴露在使水泥浆体中 C-S-H 失去结构水的相对湿度下，故引起收缩的主要是失去毛细孔和凝胶孔的吸附水所导致的收缩应变。

　　影响混凝土干燥收缩的因素有混凝土的水灰比和水化程度、水泥的组成和水泥用量、矿物细掺料和外加剂与骨料的品种和用量等。

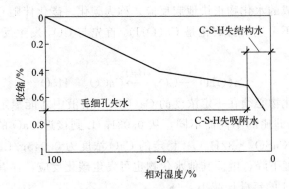

图 7-19　水泥浆体的收缩与相对湿度的关系

7.3.5 自生收缩

　　除搅拌水以外，如果在混凝土成型后不再提供任何附加水，则即使原来的水分不向环境散失，混凝土内部的水也会因水化的消耗而减少。密封的混凝土内部相对湿度随水泥水化的进展而降低，称为自生干燥。自生干燥造成毛细孔中的水分不饱和而产生压力差：

$$\Delta p = \frac{2\sigma \cos\alpha}{r}$$
(7-21)

式中　Δp——毛细孔水内外压力差；

　　　σ——毛细孔水表面张力；

　　　α——水和毛细孔孔壁的接触角；

　　　r——毛细孔水水力半径（水力半径＝孔体积/孔内表面积）。

　　压力差 Δp 为负值，因而引起混凝土的自生收缩。干燥收缩伴随体系质量的减少，而自生干燥是体系在恒温恒重下产生的。在水灰比较高的普通混凝土中，这部分收缩较小。早在80多年前，H. E. Davis 就测定了大体积水工混凝土内部的自生收缩，以线性应变计，龄期一个月时为 40×10^{-6}，五年后为 100×10^{-6}。这样的收缩比干燥收缩小得多，因而长期未得到重视。近年来，随着高强混凝土和高性能混凝土的应用和发展，发现低水灰比的高强混凝土和高性能混凝土的自生收缩比普通混凝土的自生收缩大得多。高性能混凝土的水灰比很低，能提供水泥水化的游离水分少，早期强度较高的发展率会使游离水消耗较快。在外界水分供应不足的情况下，水泥水化不断消耗水分发生自生干燥进而产生自生的原始微裂缝，影响混凝土的强度和耐久性。这种现象已越来越为国内外学者所重视。T. C. Holland 发现，大坝消能池修复用的超高强混凝土在施工后 2～3d 内就发生了贯通的裂缝，认为是由混凝土的自生收缩引起的早期开裂。Wittmann 等对强度分别为 35MPa 和 70MPa 的混凝土干燥过程进行试验，结果表明，出现非稳定性裂缝的时间，高强混凝土只有 13d，而普通强度混凝土则为 500d。此后许多学者都在研究低水灰比的高性能混凝土自生收缩问题，如影响因素、测定方法、控制的措施等。混凝土自生收缩的大小与水灰比、矿物细掺料的活性、水泥细度等因素有关。

7.3.6 碳化收缩

空气中含约 0.04%（体积分数）的 CO_2，在相对湿度合适的条件下，CO_2 能和混凝土表面由于水泥水化生成的水化物很快地起反应，称为碳化。碳化伴随有体积的收缩，称为碳化收缩。碳化收缩是不可逆的。碳化是 $Ca(OH)_2$ 首先与 CO_2 发生反应生成 $CaCO_3$，引起体积收缩。

$$Ca(OH)_2 + CO_2 \xrightarrow{H_2O} CaCO_3 + H_2O$$

水泥中的其他水化物必须在一定浓度的 $Ca(OH)_2$ 溶液中才能稳定地存在，例如 C-S-H 稳定的 CaO 浓度随钙硅比的不同而不同，从 $0.031g/L$ 到接近 CaO 的饱和浓度（约 $1.2g/L$）；钙矾石（$C_3A \cdot 3CaSO_4 \cdot 32H_2O$）稳定的 CaO 浓度为 $0.045g/L$。$Ca(OH)_2$ 碳化的结果是水泥浆体中的碱度下降，继而其他水化物也可发生碳化反应，伴有水分的损失，也引起体积收缩，且使 C-S-H 的钙硅比减小。

$$C\text{-}S\text{-}H + CO_2 \xrightarrow{H_2O} C\text{-}S\text{-}H(低钙硅比) + CaCO_3 + H_2O$$

$$C_3A \cdot 3CaSO_4 \cdot 32H_2O + CO_2 \xrightarrow{H_2O} 3CaCO_3 + 2Al(OH)_3 + 3CaSO_4 \cdot 2H_2O + 30H_2O$$

如果混凝土密实度足够，碳化就只限于表面层，很难向内部进行。而在表面层，干燥速率也是最大的。干缩和碳化收缩的叠加受到内部混凝土的约束，可能会引起严重的开裂。碳化反应和伴随的收缩是相对湿度的函数，见图 7-20。

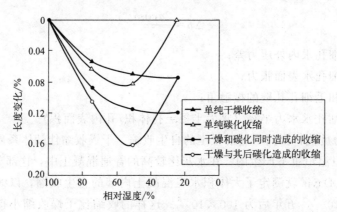

图 7-20　干燥和碳化引起的收缩变形与湿度的关系

从图 7-20 可看出，无论是单纯的碳化，还是在干缩的同时发生的碳化，或者干燥及其后碳化产生的收缩，都在相对湿度为 50% 左右时最大。干燥后再碳化的收缩最大，应当尽量避免。实际工程使用的混凝土不可能有单纯的碳化。相对湿度很大时，毛细孔中充满水，CO_2 难以扩散进入混凝土，碳化作用难以进行；在水中，碳化停止；当孔壁吸附的水膜只够溶解 $Ca(OH)_2$ 和 CO_2，而为 CO_2 留有自由通道时，碳化速率最快。混凝土碳化合适的相对湿度是 45％～70％。影响碳化的因素有混凝土的水灰比、水泥品种和用量、矿物细掺料等。

普通混凝土的碳化速度与水灰比近似线性关系。掺入矿物细掺料后，在相同水灰比下，碳化速度加快。降低混凝土的水灰比，则可达到相近的碳化速度。例如掺粉煤灰 30％而水灰比为 0.35 时，碳化速度与普通混凝土水灰比为 0.5 时相当，见图 7-21；同样效果的矿渣掺量可达 70％；水灰比为 0.4、矿渣掺量达 50％时，碳化速度并不比普通混凝土的大，见图 7-22。

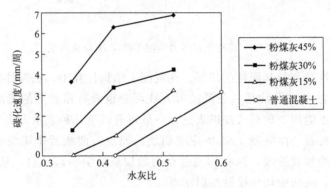

图 7-21　粉煤灰不同掺量下碳化速度与水灰比的关系

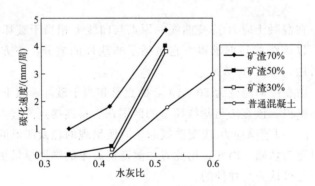

图 7-22　磨细矿渣不同掺量下碳化速度与水灰比的关系

7.4　混凝土在荷载作用下的变形

混凝土在荷载作用下的变形主要包括在短期荷载作用下的弹塑性变形和在持续应力作用下的徐变。

7.4.1　混凝土的弹塑性变形

混凝土是一种非均质材料，属于弹塑性体。在外力作用下，混凝土既产生弹性变形，又产生塑性变形，即混凝土的应力与应变的关系不是直线而是曲线，如图 7-23 所示。应力越高，混凝土的塑性变形越大，应力-应变曲线的弯曲程度越大，即应力与应变的比值越小。混凝土的塑性变形是内部微裂纹产生、增多、扩展与汇合等的结果。

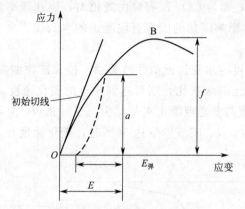

图 7-23　混凝土在压力作用下的应力-应变曲线

材料的弹性特性是衡量其刚性的依据。在混凝土结构计算中，用弹性模量来表征。严格地讲，混凝土的应力-应变曲线是一条既没有直线部分也没有屈服点的光滑曲线。因此，混凝土的弹性模量就不能用一种形式加以表述，一般可有以下几种表示方法。

（1）初始切线模量　由混凝土应力-应变曲线的原点对曲线所作切线的斜率求得。由于混凝土在受压的初始加载阶段，原有的裂缝在初始加载后会引起闭合，从而反映在应力-应变曲线上稍呈凹形，故初始切线模量难以求得。

（2）切线模量　由应力-应变曲线上任一点所作切线的斜率求得。它只适用于很小的荷载范围。

（3）割线模量　在混凝土应力-应变曲线的原点与曲线上相当于破坏荷载下应力的 40% 的点之间作连接线，以该线的斜率求得。它包括了非线性的成分。该方法由于比较容易测准，在工程上常被采用。

（4）弦线模量　由在纵向应变为 50×10^{-6} 的点至相当于破坏荷载下应力的 40% 的点间所作的连接线的斜率求得。该方法与割线模量的区别在于将连接点的起点由原点移至纵向应变为 50×10^{-6} 的点上，以消除应力-应变曲线起始时所呈现的轻微凹形的影响。弦线模量的测定比较简单，而且更为精确。因此，用此方法测定混凝土的弹性模量更为实用，且在给定的应力下所测定的应变可认为是弹性的。

影响混凝土弹性模量的主要因素有：

① 混凝土的强度。混凝土的强度越高，弹性模量越大。

② 混凝土水泥用量与水灰比。混凝土的水泥用量越少，水灰比越小，粗细骨料的用量越多，则混凝土的弹性模量越大。

③ 骨料的弹性模量与骨料的质量。骨料的弹性模量越大，则混凝土的弹性模量越大。骨料的泥及泥块等杂质含量越少，级配越好，则混凝土的弹性模量越大。

④ 养护和测试时的湿度。混凝土养护和测试时的湿度越高，则测得的弹性模量越大。湿热处理混凝土的弹性模量大于标准养护混凝土的弹性模量。

⑤ 引气混凝土的弹性模量较非引气的混凝土小 20%～30%。

7.4.2 混凝土的徐变

7.4.2.1 徐变的概念

混凝土的徐变是指硬化后的混凝土在恒定荷载的长期作用下随时间而增加的变形，如收缩、膨胀和温度变形等。

荷载作用于混凝土材料的瞬间，混凝土即发生弹塑性变形，在荷载持续作用下，随时间的推移，混凝土发生徐变。即使是很小的应力，如抗压强度 1% 的应力，也会使混凝土材料发生徐变，并随时间的增加而增加。研究表明，徐变的增加在 25 年后仍在继续。

卸载后，一部分变形瞬间恢复，其数值等于弹性应变。但由于弹性模量会随时间的推移而增加，故恢复的弹性应变一般小于初始的弹性应变。在该瞬间恢复以后，应变仍会逐渐减少，称为徐变恢复，但徐变恢复很快达到最大值而趋于稳定。徐变恢复总是小于徐变的，所以一定存在残余变形，即使荷载作用时间很短，如几天甚至仅一天，也存在残余变形。因此可以看出，徐变是一种不能完全恢复的变形现象。图 7-24 表示的是混凝土的变形与时间的关系。

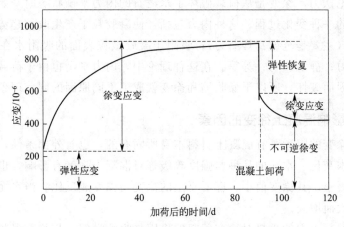

图 7-24　混凝土的变形与时间的关系

在实际结构中所测出的徐变值是干燥徐变，干燥使徐变值增大。在没有水分迁移环境下的徐变称为基本徐变，或本征徐变，其大小可近似地看成干燥徐变与干燥收缩之差。完全干燥的混凝土徐变非常小。

7.4.2.2 混凝土徐变机理

混凝土的徐变是由于长期荷载作用导致材料内部复杂变化的综合结果，到目前为止，其机理尚没有完全搞清，很难用一种机理来解释说明所有的实验现象。目前，混凝土徐变机理的理论或假说，一般是以水泥石的微观结构为基础，对分子级的徐变原因加以阐述。对徐变机理的阐述主要有黏弹性理论和渗流理论等。

黏弹性理论是将水泥石看成弹性的水泥凝胶骨架，其空隙中充满黏弹性液体。加载初期，荷载一部分被固体空隙中充满的水支承，延迟了固体的瞬时弹性变形。水从高压区流向低压区时，加给固体的荷载就逐渐变大，增大了弹性变形。荷载卸除后，液相水就流向相反的方向，引起徐变恢复。该理论中液相水指的是毛细管和凝胶空隙中的水，并不是凝胶微粒表面上的吸附水。

渗流理论（假说）则认为徐变的产生是凝胶粒子的吸附水和层间水的迁移结果。如图 7-25 所示，在水泥石承受压力时，吸附在凝胶粒子表面的水分子，由应力高的区域向应力低的区域迁移。吸附水的渗流速度取决于压应力和毛细管通道的阻力。作用应力越大，水分的渗流速度越大，徐变也越大。混凝土的强度很大程度上取决于水泥石的密实度，密实度越大，其毛细管通道的阻力越大，渗流速度越小，徐变也就越小。同时，水泥石的徐变也可能由凝胶粒子的黏性流动或滑移引起。这种滑移是由于凝胶微粒之间吸附水的黏性流动而引起的不可逆过程，故由此产生的徐变是一种不可恢复的徐变。

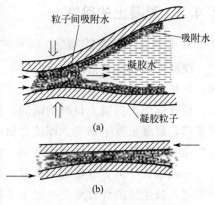

图 7-25　水泥石的渗流机理

水分子被凝胶粒子吸附，其能量比游离水低，为了使其流动，就需要更高的能量，因此只有应力达到一定程度才能引起其流动而导致徐变产生。

还有一种理论认为，徐变是从荷载破坏了水泥石的内力平衡状态时开始，直到内力再次达到平衡时结束的一种变化过程。这种内力包括：使凝胶粒子产生收缩趋势的表面张力；凝胶粒子之间的力（主要是范德瓦耳斯力）；吸附于凝胶微粒表面的吸附水在凝胶粒子切点分离作用产生的压力；静水压力；等等。在这种理论中，内力平衡也由于荷载、湿度变化、温度变化等各种原因而破坏，所以干燥收缩和徐变就成了不同原因的同一现象。

7.4.2.3　影响混凝土徐变的因素

影响混凝土徐变的因素既有混凝土材料本身所固有的，也有外部条件，主要因素如下。

（1）水泥和水灰比　水泥的品种与强度等级等对混凝土强度有影响，也影响混凝土的徐变。强度高的混凝土，其徐变值小，即混凝土的徐变与强度成反比。当水泥用量一定时，徐变随水灰比的增大而增大。

（2）骨料　混凝土中的骨料对徐变所起的作用与收缩类似，是起着限制或约束的作用以减少水泥浆体的潜在变形。骨料的弹性模量越大，对徐变的约束影响就越大。骨料的体积含量对徐变也有影响，当骨料的体积含量由 65％增加到 75％时，徐变可减少 10％。骨料的孔隙率也是影响混凝土徐变的因素，因为孔隙率高的骨料，其弹性模量小。至于骨料的粒径、级配和表面特征等，则对混凝土徐变几乎没有影响。

（3）混凝土外加剂与掺合料　其影响作用与干缩相同。

（4）尺寸效应　混凝土试件的尺寸越大，由于增大了混凝土内部水分迁移的阻力，因此，其徐变越小。

（5）应力状态　对混凝土施加的荷载在极限荷载的 50％以下时，混凝土的徐变与应力呈线性关系。超过此值后，混凝土徐变增长速率高于应力的增长速率。

（6）湿度　湿度对混凝土徐变似乎是必要条件，可以认为徐变是混凝土中可蒸发水的一个函数。从混凝土内部含水量的角度来分析，在较低的相对湿度下，总徐变量会减小。当不存在可蒸发水时，徐变可为零。在 40％相对湿度下干燥时，水分从毛细孔中失去，能在很大程度上降低可蒸发水，从而减少徐变。当然，混凝土徐变与含水量的关系还取决于水灰比。

环境湿度对混凝土徐变的影响表现在，在相对湿度较低时，混凝土徐变显著增大。

欧洲混凝土委员会（1998 年与国际预应力协会合并为国际结构混凝土协会）出版的《国际混凝土结构与施工规则》中提出：在环境相对湿度为 100％时，徐变系数 $K_0＝1$；环境相对湿度为 80％时，K_0 可提高至 2 左右；在环境相对湿度为 45％时，K_0 值可达到 3。

（7）温度　如果在荷载作用期间，混凝土处于较高温度下，其徐变值比室温条件下的高。在 80℃以下时，徐变与温度呈线性变化而增大，80℃时的混凝土徐变大约是室温条件下的 3 倍。在进行徐变试验的加载过程中温度升高时，能观察到有一个附加的徐变应变，这部分徐变被称为瞬息热徐变。

至于不同性质应力的混凝土徐变，由于混凝土的抗拉强度较低，因此拉伸徐变很难精确测量。在动荷载作用下，动力徐变比在相同应力下的静力徐变值大，但难以分辨其中有多少徐变应变是由动力疲劳产生的。动力徐变应变决定了应力幅度、荷载频率和动荷载的作用持续时间。因此，应全方位、多角度分析混凝土徐变，具体问题具体分析，才能正确认识徐变，从而解决问题。

知识扩展

龙滩水电站，位于广西天峨县城上游 15 千米处，是"西电东送"的标志性工程、西部大开发的重点工程，是当时仅次于三峡水电站的中国第二大水电站、广西最大的水电站。龙滩水电站的建设创造了三项世界之最：

① 最高的碾压混凝土大坝，大坝高 216.5 米，坝顶长 832 米，坝体混凝土达 736 万立方米。

② 最大的地下厂房，长 388.5 米，宽 28.5 米，高 73.6 米。

③ 提升高度最高的升船机，全长 1700 米，最大提升高度 179 米，分两级提升，高度分别为 88.5 米和 90.5 米。

思考题

1. 简述混凝土渗透性的定义。提高混凝土抗渗性的措施有哪些？
2. 简述混凝土干缩与湿胀的定义。产生干缩与湿胀的原因是什么？
3. 影响混凝土抗压强度的主要因素及原因有哪些？
4. 混凝土的抗拉强度对开裂有何影响？
5. 混凝土裂缝发展的三个阶段各有何特点？什么叫弹塑性变形？
6. 试述温度变形对混凝土结构的危害。有哪些有效的防止措施？
7. 简要分析干燥收缩与自生收缩的异同点。
8. 简述混凝土塑性收缩发生的时间、特点、原因和防止措施。
9. 简述碳化收缩的原因。
10. 简述混凝土徐变的定义、机理。

混 凝 土 材 料 学

8

混凝土的耐久性

随着混凝土理论与技术的发展，以及人们节能环保意识的增强，混凝土耐久性问题越来越受到重视。混凝土的耐久性是指混凝土抵抗物理和化学侵蚀的作用（如抵抗渗透、冻融、碳化、硫酸盐侵蚀、氯离子侵蚀、碱-骨料反应等），并长期保持其良好的使用性能和外观完整性，从而维持混凝土结构安全、正常使用的能力。这种能力主要取决于混凝土抵抗腐蚀性介质侵入的能力；也取决于硬化后的体积稳定性，体积稳定性好，无裂缝发生，则抵抗腐蚀性介质侵入的性能强；还取决于硬化水泥浆中毛细管的孔隙率，以及有意无意引入的空气量。如果侵蚀性介质侵入混凝土中，混凝土耐腐蚀性能将受水化产物的组分和分布的影响。耐久性是一个综合性的指标，包括抗渗性、抗冻性、抗化学侵蚀性、抗碳化性、抗氯离子侵蚀性、抗碱-骨料反应性等性能。

8.1 混凝土的抗冻性

混凝土毛细孔中的水分冻结，伴随着这种相变，产生膨胀压力，剩余的水分流到附近的孔隙和毛细管中，在水运动的过程中，产生膨胀压力及液体压力，使混凝土被破坏，这种现象称为混凝土的冻害。冻害的基本机理除了混凝土内部膨胀劣化之外，还包括表面层剥落与开裂等现象。

（1）膨胀劣化 膨胀劣化是混凝土冻害的基本机理，是一般结构物均能见到的一种冻害现象。劣化基本原因是混凝土中水分冻结，水泥石的组织发生膨胀，初期时观察到裂纹发生，冻融继续进行时，混凝土的组织产生崩裂。混凝土由于冻融而产生的裂纹是龟甲状的。当混凝土内部膨胀超过极限值时，部分混凝土产生崩裂。对于这种冻害，掺入适量的引气剂是相当有效的。

（2）表层剥离 混凝土表面受水分润湿时，潮湿部分由于膨胀劣化，出现表层剥落。在这种情况下，仅掺入引气剂无法预防冻害，最重要的是降低水灰比和充分养护，使混凝土的结构致密。混凝土由于冻害发生表层剥离有如下几种情况。

① 水灰比大的混凝土受冻融作用时，常常产生表层剥落；

② 海水等盐害与冻融复合作用时，发生表面剥落；

③ 由于泌水，混凝土表层疏松，冻融时，表面剥落。

（3）崩裂　使用了多孔质吸水率高的骨料，骨料中水分冻结膨胀，从而使骨料表面砂浆剥离。在这种情况下，即使掺入引气剂也难以预防。

8.1.1　冻融交替对混凝土破坏的动力

T. C. Powers 和 R. A. Helmuth 等的研究工作为冻融破坏机理奠定了理论基础。现有两种假说说明冻融破坏的机制：静水压假说和渗透压假说。

一般中等强度以上的混凝土在不直接接触水的条件下不存在冻融破坏的问题。下面讨论的是混凝土大量吸水后的冻融情况。

混凝土中除了有凝胶孔和孔径大小不等的毛细孔外，还有在搅拌和成型过程中引入的空气，以及掺加引气剂或引气型减水剂人为引入的空气泡。前者约占混凝土体积的 $1\%\sim2\%$，后者则根据外加剂掺量而不等（$2\%\sim6\%$）。由于毛细力的作用，孔径小的毛细孔容易吸满水，孔径较大的空气泡则由于空气的压力，常压下不容易吸水饱和。在某个负温下，部分毛细孔水结成冰。众所周知，水转变为冰之后体积膨胀 9%，增加的体积产生一定的水压力推动水向空气泡方向流动。

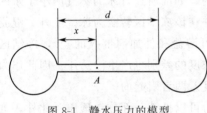

图 8-1　静水压力的模型

G. Fagerlund 为了更形象地说明静水压力的影响因素，假定了图 8-1 所示模型，并对静水压力的大小进行了数学推演。

设混凝土中某两个空气泡之间的距离为 d，两空气泡之间的毛细孔吸水饱和并部分结冰。在空气泡之间的某点 A，与空气泡的距离为 x，由于结冰生成的水压力为 p。

根据达西定律（Darcy Law），水的流量与水压力梯度成正比：

$$\frac{\mathrm{d}v}{\mathrm{d}t}=k\frac{\mathrm{d}p}{\mathrm{d}x} \tag{8-1}$$

式中　$\dfrac{\mathrm{d}v}{\mathrm{d}t}$——冰水混合物的流量，$\mathrm{m^3/(m^2 \cdot s)}$；

$\dfrac{\mathrm{d}p}{\mathrm{d}x}$——水压力梯度，$\mathrm{N/m^3}$；

k——冰水混合物通过结冰材料的渗透系数，$\mathrm{m^3 \cdot s/kg}$。

冰水混合物的流量即厚度为 x 的薄片混凝土中单位时间内由于结冰产生的体积增量：

$$\frac{\mathrm{d}v}{\mathrm{d}t}=0.09\frac{\mathrm{d}\omega_{\mathrm{f}}}{\mathrm{d}t}x=0.09\frac{\mathrm{d}\omega_{\mathrm{f}}}{\mathrm{d}\theta}\frac{\mathrm{d}\theta}{\mathrm{d}t}x \tag{8-2}$$

式中　$\dfrac{\mathrm{d}\omega_{\mathrm{f}}}{\mathrm{d}t}$——单位时间内单位体积的结冰量，$\mathrm{m^3/(m^3 \cdot s)}$；

$\dfrac{\mathrm{d}\omega_{\mathrm{f}}}{\mathrm{d}\theta}$——温度每降低 $1℃$，冻结水的增量，$\mathrm{m^3/(m^3 \cdot ℃)}$；

$\dfrac{\mathrm{d}\theta}{\mathrm{d}t}$——降温速度，$℃/\mathrm{s}$。

将式(8-1)代入式(8-2),积分,得到 A 点的水压力 p_A。

$$p_A = \frac{0.09}{2k}\frac{\mathrm{d}\omega_f}{\mathrm{d}\theta}\frac{\mathrm{d}\theta}{\mathrm{d}t}x^2 \tag{8-3}$$

在厚度 d 范围内,最大水压力在 $x=\dfrac{d}{2}$ 处,该处的水压力

$$p = \frac{0.09}{8k}\frac{\mathrm{d}\omega_f}{\mathrm{d}\theta}\frac{\mathrm{d}\theta}{\mathrm{d}t}d^2 \tag{8-4}$$

以上推演的目的是更好地说明静水压力与哪些因素有关。从式(8-4)可知:毛细孔水饱和时,结冰产生的最大静水压力与材料渗透系数成反比,即水越容易通过材料,所产生的静水压力越小;又与结冰量增加速率和空气泡间距的二次方成正比,而结冰量增加速率又与毛细孔水的含量(与水灰比、水化程度有关)和降温速度成正比。当静水压力大到一定程度以至混凝土强度不能承受时,混凝土就发生膨胀开裂直至破坏。

从式(8-4)也可以看到空气泡间距对静水压力的显著影响,静水压力随空气泡间距的二次方而成正比地增大。

静水压力假说已能说明冻融破坏的原因,但研究发现冻坏现象并不一定与水结冰的体积膨胀有关。多孔材料不仅会被水的冻结所破坏,也会因有机液体如苯、三氯甲烷的冻结被破坏。因此静水压力是冻融破坏原因之一,之后产生了渗透压假说。

渗透压是由孔内冰和未冻水两相的自由能之差引起的。如前所述,冰的蒸气压小于水的蒸气压,这个压差使附近尚未冻结的水向冻结区迁移,并在该冻结区转变为冰。此外,混凝土中的水含有各种盐类(环境中的盐、水泥水化产生的可溶盐和外加剂带入的盐),冻结区水结冰后,未冻溶液中盐的浓度增大,与周围液相中盐浓度的差别也产生渗透压。因此作为施于混凝土的破坏力的渗透压是冰水蒸气压差以及盐浓度差两者引起的。

研究发现,毛细孔的弧形界面即毛细孔壁受到的压力可以抵消一部分渗透压。此外,更重要的是,毛细孔水向未吸满水的空气泡迁移,失水的毛细孔壁受到的压力也能抵消一部分渗透压。毛细孔压力不仅不使水泥浆体膨胀,还能使其收缩。实验也证明,当混凝土含水量小时,冻结能引起混凝土收缩(这个收缩已把混凝土温度收缩排除在外)。这一部分毛细孔壁所受的压力又与空气泡间距有关,间距越小,失水收缩越大,也就是说起到的抵消渗透压的作用越大。

综上所述,冻结对混凝土的破坏力是水结冰体积膨胀造成的静水压力、冰水蒸气压差、溶液中盐浓度差造成的渗透压共同作用的结果。多次冻融交替循环使破坏作用累积,犹如疲劳作用,使冻结生成的微裂纹不断扩大。

8.1.2　影响混凝土抗冻性的因素

混凝土受冻融破坏的程度取决于冻结温度和速度、可冻水的含量、水饱和的程度、材料的渗透性(冰水迁移的难易程度)、冰水混合物流入泄压空气泡的距离(以气泡平均间距表示)以及抵抗破坏的能力(强度)等因素。这些因素中,有些是环境决定的,如环境温度、降温速度、与暴露环境水的接触和水的渗透情况等;有的是材料自身的因素,如可冻水的含量(取决于水灰比)、材料的渗透性、气泡平均间距和材料强度等。下面分析水灰比、气泡间距、水泥品种、骨料、强度等因素对混凝土抗冻性的影响。

8.1.2.1 水灰比

水灰比直接影响混凝土的孔隙率及孔结构。随着水灰比的增大，不仅饱和水的开孔总体积增加，而且平均孔径也增大，在冻融过程中产生的静水压力和渗透压力就大，因而混凝土的抗冻性就会降低。

日本福冈大学的试验研究表明：对于非引气混凝土，随着水灰比的增大，抗冻耐久性明显降低，如表 8-1 所示。

表 8-1   300 次冻融循环后混凝土的耐久性

水灰比	0.25	0.35	0.45	0.55
耐久性系数	98	82	47	35
孔隙体积/(10^2mL/g)	2.32	3.53	5.93	6.49

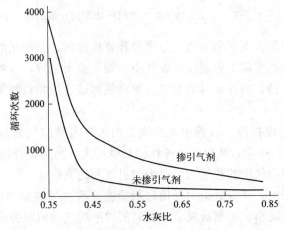

图 8-2   水灰比与抗冻性的关系

根据日本电力中央研究所的试验结果，图 8-2 给出了水灰比与潮湿养护 28d 混凝土抗冻性（以循环次数表示）的关系。从图中可以看出：随着水灰比增大，混凝土抗冻性明显降低；掺入引气剂的混凝土的抗冻能力有明显的提高。

这是因为水灰比大的混凝土中毛细孔孔径也大，从而形成了连通的毛细孔孔隙，因而其中起缓冲作用的储备孔很少，受冻后极易产生较大的膨胀压力，反复循环后，必然使混凝土结构遭受破坏。由此可见，水灰比是影响混凝土抗冻性的主要因素之一。因此，对有冻融破坏可能性的混凝土，应该对其允许的最大水灰比按暴露环境的严酷程度作出规定。一般与水接触或在水中并受冰冻的混凝土水灰比不能大于 0.60，受较严重冻融的不大于 0.55，在海水中受冻的不应大于 0.50。

水灰比小于 0.35、水化完全的混凝土，即使不引气，也有较强的抗冻性，因为除去水化结合水和凝胶孔不冻水外，可冻水含量很少。

8.1.2.2 气泡间距

平均气泡间距是影响抗冻性的最主要因素。一般都认为对高抗冻性混凝土，平均气泡间距应小于 0.25mm，因为大于 0.25～0.30mm，抗冻性急剧下降。陈联荣的研究结果认为，混凝土抗冻性是平均气泡间距和水灰比两个参数的函数，也就是说，平均气泡间距和水灰比两者是决定混凝土抗冻性的最主要因素。两者对抗冻性影响的大致规律如图 8-3 所示。

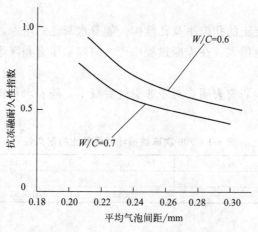

图 8-3　抗冻性与平均气泡间距和水灰比的关系

　　平均气泡间距是根据含气量和平均气泡半径计算得出的，而硬化混凝土的含气量和平均气泡半径测量较费时。在实际工程混凝土设计中，除了重大工程，一般不会测量硬化混凝土的含气量和平均气泡半径，而拌和料的含气量很容易测试。拌和料的含气量稍大于硬化混凝土的含气量。

　　拌和料的含气量是搅拌施工过程中夹杂进去的大气泡和引气剂引入的小气泡的数量之和。前者约为 1％，其孔径大，所以对抗冻性的贡献不大，增加搅拌时间和振捣密实能减少其数量。引气剂引入的空气泡的孔径大小取决于引气剂的质量。

　　水工部门的研究表明，在混凝土中掺加硅灰能明显改善气泡结构；气泡平均半径减小，平均气泡间距也就相应减小。根据研究：不加硅灰的平均气泡间距为 0.36mm，抗冻等级为 100 次；加入 10％硅灰后，平均气泡间距减为 0.28mm，抗冻等级提高到 300 次以上。

　　根据环境严酷程度与混凝土水泥用量和水灰比，有抗冻要求的混凝土含气量应控制在 3％～6％。

8.1.2.3　水泥品种

　　水泥品种和活性都对混凝土抗冻性有影响，主要是因为其中熟料部分的相对体积不同和硬化速度的变化。混凝土的抗冻性随水泥活性增强而提高。普通硅酸盐水泥混凝土的抗冻性优于混合水泥混凝土，更优于火山灰水泥混凝土。

　　原水利部东北勘测设计研究院的试验成果表明：经过同样冻融循环次数，硅酸盐水泥强度损失最小，矿渣硅酸盐水泥强度损失较大，而火山灰水泥强度下降最大，见表 8-2。中国铁道科学研究院的试验资料同样表明，不同水泥品种制成的混凝土，其抗冻性有明显的差异。

表 8-2　水泥品种对混凝土抗冻性的影响

试件编号	水泥品种	强度等级	水泥用量 /(kg/m³)	水灰比	砂率/%	冻融次数	抗压强度损失/%
1	硅酸盐水泥	42.5	220	0.55	18	50	+1.02
						100	+2.06
2	矿渣硅酸盐水泥	42.5	222	0.55	18	50	−2.25
						100	−11.03

试件编号	水泥品种	强度等级	水泥用量 /(kg/m³)	水灰比	砂率/%	冻融次数	抗压强度损失/%
3	普通硅酸盐水泥	42.5	195	0.6	18	50	−0.95
						100	−9.14
4	矿渣硅酸盐水泥	42.5	195	0.6		50	−3.25
						100	−11.58
5	火山灰质硅酸盐水泥	42.5	200	0.6		50	−10.68
						100	−20.20

总结已建工程的运行实践和室内混凝土的抗冻性试验，国内各种水泥抗冻性从高到低的顺序为：硅酸盐水泥＞普通硅酸盐水泥＞矿渣硅酸盐水泥＞火山灰质（粉煤灰）硅酸盐水泥。

8.1.2.4 骨料

混凝土中的石子和砂在整个混凝土原料中的比例为 70%～93%。骨料的质量对混凝土的抗冻性有很大的影响。

混凝土骨料对混凝土抗冻性的影响主要体现在骨料吸水率及骨料本身的抗冻性。吸水率大的骨料对抗冻性不利。一般的碎石及卵石都能满足混凝土抗冻性要求，只有风化岩等坚固性差的骨料才会影响混凝土的抗冻性。在严寒地区室外使用或经常处于潮湿或干湿交替状态下的混凝土，更应注意选用优质骨料。

在引气混凝土中骨料对抗冻性的影响相对小于非引气混凝土。这是因为如果引气混凝土中的骨料孔隙被水饱和并冻结，冰水容易向硬化浆体中的气泡排出。

一般来说，轻骨料混凝土的抗冻性比较好，因为轻骨料混凝土多孔，且这些孔隙不易被水饱和。混凝土受冻时，部分未受冻的水可以被结冰的膨胀压力挤入骨料的孔隙中，从而减少膨胀压力及混凝土的内应力。因此采用轻骨料拌制的混凝土即使不掺加引气剂也能获得良好的抗冻性，其经过 300 次冻融循环后的耐久性系数一般接近或超过 40，个别可达 80。但如果轻骨料本身的抗冻性差，经冻融后易破裂，则用其配制的混凝土抗冻性也差，此时即使加入引气剂也不能提高混凝土的抗冻性。未煅烧的人工轻骨料及易风化的轻骨料都属于抗冻性差的轻骨料。

8.1.2.5 强度

一般认为，混凝土强度越高，则抵抗环境破坏的能力越强，因而耐久性也越高。但是在受冻融破坏情况下，强度与耐久性并不一定成正比，例如低强度（20MPa）的引气混凝土可能比高强度（40MPa）的非引气混凝土抗冻性高很多。强度是抵抗破坏的能力，当然是抗冻融的有利因素。在含气量相同或者平均气泡间距相同的情况下，强度越高，抗冻性也越高。但是当混凝土的气泡结构对混凝土抗冻性的影响远远大于强度的影响时，强度就不是主要因素了。有人认为强度高的混凝土抗冻性就一定好，这个观点是不全面的。

8.1.2.6 高抗冻性混凝土的设计要点

① 尽量用普通硅酸盐水泥，如掺粉煤灰等混合材料，要适当增加含气量和引气剂量。

② 合理选择骨料。选用密实度大一些的骨料，不要用疏松风化大骨料。骨料粒径小些为好。

③ 在选定原材料后，最关键的控制参数是含气量和水灰比。根据环境条件，水灰比不

应超过允许的最大值。

④ 水灰比确定后，根据抗冻性要求，确定要求的含气量（3%～6%）。根据含气量确定引气剂掺量。为得到相同的含气量，引气剂掺量因引气剂品种不同而不同。

⑤ 因引入气泡造成混凝土强度有所降低，须调整混凝土配比（水灰比），以弥补强度损失。

8.1.3　抗冻性试验

通常情况下，抗冻等级是以 28d 龄期的标准试件经快冻法或慢冻法测得的混凝土能够经受的最大冻融循环次数确定的。快冻法冻融循环时间短，是目前普遍采用的一种方法。将试件在 2～4h 冻融循环后，每隔 25 次循环测量一次横向基频，计算其相对弹性模量和质量损失值，进而确定其经受快速冻融循环的次数。

慢冻法试验的评定指标为质量损失不超过 5%，强度损失不超过 25%；快冻法试验的评定指标为质量损失不超过 5%，相对动弹性模量不低于 60%。符合上述条件的试件所经受的冻融循环次数即为混凝土的抗冻等级。

以快冻法试验时，也可用混凝土的抗冻融耐久性系数（DF）表示混凝土的抗冻性：

$$DF = \frac{pN}{300} \tag{8-5}$$

式中　N——混凝土能经受的冻融循环次数；

　　　p——N 次冻融循环后混凝土的相对动弹性模量，%。

相对动弹性模量为混凝土经受 N 次冻融循环后与受冻前的横向自振频率（Hz）之比。通常认为耐久性系数小于 40 的混凝土抗冻性能较差，耐久性系数大于 60 的混凝土抗冻性能较高，介于 40～60 之间者抗冻性能一般。对于引气混凝土，一般要求经 300 次冻融循环后，相对动弹性模量保留值大于 80%。

8.2　环境化学侵蚀对混凝土的破坏

混凝土暴露在有化学物质的环境和介质中，有可能遭受化学侵蚀而被破坏，如化工生产环境、化工废水、硫酸盐浓度较高的地下水、海水、生活污水和压力下流动的淡水等。化学侵蚀的类型可分为水泥浆体组分的浸出、酸性水和硫酸盐侵蚀。

8.2.1　水泥浆体组分的浸出及其原因

混凝土是耐水的材料，一般河水、湖水、地下水中钙、镁含量较高，水泥浆体中的含钙化合物不会溶出，因此不存在化学侵蚀问题；但受到纯水及由雨水或冰雪融化的含钙少的软水浸析时，水泥水化生成的 $Ca(OH)_2$ 首先溶于水中，因为水化生成物中 $Ca(OH)_2$ 的溶解度最高（20℃时约为 1.2g/L，以 CaO 计）。水中 $Ca(OH)_2$ 浓度很快达到饱和，溶出作用就停止。只有在压力流动水中，且混凝土密实性较差、渗透压较大时，$Ca(OH)_2$ 不断被流动水溶出并流走。水泥浆体中的 $Ca(OH)_2$ 被溶出，在混凝土中形成空隙，混凝土强度不断降低。水泥水化生成的水化硅酸钙、铝酸盐都需在有一定浓度 $Ca(OH)_2$ 的液相中才能稳定，在 $Ca(OH)_2$ 不断溶出后，其他水化生成物也会被水分解并溶出。

淡水溶出水泥水化生成物的破坏过程是很慢的，只要混凝土的密实性和抗渗性好，一般都可以避免这类侵蚀。

8.2.2 酸的侵蚀

混凝土是碱性材料，其孔隙中的液体 pH 值为 12.5～13.5，混凝土结构在使用期间内常常受到酸、酸性水的侵蚀。在下列情况下，混凝土结构常常受到酸侵蚀。

① 工业废气含有的硫氧化物气体等与潮湿的空气结合形成硫酸等；在污染严重的城市，空气污染造成的酸雨等。

② 酸性地下水，如采矿区、尾矿堆场、有机物严重分解的沼泽泥炭土等地区的地下水中含有酸。

③ 工业废水，如化学工业废水中常含有硫酸、盐酸、硝酸等；食品工业，如啤酒厂、罐头厂、日用化工厂等排出的工业废水中常含有乳酸、乙酸等；肥料生产和农业工业的工业废水中常含有氯化铵、硫酸铵等。

④ 天然酸性水，主要是由溶解于水中的 CO_2 所致。通常当地下水或海水的 pH 值大于等于 8 时，游离的 CO_2 浓度一般可忽略不计；pH 值小于 7 时，游离的 CO_2 就会对混凝土结构造成侵蚀。

酸性水对混凝土的侵蚀程度按其 pH 值或 CO_2 浓度的分级见表 8-3。

表 8-3 酸性水的侵蚀程度

侵蚀程度	pH 值	CO_2 浓度/(mg/L)
轻微	5.5～6.5	15～30
严重	4.5～5.5	30～60
非常严重	<4.5	>60

8.2.2.1 侵蚀机理

（1）形成可溶性钙盐　在存在盐酸、硝酸、碳酸等的环境中，混凝土中的氢氧化钙与酸发生反应生成可溶性钙盐，会加速氢氧化钙的渗滤，尤其是在流动的酸性水溶液中。

$$Ca(OH)_2 + 2H^+ \longrightarrow Ca^{2+} + 2H_2O$$

当酸性水溶液的浓度较高时，C-S-H 也会因受到酸的侵蚀而形成硅胶。

$$2(3CaO \cdot SiO_2 \cdot 2H_2O) + 12H^+ \longrightarrow 6Ca^{2+} + 2(SiO_2 \cdot nH_2O) + (10-2n)H_2O$$

1% 的硫酸和硝酸溶液在数日内对混凝土的侵蚀就能达到很深的程度，主要是因为它们能与氢氧化钙作用形成可溶性钙盐，同时能直接与硅酸盐、铝酸盐作用并使之分解，使混凝土遭到严重破坏。盐酸中的氯离子会腐蚀混凝土结构中的钢筋，硫酸中的硫酸根离子会与混凝土发生硫酸盐侵蚀，将加重混凝土的侵蚀，因此，盐酸和硫酸对混凝土的侵蚀非常严重。

碳酸与氢氧化钙反应可形成可溶性碳酸氢钙，因此腐蚀性也很强。

$$Ca(OH)_2 + 2H_2CO_3 \longrightarrow Ca(HCO_3)_2 + 2H_2O$$

碳酸对混凝土的腐蚀程度取决于水溶液中游离的二氧化碳的含量。二氧化碳含量越高，腐蚀越严重。

（2）形成不溶性钙盐　有些酸如草酸、酒石酸、磷酸等与混凝土反应生成不溶性钙盐，一般对混凝土的危害较小，但有时会引起混凝土强度降低。此外，在流动的水环境中，即使不发生酸性反应或形成不溶性钙盐，也常常因为氢氧化钙的水解、滤析而导致混凝土强度降低。

8.2.2.2 影响因素

酸对混凝土侵蚀的影响因素主要有两种：一是混凝土的自身特性，如混凝土的渗透性、孔隙率、裂缝状况等；二是混凝土结构所处的环境，如酸溶液的种类、酸溶液的浓度、酸溶液的状态（如流动的、非流动的、有压力的、无压力的、温度、侵蚀区域等）。

根据侵蚀机理的不同，可以将侵蚀混凝土的酸划分为以下三种。

（1）严重侵蚀的酸　主要有盐酸、硫酸、硝酸、硫酸铵、硝酸铵、氟化氢、硫酸钾等。

（2）中等侵蚀的酸　主要指乙酸、碳酸、磷酸、乳酸、油酸、酒石酸等。

（3）轻度侵蚀的酸　主要指植酸、碳酸钾、碳酸铵、碳酸钠等。

8.2.3　硫酸盐侵蚀

硫酸盐溶液能与水泥水化生成物发生化学反应而使混凝土受到侵蚀，甚至破坏。土壤中含有硫酸镁及碱等，土壤中的地下水实际上是硫酸盐溶液，如其浓度高于一定值，可能对混凝土有侵蚀作用。硫酸盐侵蚀是一种比较常见的化学侵蚀形式。

8.2.3.1　侵蚀机理

溶液中的硫酸钾、硫酸钠、硫酸镁等化合物与水泥水化生成的 $Ca(OH)_2$ 反应生成硫酸钙，如下式所示：

$$Ca(OH)_2 + Na_2SO_4 + 2H_2O \longrightarrow CaSO_4 \cdot 2H_2O + 2NaOH$$

在流动的水中，反应可不断进行。在不流动的水中，达到化学平衡，一部分 SO_4^{2-} 以石膏形式析出。

硫酸钙与水泥熟料矿物 C_3A 水化生成的水化铝酸钙（$4CaO \cdot Al_2O_3 \cdot 19H_2O$，$C_4AH_{19}$）和单硫型水化硫铝酸钙（$3CaO \cdot Al_2O_3 \cdot CaSO_4 \cdot 18H_2O$）都能反应生成三硫型水化硫铝酸钙（又称钙矾石）：

$$3CaO \cdot Al_2O_3 \cdot CaSO_4 \cdot 18H_2O + 2CaSO_4 + 14H_2O \longrightarrow 3CaO \cdot Al_2O_3 \cdot 3CaSO_4 \cdot 32H_2O$$
$$4CaO \cdot Al_2O_3 \cdot 19H_2O + 3CaSO_4 + 14H_2O \longrightarrow 3CaO \cdot Al_2O_3 \cdot 3CaSO_4 \cdot 32H_2O + Ca(OH)_2$$

钙矾石的溶解度极低，沉淀结晶出来，钙矾石晶体长大造成的结晶压使混凝土膨胀而开裂。因此硫酸盐侵蚀的根源是硫酸盐溶液与水泥中 C_3A 矿物的水化生成物和 $CaSO_4$ 反应生成的钙矾石的膨胀。

如水中镁的含量较大，则硫酸镁的侵蚀比硫酸钾、硫酸钠、硫酸钙更为严重。因为硫酸镁除了上述钙矾石膨胀外，还能与水泥中硅酸盐矿物水化生成的水化硅酸钙凝胶反应，使其分解。硫酸镁首先与 $Ca(OH)_2$ 反应生成硫酸钙和氢氧化镁：

$$Ca(OH)_2 + MgSO_4 + 2H_2O \longrightarrow CaSO_4 \cdot 2H_2O + Mg(OH)_2$$

氢氧化镁的溶解度很低，沉淀出来，因此上述反应可以不断地进行。反应消耗 $Ca(OH)_2$，使水化硅酸钙不断分解释放出 $Ca(OH)_2$，供上述反应继续进行。

$$3CaO \cdot 2SiO_2 \cdot nH_2O + 3MgSO_4 + mH_2O$$
$$\longrightarrow 3(CaSO_4 \cdot 2H_2O) + 3Mg(OH)_2 + 2[SiO_2 \cdot (m+n-9)H_2O]$$

由此可见，硫酸镁还能使水泥中硅酸盐矿物水化生成的 C-S-H 凝胶处于不稳定状态，分解出 $Ca(OH)_2$，从而破坏 C-S-H 的胶凝性。

8.2.3.2 工程上硫酸盐侵蚀的控制

在实际工程中如遇到地下水硫酸盐侵蚀问题，首先应知道地下水的硫酸盐离子浓度（或土壤中硫酸盐含量）和金属离子的含量、地下水的流动情况以及结构工程的形式。

硫酸盐侵蚀的速度除硫酸盐浓度外，还与地下水流动情况有关。当混凝土结构的一面处于含硫酸盐的水的压力下，而另一面可以蒸发失水时，受硫酸盐侵蚀的速率远较混凝土结构各面都浸于含硫酸盐水中的侵蚀速率大。因此，地下室混凝土墙、挡土墙、涵洞等比基础更易受侵蚀。

提高混凝土密实度，降低其渗透性是提高抗硫酸盐性能的有效措施。因此在有硫酸盐侵蚀的条件下，应适当提高混凝土结构的厚度，适当增加水泥用量和降低水灰比，并保证振捣密实和良好的养护。

正确选择水泥品种是工程上控制硫酸盐侵蚀的重要技术措施。从破坏机制可知，水泥中的 C_3A 及其水化生成的 $Ca(OH)_2$ 是受硫酸盐侵蚀的根源。因此应该选用熟料中 C_3A 含量低的水泥，一般 C_3A 含量低于 7% 的水泥具有较好的抗硫酸盐性能。抗硫酸盐水泥的 C_3A 含量较低。相对于 C_3A，C_4AF 受硫酸盐侵蚀较小。

在水泥中或在混凝土拌和料中掺加粉煤灰、矿渣等矿物掺合料都有利于提高抗硫酸盐侵蚀性。这些矿物掺合料都能与水泥水化生成的 $Ca(OH)_2$ 反应生成 C-S-H 凝胶，因此能减少水化物中 $Ca(OH)_2$ 的含量，而掺加粉煤灰的效果优于矿渣。但应注意，这个反应进行较缓慢，后期反应量才较多。因此应采取一定技术措施，使混凝土在足够的龄期后再受到硫酸盐的侵蚀，而且要特别注意混凝土需要有更长的养护时间。

在比较严重的侵蚀条件下，可采用抗硫酸盐水泥和掺矿物掺合料的双重措施。

8.3 混凝土的碳化

混凝土碳化是混凝土受到的一种化学腐蚀，是指空气中的 CO_2 通过硬化混凝土细孔不断向混凝土内部扩散渗入，溶于水的 CO_2 与水泥碱性水化物 $Ca(OH)_2$ 反应，生成不溶于水的 $CaCO_3$ 和水，使混凝土碱度下降，也称混凝土中性化。碳化过程是 CO_2 由表及里向混凝土内部逐渐扩散的过程。未经碳化的混凝土 pH = 12～13，碳化后 pH = 8.5～10，接近中性。

综上，混凝土的碳化过程是物理和化学作用同时进行的过程。混凝土中气态、液态和固态三相共存，CO_2 进入混凝土后，一方面在气孔和毛细孔中扩散，即在气相和液相中扩散，另一方面又同时被水泥水化物吸收。

混凝土中 CO_2 的扩散，在下述假设条件下，遵循 Fick 第一扩散定律：①混凝土中 CO_2 的浓度分布呈直线下降；②混凝土表面的 CO_2 浓度为 C_0，而未碳化区 CO_2 浓度则为 0；③单位体积混凝土吸收 CO_2 发生化学反应的量为恒定值（见图 8-4）。

由此从理论上可以演算得到碳化深度的公式：

$$X = [(2D_{CO_2}c_0/M_0) \times t]^{1/2} \tag{8-6}$$

式中　X——碳化深度；

D_{CO_2}——CO_2 在混凝土中的有效扩散系数；

c_0——混凝土表面的 CO_2 浓度；

M_0——单位体积混凝土吸收 CO_2 的量；

t——碳化时间。

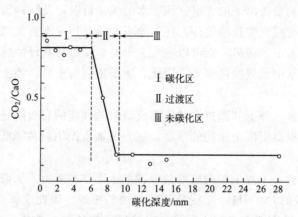

图 8-4 在碳化混凝土中测得的 CO_2/CaO（分子比）

也可以写成：

$$X = kt^{1/2} \tag{8-7}$$

式中，k 为碳化速度系数，与混凝土的原材料、孔隙率和孔隙构造、CO_2 浓度、温度、湿度等条件有关。在外部条件（CO_2 浓度、温度、湿度）一定的情况下，它反映混凝土的抗碳化能力强弱。k 值越大，混凝土碳化速度越快，抗碳化能力越差。混凝土的抗碳化性能等级划分应符合表 8-4 的规定。

表 8-4 混凝土抗碳化性能的等级划分

等级	T-Ⅰ	T-Ⅱ	T-Ⅲ	T-Ⅳ	T-Ⅴ
碳化深度 X/mm	$X \geqslant 30$	$20 \leqslant X < 30$	$10 \leqslant X < 20$	$0.1 \leqslant X < 10$	$X < 0.1$

8.3.1 碳化对混凝土性能的影响

碳化引起水泥石化学组成及组织结构的变化，从而对混凝土的化学性能和物理力学性能有明显的影响，主要是对碱度、强度和收缩的影响。碳化作用对混凝土的影响主要有以下三个方面：

① 碳化作用使混凝土的收缩增大，导致混凝土表面产生拉应力，从而降低混凝土的抗拉强度和抗折强度，严重时直接导致混凝土开裂，使得其他腐蚀介质更易进入混凝土内部。

② 碳化作用使混凝土的碱度降低，失去混凝土强碱环境对钢筋的保护作用，导致钢筋锈蚀膨胀，进一步加速碳化和腐蚀，严重影响钢筋混凝土结构的力学性能和耐久性能。

③ 碳化作用生成的 $CaCO_3$ 能填充混凝土中的孔隙，使密实度提高。同时，碳化作用释放出的水分有利于促进未水化水泥颗粒的进一步水化，能在一定程度上提高混凝土的抗压强度。但对混凝土结构工程而言，碳化作用造成的危害远远大于抗压强度的提高。

8.3.2 影响碳化速度的主要因素

影响混凝土碳化速度的因素有混凝土材料自身的因素和外部环境因素。材料自身的因素是 CO_2 扩散系数和能吸收 CO_2 的量。前者主要取决于密实度和孔结构，这两者可以用混凝土强度来表征。后者主要取决于水泥（包括混合材）的品种和用量。外部环境因素主要是环境相对湿度和大气中 CO_2 的浓度。

（1）水泥品种和用量 混凝土中胶凝材料所含能与 CO_2 反应的 CaO 总量越高，则能吸收 CO_2 的量也越大，碳化到钢筋失钝所需的时间也就越长，或者说碳化速度越慢。水泥和胶凝材料中的 CaO 主要来自水泥熟料。水泥生产时和混凝土制备时掺入的混合材 CaO 含量都较低，因此，低胶凝材料中混合材含量越多，碳化也就越快。混合材品种对碳化速度的影响从高到低为矿渣＜火山灰质混合材＜粉煤灰，因为矿渣的 CaO 含量相对较高。

（2）混凝土的水灰比和强度 混凝土的孔隙率（密实度）和孔径分布是影响 CO_2 有效扩散系数的主要因素，孔隙率越小，孔径越细，则扩散系数越小，碳化也越慢。从实用的角度，可以用水灰比或强度来表征孔隙率和孔径分布，许多研究资料表明，水灰比 0.5～0.6 是一个转折点。水灰比大于 0.6 时，碳化速度增加较快。强度大于 50MPa 的混凝土碳化非常慢，可不考虑由碳化引起的钢筋锈蚀。

（3）外部环境因素 如果混凝土常处于饱水状态下，CO_2 气体没有孔的通道，则碳化不易进行；而如混凝土处于干燥条件下，CO_2 虽能经毛细孔进入混凝土，但缺少足够的液相进行碳化反应。相对湿度 70%～85% 的环境最易发生碳化，钢筋锈蚀的过程也进展较快。研究表明，露天受雨淋的结构比不受雨淋的结构碳化慢得多。使用期相同，前者的碳化深度比后者小一半甚至更多。

（4）施工质量 在实际工程中，钢筋锈蚀往往由施工质量低劣引起，如施工中振捣不密实、蜂窝、裂纹使碳化大大加快。湿养护时间对碳化速度影响也很大，矿渣水泥、粉煤灰水泥混凝土更是如此。养护不足，水泥水化不完全，混凝土密实度和强度降低，矿渣水泥混凝土和粉煤灰水泥混凝土后期强度不能充分发展，都能使碳化深度增大。山东省建筑科学研究院化学建材研究所对暴露宅外的混凝土构件的测试表明，水灰比为 0.6 的矿渣水泥混凝土，湿养护 3d 的比湿养护 7d 的碳化深度大 50% 左右。蒸汽养护的构件比自然养护的碳化速度大得多，因为蒸养混凝土孔径分布粗化，且有微裂纹。

8.3.3 提高抗碳化性能的措施

从前述影响混凝土碳化速度的因素分析可知，提高混凝土抗碳化性能的关键是改善混凝土的密实性，改善孔结构，阻止 CO_2 向混凝土内部渗透。混凝土绝对密实，碳化作用也就自然停止了。因此，提高混凝土抗碳化性能的主要措施如下：根据环境条件合理选择水泥品种；水泥水化充分，提高密实度；加强施工养护，保证混凝土均匀密实；用减水剂、引气剂等外加剂控制水胶比或改善孔结构；必要时还可以采用表面涂刷石灰水、环氧树脂等材料的方法加以保护。

8.4 混凝土中钢筋的锈蚀

钢筋锈蚀是当今世界影响钢筋混凝土耐久性的最主要因素，钢筋锈蚀可导致钢筋混凝土建筑物的退化乃至失效破坏，已成为全世界普遍关注并日益突出的一大灾害。钢筋锈蚀可引起巨大的经济损失，据报道，美国每年因基础设施为主的钢筋锈蚀破坏造成的经济损失达1500亿美元，澳大利亚的年腐蚀损失为250亿美元，其主要是钢筋锈蚀造成的。在我国，沿海地区出现的"海砂屋"现象和北方地区由于在道路和桥梁上撒除冰盐而引起的钢筋锈蚀问题也非常严重。

如果对钢筋锈蚀的机制、影响因素有清晰的认识,在结构设计和混凝土材料设计中采取必要的技术措施,并对施工质量进行严格的管理和监督,大多破坏事件是可以避免的,并且可以延长混凝土结构的使用寿命,将修复的经济损失降到最低。

8.4.1 钢筋锈蚀的原理

混凝土中的钢筋锈蚀一般为电化学腐蚀。混凝土是一种多孔质材料,当采用水泥作胶凝材料时,混凝土孔隙中是碱度很高的 $Ca(OH)_2$ 饱和溶液,其 pH 值在 12.4 以上,溶液中还有氢氧化钾、氢氧化钠,所以 pH 值可超过 13.2。在该条件下,钢筋表面氧化,形成一层厚度为 $(2\sim6)\times10^{-6}\mu m$ 的水化氧化膜 $\gamma\text{-}Fe_2O_3 \cdot nH_2O$,这层膜很致密,牢固地吸附在钢筋表面上,使其难以继续进行电化学反应,从电化学动力学角度,钢筋处于钝化态,不发生锈蚀。因此,对于施工质量好、保护层密实度高、没有裂纹的钢筋混凝土结构,如长期保持钢筋处于钝化态,即使处于不利环境,钢筋也不致锈蚀。

然而,钢筋表面的这层钝化膜,可以由于混凝土与大气中的 CO_2 作用(碳化)或与酸类的反应而使孔溶液的 pH 值降低或者氯离子进入而遭到破坏,钢筋由钝化态转为失钝态,就开始锈蚀。因此钢筋钝化膜的破坏(或称去钝化)是混凝土中钢筋锈蚀的先决条件。诱导钝化膜破坏的原因主要是保护层的碳化和氯离子通过混凝土保护层扩散到钢筋表面,后者更为普遍和严重。

钝化膜一旦破坏,钢筋表面将形成腐蚀电池,原因有以下两种:①有不同金属的存在,如钢筋与铝导线管,或钢筋表面存在不均匀性(不同的钢筋、焊缝、钢筋表面的活性中心);②紧贴钢筋环境的不均匀性,如浓度差。这两个不均匀性产生电位差,在电解质溶液中形成腐蚀电池,在钢筋表面或不同金属表面形成阳极区和阴极区。

在有水和氧存在的条件下,钢筋的某一局部为阳极,被钝化膜包裹的钢筋为阴极,阳极发生如下反应,电子通过钢筋流向阴极。

$$Fe \longrightarrow Fe^{2+} + 2e^-$$

阴极发生如下反应:

$$O_2 + 2H_2O + 4e^- \longrightarrow 4OH^-$$

锈蚀的全反应就是这两个反应不断进行,并在钢材表面析出氢氧化亚铁:

$$2Fe + O_2 + 2H_2O \longrightarrow 2Fe^{2+} + 4OH^- \longrightarrow 2Fe(OH)_2$$

生成的氢氧化亚铁在水和氧的存在下继续氧化,生成氢氧化铁:

$$4Fe(OH)_2 + O_2 + 2H_2O \longrightarrow 4Fe(OH)_3$$

整个反应过程原理如图 8-5(a) 所示。铁被氧化转变为铁锈时,伴有体积增大,增大量因氧化产物状态而不同,最大可增大 5 倍[图 8-5(b)]。体积增大引起混凝土膨胀和开裂,而开裂又进一步加速锈蚀。从混凝土材料设计和工程的角度,防止钢筋锈蚀首先考虑的是如何充分发挥保护层保护钢筋的作用,也就是要使钢筋在更长时间内处于钝化状态。因此下面就去钝化的主要诱因之一——氯离子引起的锈蚀进行讨论。

8.4.2 氯离子引起的锈蚀

即使混凝土中溶液的 pH 值大于 11.5,如钢筋表面的孔溶液中氯离子浓度超过某一定

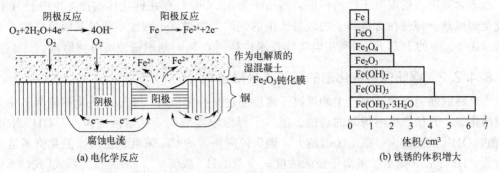

图 8-5　钢筋锈蚀电化学原理示意图

值，也能破坏钢筋表面的钝化膜，使钢筋局部活化形成阳极区。钢筋一旦失钝，氯离子的存在使锈蚀速率加快，因它使钢筋局部酸化，且 $FeCl_2$ 的水解性强，氯离子能长期反复地起作用，从而增大孔溶液的电导率和电腐蚀电流。

8.4.2.1　钢的电位-pH 图

Pourbaix 在含氯离子和不含氯离子的溶液中求作钢的阳极极化曲线，并以钢的电位和溶液的 pH 值为变量制出实用电位-pH 图，依此可以判断钢筋是处于稳定的钝态还是活化态。

图 8-6 是不含氯离子的搅拌溶液中的钢的电位-pH 图，而图 8-7 为含有 0.01mol/L 氯离子的搅拌溶液中的电位-pH 图。

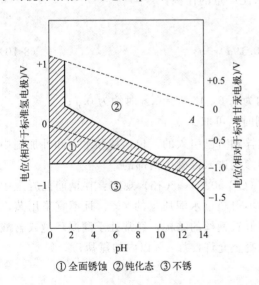

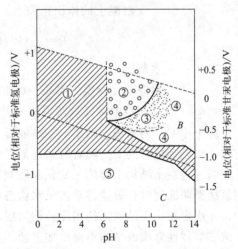

①全面锈蚀　②钝化态　③不锈

①全面锈蚀　②点锈蚀　③不完全钝态　④钝态　⑤不锈(电防蚀)

图 8-6　不含氯离子溶液中钢的电位-pH 图　　图 8-7　含 0.01mol/L 氯离子溶液中钢的电位-pH 图

如图 8-6 所示，在不含氯离子的溶液中，高电位部位存在大范围的钝态区②；而在含氯离子的溶液中（图 8-7），当 pH<6 时，只有全面锈蚀区①，而无钝态区，当 pH>6 时，就出现点锈蚀区②、不完全钝态区③及钝态区④。如溶液中氯离子浓度小于 0.01mol/L，则点锈蚀区向图 8-7 的左上方缩小，而钝态区④向同方向扩大。如氯离子浓度大于 0.01mol/L，则点锈蚀区向反方向扩大钝态区向反方向缩小。

混凝土中钢筋的行为，虽与在搅拌溶液中的钢不尽相同，但从电位-pH 图中大体可以了解，在不含氯离子的混凝土中的钢筋，当 pH 为 12.5 时，存在钝化区（图 8-6 中的 A 区），锈蚀受到抑制。即使在含氯离子的混凝土中的钢筋，如氯离子浓度不超过某限值，也存在钝态区（图 8-7 中的 B 区）。如利用电防蚀技术位移到 C 区，则钢锈蚀可得到抑制。

8.4.2.2 钢筋保持钝化态的氯离子极限含量

当紧贴钢筋表面的孔溶液中的氯离子浓度超过某一定值时，钢筋由钝化态转为不完全钝态或活化态，开始产生不均匀的锈蚀。氯离子极限浓度取决于孔溶液的碱度：OH¯ 浓度或 pH 值。OH¯ 浓度越大，或 pH 值越大，则失钝时所需的 Cl¯ 浓度也越大，但此值不是一个精确值。Hausman 提出了氯离子极限浓度 c_{Cl^-} 与 OH¯ 浓度 c_{OH^-} 的大致关系式[式(8-8)]：

$$\frac{c_{Cl^-}}{c_{OH^-}} = 0.61 \tag{8-8}$$

式中　c_{Cl^-}，c_{OH^-} ——Cl¯ 和 OH¯ 浓度，mol/L。

这个关系式得到了一些研究者的认可。混凝土孔溶液的 OH¯ 浓度主要取决于水泥中的 K_2O 和 Na_2O 含量，因为水泥中的钾、钠都溶于水。OH¯ 浓度可由式(8-9) 计算：

$$c_{OH^-} = \frac{\frac{cw(Na)}{23} + \frac{cw(K)}{39}}{P} \times 100 \tag{8-9}$$

式中　　　c_{OH^-} ——OH¯ 浓度，mol/L；

　　　　　　c ——水泥用量，kg/m³；

$w(Na)$，$w(K)$ ——水泥中 Na 和 K 的含量占水泥质量的比例；

　　　　　　P ——混凝土的体积孔隙率。

$$P = \frac{C}{10}(W/C - 0.19\alpha) + a_0 \tag{8-10}$$

式中　W/C ——水灰比；

　　　　α ——水泥水化程度，$W/C = 0.4$ 时约为 0.6，$W/C = 0.6$ 时约为 0.7；

　　　　a_0 ——拌和料的含气量，不外加引气剂时，可取 1.5。

混凝土中 Cl¯ 的来源有两个：一是混凝土在拌和时已引入的，包括拌和水中和外加剂中含有的；二是环境中的 Cl¯ 随着时间逐渐扩散和渗透进入混凝土内部的。

我国《混凝土结构工程施工质量验收规范》（GB 50204—2015）规定：在钢筋混凝土中掺用氯盐类防冻剂时，氯盐掺量按无水状态计算不得超过水泥质量的 1%，且不宜采用蒸汽养护，并规定预应力结构，使用冷拉钢筋或冷拔低碳钢丝的结构，经常处于潮湿环境或含酸碱、硫酸盐侵蚀介质的结构不得掺加氯盐。素混凝土允许掺加 3% 以内的氯盐。

8.4.2.3 氯盐通过混凝土的扩散

当混凝土结构暴露在有氯离子的环境中时，如海洋混凝土、混凝土码头、撒除冰盐的路桥，外部氯离子向混凝土保护层扩展。在钢筋表面的孔溶液中的氯离子浓度达到极限浓度时，钢筋开始失钝而锈蚀。这段时间是结构耐久性的一个重要参数。

假定混凝土表面的氯离子浓度是定值，混凝土初始孔溶液的氯离子浓度为 0，氯离子扩散应遵循 Fick 第二定律：

$$\frac{\partial c}{\partial t} = D_{Cl^-} \frac{\partial^2 c}{\partial X^2} \tag{8-11}$$

式中　c——氯离子浓度，mol/cm^3；

　　　t——扩散时间，s；

　　　X——扩散深度，cm；

　　D_{Cl^-}——混凝土中氯离子的有效扩散系数，cm^2/s。

此微分方程的解为：

$$c_1/c_0 = \mathrm{erf}\left(\frac{X}{2\sqrt{\dfrac{D_{Cl^-} \cdot t}{K_d}}}\right)$$

(8-12)

式中　c_1——钢筋开始锈蚀的极限氯离子浓度，mol/cm^3；

　　　c_0——混凝土表面的氯离子浓度，mol/cm^3；

　　　X——混凝土保护层厚度，cm；

　　D_{Cl^-}——混凝土中氯离子的有效扩散系数，cm^2/s；

　　　K_d——混凝土固相与孔溶液中氯离子浓度之比；

　　　t——达到钢筋失钝所需的时间，s。

Brown 根据此方程的解作图，用以估算钢筋开始锈蚀所需时间（图 8-8）。图中的参数有 c_0、c_1、X、D_{Cl^-} 和 t。如已知 c_0、c_1、D_{Cl^-} 和要求的使用年限 t，可求得所需要保护层的厚度。

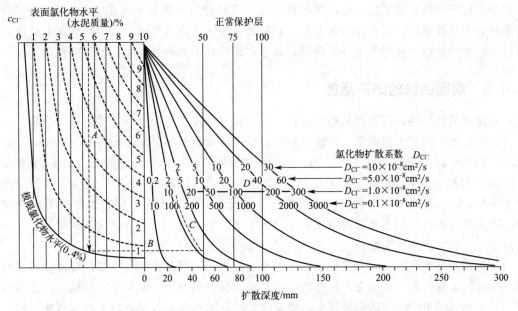

图 8-8　氯离子引发钢筋锈蚀情况下钢筋失钝时间估算图

这是一个理论计算方法，忽略了很多实际条件，如氧的供给情况、环境湿度、干湿条件的变化，溶液中其他离子如 SO_4^{2-} 的影响，保护层材料的不均匀性，特别是裂纹的影响和其他破坏因素，如冰冻、碱-骨料反应等的综合作用，等等，因此计算结果的准确性不高。但根据此计算公式和 Brown 的图可得到许多重要的概念。

① 保护层厚度 X 与失钝所需时间 t 的关系大致为 $X=kt^{0.5}$，即 X 大致与 t 的平方根成正比，如保护层厚度增加 1 倍，失钝时间可增加 4 倍。由此可见增加保护层厚度对耐久性的

重要性。

② 保护层混凝土的扩散系数与失钝时间成反比，如混凝土密实度提高，扩散系数减小一半，则失钝时间可延长 1 倍。从材料设计的角度，设计低扩散系数的混凝土是提高钢筋锈蚀耐久性的根本途径。

延长服务年限的一项有效措施是在混凝土中加入硅灰、粉煤灰和矿渣等矿物掺合料，可在水泥厂生产时加入，也可在混凝土搅拌时加入。国内外许多试验都已证明，掺加矿物掺合料能大幅度降低 Cl⁻ 的扩散系数。

混凝土的 Cl⁻ 有效扩散系数对 Cl⁻ 的扩散速率有很大影响。但由于测试上的困难，关于混凝土扩散系数的值报道极少。大量研究报告测定的是硬化水泥浆体的有效扩散系数值，这给估算钢筋附近氯离子浓度带来很大困难。

根据报道，不同水灰比的硬化水泥浆体的 Cl⁻ 有效扩散系数值在 $(10 \sim 200) \times 10^{-9} \, \text{cm}^2/\text{s}$ 范围内。据许丽萍、吴学礼等的研究，硬化水泥浆体水灰比为 0.4 时，扩散系数为 $33.8 \times 10^{-9} \, \text{cm}^2/\text{s}$；水灰比为 0.6 时，扩散系数为 $148 \times 10^{-9} \, \text{cm}^2/\text{s}$，增大 3.3 倍。

砂浆的扩散系数比水泥浆体小，这是因为在水灰比相同时，硬化水泥砂浆的孔隙率比硬化水泥浆体小，砂起到了阻碍 Cl⁻ 扩散的作用。根据许丽萍等的试验：水灰比为 0.4、砂与水泥之比为 2 的砂浆，扩散系数为 $21.5 \times 10^{-9} \, \text{cm}^2/\text{s}$；水灰比的影响与硬化浆体大致相同。混凝土的扩散系数比砂浆还要小些，大致在 $(10 \sim 100) \times 10^{-9} \, \text{cm}^2/\text{s}$ 范围内变动。

以上数据都是用普通硅酸盐水泥测得的，国内外大量研究数据表明，在胶凝材料中掺加矿物掺合料能降低扩散系数，尤以掺加粉煤灰和用高掺量矿渣的水泥最有效。但必须指出，粉煤灰必须是优质的，需要充分湿养护，利用其后期的火山灰反应。因为粉煤灰和矿渣后期水化反应继续进行，孔隙率进一步降低，而且孔结构在不断细化，阻碍 Cl⁻ 的扩散。

8.4.3 钢筋锈蚀的防护措施

为预防钢筋锈蚀，首先要从结构设计、材料设计和施工方面采取正确的技术措施。在结构设计中，处于频繁干湿循环、海洋浪溅区、撒除冰盐等严酷环境中的混凝土表面，要防止积水。结构断面要考虑易于振实。在一般无侵蚀性环境中的钢筋混凝土允许裂缝宽度为 0.3mm，但预应力钢筋混凝土保护层裂缝宽度不应大于 0.2mm。在严酷环境中的预应力混凝土结构，要求在服务年限内，预应力筋处于钝化态，混凝土保护层边缘部位不出现拉应力。因为高强钢丝预应力筋含碳量高，应力水平高，断面细，对应力锈蚀的断裂敏感，一旦表面失钝，有可能突然脆断。

由于钢筋失钝所需时间与保护层厚度的平方成正比，因此正确设计保护层厚度对结构的耐久性特别重要。我国暴露在严酷环境中的结构，保护层厚度一般偏小，是锈蚀严重的原因之一。美国 ACI 中 201.2R 标准规定：撒除冰盐的公路桥面板以及港口工程浪溅区，如采用 0.40 水灰比，混凝土保护层最小厚度为 50mm，如采用 0.45 水灰比，则最小厚度为 65mm；而且由于施工允许偏差，为使 95% 以上钢筋具有 50mm 的最小保护层厚度，设计保护层厚度应 $>$65mm。

从混凝土材料设计角度考虑，应正确选择混凝土强度等级、水灰比、水泥品种、矿物掺合料和外加剂等。

在有 Cl⁻ 的环境中，水灰比应小于 0.55，强度等级应高于 C40。此条件下的水灰比和强度应首先满足耐久性的要求，即使从力学角度不需要这么高的强度。水灰比 0.40～0.50 的混凝土一般都应掺加高效减水剂，以保证拌和料有足够的流动性，易于振实。对于有结冰可能的结构，还应掺加引气剂。

水泥中 C_3A 含量对 Cl^- 扩散速率有影响，因为环境中 Cl^- 进入混凝土后，有一部分 Cl^- 能被 C_3A 吸收，形成水化氯铝酸盐矿物，剩下的 Cl^- 自由扩散进入内部。结合氯对钢筋锈蚀无害。因此，水泥中 C_3A 含量高些，对防护钢筋锈蚀有利。C_3A 含量很低的抗硫酸盐水泥不适宜用于有 Cl^- 环境，K_2O、Na_2O 含量高的水泥，对防护锈蚀有利。

掺加硅灰对防止二氧化碳和 Cl^- 引发的钢筋锈蚀都有利；掺加粉煤灰或矿渣对防止 Cl^- 引发的锈蚀很有效，不仅能延长钢筋开始锈蚀的时间，也能减慢钢筋失钝后的锈蚀速率，但对防止碳化引发的锈蚀不利。因此在有 Cl^- 环境中，应该尽量采用掺活性混合材的水泥或在搅拌混凝土时掺加优质粉煤灰。但对于与除冰盐接触的混凝土，应综合考虑粉煤灰对盐冻剥蚀的不利影响和对防护钢筋的有利影响，然后做出选择。在室内外一般大气环境中的混凝土可掺粉煤灰。

施工中应保证振捣密实。特别是对严酷环境中的混凝土和预应力混凝土须加强养护，延长湿养护时间，避免出现不应产生的裂纹。

影响混凝土耐久性的三大因素是钢筋锈蚀、冻害、物理化学作用，其中钢筋锈蚀的危害排在首位。我国既是钢铁生产大国，也是钢铁消费大国，每年因钢铁腐蚀造成的直接经济损失触目惊心。因此迫切希望能找到更有效的预防钢筋锈蚀的方法，如使用耐蚀钢筋（镀锌钢筋、包铜钢筋、不锈钢钢筋）、钢筋涂层（环氧树脂钢筋）、混凝土外涂层、电化学保护等，以降低钢筋锈蚀带来的危害。

8.5　碱-骨料反应

混凝土中的碱（包括外界渗入的碱）与骨料中的碱活性矿物成分发生化学反应，导致混凝土出现膨胀开裂等现象，称为碱-骨料反应（alkali-aggregate reaction in concrete，AAR）。碱-骨料反应有三种类型：①碱-硅酸反应（alkali-silica reaction，ASR）；②碱-碳酸盐反应（alkali-carbonate reaction，ACR）；③碱-硅酸盐反应（alkali-silicate reaction）。

8.5.1　产生碱-骨料反应破坏的条件

因碱-骨料反应引起混凝土结构的破坏和开裂有三个必要条件：①混凝土中含碱（Na_2O ＋K_2O）量超标；②骨料有碱活性；③潮湿环境。前两个条件由混凝土自身的组成材料——水泥、外加剂、混合材及骨料决定，第三个是外部条件。

8.5.1.1　混凝土中有一定量的碱

混凝土中碱的来源主要是水泥和外加剂，其次是混凝土工程建成后从周围环境侵入的碱。

水泥中的碱主要由生产水泥的原料黏土和燃料煤引入。它们以硫酸盐和与水泥矿物的固溶体的形式存在。我国北方地区黏土中钾、钠含量较高，所以北方水泥厂生产的水泥中含碱量一般较南方水泥厂高。新型干法水泥生产工艺中富碱的烟气在流程中反复循环，水泥厂为了节能一般不采取放风措施排放出去，所以新型干法烧成的水泥中含碱量高。

外加剂的使用也会引入碱。最常用的萘系高效减水剂中含 Na_2SO_4 量可达 10% 左右，如掺量为水泥用量的 1%，则萘系外加剂引入的 Na_2SO_4 约为水泥的 0.1%，折合 Na_2O 约为 0.044%。如果说高效减水剂引入的 Na_2O 量还不算太大，掺加 Na_2SO_4 早强剂引入的碱量就不容忽视了，如掺量以水泥用量的 2% 计，则引入的 Na_2O 约为水泥用量的 0.9%，即等于甚至大于水泥自身的含碱量。因此，在有碱-骨料反应潜在危险的工程中，即暴露在水中或潮湿环境中，并用碱活性骨料时，不应使用 Na_2SO_4、$NaNO_2$ 等钠盐外加剂。

混凝土中含碱量又与水泥用量有关，过去混凝土设计等级大多数是 $20\sim30MPa$ 级，水泥用量在 $300kg/m^3$ 左右。现在高强度混凝土用得较多，水泥用量高达 $400kg/m^3$ 以上。因此从碱-骨料反应角度，控制混凝土中总的含碱量比控制水泥中的含碱量更为科学。

混凝土工程建成以后，从周围环境侵入的碱增加到一定程度后，同样可使混凝土结构发生碱-骨料反应而产生破坏。宁波北仑港码头的混凝土工程就是因为海水的作用使混凝土中的活性骨料周围发生碱-骨料反应而破坏的。

8.5.1.2 混凝土中必须有相当数量的活性骨料

碱-硅酸反应是碱与微晶或无定形的氧化硅之间的反应。石英是结晶良好的有序排列的硅氧四面体，因此是惰性的，不易起反应，不会引起严重的碱-骨料反应。活性氧化硅由随机排列的、分子间距不规则的四面体网络所组成，易于与碱反应。含活性氧化硅的矿物有蛋白石、黑硅石、燧石、鳞石英、方石英、玉髓、火山玻璃及微晶或变形的石英等。含这类矿物的岩石分布很广，有沉积岩、火成岩和变质岩。骨料中含 5% 活性氧化硅足以产生严重的膨胀开裂。

一般碳酸盐骨料是无害的，$CaCO_3$ 晶体与碱不起反应。碱-碳酸盐反应是碱与白云质石灰岩（$MgCO_3 \cdot CaCO_3$）间的反应。含介稳态白云岩的黏土、白云质石灰岩、石灰质白云岩以及有隐晶的石灰岩易与碱反应。

8.5.1.3 使用环境有足够的湿度

混凝土发生碱-骨料反应破坏的第三个条件是空气的相对湿度必须大于 80%，或者直接与水接触。如果混凝土的原材料具备了发生碱-骨料反应的条件，则只要具备高湿度或与水直接接触的条件，反应物就会吸水膨胀，使混凝土内部受到膨胀压力；内部膨胀压力大于混凝土自身抗拉强度时，混凝土结构就遭到破坏。

如果可能发生碱-骨料反应的部位能有效地隔绝水的来源，也可避免发生碱-骨料反应或减小碱-骨料反应的破坏程度。因此，在进行工程破坏诊断时，必须对待检工程的环境进行仔细的现场考察，了解能破坏混凝土工程的环境条件。

8.5.2 碱-骨料反应的膨胀机制

8.5.2.1 碱-硅酸反应

Diamond 总结了碱-硅酸反应（ASR）的机制，提出了反应的四个阶段：氧化硅结构被碱溶液解聚并溶解；形成碱金属硅酸盐凝胶；凝胶吸水肿胀；进一步反应形成液态溶胶。

混凝土中孔溶液的碱度（以 pH 值表示）对二氧化硅的溶解度和溶解速率影响很大。孔中的氢氧化钠（钾）与被解聚的二氧化硅原位反应生成硅酸钠（钾）凝胶：

$$2NaOH + nSiO_2 \longrightarrow Na_2O \cdot nSiO_2 \cdot H_2O$$

上述反应可能在骨料颗粒的表面进行，也可能贯穿颗粒，取决于骨料的缺陷。硅酸钠（钾）凝胶能吸收相当多的水分，并伴有体积膨胀，有可能引起骨料颗粒的崩坏和周围水泥浆的开裂。以上机制认为膨胀是由胶体吸水引起的，即肿胀理论。

Hansen 提出渗透压理论。渗透压理论认为碱与氧化硅生成硅酸钠（钾）引起膨胀破坏是由于渗透压的作用。在渗透压理论中，碱活性骨料颗粒周围的水泥水化生成物起半渗透膜作用，它允许氢氧化钠和氢氧化钾及水扩散至骨料，而阻止碱-硅酸反应生成的硅酸离子向外扩散，因而产生渗透压，当渗透压足够大时引起破坏。

从热力学的角度，系统中胶体吸附的水与孔溶液中的水自由能的差别，或者说两种水蒸气压的差别是推动水向颗粒流动的动力，这也是造成膨胀破坏的根源。

用含蛋白石的砂配制的砂浆棱柱体的膨胀典型地显示了碱-硅酸反应，见图 8-9。

高碱水泥拌制的砂浆膨胀明显大于低碱水泥。但碱含量增加到一定量，砂浆及混凝土的膨胀可能不再增大。这可能是由于过量碱反应生成的胶体转变为溶胶，溶胶渗入水泥浆体的孔隙中，引起的膨胀较小。

碱-骨料反应膨胀与温度有关，在温度低于 38℃时，温度越高，膨胀越大，因而碱-骨料反应在炎热地区比寒冷地区严重。碱-硅酸反应膨胀还与骨料中碱活性 SiO_2 含量有关，如图 8-10 所示，即对活性骨料有一个"最不利"的活性 SiO_2 含量，而这个最不利的活性 SiO_2 含量又与岩种、矿物有关，也与混凝土中含碱量有关。对于蛋白石，引起最大膨胀的活性 SiO_2 含量为 3%～5%；对于活性差的矿物，可能为 10%～20%。活性 SiO_2 含量增加，膨胀值不再增大甚至减小的原因是，当活性 SiO_2 含量很高时，分配到每个反应点的碱量相应就少了，因此反应生成物是高钙低碱的硅酸盐凝胶，这种凝胶的吸水膨胀值小于高碱低钙的硅酸盐凝胶，甚至不膨胀。

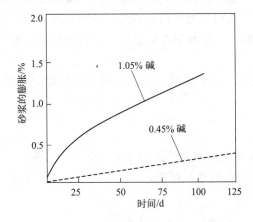

图 8-9 含蛋白石的砂制备的砂浆的膨胀

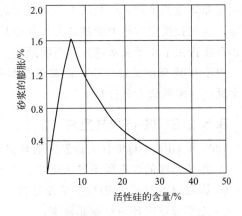

图 8-10 碱-硅酸反应与骨料中 SiO_2 含量的关系

岩石具有碱-硅酸反应活性的前提是其含有活性二氧化硅。所谓活性二氧化硅一般指无定形二氧化硅，隐晶质、微晶质和玻璃质二氧化硅。活性二氧化硅包括蛋白石、玉髓、石英玻璃体、隐晶质和微晶质二氧化硅，以及受应力变形的二氧化硅。由于骨料的碱活性主要取决于 SiO_2 的结晶度，因此采用什么判据鉴定 SiO_2 的结晶度就成为研究的目标。采用光学显微镜可以在一定程度上做出定性的判定。唐明述院士等系统研究了从蛋白石到各种玉髓直至发展成晶体的石英的典型图片，初步判定了岩石的碱活性。能与碱发生反应的活性氧化硅矿物有蛋白石、玉髓、鳞石英、方英石、火山玻璃、结晶有缺陷的石英以及微晶、隐晶石英等，而这些活性矿物广泛存在于多种岩石中。因此迄今为止发生的碱-骨料反应绝大多数都为碱-硅酸反应。

8.5.2.2 碱-碳酸盐反应

并不是所有碳酸盐岩石都能与碱起破坏性的反应，一般的石灰岩和白云岩是无害的。20世纪50年代，先后在加拿大、美国发现碱与某些碳酸盐岩石的骨料反应导致混凝土破坏，这些骨料是泥质白云石质石灰岩，其黏土含量在 $5\%\sim20\%$。碱-碳酸盐反应（ACR）的机制与碱-硅酸反应完全不同。Gillott 认为碱与白云石作用，发生下列反白云石化反应：

$$CaCO_3 \cdot MgCO_3 + 2NaOH \longrightarrow Mg(OH)_2 + CaCO_3 + Na_2CO_3$$

Hadley 提出，该反应的生成物能与水泥水化生成的 $Ca(OH)_2$ 继续反应生成 NaOH，这样 NaOH 还能继续与白云石进行反白云石化反应，因此在反应过程中不消耗碱。

$$Na_2CO_3 + Ca(OH)_2 \longrightarrow 2NaOH + CaCO_3$$

反白云石化反应本身并不能解释膨胀现象，因为反应生成物的体积小于反应物的体积，所以反应本身并不引起膨胀。只有含黏土的白云石才可能引起膨胀，因为白云石晶体中包裹着黏土，白云石晶体被碱破坏后，基体中的黏土暴露出来，能够吸水，而黏土吸水体积膨胀。根据 Gillott 的机制，碱-碳酸盐反应产生的膨胀本质是黏土的吸水膨胀，而化学反应仅提供了黏土吸水的条件。

刘岭、韩苏芬等提出了与 Gillott 不同的碱-碳酸盐岩反应膨胀的结晶压机理。他们认为活性碳酸盐岩石的显微结构特征是白云石菱形晶体彼此孤立地分布在黏土和微晶方解石所构成的基质中，黏土呈网络状分布，网络状黏土构成了 $Na^+(K^+)$、OH^- 和水分子进入内部的通道。NaOH(KOH) 与白云石晶体反应，离子进入紧密的受限制的空间，反白云石化反应引起晶体重新排列，由此产生结晶压引起膨胀。他们认为反白云石化反应的自由能变化小于零，这是该反应的热力学推动力，在结晶压机制中，膨胀的本质是反白云石化反应，而黏土的存在提供了离子和水进入岩石的通道。

由于在碱-碳酸盐反应中，碱被还原而循环使用，因此即使用低碱水泥也不能避免膨胀。所幸碱活性碳酸盐岩石分布不广。

8.5.2.3 碱-硅酸盐反应

1965年 Gillott 对加拿大诺发·斯科提亚的混凝土膨胀开裂进行了大量研究，发现：
① 形成膨胀的岩石属于黏土质岩、千枚岩等层状硅酸盐矿物；
② 膨胀过程较碱-硅酸反应缓慢得多；
③ 能形成反应环的颗粒非常少；
④ 与膨胀量相比，析出的碱硅胶过少。

进一步研究发现，诺发·斯科提亚的碱性膨胀岩石中，蛭石类矿物的基面间沉积物是可浸出的，沉积物被浸出后吸水，致使体积膨胀，引起混凝土内部膨胀应力。因此他认为这类碱-骨料反应与传统的碱-硅酸反应不同，并将其命名为碱-硅酸盐反应（alkali-silicate reaction）。对此，国际学术界尚有争论。我国学者唐明述等对此也进行了研究，他从全国各地收集了上百种矿物及岩石样品，从矿物和岩石学角度详细研究了其碱活性程度。研究表明，所有层状结构的硅酸盐矿物如叶蜡石、伊利石、绿泥石、云母、滑石、高岭石、蛭石等均不具碱活性，有少数发生碱膨胀的，经仔细研究，其中均含有玉髓、微晶石英等含活性氧化硅的矿物，从而证明碱-硅酸盐反应实质上仍是碱-硅酸反应，这一结论与 Gillott 起初发现的四个特点也并不矛盾，而膨胀的快慢取决于石英的晶体尺寸、晶体缺陷以及微晶石英在岩石中的分布状态。当微晶石英分散分布于其他矿物之中时，Na^+、K^+、OH^- 必须通过更长的通道和受到更大的阻力才能到达活性颗粒表面，从而使反应延缓。该研究报告在第八届国际碱骨料反应学术会议上发表后，得到许多知名学者的赞同。但由于这种反应膨胀进程缓慢，用常规检验碱-硅酸反应的方法无法判断其活性，因此，在进行骨料活性和骨料反应膨胀检验时，还必须与一般碱-硅酸反应类型有所区别。

8.5.3 碱-骨料反应的破坏特征

混凝土一旦发生碱-骨料反应，就会表现出碱-骨料反应的破坏特征：外观上主要是表面裂缝、变形和有渗出物；内部特征主要有内部凝胶析出、反应环、活性碱-骨料、内部裂缝、碱含量等。

（1）时间特征　国内外工程破坏的事例表明，碱-骨料反应破坏一般发生在混凝土浇筑后二三年或者更长时间，它比混凝土收缩裂缝的速度慢，但比其他耐久性破坏速度快。

（2）膨胀特征　碱-骨料反应破坏由于是反应产物的体积膨胀引起的，往往使结构物发生整体位移或变形，如伸缩缝两侧结构物顶撞、桥梁支点膨胀错位、水电大坝坝体升高等；对于两端受约束的结构物，还会发生弯曲、扭翘等现象。

（3）开裂特征　碱-骨料反应中，内部骨料周围膨胀受压，表面混凝土受拉开裂。由碱-骨料反应所产生的混凝土裂缝与结构钢筋的数量、分布所形成的限制约束有关。钢筋限制、约束作用强的混凝土，其裂缝往往发生在平行于钢筋方向；在外部压应力作用下，裂缝也会平行于压应力方向。限制、约束作用力弱或不受约束（无筋或少筋）的混凝土，其裂缝往往呈网状（龟背状或地图形），典型的裂缝接近六边形，裂缝从网节点三岔分开，在较大的六边形之间还可再发展出小裂缝。限制、约束作用力较均匀的混凝土部位，裂缝分布也较均匀。碱-骨料反应在开裂的同时，经常出现局部膨胀，使裂缝两侧的混凝土出现高低错位和不平整。混凝土碱-骨料反应裂缝则出现较晚，多在施工数年以后。另外环境越干燥，收缩裂缝越扩大，而碱-骨料反应裂缝则随湿度增大而增大。由碱-骨料反应引起的裂缝往往发生在混凝土截面大且受雨水或渗水影响、受太阳照射而引起环境湿度、温度变化大的部位。各种骨料开裂如图 8-11～图 8-13 所示。

图 8-11　某机场道路路面的开裂

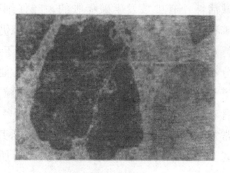

图 8-12　开裂混凝土中粗骨料开裂引起砂浆开裂　　　　　图 8-13　骨料开裂

（4）凝胶析出特征　发生碱-硅酸反应的混凝土表面经常可以看到有透明或淡黄色凝胶析出（图 8-14、图 8-15），析出的程度取决于碱-硅酸反应的程度和骨料的种类。反应程度较轻或骨料为硬砂岩等时，则凝胶析出现象一般不明显。由于碱-碳酸盐反应中未生成凝胶，故混凝土表面不会有凝胶析出。

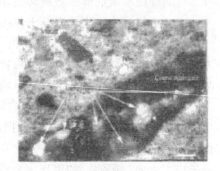

图 8-14　轨枕中的弥散状凝胶　　　　　　　　图 8-15　粗骨料表面生成的凝胶

（5）潮湿特征　碱-骨料反应破坏的一个明显特征就是越潮湿的部位反应越强烈，膨胀和开裂破坏越明显；对于碱-硅酸反应引起的破坏，越潮湿的部位其凝胶析出等特征越明显。

（6）内部特征　混凝土会在骨料间产生网状的内部裂缝，在钢筋等约束或外压应力下，裂缝会平行于压应力方向成列分布，与外部裂缝相连；有些骨料发生碱-骨料反应后，会在骨料周围形成一个深色的反应环（图 8-16）；检查混凝土切割面、光片或薄片时，会在发生碱-硅酸反应的混凝土空隙、裂缝、骨料-浆体界面发现凝胶（图 8-17）。

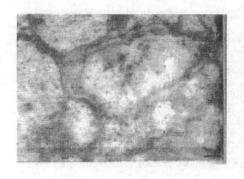

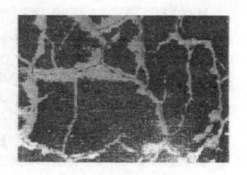

图 8-16　混凝土粗骨料的典型反应环　　　　　图 8-17　碱-硅酸反应裂纹图

（7）结构宏观变形特征 碱-骨料反应膨胀可使混凝土结构发生整体变形、移位等现象，如有的桥梁支点因膨胀增长而错位，有的大坝因膨胀导致坝体升高，有些横向结构在两端限制的条件下因膨胀而发生弯曲、扭翘等现象。当然，由于碱-骨料反应的复杂性，仅凭上述一个或几个特征不能立即判定是否发生了 AAR 破坏。但当某工程出现上述特征时，应怀疑碱-骨料反应是一个可能的因素，再结合骨料活性测定、混凝土碱含量测定、渗出物鉴定、残余膨胀试验等手段综合判定是否发生了碱-骨料反应破坏并预测混凝土的剩余膨胀量。

8.5.4 碱-骨料反应的预防措施

防止碱-骨料反应可以从以下几方面入手：

（1）使用非活性骨料 这是防止 AAR 最安全可靠的措施。骨料的活性及矿物成分也是混凝土产生碱-骨料反应的重要因素。因此，为防止碱-骨料反应，应对骨料的活性加以控制，特别是重点工程更应注意选用无反应活性的骨料。但活性骨料往往分布较广泛，工程对骨料的需求量大，而非活性骨料的资源有限。因此考虑到经济方面的原因，再加上骨料碱活性特别是慢膨胀骨料潜在活性检测尚无绝对可靠的方法，实际工程中往往不得不采用一些活性骨料。

（2）控制混凝土总碱量 控制混凝土总碱量是预防 AAR 破坏的有效措施之一。最初，人们采用控制水泥碱含量的方法来抑制 AAR 膨胀，即在使用可能存在碱活性或有潜在碱活性的骨料时，使用碱含量（以 $Na_2O_{eq}=Na_2O+0.658K_2O$ 计）低于 0.6% 的低碱水泥。然而，当单位体积混凝土的水泥用量较大或者有其他来源的碱，如拌和用水和减水剂，或者混凝土使用环境含有碱或者含有可以转化为碱的碱金属盐时，这种控制水泥碱含量的方法并不能有效抑制 AAR 膨胀。于是研究人员又提出了控制混凝土总碱量的方法。

控制混凝土总碱量，即将混凝土中各种来源的碱之和 [以碱当量（$Na_2O_{eq}=Na_2O+0.658K_2O$）计] 控制在一定数值以内，通常是 $3kg/m^3$，此时混凝土孔溶液中 K^+、Na^+、OH^- 离子浓度便低于临界值，AAR 难以发生或反应程度较低，不足以使混凝土开裂破坏。例如，以安全含碱量 $3kg/m^3$ 计算，若配制混凝土时没有其他碱的来源，分别使用碱含量为 0.51% 的水泥和碱含量为 0.53% 的水泥，极限用量分别可达 $588kg/m^3$ 和 $566kg/m^3$。若能将水泥用量控制在一定范围内，则可增加可选外加剂的品种和用量，使混凝土具有更好的性能。

（3）掺加矿物掺合料 使用矿物掺合料是预防 AAR 破坏最常见的方法之一。常用的掺合料有粒化高炉矿渣、粉煤灰、硅灰等。也有文献指出，通过煅烧高岭土得到的偏高岭土也是一种高活性矿物掺合料，其活性成分为无定形的无水硅酸铝（$Al_2Si_2O_7$），可以与水泥的水化产物发生二次反应，很好地起到抑制 ASR 膨胀的作用。一般认为掺加矿物掺合料，一方面降低了水泥熟料的用量，从而使生成的 $Ca(OH)_2$ 的量降低，孔溶液中碱浓度也就相应降低，起到稀释的作用；另一方面，由于矿物掺合料呈酸性，可吸附孔溶液中的碱离子，从而降低孔溶液的 pH 值。

例如掺入占水泥质量 5%～10% 的硅灰即可有效地抑制碱-骨料反应及由此引起的混凝土膨胀与损坏，掺入占水泥质量 20%～25% 的粉煤灰也可取得同样的效果。必须指出，在混凝土中掺加粉煤灰矿物掺合料必须防止钢筋锈蚀，为此除应注意检验粉煤灰的质量外，还应选用超量取代法，以保证掺粉煤灰混凝土等强度、等稠度。掺硅灰的混凝土必须同时掺入高效减水剂，以免因硅灰颗粒过细引起混凝土需水量的增加。合理选用活性混合材部分取代水泥，不仅可以很好地抑制或减缓 AAR，同时还能改善混凝土其他方面的性能，而且对节约资源、保护环境具有重要意义。

(4) 使用化学外加剂

① 使用锂盐　早期发生 AAR 破坏严重的国家，如美国、英国、加拿大、日本等，已进行了大量有关使用化学外加剂抑制 AAR 膨胀的实验研究。常用的化学外加剂有锂盐、钙盐等。美国国家公路与运输官员协会（The American Association of State Highway and Transporation Officials，AASHTO）提出的混凝土抗 ASR 所需锂盐掺加量标准为 $[Li^+]/[K^+ + Na^+]$（摩尔比）为 0.74。与掺矿物掺合料相比，这种方法不必改变施工条件，甚至还可以改善工程混凝土的其他性能，因此在外加剂普遍使用的当今工程界容易被接受。

② 使用减水剂　有研究表明，通过同时掺入高效减水剂和引气剂，可以起到减轻 AAR 危害的作用。减水剂的掺入可以降低混凝土的水灰比，提高混凝土的密实度，减低混凝土的单位用水量，大幅度减少水泥用量，降低混凝土中的碱含量；而引气剂的掺入可以在混凝土结构中引入均匀分布的微小气泡，提高混凝土的抗冻融能力和抗渗能力，有效缓解由 AAR 引起的膨胀应力。混凝土内部具备足够的湿度是 AAR 发生的必要条件之一。混凝土内部相对湿度低于 80%，则 AAR 停止膨胀；相对湿度低于 75%，AAR 就无法进行。因此通过掺加减水剂来提高混凝土抗渗能力，从而降低混凝土内部湿度就可能起到预防 AAR 的作用。但是，必须指出的是，掺加减水剂是否能有效控制 AAR 膨胀还与其他因素有关。这是因为：一方面，我国生产的减水剂中大都含有较多的碱金属盐，这些碱金属盐基本上为可溶性盐（如 Na_2SO_4、$NaNO_3$ 和 K_2CO_3），这些盐加入混凝土中会与水泥的水化产物如 C_3A 等发生化学反应，可能增大孔溶液中的 OH^- 浓度，加速 AAR 的进行；另一方面，降低混凝土内部湿度，孔溶液中水分就会减少，孔溶液中的碱浓度就会相应提高，也可能促进 AAR。因此必须对混凝土减水剂的用量及其碱金属盐含量加以限制。

知识扩展

孙伟（1935—2019），中国工程院院士、土木工程材料专家，长期从事土木工程材料领域的教学、科研和人才培养工作，主要从事高性能混凝土、高性能与超高性能纤维增强水泥基复合材料、高效能防护工程材料的基本理论、应用技术、结构形成与损伤劣化机理、工业废渣资源化，以及复合因素作用下结构混凝土耐久性评价和寿命预测新理论与新方法等方面的科学研究。她在国际上较早提出纤维增强间距理论、荷载与环境耦合作用下混凝土耐久性试验体系，并建立多因素作用下的混凝土耐久性理论及寿命预测方法，指导数十项国家重大工程混凝土材料的应用，为中国土木工程材料科学技术的发展作出了杰出贡献。

思考题

1. 混凝土耐久性的定义。
2. 简述混凝土抗冻性的定义及冻害劣化机理。
3. 影响混凝土抗冻性的因素有哪些？
4. 简述水泥浆体在淡水中被侵蚀的机理。

5. 简述混凝土酸侵蚀的机理。

6. 简述混凝土硫酸盐侵蚀的机理、镁盐侵蚀的机理。

7. 简要说明防止混凝土中钢筋锈蚀应采取的措施。

8. 为什么钢筋在混凝土中不易发生锈蚀？钢筋锈蚀的机理是什么？为什么钢筋锈蚀对混凝土有破坏作用？

9. 钢筋保持钝化状态的氯离子极限含量如何计算？简述混凝土保护层厚度与失钝时间的关系，混凝土中氯离子的扩散系数与失钝时间的关系。

10. 碱-骨料反应的类型有哪些？产生碱-骨料反应的条件有哪些？

11. 简述碱-骨料反应的膨胀机理。

12. 碱-骨料反应的破坏特征以及预防措施有哪些？

混 凝 土 材 料 学

9

混凝土配合比设计

为了获得性能优良的混凝土，在做好原材料选用的基础上，必须合理确定混凝土各组成材料的用量及比例。混凝土配合比设计是否合理关系到混凝土拌和物的工作性以及成型后的力学性能和耐久性。进入 21 世纪以来，高强混凝土、抗渗混凝土、抗酸碱混凝土、大体积混凝土、抗化学腐蚀混凝土大量出现。混凝土的发展方向已不再局限于性能优化，而是逐渐在功能方面取得突破。因此，要想配制出品质优良的混凝土，必须具有科学的设计理念和丰富的工作实践经验，认识到混凝土组成材料的性能直接影响工程的使用功能，材料质量直接影响工程的安全和使用年限，而材料的发展与创新也直接影响工程形式和结构的发展与创新。

9.1 普通混凝土配合比设计

混凝土配合比设计就是根据工程要求、结构形式和施工条件来确定各组成材料数量之间的比例关系。常用的混凝土配合比表示方法有两种：一种是单位用量表示法，即以 $1m^3$ 混凝土中各种材料的质量表示；另一种是相对用量表示法，即以各种材料的质量比来表示。混凝土配合比设计的基本要求：

① 满足施工工作性的要求；
② 满足结构物强度的要求；
③ 满足环境耐久性的要求；
④ 满足混凝土经济性的要求；
⑤ 满足资源和环境可持续发展的要求。

9.1.1 设计要领

传统的混凝土配合比设计是基于保罗米公式的四组分设计；现代混凝土以六组分为特征，在四组分的基础上掺入化学外加剂和矿物掺合料，以水泥和掺合料作为胶凝材料，以胶水比代替灰水比，《普通混凝土配合比设计规程》（JGJ 55—2011）对原有的保罗米公式进行了修订。

$$f_{cu} = \alpha_a f_b \left(\frac{B}{W} - \alpha_b \right)$$

式中　f_{cu}——28d 龄期的混凝土立方体抗压强度，MPa；

　　　f_b——胶凝材料 28d 龄期的实际抗压强度，MPa；

　　　B/W——混凝土的胶水比（胶凝材料与水的质量比）；

　　　α_a、α_b——回归系数。

普通混凝土的配合比设计就是解决四种材料用量的三个比例，即：水和胶凝材料之比，简称水胶比；胶凝材料与骨料的比例，简称胶骨比；骨料中砂子所占比例，简称砂率。同时，高效/高性能减水剂的出现，使得混凝土的用水量可以大幅度减少，不但能降低混凝土内部游离水含量，而且能减少胶凝材料用量，进而减少硬化混凝土的孔隙，增强混凝土体积稳定性，减小混凝土开裂的风险。

这几个比例的基本规律如下。

① 决定混凝土强度的基本因素是胶凝材料与水胶比，在胶凝材料确定之后，水胶比是决定因素。

② 在水胶比确定后，由用水量决定胶凝材料的用量。

③ 砂和石是混凝土的骨架，是主体，其用量占混凝土用料量的 2/3 以上。砂率由石子的空隙率和水胶比确定。

通过不断调整混凝土配合比，并进行反复优化，以适应工程建筑的需要。

9.1.2　设计流程

混凝土配合比设计的基本流程如图 9-1 所示。

图 9-1 中各数字代号的含义如下。

①：强度标准差；

②：设计强度；

③：是否大体积；

④：耐久性要求，如抗腐蚀性、抗渗性等；

⑤：石子品种，指选用碎石或卵石；

⑥：浇筑方法，指施工工艺措施，考虑坍落度；

⑦：构件最小边长，考虑采用石子粒径，或是否属大体积构件；

⑧：钢筋疏密程度，考虑石子粒径；

⑨：每立方米总用料量。

第一阶段：根据设计图纸及施工单位的工艺条件，结合当时当地的具体条件，提出要求，为第二阶段做准备。

第二阶段：选用材料、设计参数，这是整个设计的基础。材料和参数的选择决定配合比设计是否合理。

第三阶段：计算用料，可用质量法或体积法计算，得出初步配合比。

第四阶段：采用初步配合比进行试配，调整，并加以确定。

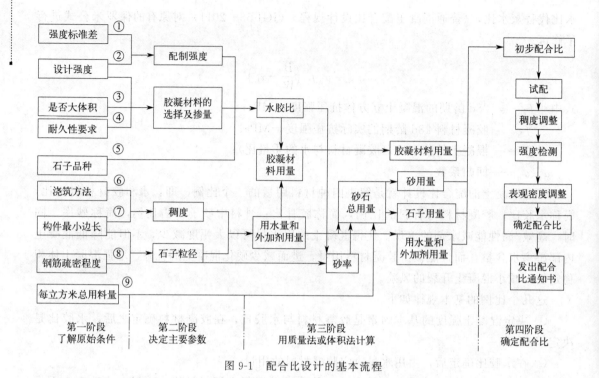

图 9-1   配合比设计的基本流程

（流程图标注）

强度标准差 ①
设计强度 ②
是否大体积 ③
耐久性要求 ④
石子品种 ⑤
浇筑方法 ⑥
构件最小边长 ⑦
钢筋疏密程度 ⑧
每立方米总用料量 ⑨

配制强度
胶凝材料的选择及掺量
稠度
石子粒径

水胶比
胶凝材料用量
用水量和外加剂用量
砂率

砂石总用量

胶凝材料用量
砂用量
石子用量
用水量和外加剂用量

初步配合比
试配
稠度调整
强度检测
表观密度调整
确定配合比
发出配合比通知书

第一阶段 了解原始条件　　第二阶段 决定主要参数　　第三阶段 用质量法或体积法计算　　第四阶段 确定配合比

配合比确定后，应签发配合比通知书。搅拌站在搅拌前应根据仓存砂、石的含水率做必要的调整，并根据搅拌机的规格确定每次的投料量。搅拌后应将试件强度反馈给通知书签发单位。

9.1.3   设计参数及运算

9.1.3.1   参数与混凝土性能的关系

现行混凝土配合比的三个基本参数是水胶比、用水量和砂率。水胶比和用水量是简单而又重要的参数，决定水泥的强度和用量。

混凝土配合比所要求达到的主要性能也有三个，即强度、耐久性及工作性。三个基本参数和三个主要性能的关系如图 9-2 所示。

图中粗实线表示直接关系，细实线表示主要关系，虚线表示次要关系。掌握了这个规律，在进行配合比设计时就能掌握主线，照顾次线，做好选择。

9.1.3.2   强度标准差

① 强度标准差是检验混凝土搅拌部门的生产质量水平的标准之一。在混凝土配合比设计中引入标准差，目的是使所配制的混凝土强度有必需的保证

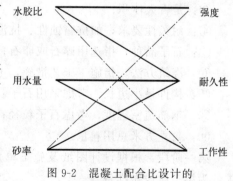

图 9-2   混凝土配合比设计的基本参数和主要性能的关系

率。标准差应由搅拌单位提供的近 1~3 个月生产的同一品种、同一强度等级混凝土的强度统计值计算。按照下式计算强度标准差 σ：

$$\sigma = \sqrt{\frac{\sum_{i=1}^{N} f_{cu,i}^2 - N\mu_{f_{cu}}^2}{N-1}} \tag{9-1}$$

式中　$f_{cu,i}$——第 i 组试件强度，MPa；

　　　N——试件组数，该值不得小于 30；

　　　$\mu_{f_{cu}}$——N 组试件强度的平均值，MPa。

② 对于强度等级不大于 C30 的混凝土，其强度标准差计算值不小于 3.0MPa 时，应按式(9-1) 计算结果取值；当混凝土强度标准差计算值小于 3.0MPa 时，应取 3.0MPa。

对于强度等级大于 C30 且小于 C60 的混凝土，其强度标准差计算值不小于 4.0MPa 时，应按式(9-1) 计算结果取值；当混凝土强度标准差计算值小于 4.0MPa 时，应取 4.0MPa。

③ 当没有近期的同一品种、同一强度等级混凝土强度资料时，其强度标准差可按表 9-1 取值。

表 9-1　强度标准差（σ）　　　　单位：MPa

混凝土强度等级	≤C20	C25～C45	C50～C55
σ	4.0	5.0	6.0

9.1.3.3　配制强度

当混凝土的设计强度等级小于 C60 时，普通混凝土的配制强度按下式计算：

$$f_{cu,0} \geqslant f_{cu,k} + 1.645\sigma \tag{9-2}$$

式中　$f_{cu,0}$——混凝土的配制强度，MPa；

　　　$f_{cu,k}$——设计的混凝土抗压强度标准值，MPa；

　　　σ——施工单位的混凝土强度标准差，MPa。

在正常情况下，式(9-2) 可以采用等号。但在现场条件与试验条件有显著差异时，或重要工程对混凝土工程有特殊要求时，或 C30 级及以上强度混凝土在工程验收中可能采用非统计方法评定时，则应采用大于号。

9.1.3.4　水胶比

《普通混凝土配合比设计规程》明确规定，强度等级为 C60 及以上的称为高强混凝土，小于 C60 的称为普通混凝土。普通混凝土水胶比（W/B）的计算可按下式进行：

$$W/B = \frac{\alpha_a f_b}{f_{cu,0} + \alpha_a \alpha_b f_b} \tag{9-3}$$

式中　α_a、α_b——回归系数；

　　　f_b——胶凝材料 28d 龄期的胶砂抗压强度实测值，MPa。

① 回归系数 α_a、α_b 宜按下列规定确定：

根据工程所使用的原材料，通过试验建立的水胶比与混凝土强度关系式确定；

当不具备上述试验统计资料时，回归系数可按表 9-2 选用。

表 9-2　回归系数 α_a、α_b 选用表

回归系数	碎石	卵石
α_a	0.53	0.49
α_b	0.20	0.13

② 当胶凝材料 28d 胶砂抗压强度值（f_b）无实测值时，式(9-3) 中的 f_b 值可按下式确定：

$$f_b = \gamma_f \gamma_s f_{ce} \tag{9-4}$$

式中　γ_f、γ_s——粉煤灰影响系数和粒化高炉矿渣粉影响系数，可按表 9-3 取值；

　　　f_{ce}——水泥 28d 胶砂抗压强度，MPa。

表 9-3　粉煤灰影响系数和粒化高炉矿渣粉影响系数

掺量/%	粉煤灰影响系数 γ_f	粒化高炉矿渣粉影响系数 γ_s
0	1.00	1.00
10	0.85～0.95	1.00
20	0.75～0.85	0.95～1.00
30	0.65～0.75	0.90～1.00
40	0.55～0.65	0.80～0.90
50	—	0.70～0.85

注：1. 采用Ⅰ级、Ⅱ级粉煤灰宜取上限值；

　　2. 采用 S75 级粒化高炉矿渣粉宜取下限值，采用 S95 级粒化高炉矿渣粉宜取上限值，采用 S105 级粒化高炉矿渣粉可取上限值加 0.05；

　　3. 当超出表中的掺量时，粉煤灰和粒化高炉矿渣粉影响系数应经试验确定。

③ 当水泥 28d 胶砂抗压强度（f_{ce}）无实测值时，可按式(9-5) 计算：

$$f_{ce} = \gamma_c f_{ce,g} \tag{9-5}$$

式中　γ_c——水泥强度等级值的富余系数，可按实际统计资料确定，当缺乏实际统计资料时，也可按表 9-4 选用；

　　　$f_{ce,g}$——水泥强度等级值，MPa。

表 9-4　水泥强度等级值的富余系数（γ_c）

水泥强度等级值/MPa	32.5	42.5	52.5
富余系数	1.12	1.16	1.10

此外，水胶比值与混凝土所在的环境、构筑物的类别有关，《混凝土结构设计规范 (2015 年版)》要求设计使用年限为 50 年的混凝土结构，普通混凝土的水胶比值不应超过表 9-5 的规定。

表 9-5　结构混凝土的最大水胶比和最低强度等级

环境等级	条件	最大水胶比	最低强度等级
一	室内干燥环境； 无侵蚀性静水浸没环境	0.60	C20
二 a	室内潮湿环境； 非严寒和非寒冷地区的露天环境； 非严寒和非寒冷地区与无侵蚀性的水或土壤直接接触的环境； 严寒和寒冷地区的冰冻线以下与无侵蚀性的水或土壤直接接触的环境；	0.55	C25
二 b	干湿交替环境； 水位频繁变动环境； 严寒和寒冷地区的露天环境； 严寒和寒冷地区冰冻线以上与无侵蚀性的水或土壤直接接触的环境	0.50(0.55)	C30(C25)

环境等级	条件	最大水胶比	最低强度等级
三 a	严寒和寒冷地区冬季水位变动区环境; 受除冰盐影响环境; 海风环境	0.45(0.50)	C35(C30)
三 b	盐渍土环境; 受除冰盐作用环境; 海岸环境	0.40	C40

注:1. 素混凝土构件的水胶比及最低强度等级的要求可适当放松;

2. 有可靠工程经验时,二类环境中的最低混凝土强度等级可降低一个等级;

3. 处于严寒和寒冷地区二 b、三 a 类环境中的混凝土应使用引气剂,并可采用括号中的有关参数。

9.1.3.5 基本参数

本节讨论的基本参数是用水量、胶凝材料用量和砂率。用水量和砂率通过经验积累由规程提供,胶凝材料用量根据水胶比计算。

(1)用水量 用水量根据粗骨料的品种、粒径和施工对混凝土坍落度的要求而选用,用水量见表 9-6 及表 9-7,并应注意下列事项:

① 此两表只适用于混凝土水胶比在 0.40～0.80 范围内的情形。

② 水胶比小于 0.4 的混凝土以及采用特殊成型工艺的混凝土用水量,应通过试验确定。

③ 流动性和大流动性混凝土的用水量,可以表 9-7 中坍落度 90mm 对应用水量为基础,按坍落度每增加 20mm,用水量增加 5kg 的幅度,计算所需的用水量;当坍落度增大到 180mm 以上时,随坍落度增大相应增加的用水量可减少。

表 9-6 干硬性混凝土的用水量 单位:kg/m³

拌和物稠度		卵石最大公称粒径/mm			碎石最大公称粒径/mm		
项目	指标	10.0	20.0	40.0	16.0	20.0	40.0
维勃 稠度/s	16～20	175	160	145	180	170	155
	11～15	180	165	150	185	175	160
	5～10	185	170	155	190	180	165

表 9-7 塑性混凝土的用水量 单位:kg/m³

拌和物稠度		卵石最大公称粒径/mm				碎石最大公称粒径/mm			
项目	指标	10.0	20.0	31.5	40.0	16.0	20.0	31.5	40.0
坍落度 /mm	10～30	190	170	160	150	200	185	175	165
	35～50	200	180	170	160	210	195	185	175
	55～70	210	190	180	170	220	205	195	185
	75～90	215	195	185	175	230	215	205	195

注:1. 本表用水量系采用中砂时的平均取值。采用细砂时,每立方米混凝土用水量可增加 5～10kg;采用粗砂时,则可减少 5～10kg。

2. 掺用矿物掺合料和外加剂时,用水量应相应调整。

掺外加剂时,每立方米流动性或大流动性混凝土的用水量(m_{w0})可按下式计算:

$$m_{w0} = m'_{w0}(1-\beta) \qquad (9-6)$$

式中 m_{w0}——满足实际坍落度要求的每立方米混凝土的用水量,kg/m³;

m'_{w0}——未掺外加剂时推定的满足实际坍落度要求的每立方米混凝土用水量,kg/m³;

β——外加剂的减水率,%,应经混凝土试验确定。

每立方米混凝土中外加剂用量（β_a）应按下式计算：

$$m_{a0} = m_{b0}\beta_a \tag{9-7}$$

式中　m_{a0}——计算配合比每立方米混凝土中外加剂用量，kg/m^3；

　　　m_{b0}——计算配合比每立方米混凝土中胶凝材料用量，kg/m^3；

　　　β_a——外加剂掺量，%，应经混凝土试验确定。

（2）胶凝材料、矿物掺合料和水泥用量

① 每立方米混凝土中胶凝材料用量可按式（9-8）计算。

$$m_{b0} = \frac{m_{w0}}{W/B} \tag{9-8}$$

式中　m_{b0}——每立方米混凝土中胶凝材料用量，kg/m^3；

　　　m_{w0}——每立方米混凝土中用水量，kg/m^3；

　　　W/B——混凝土的水胶比。

② 每立方米混凝土中矿物掺合料用量（m_{f0}）可按式（9-9）计算。

$$m_{f0} = m_{b0}\beta_f \tag{9-9}$$

式中　m_{f0}——每立方米混凝土中矿物掺合料用量，kg/m^3；

　　　β_f——矿物掺合料掺量，%。

③ 每立方米混凝土的水泥用量（m_{c0}）可按式（9-10）计算。

$$m_{c0} = m_{b0} - m_{f0} \tag{9-10}$$

式中　m_{c0}——每立方米混凝土中水泥用量，kg/m^3。

④《普通混凝土配合比设计规程》（JGJ 55—2011）规定，除配制 C15 及以下强度等级的混凝土外，混凝土的最小胶凝材料用量应符合表 9-8 的规定。

表 9-8　混凝土的最小胶凝材料用量

最大水胶比	最小胶凝材料用量/(kg/m^3)		
	素混凝土	钢筋混凝土	预应力混凝土
0.60	250	280	300
0.55	280	300	300
0.50	320		
≤0.45	330		

⑤ 矿物掺合料在混凝土中的掺量应通过试验确定。采用硅酸盐水泥或普通硅酸盐水泥时，钢筋混凝土中矿物掺合料最大掺量宜符合表 9-9 的规定，预应力钢筋混凝土中矿物掺合料最大掺量宜符合表 9-10 的规定。对基础大体积混凝土，粉煤灰、粒化高炉矿渣粉和复合掺合料的最大掺量可增加 5%。采用掺量大于 30% 的 C 类粉煤灰的混凝土应以实际使用的水泥和粉煤灰掺量进行安定性检验。

表 9-9　钢筋混凝土中矿物掺合料最大掺量

矿物掺合料种类	水胶比	最大掺量/%	
		采用硅酸盐水泥时	采用普通硅酸盐水泥时
粉煤灰	≤0.40	45	35
	>0.40	40	30
粒化高炉矿渣粉	≤0.40	65	55
	>0.40	55	45
钢渣粉	—	30	20

矿物掺合料种类	水胶比	最大掺量/%	
		采用硅酸盐水泥时	采用普通硅酸盐水泥时
磷渣粉	—	30	20
硅灰	—	10	10
复合掺合料	≤0.40	65	55
	>0.40	55	45

注：1. 采用其他通用硅酸盐水泥时，宜将水泥混合材掺量 20% 以上的混合材量计入矿物掺合料；

2. 复合掺合料各组分的掺量不宜超过单掺时的最大掺量；

3. 在混合使用两种或两种以上矿物掺合料时，矿物掺合料总掺量应符合表中复合掺合料的规定。

表 9-10　预应力钢筋混凝土中矿物掺合料最大掺量

矿物掺合料种类	水胶比	最大掺量/%	
		采用硅酸盐水泥时	采用普通硅酸盐水泥时
粉煤灰	≤0.40	35	30
	>0.40	25	20
粒化高炉矿渣粉	≤0.40	55	45
	>0.40	45	35
钢渣粉	—	20	10
磷渣粉	—	20	10
硅灰	—	10	10
复合掺合料	≤0.40	55	45
	>0.40	45	35

注：1. 采用其他通用硅酸盐水泥时，宜将水泥混合材掺量 20% 以上的混合材量计入矿物掺合料；

2. 复合掺合料各组分的掺量不宜超过单掺时的最大掺量；

3. 在混合使用两种或两种以上矿物掺合料时，矿物掺合料总掺量应符合表中复合掺合料的规定。

（3）砂率　砂率是指砂在骨料总量中的比例（%）。其理论值为

$$\beta_s = \alpha \times \frac{\rho_s P_g}{\rho_s P_g + \rho_g} \tag{9-11}$$

式中　β_s——砂率，%；

α——拨开系数，用机械振捣成型，取 1.1～1.2，用人工捣固，取 1.2～1.4；

ρ_s——砂的堆积密度，kg/m^3；

P_g——石子的空隙率，%；

ρ_g——石子的堆积密度，kg/m^3。

砂率对混凝土强度影响不大，但对新拌混凝土的稠度、黏聚性和保水性有一定影响。砂率受下列因素影响：粗骨料粒径大，则砂率小；细砂的砂率应小，粗砂的砂率应大；粗骨料为碎石则砂率大，粗骨料为卵石则砂率小；水胶比大则砂率大，水胶比小则砂率小；水泥用量大则砂率小，水泥用量小则砂率大。

因此，砂率很难通过计算决定，往往参考当地历史资料。无当地资料可参考时，可参考表 9-11 选用。

按表 9-11 选用砂率时，可按照下列情况做必要调整。

① 坍落度小于 10mm 的混凝土，其砂率应经试验确定；

② 坍落度为 10～60mm 的混凝土砂率，可根据粗骨料品种、最大公称粒径及水胶比按表 9-11 选取；

③ 坍落度大于 60mm 的混凝土砂率，可经试验确定，也可在表 9-11 的基础上，按坍落

度每增大 20mm，砂率增大 1% 的幅度予以调整；

④ 对薄壁构件，砂率应采用偏大值；

⑤ 粗骨料只用一个单粒级配制混凝土时，砂率应适当增大。

表 9-11　混凝土的砂率　　　　　　　　单位：%

水胶比（W/B）	卵石最大公称粒径/mm			碎石最大公称粒径/mm		
	10.0	20.0	40.0	16.0	20.0	40.0
0.40	26～32	25～31	24～30	30～35	29～34	27～32
0.50	30～35	29～34	28～33	33～38	32～37	30～35
0.60	33～38	32～37	31～36	36～41	35～40	33～38
0.70	36～41	35～40	34～39	39～44	38～43	36～41

注：1. 本表数值系中砂的选用砂率，对细砂或粗砂，可相应地减小或增大砂率；

2. 只用一个单粒级粗骨料配制混凝土时，砂率应适当增大；

3. 对薄壁构件，砂率取偏大值；

4. 本表中的砂率系指砂与骨料总量的质量比。

9.1.3.6　骨料用量的两种计算方法

前文已解决了用水量、外加剂掺量和胶凝材料用量的问题。未知的砂和石子用量计算有两种方法：质量法和体积法。两种方法所得的结果基本接近。分别介绍如下。

（1）质量法

① 依据　质量法计算配合比的依据是假定混凝土的总量等于所投放材料的总量。其表达式为：

$$m_{f0} + m_{c0} + m_{g0} + m_{s0} + m_{w0} = m_{cp} \tag{9-12}$$

式中　m_{g0}——每立方米混凝土的粗骨料用量，kg/m^3；

m_{s0}——每立方米混凝土的细骨料用量，kg/m^3；

m_{cp}——每立方米混凝土拌和物的假定质量，kg/m^3，可取 2350～2450kg/m^3。

② 砂石总用量及个别用量的计算

砂石总用量可将式（9-12）移项，得：

$$m_{g0} + m_{s0} = m_{cp} - m_{f0} - m_{c0} - m_{w0} \tag{9-13}$$

砂石个别用量可利用砂率计算，由

$$\beta_s = \frac{m_{s0}}{m_{s0} + m_{g0}} \times 100\% \tag{9-14}$$

可得砂的用量

$$m_{s0} = \beta_s (m_{s0} + m_{g0}) \tag{9-15}$$

石子的用量

$$m_{g0} = (m_{s0} + m_{g0}) - m_{s0} \tag{9-16}$$

（2）体积法

① 依据　体积法的依据是假设所投放材料的总体积为 1m^3 时，能完成混凝土的工作量（体积）为 1m^3。用公式表示为：

$$\frac{m_{c0}}{\rho_c} + \frac{m_{f0}}{\rho_f} + \frac{m_{g0}}{\rho_g} + \frac{m_{s0}}{\rho_s} + \frac{m_{w0}}{\rho_w} + 0.01\alpha = 1 \tag{9-17}$$

$$V_c + V_f + V_g + V_s + V_w + 0.01\alpha = 1m^3 \tag{9-18}$$

式中　　　　　　ρ_c——水泥密度，kg/m³，可取 2900～3100kg/m³；

ρ_f——矿物掺合料的密度，kg/m³；

ρ_g——粗骨料的表观密度，kg/m³；

ρ_s——细骨料的表观密度，kg/m³；

ρ_w——水的密度，kg/m³，可取 1000kg/m³；

α——混凝土的含气量百分数，在不使用引气型外加剂时，$\alpha=1$；

V_c、V_g、V_s、V_w——水泥、石子、砂、水的体积，m³。

② 计算

a. 向实验室了解水泥、矿物掺合料、砂、石子的密度。

b. 将已知的水、水泥、矿物掺合料的用量换算为体积，按下式计算：

$$V=\frac{m}{\rho} \tag{9-19}$$

式中　V——体积，m³；

m——材料用量，kg；

ρ——材料密度，kg/m³。

c. 计算砂、石的总体积及个别体积，公式如下。

$$(V_g+V_s)=1-V_c-V_f-V_w-0.01\alpha \tag{9-20}$$

$$V_s=\beta_s(V_s+V_g) \tag{9-21}$$

$$V_g=(V_g+V_s)-V_s \tag{9-22}$$

d. 将体积比的配合比换算成质量比，以便于搅拌站使用。

（3）初步配合比　上列几种材料用量得出后，通常按一定次序列出，并以水泥的用量为 100%，算出其他几种材料的比值，即

$$\frac{m_{w0}}{m_{c0}}:\frac{m_{c0}}{m_{c0}}:\frac{m_{f0}}{m_{c0}}:\frac{m_{s0}}{m_{c0}}:\frac{m_{g0}}{m_{c0}} \tag{9-23}$$

9.1.4　混凝土的试配

9.1.4.1　试配

混凝土初步配合比设计完成后必须进行试配。试配的作用是检验配合比是否与设计要求相符。如不符合，应进行调整。

试配工作应注意下列几点：

① 所用的设备及工艺方法应与生产时的条件相同。

② 所使用的粗细骨料应处于干燥状态。

③ 每盘的拌和量：当粗骨料粒径≤31.5mm 时，试配量应≥20L；最大粒径为 40mm 时，试配量应≥25L。

④ 材料的总量应不少于搅拌机公称容量的 1/4 且不应大于搅拌机公称容量。

⑤ 混凝土试配项目次序的安排应为稠度、强度、用料量。每个项目经过试配、调整符合设计要求后，方可安排下个项目的试配和调整。

9.1.4.2　稠度的调整

（1）检测　稠度的调整应从检测三个项目入手：一是黏聚性，二是泌水性，三是坍落度。

按试配要求拌好拌和物后，可先观测前两个项目：随意取少量拌和物置于手掌内，两手用力将之捏压成不规则的球状物，放手后如拌和物仍成团不散不裂，则黏聚性好；如有水分带有水泥微粒流出，则表示泌水性大。

坍落度试验，可用坍落度筒法，当坍落度筒垂直平稳提起时，筒内拌和物向下坍落，将有四种不同形态出现，如图 9-3 所示。图(a) 为无坍落度或坍落度很小；图(b) 为有坍落度，用直尺测量其与坍落度筒顶部的高差，为坍落度值，如与设计值相符，便视为合格；图(c) 则表示砂浆少、黏聚性差；图(d) 如不是有意拌制大流动性混凝土，则可能坍落度过大。

另外，还可对已坍落拌和物的黏聚性再进行观测，用捣棒轻轻敲击试体的两侧，如试体继续整体下沉，则黏聚性良好；如试体分块崩落或出现离析，表示黏聚性不够好。

对已坍落的试体，可同时进行泌水性观测：如有含细颗粒的稀浆水自试体表面流出，则泌水性较大。

(2) 调整

① 坍落度调整 如坍落度如图 9-3(a)，则拌和物属于干硬性混凝土。如坍落度过小，可采取两种措施：一是维持原水胶比，略微增加用水量和胶凝材料用量；二是略微加大减水剂的量。如坍落度过大，也是维持原水胶比，略微减少用水量和胶凝材料用量，或减小砂率。

② 黏聚性调整 黏聚性不好有两种原因：一是粗骨料过多，水泥砂浆不足；二是水泥砂浆过多。应仔细分析原配合比，针对原因采取措施。

③ 泌水性调整 泌水性大，有可能降低混凝土强度，解决措施是减少用水量，但不减水泥用量。

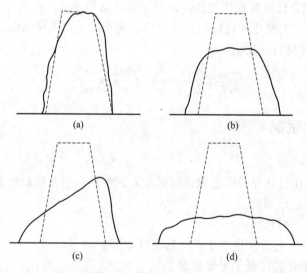

(a) (b)

(c) (d)

图 9-3 坍落的不同形态

④ 调整幅度 进行调整时，每次调幅应以 1% 为限。一次未能解决，则多次逐步进行，直至符合要求。调整时，应按前述流程重新计算用量。

稠度调整合格的配合比，亦即下一个项目强度试验的基准配合比。

9.1.4.3 强度的检测

强度的检测以稠度调整后的基准配合比为对象。

制作强度试件时，应按石子最大粒径选用模型：

① 当石子最大粒径为 31.5mm 时，用 100mm×100mm×100mm 试模；

② 当石子最大粒径为 37.5mm 时，用 150mm×150mm×150mm 试模；

③ 当石子最大粒径为 63.0mm 时，用 200mm×200mm×200mm 试模。

强度试件制作 3 组，每组 3 块。一组按稠度调整后的基准配合比制作，称为基准组；一组按基准组的水胶比增加 0.05，用水量与基准组相同，砂率可增大 1%；另一组按基准组的水胶比减少 0.05，用水量与基准组相同，砂率可减小 1%。每个配合比应至少制作一组试件，并应标准养护到 28d 或设计规定龄期时试压。

9.1.5 配合比的调整与确定

9.1.5.1 配合比的调整

① 根据混凝土强度试验结果，宜绘制强度和胶水比的线性关系图或用插值法确定略大于配制强度对应的胶水比；

② 在基准配合比的基础上，用水量（m_w）和外加剂用量（m_a）应根据确定的水胶比做调整；

③ 胶凝材料用量（m_b）应以用水量乘以确定的胶水比计算得出；

④ 粗骨料和细骨料用量（m_g 和 m_s）应根据用水量和胶凝材料用量进行调整。

9.1.5.2 混凝土拌和物表观密度和配合比校正系数

配合比调整后的混凝土拌和物的表观密度应按下式计算：

$$\rho_{c,c} = m_w + m_c + m_f + m_s + m_g \tag{9-24}$$

式中 $\rho_{c,c}$——混凝土表观密度计算值，kg/m^3。

但混凝土拌和后的表观密度实测值与计算值可能不一致。当出现差异时，应进行调整，其校正系数如式(9-25)。

$$\delta = \frac{\rho_{c,t}}{\rho_{c,c}} \tag{9-25}$$

式中 $\rho_{c,t}$——混凝土表观密度实测值，kg/m^3；

δ——校正系数。

当混凝土拌和物表观密度实测值与计算值之差的绝对值不超过计算值的 2% 时，可不进行调整；大于 2% 时，应将配合比中每项材料用量均乘以校正系数（δ）。

【例 9-1】 配制 C20 级混凝土，经稠度及强度试验后，确定配合比如下（每立方米混凝土中各成分的用量）：$m_w = 170kg$，$m_c = 293kg$，$m_s = 678kg$，$m_g = 1259kg$，总用量为 2400kg。按照试件实测，其表观密度为 2460kg/m³。请计算校正系数，确定调整后的配合比。

解：$\delta = \dfrac{2460}{2400} = 102.5\%$

表观密度实测值与计算值之差的绝对值超过计算值的 2%，应再进行调整。

调整后每立方米混凝土中各成分的用量：

$$m_w = 170 \times 1.025 = 174.2kg$$

$$m_c = 293 \times 1.025 = 300.3kg$$

$$m_s = 678 \times 1.025 = 695.0kg$$

$$m_g = 1259 \times 1.025 = 1290.5kg$$

其配合比为 0.58∶1∶2.314∶4.297，不变。

【例 9-2】 某混凝土表观密度实测值为 $2360kg/m^3$，表观密度计算值为 $2400kg/m^3$。请计算校正系数，分析是否对原来用料量进行调整。

解： $\delta = \dfrac{2360}{2400} = 98.33\%$

表观密度实测值与计算值之差的绝对值不超过计算值的 2%，可不做调整。

生产单位可根据常用材料设计出常用的混凝土配合比备用，并应在启用过程中予以验证或调整。遇有下列情况之一时，应重新进行配合比设计：

① 对混凝土性能有特殊要求时；

② 水泥、外加剂或矿物掺合料等原材料品种、质量有显著变化时。

9.1.5.3 耐久性验证

对耐久性有设计要求的混凝土应进行相关耐久性试验验证。《混凝土结构耐久性设计标准》（GB/T 50476—2019）从实际工程耐久性角度出发，规定了普通混凝土的强度等级、最大水胶比限值和胶凝材料用量范围，如表 9-12 所示。

表 9-12 单位体积混凝土的胶凝材料用量

强度等级	最大水胶比	最小用量/(kg/m³)	最大用量/(kg/m³)
C25	0.60	260	—
C30	0.55	280	—
C35	0.50	300	—
C40	0.45	320	—
C45	0.40	—	450
C50	0.36	—	500
≥C55	0.33	—	550

注：1. 表中数据适用于最大骨料粒径为 20mm 的情况，骨料粒径较大时宜适当降低胶凝材料用量，骨料粒径较小时可适当增加胶凝材料用量；

2. 引气混凝土的胶凝材料用量与非引气混凝土要求相同；

3. 当胶凝材料的矿物掺合料掺量大于 20% 时，最大水胶比不应大于 0.45。

9.1.6 综合例题

【例 9-3】 某多层钢筋混凝土框架结构房屋，柱、梁、板混凝土设计的结构强度为 C30 级。设计图梁柱的最小截面为 240mm，钢筋最小间距为 39mm，楼板厚度为 90mm。用轻型振动器振捣。要求采用 P·O 42.5 水泥、Ⅱ 级粉煤灰、S95 级矿渣粉；砂石料均为干净、无有害杂质、级配好的天然砂石；减水剂减水率为 25%（1% 掺量时）；水为干净的地下水。以此原材料为基础，开展强度等级为 C30、坍落度为 200mm 的混凝土配合比设计工作。

解：（1）选料

① 水泥 按题意为普通硅酸盐水泥。其强度等级参照水泥强度等级选择表，选用 $f_{ce,g} = 42.5MPa$。因无 28d 抗压强度实测值，但查随货质量证明，其富余系数可达 1.16，要求按实际强度 $f_{ce} = 49.3MPa$ 使用。

② 碎石 品种为当地生产的花岗岩，最大粒径为 31.5mm（经查表知未超过规定）。可选用连续级配为 5~31.5mm 的、密度不小于 $2.6 \times 10^3 kg/m^3$ 的合格碎石。

③ 砂 可采用当地生产的符合标准的河砂，选用细度模数为 2.7~3.4 的中粗砂。

④ 水　用当地的自来水。

⑤ 坍落度　施工部门浇筑时使用轻型振动器，选用坍落度为200mm。

⑥ 回归系数　按表9-2取值：碎石 $\alpha_a=0.53$，$\alpha_b=0.20$。

（2）运算

① 计算强度标准差　假定搅拌站提供该站前一个月的生产水平资料如下，计算其标准差。

a. 组数 $n=27$；

b. 前一个月各组总强度 $\sum f_{cu,i}=968.8$；

c. 各组强度值的平方和 $\sum f_{cu,i}^2=36401.18$；

d. 各组强度的平均值 $\mu_{f_{cu}}=36.548$；

e. 强度平均值的平方乘组数 $n\mu_{f_{cu}}^2=36065.42$。

将资料各值代入式(9-1)，可得

$$\sigma=\sqrt{\frac{36401.18-36065.42}{27-1}}=3.594(MPa)$$

取 $\sigma=3.6MPa$，查表9-1，由于计算的标准差不小于3.0MPa，所以 $\sigma=5.0MPa$。

② 计算配制强度 $f_{cu,0}$　引用式(9-2)，可得

$$f_{cu,0}=30+1.645\times5=38.2(MPa)$$

③ 计算水胶比　结合混凝土的性能指标和原材料的品质特征，设计Ⅱ级粉煤灰掺量为15%，S95级矿渣粉掺量为15%，相当于双掺30%的掺合料。标准规定Ⅰ级或Ⅱ级粉煤灰单掺30%时，影响系数为0.65～0.75；S95级矿渣粉单掺30%时，影响系数为0.90～1.00。故由插值法得公式中Ⅰ级或Ⅱ级粉煤灰和S95级矿渣粉双掺30%时，其影响系数取0.8。

引用式(9-3)、式(9-4) 和式(9-5)，将各值代入得：

$$W/B=\frac{\alpha_a f_b}{f_{cu,0}+\alpha_a\alpha_b f_b}=\frac{0.53\times f_b}{f_{cu,0}+0.53\times0.20\times f_b}$$

$$=\frac{0.53\times0.80\times1.16\times42.5}{38.2+0.53\times0.20\times0.80\times1.16\times42.5}=0.49$$

④ 确定用水量　查表9-7，最大坍落度为75～90mm，当设计坍落度为200mm、碎石粒径为31.5mm时，坍落度每增加20mm，用水量增加5kg的幅度，计算所需的用水量约为235kg/m³，即为本题的每立方米混凝土用水量。

引用式(9-6)，减水剂的减水率按25%，计算实际用水量：

$$m_{w0}=m'_{w0}(1-\beta)=235\times(1-25\%)\approx176kg/m^3$$

⑤ 计算胶凝材料用量　引用式(9-8)、式(9-9) 和式(9-10)，将各值代入，得每立方米混凝土中的水泥量、粉煤灰量、矿渣粉量等。

$$m_{b0}=\frac{176}{0.49}=359(kg)$$

根据设计，粉煤灰和矿渣粉各掺15%，所以粉煤灰用量为54kg/m³，矿渣粉用量为54kg/m³，水泥用量为251kg/m³。

假定减水剂的最佳掺量为1%，则减水剂用量为3.59kg/m³。

⑥ 确定砂率　查表9-11，水胶比接近0.5，碎石粒径设计为31.5mm，但表中只有20.0mm和40.0mm，取此两值的近似平均值33%，考虑到坍落度为200mm，按坍落度每

混 凝 土 材 料 学

增大 20mm，砂率增大 1％的幅度予以调整，调整后的砂率为 40％。

⑦ 分别用质量法及体积法运算

a. 质量法

每立方米混凝土的骨料总用量，引用式（9-13）：

$$m_{g0} + m_{s0} = 2400 - 176 - 359 = 1865(\text{kg})$$

每立方米混凝土砂用量，引用式（9-15）：

$$m_{s0} = 0.40 \times 1865 = 746(\text{kg})$$

每立方米混凝土石子用量，引用式（9-16）：

$$m_{g0} = 1865 - 746 = 1119(\text{kg})$$

按质量法配合计算结果，每立方米混凝土各材料用量列出如下：

$$m_{w0} = 176\text{kg}, m_{c0} = 251\text{kg}$$

$$m_{f01} = 54\text{kg}, m_{f02} = 54\text{kg}$$

$$m_{s0} = 746\text{kg}, m_{g0} = 1119\text{kg}, m_{a0} = 3.59\text{kg}$$

b. 体积法

需要补充水、水泥、粉煤灰、矿渣粉、砂、石等的密度后，按式（9-17）、式（9-18）进行计算，不再赘述。

（3）表格法运算　表格法运算是将分类法简化成表格，质量法及体积法均适用，更适合经常有配合比设计工作的部门。各种数据汇集齐后，在很短时间内便可得出结果。

表 9-13 是以【例 9-3】的质量法采用表格法运算的示例。计算结果与【例 9-3】相同。

表 9-13　混凝土配合比质量法计算表

序号	项目	计算公式或应查表号	计算结果
①	强度标准差	$\sigma = \sqrt{\dfrac{\sum\limits_{i=1}^{N} f_{cu,i}^2 - N\mu_{f_{cu}}^2}{N-1}}$	3.6MPa
②	配制强度	$f_{cu,0} \geqslant f_{cu,k} + 1.645\sigma$	38.2MPa
③	水泥实际强度	快速测定，或按下式计算：$f_{ce} = \gamma_c f_{ce,g}$	49.3MPa
④	水胶比	$W/B = \dfrac{\alpha_a f_b}{f_{cu,0} + \alpha_a \alpha_b f_b}$	0.49
⑤	坍落度	表 9-7	200mm
⑥	粗骨料最大粒径		31.5mm
⑦	用水量（每立方米混凝土）	表 9-7	176kg
⑧	胶凝材料用量（每立方米混凝土）	$m_{b0} = \dfrac{m_{w0}}{W/B}$	359kg
⑨	掺合料、水泥用量	$m_{f0} = m_{b0}\beta_f$	108kg
		$m_{c0} = m_{b0} - m_{f0}$	251kg
⑩	砂率	表 9-11	40％
⑪	复查水胶比值及胶凝材料、掺合料用量	表 9-12	合格
⑫	混凝土假定总量（每立方米）	$m_{f0} + m_{c0} + m_{g0} + m_{s0} + m_{w0} = m_{cp}$	2400kg
⑬	粗、细骨料总量（每立方米混凝土）	$m_{g0} + m_{s0} = m_{cp} - m_{b0} - m_{w0}$	1865kg
⑭	砂用量（每立方米混凝土）	$m_{s0} = \beta_s(m_{s0} + m_{g0})$	746kg
⑮	石子用量（每立方米混凝土）	$m_{g0} = (m_{s0} + m_{g0}) - m_{s0}$	1119kg

注：如改为用体积法计算，序号①～⑪均相同。

9.2 高性能混凝土配合比设计

随着现代科学技术和生产的发展,各种超长、超高、超大型混凝土构筑物,以及在严酷环境下使用的混凝土结构,如高层建筑、跨海大桥、海底隧道、核反应堆、有毒有害和放射性废物处理工程的修建和使用,高性能混凝土的需求越来越大。高性能混凝土已在不少重要工程中被采用,特别是在桥梁、高层建筑、海港建筑等工程中显示出其独特的优越性,在工程安全使用期、经济合理性、环境条件适应性等方面产生了明显的效益,因此被各国学者所接受,被认为是今后混凝土技术的发展方向。目前,对高性能混凝土有几种不同解释,但基本认为高性能混凝土是一种高耐久性、高工作性和高体积稳定性的混凝土。

高性能混凝土应针对混凝土结构所处环境和预定功能进行耐久性设计,且必须具有设计要求的强度等级,在设计使用年限内必须满足结构承载和正常使用功能要求。根据混凝土结构所处的环境条件,高性能混凝土应满足下列一种或几种技术要求:

① 水胶比不大于 0.38;

② 56d 龄期的 6h 总导电量小于 1000C;

③ 300 次循环后相对动弹性模量大于 80%;

④ 胶凝材料抗硫酸盐腐蚀试验的试件 15 周膨胀率小于 0.4%,混凝土最大水胶比不大于 0.45;

⑤ 混凝土中可溶性碱总含量小于 $3.0kg/m^3$。

9.2.1 混凝土配制强度

高性能混凝土的试配强度按下式确定。

$$f_{cu,0} \geq f_{cu,k} + 1.645\sigma \tag{9-26}$$

式中　$f_{cu,0}$——混凝土的试配强度,MPa;

　　　$f_{cu,k}$——混凝土的强度标准值,MPa;

　　　σ——混凝土的强度标准差,当无统计数据时,对商品混凝土可取 4.5MPa。

9.2.2 参数的选择

根据大量的试验、经验以及资料,现将几种参数的选用,根据不同情况在下面列出,可作为参考。

9.2.2.1 胶凝材料

混凝土中水泥用量过多会产生多种不利后果,如会产生大量的水化热,收缩增加而引起裂缝的发生。因此配制高性能混凝土用的水泥宜选用质量稳定、强度等级不低于 42.5 级的硅酸盐水泥或普通硅酸盐水泥,胶凝材料总量宜采用 $450 \sim 600kg/m^3$。

矿物掺合料宜采用硅粉、粉煤灰、磨细矿渣粉、天然沸石粉、偏高岭土粉以及复合微细粉等。当矿物微细粉等量取代水泥时,最大用量宜符合下列要求:硅粉不大于 10%;粉煤灰不大于 30%;磨细矿渣粉不大于 40%;天然沸石粉不大于 10%;偏高岭土粉不大于 15%;复合微细粉不大于 40%。当粉煤灰超量取代水泥时,超量值不宜大于 25%。在配制高性能混凝土时,掺入矿物掺合料增大了胶凝材料的绝对体积,应减少部分砂量。

9.2.2.2 水

高性能混凝土拌和和养护用水，必须符合现行行业标准《混凝土用水标准》的规定。水胶比是控制混凝土强度的重要参数，水胶比愈小，配制的混凝土强度愈高，高性能混凝土的水胶比一般小于 0.4，而水胶比的降低使混凝土工作性变差，可通过加入高效或高性能减水剂来解决。掺减水剂时混凝土的用水量可由下式求得：

$$m_w = m_{w_a}(1-\beta) \tag{9-27}$$

式中　m_w——掺减水剂混凝土每立方米中的用水量，kg/m^3；

　　　m_{w_a}——未掺减水剂混凝土每立方米中的用水量，kg/m^3；

　　　β——减水剂的减水率，%。

《混凝土结构耐久性设计与施工指南》中对不同等级混凝土最大浆骨比和最大用水量的规定见表 9-14。

表 9-14　不同等级混凝土最大浆骨比和最大用水量

强度等级	最大浆骨比	最大用水量/(kg/m^3)
C30～C50(不含 C50)	≤0.32	≤170
C50～C60(含 C60)	≤0.35	≤160
C60 以上(不含 C60)	≤0.38	≤150

9.2.2.3 水胶比

高性能混凝土水胶比可参考表 9-15。

表 9-15　高性能混凝土水胶比推荐选用取值

混凝土强度等级	C50	C60	C70	C80	C90	C100
水胶比	0.37～0.33	0.34～0.30	0.31～0.27	0.28～0.24	0.25～0.21	0.23～0.19

9.2.2.4 骨料及砂率

高性能混凝土采用的细骨料应选择质地坚硬、级配良好的中、粗河砂或人工砂。配制 C60 以上强度等级高性能混凝土的粗骨料，应选用级配良好的碎石或碎卵石。岩石的抗压强度与混凝土的抗压强度之比不宜低于 1.5，或其压碎值小于 10%。粗骨料的最大粒径不宜大于 25mm，宜采用 15～25mm 和 5～15mm 两级粗骨料配合。粗骨料中针片状颗粒含量应小于 10%，且不得混入风化颗粒。

砂率的大小可参考表 9-16 选用。

表 9-16　高性能混凝土砂率选用表

胶凝材料总量/(kg/m^3)	400～450	450～500	500～550	550～600
砂率/%	40	38	36	34

9.2.2.5 化学外加剂

高性能混凝土中采用的外加剂必须符合现行国家标准《混凝土外加剂》和《混凝土外加剂应用技术规范》，并对混凝土和钢材无害。

高效减水剂是配制高性能混凝土的重要组分，高效减水剂的掺入，可以大大降低混凝土的水胶比，增加流动性，使坍落度达到 200mm 左右，有利于施工。所采用的高效减水剂的减水率不宜低于 20%。

9.2.3 高性能混凝土配合比确定

高性能混凝土配合比计算步骤同 9.1.3。高性能混凝土的耐久性设计是一个复杂的系统过程。从原材料的选择、混凝土配合比的设计到施工过程中的工艺控制、混凝土的裂缝控制，任何一个环节都应当得到重视。只有重视施工过程中的每个环节，才能保证混凝土的结构寿命。

9.3 轻骨料混凝土配合比设计

建筑材料正在朝着高性能化、多功能化方向发展。同时，随着社会的进步，环境友好型、资源节约型社会以及绿色建筑的理念越来越深入人心，因此发展轻质混凝土已成为当务之急，也是结构技术发展的必然趋势。凡用轻粗骨料、轻砂或普通砂、胶凝材料、外加剂和水配制而成的干表观密度不大于 $1950kg/m^3$ 的混凝土，称为轻骨料混凝土。由于所用轻骨料的种类不同，轻骨料混凝土都以轻骨料的种类命名，例如黏土陶粒混凝土、粉煤灰陶粒混凝土、页岩陶粒混凝土、浮石混凝土等。

按细骨料品种的不同，轻骨料混凝土分为全轻混凝土、砂轻混凝土和大孔轻骨料混凝土。全轻混凝土中的粗、细骨料均为轻骨料，砂轻混凝土中的细骨料部分或全部采用普通砂，大孔轻骨料混凝土中无砂或少砂。

轻骨料混凝土与普通混凝土的不同之处是采用了轻质骨料，这些轻质骨料中存在大量孔隙，降低了骨料的颗粒表观密度，从而降低了轻骨料混凝土的表观密度，一般比普通混凝土的干表观密度小 20%～30%。轻骨料混凝土具有许多优越的性能。①轻骨料混凝土的强度一般可达 LC15～LC50，最高可达 LC60。国外已获得强度达 55.5MPa，而干表观密度只有 $1660kg/m^3$ 的结构轻骨料混凝土。②多孔轻骨料内部的孔隙，使轻骨料混凝土热导率降低，保温性能提高。干表观密度为 $800～1400kg/m^3$ 的轻骨料混凝土，其热导率为 $0.23～0.52W/(m·K)$，是一种性能良好的墙体材料，不仅强度高、整体性好，而且用它制作的墙体材料，在与普通砖同等保温要求下，可使墙体厚度减薄 40% 以上，自重减轻 50%。③轻骨料混凝土由于自重轻，弹性模量小，因此抗震性能好。在地震荷载作用下，所承受的地震力小，对冲击能量的吸收快，减震效果好。④轻骨料混凝土耐火性能好，在同一耐火等级的条件下，轻骨料混凝土板的厚度可以比普通混凝土板减薄 20% 以上。

随着建筑物不断地向高层和大跨度的方向发展，以及建筑业工业化、机械化和装配化程度的不断提高，轻骨料混凝土获得了相应的发展，并显示出优越的技术经济效果。

普通混凝土配合比设计，通常是以稠度和强度指标为设计基点。轻骨料混凝土配合比设计，除稠度、强度外，应同时考虑密度（单位体积质量）。如有其他特殊要求，也要同时考虑。随着我国经济的快速发展，建筑工程也越来越大型化、复杂化，建筑设计使用年限也大幅延长。因此，混凝土研究也发展成为一个集拌和物施工性能、力学性能、耐久性能、现场施工控制于一体的综合性课题。

9.3.1 混凝土配制强度

按式（9-2）计算配制强度。其中强度标准差应由施工单位根据式（9-1）提供，无资料时，按表 9-17 选用。

表 9-17　轻骨料混凝土强度标准差取值

轻骨料混凝土强度等级	低于 LC20	LC20～LC35	高于 LC35
σ/MPa	4.0	5.0	6.0

9.3.2　参数的选择

行业标准《轻骨料混凝土应用技术标准》(JGJ/T 12—2019)规定，轻骨料混凝土配合比设计应将工程设计文件提出的耐久性能和长期性能要求作为设计目标；工程设计文件未提出轻骨料混凝土耐久性能要求时，轻骨料混凝土配合比设计应结合工程具体情况将现行国家标准《混凝土结构耐久性设计标准》(GB/T 50476—2019)中对混凝土耐久性能的要求作为设计目标。

9.3.2.1　水胶比

具有抗裂要求的轻骨料混凝土配合比设计净水胶比不宜大于 0.50，宜采用聚羧酸系高性能减水剂；具有抗渗要求的轻骨料混凝土配合比设计最大净水胶比应符合表 9-18 的规定；具有抗冻要求的轻骨料混凝土配合比设计最大净水胶比和最小胶凝材料用量应符合表 9-19 规定；复合矿物掺合料最大掺量符合表 9-20 规定。

表 9-18　最大净水胶比

设计抗渗等级	最大净水胶比
P6	0.55
P8～P12	0.45
>P12	0.40

表 9-19　最大净水胶比和最小胶凝材料用量

设计抗冻等级	最大净水胶比		最小胶凝材料用量/(kg/m³)
	无引气剂时	掺引气剂时	
F50	0.50	0.56	320
F100	0.45	0.53	340
F150	0.40	0.50	360
F200	—	0.50	360

表 9-20　复合矿物掺合料最大掺量

净水胶比	复合矿物掺合料最大掺量/%	
	采用硅酸盐水泥时	采用普通硅酸盐水泥时
≤0.40	55	45
>0.40	45	35

9.3.2.2　胶凝材料用量

不同配制强度的轻骨料混凝土的胶凝材料用量可按表 9-21 选用，胶凝材料中的水泥宜为 42.5 级普通硅酸盐水泥；轻骨料混凝土最大胶凝材料用量不宜超过 550kg/m³；对于泵送轻骨料混凝土，胶凝材料用量不宜小于 350kg/m³。

表 9-21　轻骨料混凝土的胶凝材料用量　　　　　　　单位：kg/m³

混凝土试配强度/MPa	轻骨料密度等级/(kg/m³)						
	400	500	600	700	800	900	1000
<5.0	260～320	250～300	230～280				
5.0～7.5	280～360	260～340	240～320	220～300			

混凝土试配	轻骨料密度等级/(kg/m³)						
强度/MPa	400	500	600	700	800	900	1000
7.5～10		280～370	260～350	240～320			
10～15			280～350	260～340	240～330		
15～20			300～400	280～380	270～370	260～360	250～350
20～25				330～400	320～390	310～380	350～420
25～30				380～450	370～440	360～430	350～420
30～40				420～500	390～490	380～480	370～470
40～50					430～530	420～520	410～510
50～60					450～550	440～540	430～530

注：表中范围下限值适用于圆球型轻骨料砂轻混凝土，范围上限值适用于碎石型轻粗骨料砂轻混凝土和全轻混凝土。

9.3.2.3 矿物掺合料

钢筋混凝土中矿物掺合料最大掺量宜符合表 9-9 的规定；预应力钢筋混凝土中矿物掺合料最大掺量宜符合表 9-10 的规定。

对于大体积混凝土，粉煤灰、矿渣粉和复合掺合料的最大掺量可增加 5%；采用其他通用硅酸盐水泥时，宜将水泥混合材掺量 20% 以上的部分计入矿物掺合料；复合掺合料各组分的掺量不宜超过单掺时的最大掺量。

9.3.2.4 用水量

轻骨料混凝土用水量有两种，一为轻骨料使用前 1h 的预吸水量（称为附加水量），二为搅拌时用水量（称为净用水量）。用水量可按水泥用量、最小水胶比和稠度考虑。这里的用水量是指净用水量，如表 9-22 所示。

表 9-22 轻骨料混凝土的净用水量

轻骨料混凝土成型方式	拌和物性能要求		净用水量/(kg/m³)
	维勃稠度/s	坍落度/mm	
振动加压成型	10～20	—	45～140
振动台成型	5～10	0～10	140～160
振捣棒或平板振动器振实	—	30～80	160～180
机械振捣	—	150～200	140～170
钢筋密集机械振捣	—	≥200	145～180

9.3.2.5 砂率

轻骨料混凝土的砂率应按体积砂率计算，见表 9-23。

表 9-23 轻骨料混凝土的砂率

施工方式	细骨料品种	砂率/%
预制	轻砂	35～50
	普通砂	30～40
现浇	轻砂	40～55
	普通砂	35～45

注：1. 当细骨料为普通砂和轻砂混合使用时，宜取中间值，并按普通砂和轻砂混合比例进行插值计算。

2. 采用圆球型轻粗骨料时，宜取表中的下限值；采用碎石型轻粗骨料时，则取上限。

3. 对于泵送现浇的轻骨料混凝土，砂率宜取表中的上限值。

9.3.2.6 细、粗骨料用量

细、粗骨料的用量以干燥状态为基准，既可采用松散体积法计算，也可采用绝对体积法

计。

计算。

(1) 松散体积法的计算程序

① 确定细、粗骨料松散堆积的总体积。总体积可按表9-24选用。

表9-24 细、粗骨料松散堆积的总体积

轻粗骨料型	细骨料品种	细、粗骨料总体积/m³
圆球型	轻砂	1.25～1.50
	普通砂	1.10～1.40
碎石型	轻砂	1.35～1.65
	普通砂	1.15～1.60

注：当采用膨胀珍珠岩砂时，宜取表中上限值。

② 细骨料松散堆积体积的计算见式(9-28)。细轻骨料的用量计算见式(9-29)。

$$V_{slb}=V_{tlb}\beta_s \qquad (9-28)$$
$$m_s=V_{slb}\rho_{slb} \qquad (9-29)$$

式中 V_{slb}、V_{tlb}——细骨料松散堆积的体积和粗细骨料松散堆积的总体积，m³；

β_s——松散体积砂率，%；

m_s——细骨料的用量，kg；

ρ_{slb}——细骨料的堆积密度，kg/m³。

③ 粗轻骨料的松散堆积体积计算见式(9-30)，粗轻骨料的用量计算见式(9-31)。

$$V_{alb}=V_{tlb}-V_{slb} \qquad (9-30)$$
$$m_a=V_{alb}\rho_{alb} \qquad (9-31)$$

式中 V_{alb}、V_{slb}、V_{tlb}——粗骨料、细骨料和粗细骨料的松散堆积体积，m³；

m_a——粗骨料的用量，kg；

ρ_{alb}——粗骨料的堆积密度，kg/m³。

(2) 密实体积法的计算程序

① 砂的体积计算见式(9-32)，砂的用量计算见式(9-33)。

$$V_s=\left[1-\left(\frac{m_c}{\rho_c}+\frac{m_{wn}}{\rho_w}\right)\div1000\right]S_p \qquad (9-32)$$
$$m_s=V_s\rho_s \qquad (9-33)$$

式中 V_s——每立方米混凝土的细骨料绝对体积，m³；

m_c——每立方米混凝土的水泥用量，kg；

m_{wn}——每立方米混凝土的净用水量，kg；

ρ_c——水泥的表观密度，可取$\rho_c=2900\sim3100kg/m^3$；

ρ_w——水的密度，可取$\rho_w=1000kg/m^3$；

S_p——密实体积砂率，%；

m_s——每立方米混凝土的细骨料用量，kg；

ρ_s——细骨料的表观密度，采用普通砂时，可取$\rho_s=2600kg/m^3$。

② 粗轻骨料的体积计算见式(9-34)，粗轻骨料的用量计算见式(9-35)。

$$V_a=\left[1-\left(\frac{m_c}{\rho_c}+\frac{m_{wn}}{\rho_w}+\frac{m_s}{\rho_s}\right)\div1000\right] \qquad (9-34)$$
$$m_a=V_a\rho_{ap} \qquad (9-35)$$

式中 V_a——每立方米混凝土的轻粗骨料体积，m^3；

$\quad\quad m_a$——每立方米混凝土的轻粗骨料用量，kg；

$\quad\quad \rho_{ap}$——粗骨料的颗粒表观密度，kg/m^3。

9.3.2.7 总用水量

总用水量按式(9-36)计算：

$$m_{wl}=m_{wn}+m_{wa} \tag{9-36}$$

式中 m_{wl}——每立方米混凝土的总用水量，kg；

$\quad\quad m_{wn}$——每立方米混凝土的净用水量，kg；

$\quad\quad m_{wa}$——每立方米混凝土的附加水量，kg。

9.3.2.8 复查干表观密度

干表观密度计算见式(9-37)，计算结果与表 9-25 中的数据对比，如误差大于 2%，则应重新调整和计算配合比。

$$\rho_{cd}=1.15m_b+m_a+m_s \tag{9-37}$$

式中 m_b、m_s、m_a——胶凝材料、细骨料和粗骨料的用量，kg。

表 9-25 轻骨料混凝土的密度等级 单位：kg/m^3

密度等级	干表观密度的变化范围	密度等级	干表观密度的变化范围
600	560~650	1300	1260~1350
700	660~750	1400	1360~1450
800	760~850	1500	1460~1550
900	860~950	1600	1560~1650
1000	960~1050	1700	1660~1750
1100	1060~1150	1800	1760~1850
1200	1160~1250	1900	1860~1950

9.3.3 试配、调整及确定配合比

参照 9.1.5 节的程序及方法进行。

9.3.4 综合例题

【例 9-4】 某批量生产的预制粉煤灰陶粒混凝土墙板，设计强度为 LC20 级，密度等级为 $1600kg/m^3$，坍落度要求为 30~50mm，粉煤灰陶粒最大粒径为 15mm，细骨料为天然河砂，细度模数为 2.7~3.0，请设计砂轻混凝土的配合比。

解：(1)测得各项参数 轻粗骨料的干表观密度为 $1250kg/m^3$，筒压强度为 4.0MPa，1h 的吸水率为 16%；天然砂的密度为 $2600kg/m^3$；强度标准差 σ 无资料，查表 9-17 得，$\sigma=5.0MPa$。

(2)决定基本参数

① 配制强度按式(9-2)计算：

$$f_{cu,0}=f_{cu,k}+1.645\times5=20+8.225=28.225(MPa)$$

② 水泥品种及强度等级，用42.5级普通硅酸盐水泥，其密度为3100kg/m³。

③ 水泥用量，查表9-21，定为330kg/m³。

④ 净用水量，查表9-22，定为185kg/m³。

⑤ 砂率，查表9-23，按表选用中间值35%。

(3) 计算 按式(9-32)及式(9-33)计算砂的体积和用量；按式(9-34)及式(9-35)计算陶粒的体积和用量：

$$V_b = [1 - (330/3100 + 185/1000)] \times 35\% = 0.248 (\text{m}^3)$$

$$m_b = 0.248 \times 2600 = 644.8 (\text{kg})$$

$$V_a = [1 - (330/3100 + 185/1000 + 644.8/2600)] = 0.4605 (\text{m}^3)$$

$$m_a = 0.4605 \times 1250 = 575.6 (\text{kg})$$

(4) 复核 复核轻骨料混凝土表观密度是否与设计要求相符。按式(9-37)：

$$\rho_{cd} = 1.15 \times 330 + 644.8 + 575.6 = 1599.9 (\text{kg/m}^3)$$

符合表9-25的要求。

为便于轻骨料混凝土配合比设计时参考，现将轻骨料混凝土的强度和表观密度的常用参数范围列于表9-26。

表 9-26 常用轻骨料混凝土的强度和表观密度范围

轻粗骨料			细骨料		轻骨料混凝土	
品种	密度等级	筒压强度/MPa	品种	堆积密度/(kg/m³)	表观密度/(kg/m³)	强度等级
浮石或火山渣	400	≥0.4	轻砂	<250	800~1000	LC3.5~LC5.0
	400	≥0.4	普砂	1450	1200~1400	LC5.0~LC7.5
	600	≥0.8	轻砂	<900	1400~1600	LC7.5~LC10
	600	≥0.8	普砂	1450	1600~1800	LC10~LC15
	800	≥2.0	轻砂	<250	1000~1200	LC7.5~LC10
	800	≥2.0	普砂	1450	1600~1800	LC10~LC25
页岩陶粒	500	≥1.0	轻砂	<250	<1000	LC5.0~LC7.5
	500	≥1.0	轻砂	<900	1000~1200	LC7.5~LC10
	500	≥1.0	普砂	1450	1400~1600	LC10~LC15
	800	≥4.0	轻砂	<250	1000~1200	LC7.5~LC10
	800	≥4.0	轻砂	<900	1400~1600	LC10~LC20
	800	≥4.0	普砂	1450	1600~1800	LC20~LC25
黏土陶粒	500	≥1.0	轻砂	<250	800~1000	LC5.0~LC7.5
	500	≥1.0	轻砂	<900	1000~1200	LC7.5~LC10
	500	≥1.0	普砂	1450	1400~1600	LC10~LC15
	600	≥2.0	轻砂	<250	1000~1200	LC7.5~LC10
	600	≥2.0	轻砂	<900	1200~1400	LC10~LC15
	600	≥2.0	普砂	1450	1400~1600	LC10~LC20
	800	≥4.0	轻砂	<250	1200~1400	LC10
	800	≥4.0	轻砂	<900	1400~1600	LC10~LC20
	800	≥4.0	普砂	1450	1600~1900	LC20~LC40
粉煤灰陶粒	700	≥3.0	轻砂	<250	1000~1200	LC7.5~LC10
	700	≥3.0	轻砂	<900	1400~1600	LC10~LC20
	700	≥3.0	普砂	1450	1600~1800	LC20~LC25
	900	≥5.0	轻砂	<250	1200~1400	LC10
	900	≥5.0	轻砂	<900	1600~1800	LC10~LC20
	900	≥5.0	普砂	1450	1700~1900	LC20~LC50

续表

轻粗骨料			细骨料		轻骨料混凝土	
品种	密度等级	筒压强度/MPa	品种	堆积密度/(kg/m³)	表观密度/(kg/m³)	强度等级
自燃煤矸石	1000	≥4.0	轻砂	<250	1200～1400	LC7.5～LC10
	1000	≥4.0	轻砂	<1200	1400～1600	LC10～LC15
	1000	≥4.0	普砂	1450	1800～1900	LC15～LC30
膨胀珍珠岩	400	≥0.5	轻砂	<250	800～1000	LC5.0～LC7.5
	400	≥0.5	普砂	1450	1200～1400	LC10～LC20

 知识扩展

　　唐明述，1929年3月31日出生，中国工程院院士，无机非金属材料专家，长期致力于水泥工艺及水泥混凝土耐久性的教学与研究。

　　① 对影响混凝土工程寿命的重要课题碱-骨料反应进行了系统的研究；创建的快速法已定为法国和中国标准，先后为众多大型混凝土工程鉴定骨料碱活性提出可靠的施工方案；研制的快速测定仪已获应用。

　　② 所提碱-碳酸盐反应的膨胀机理、碱-骨料反应分类等理论得到国际专家的重视。

　　③ 对用水泥处理核废渣、大坝用氧化镁膨胀水泥、钢渣微观结构的研究等在理论、生产、使用中均取得成果。

思考题

　　1. 混凝土配合比设计的基本要求都有哪些？

　　2. 高性能混凝土配合比设计和普通混凝土配合比设计有什么不同？

　　3. 如何定义高性能混凝土？

　　4. 轻骨料混凝土如何划分？

　　5. 某工程剪力墙，设计强度等级为C40，现场泵送浇筑施工，要求坍落度为190～210mm，请设计混凝土配合比。施工所用原材料如下。

　　水泥：P·O 42.5R，表观密度 3.1g/cm³。

　　细骨料：天然中砂，细度模数2.8，表观密度 2.7g/cm³。

　　粗骨料：石灰石碎石5～25mm，连续粒级，级配良好，表观密度 2.7g/cm³。

　　掺合料：Ⅱ级粉煤灰，掺量为胶凝材料的15%，表观密度 2.2g/cm³；S95级矿渣粉，掺量为胶凝材料的15%，表观密度 2.8g/cm³。

　　外加剂：萘系泵送剂，水剂，含固量30%，推荐掺量为胶凝材料的2%，减水率20%，密度 1.1g/cm³。

　　水：饮用自来水。

　　6. 如何判断所配制混凝土拌和物的工作性是否达到要求？

　　7. 在计算混凝土配合比时，如何考虑骨料的含水率？

混 凝 土 材 料 学

10

新型混凝土

混凝土作为一种传统的建筑材料具有悠久的历史。随着科技和经济的发展，建筑的形式也更加复杂多样，其中混凝土的运用环境逐渐趋于多样化，普通混凝土已经不能完全满足建造需要，一些具有特殊性能或用于特殊环境的新型混凝土应运而生。下面主要介绍 3D 打印混凝土、高性能混凝土、再生混凝土等几种新型混凝土的基本性能及在建筑工程领域中的应用。

10.1　3D 打印混凝土

3D 打印混凝土技术是在 3D 打印（三维打印）技术的基础上发展起来的，是 3D 打印技术与商品混凝土领域的技术相结合而产生的新型应用技术，其主要工作原理是首先将混凝土构件利用计算机进行 3D 建模和分割生成三维信息，然后将配制好的混凝土拌和物通过挤出装置，按照预先设定好的程序，通过机械控制，由喷嘴挤出进行打印，最后得到混凝土构件。3D 打印混凝土技术作为一种最新的混凝土无模成型技术，省略了支模过程，节约了大量人力和时间成本。

10.1.1　发展历程

3D 打印技术是具有数字化、网络化、个性化、定制化特点的一项具有良好发展前景的新兴科技。3D 打印技术概念最早出现在 20 世纪 70—80 年代，当时被称为"快速成型"技术。经过 40 多年的发展，3D 打印技术凭借其制作精度高、制作周期短、制作材料多样等特点，已经成功实现在航空航天、医疗器材、汽车制造、模具制造、电子信息等多个领域的应用。其优于传统制造工艺的特点同样推动了土木工程领域尤其是结构工程的发展。

2001 年，美国南加利福尼亚大学比洛克·霍什内维斯（Behrokh Khoshnevis）教授提出了轮廓建筑工艺（contour crafting），用混凝土做材料，事先用计算机编好打印程序，用程序控制 3D 打印机逐层打印房屋轮廓，通过机械手臂做完其基本构架。随着 3D 打印技术的发展，轮廓建筑工艺也愈加成熟。2010 年意大利人恩里科·迪尼（Enrico Dini）设计出一种很有特色的 3D 打印机"D-Shape"，与轮廓建筑工艺不同，D-Shape 打印机以砂子作为主要原料。在打印机工作过程中，喷嘴会同时喷出砂子和镁质黏合物，喷嘴有上千个之多。2012 年，英国拉夫堡大学的研究者研发出新型混凝土 3D 打印技术，3D 打印机在计算机软件的控制下，使用具有高度可控挤压性的水泥基浆体材料，完成精确定位混凝土面板和墙体中孔洞的打印，实现了超复杂的大尺寸建筑构件的设计制作，为建造外形独特的混凝土建筑打开了一扇大门。2013 年美国建成了世界上第一个 3D 打印建筑架构。在荷兰，宇宙建筑设计事务所（Universe Architecture）在 2013 年提出以默比乌斯带为原型利用 3D 打印技术建造风景屋（Landscape House）。

盈创建筑科技（上海）有限公司作为我国 3D 打印技术应用领域的专业公司之一，在 3D 打印建筑领域已经取得了显著的成果。2008 年，盈创用 3D 打印机做出了国内第一面建筑墙体。2014 年，盈创在上海青浦科技园展出了全球第一批由 3D 技术打印出的整栋完整的房屋，标志着 3D 技术在我国建筑行业的一次新突破。2015 年 1 月，盈创在苏州利用 3D 技术打印出一幢地上 5 层、地下 1 层的楼房，成为当时世界范围内最高的 3D 打印建筑。3D 打印技术的飞速发展离不开国家的认可和政策支持。2016 年 8 月，住房和城乡建设部印发了《2016—2020 年建筑业信息化发展纲要》，提出要积极开展建筑业 3D 打印设备及材料的研究工作，意味着 3D 打印建筑技术在我国建筑行业的推广应用得到了国家的鼓励和认可。2017 年 5 月 4 日，中国建筑股份有限公司技术中心 3D 打印建筑技术中东研发中心在迪拜中建中东有限责任公司成立。2019 年河北工业大学利用装配式混凝土 3D 打印技术建造了 3D 打印版赵州桥，在建筑技术上具备了工业化、绿色化、智能化的特点，促进了关键技术的发展。2019 年 11 月 17 日，中建二局广东建设基地完成了一栋 7.2 米高的双层办公楼的主体结构打印，标志着原位 3D 打印技术在建筑领域取得突破性进展，同时，这也是世界第一例原位 3D 打印双层示范建筑。每座 3D 打印建筑的成功落地都彰显了我国新兴技术的飞速发展。

10.1.2　性能概述

10.1.2.1　原材料要求

3D 打印混凝土不但要满足混凝土从打印喷头出来后向周围流淌并快速凝结成型的要求，又要满足各层混凝土之间紧密连接而不至于产生冷缝的要求，还要满足混凝土在管道内和喷头内自由流动而不堵塞管道和喷头的要求。

① 胶凝材料　3D 打印混凝土对胶凝材料的强度、凝结时间要求比较高，因此对于普通硅酸盐水泥，需要改变水泥的矿物组成、熟料的细度等方可使用，如采用硫铝酸盐水泥或者铝酸盐改性硅酸盐水泥等获得更快的凝结时间和更好的早期强度等。此外，树脂、水玻璃、石膏、地聚合物等都可以作为 3D 打印混凝土的胶凝材料，其中地聚合物具有快硬早强的特点，更适合 3D 打印混凝土使用。

② 骨料　3D 打印混凝土对骨料的要求比传统混凝土更高。强度高、密度小、颗粒形貌接近球形的骨料最适合 3D 打印混凝土使用，同时由于 3D 打印混凝土建筑是由一层一层的混凝土堆叠而成，每一层混凝土都比较薄，加上 3D 打印机喷头结构复杂，因而骨料最大粒径应在 10mm 以下。此外，3D 打印混凝土对骨料的颗粒级配、含泥量、有害物质含量等指标要求也更加严格。

③ 外加剂　3D打印混凝土对工作性能要求高，在管道内既要具有优异的流动性，同时从喷头出来后又能在空气中快速凝结，因而必然要求外加剂具有多种功能，必须是复合型的超塑化剂。另外，3D打印混凝土所使用的材料复杂多样，更要求其外加剂具有良好的适应性，能形成3D打印专用外加剂。

10.1.2.2　3D打印混凝土优点

概括来讲，3D打印混凝土有以下优点：

① 施工工期短　3D打印混凝土由于具有快速凝结硬化的特点，免去了支模、养护硬化、拆模等工艺，施工效率提高，施工工期大大缩短。当前我国的3D打印机可以在一天时间内完成10栋$200m^2$的单层建筑，建筑速度是传统建筑方式的数倍。

② 劳动强度低　整个"打印"过程，只需要一台3D打印机、一台计算机、3～5人以及打印所需的材料。将图纸录入计算机，启动打印机，就可以开始房屋的建造工程；根据图纸以及相关数据，可以快速精准地完成建筑墙体、楼板的"打印"操作。

③ 节能环保　3D打印所需材料是经技术处理过的膏状的新型混凝土材料，当打印机工作时，膏状混凝土材料从3D打印机的喷头喷出，大大改善了建筑施工场地内的环境，使得施工过程的扬尘、施工噪声污染得到极大的改善。同时3D打印建筑可以充分利用打印智能控制，使建筑一次成型，可减少建造过程中的建筑材料、构件的运输环节和能源消耗。

④ 建筑形状更加自由化　由于不需要模板工程，3D打印技术可以打印出各种不规则尺寸的复杂建筑物，使建筑的艺术性得以充分展现。因此，3D打印对各种特殊设计结构、空间结构、研发性产品、单一样品具有比常规施工技术更明显的优势。

⑤ 材料成本低　与传统建筑相比，3D打印混凝土一次成型，避免了返工和因尺寸差别而导致的材料切割所造成的浪费，节约了大量材料成本和人工成本。

10.1.2.3　3D打印混凝土存在的问题

3D打印建筑虽然相比传统建筑具有施工工期短、劳动强度低、节能环保、建筑形式自由和材料成本低等几大突出优势，但作为一种目前正处于研发试用阶段的新型技术，不可避免地存在以下问题：

① 原材料的问题　3D打印混凝土相对于传统的混凝土施工对原材料的流变性和可塑性具有更高的要求。普通水泥已无法同时满足建筑性能与打印技术的要求，可以对普通水泥进行改性或者使用特种水泥、树脂等材料作为胶凝材料；骨料的质量要求会更高，甚至要采用新的破碎工艺，以便制造出粒径更小、颗粒形貌更接近圆形的骨料；外加剂除了要保持现有的功能外，还要解决各层之间的黏结问题。

② 配合比理论的问题　3D打印混凝土技术对新拌混凝土的黏聚性、挤出性和可塑性等性能提出了特殊的要求，同时，打印过程会对混凝土的后期硬化性能产生较大影响，不是简单的水灰比、砂率所能决定的，其硬化、收缩性能已经发生了根本性改变。目前的混凝土配合比理论不能适应3D打印混凝土的要求，这就需要从新的角度去提出新的配合比理论，以更好适应3D打印混凝土技术。

③ 精度的问题　建筑设计的主要目标是要分毫不差地计算出精确度，但在技术的实际应用中，由于受到多方面因素的影响，可能会出现偏差，因此在工作过程中必须明确技术的类型，合理处理。当前3D打印混凝土工艺发展还不完善，快速成型的零件的精度及表面质量大多不能满足工程使用的要求，因此无法将其作为功能性的部件使用。

④ 软件的问题　与传统混凝土施工不同的是，3D打印混凝土需要在计算机上先完成建筑模型的构造，然后通过自动化程序将其转换为实物，因此设计软件已成为3D打印混凝土建筑的关键工序之一。但软件三维设计与实体建筑打印存在一定误差，导致施工质量问题，限制了3D打印混凝土技术的发展。实现软件与现实的转换是3D打印混凝土技术发展中不可或缺的一步。

⑤ 打印设备的问题　随着科学技术的不断发展，3D打印设备也在更新换代，最初价格比较高，到后期价格逐渐降低，通过技术形式的合理应用走向大众，在各个领域中得到推广。但是，目前使用的打印设备只能满足平面扩展阶段，可适用于低层大面积建筑的建设，而对于广泛使用的高层建筑还无法进行打印，只能通过先打印预制件再组装的方式来实现。因此，要将几十层的建筑物打印出来，需要设计出巨型的3D打印机，不仅要解决大型建筑物结构强度的问题，而且要解决建筑物中钢筋的打印问题。

⑥ 安全性与耐久性问题　现有的3D打印建筑多是作为一种展示性建筑，其结构安全性和耐久性并未受到真正的考验。而在实际工程应用中，面对复杂的环境，3D打印构件的耐久性问题，诸如抗硫酸盐侵蚀、抗冻融循环、抗氯离子侵蚀及抗碳化等的能力都将是建筑工作者需要考虑的，这将直接影响到建筑物的使用寿命，而目前对此的相关研究很少，有待进一步验证。

10.1.3　工程应用

随着3D打印建筑技术的推广和日臻成熟，世界各国的建筑设计公司都在进行科研攻关和工程转化，3D打印混凝土应用越来越广泛，建筑工程、装饰工程、城市道路、公共交通等基础设施都开始尝试使用3D打印混凝土技术。下面简单列举几个颇具特色的3D打印建筑。

2013年1月荷兰建筑师简加普·鲁基森纳斯（Janjaap Ruijssenaars）与意大利发明家恩里科·迪尼合作，利用恩里科·迪尼设计出来的"D-Shape"3D打印设备，使用砂砾层、无机黏结剂作为原料制备建筑框架，然后用纤维强化混凝土进行填充，成功打印出一幢两层小楼，并将其命名为风景屋（Landscape House），如图10-1所示。

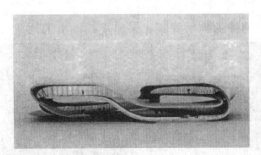

图 10-1　荷兰风景屋

2014年8月，美国明尼苏达州工程师安德烈·卢金科团队采用单头3D打印机，利用轮廓建筑工艺在自家的后院打印出一座占地面积为 $15m^2$ 的中世纪城堡，如图10-2所示。该城堡采用非整体现场打印工艺，部分构件打印完成后在现场进行吊装，是世界上首座3D打印的混凝土城堡。

2015年1月，我国盈创建筑科技（上海）有限公司在江苏省苏州工业园区通过3D打印技术打印出全球首栋最高的6层住宅楼，如图10-3所示。该楼由地下1层和地面5层组成，每层的建筑面积为200m²。由于建筑物较大，该住宅楼先在工厂打印构件，再运到现场进行拼接。从打印材料到组装成房子，仅仅需要1个月左右，节约建筑材料30%～60%，缩短工期50%～70%，节约人工50%～80%，可节省建筑成本50%。3D打印所运用的"油墨"，是用回收的建筑垃圾、玻璃纤维和水泥的混合物制成的。

图10-2　美国3D打印的中世纪城堡

图10-3　苏州3D打印住宅楼

2016年5月24日，全球首座使用3D打印技术建造的办公室在阿联酋迪拜国际金融中心落成，该办公室的主体部分由盈创建筑科技（上海）有限公司3D打印完成，如图10-4所示。该单层建筑占地面积为250m²，打印材料为一种特殊的水泥混合物。该建筑的所有"零部件"由一台6m高、36m长、12m宽的大型3D打印机耗时17天打印完成，然后由施工方仅用2天时间完成安装。

图10-4　迪拜3D打印办公楼

图10-5　3D打印赵州桥

2019年10月，由河北工业大学马国伟团队利用混凝土3D打印技术，按照1∶2尺寸建造的跨度 18.04m、桥梁总长 28.1m 的赵州桥落成于河北工业大学北辰校区，如图 10-5 所示。该桥是世界上最长的混凝土 3D 打印桥梁，采用模块化打印技术，然后现场直接进行装配式建造。对于主拱结构，采用永久性模板方法进行建造，首先制备 3D 打印混凝土模板，然后在模板内部放置普通钢筋骨架，最后浇筑混凝土，完成钢筋混凝土主拱模块的建造。

随着新型材料和 3D 打印技术的不断发展，3D 打印混凝土材料技术必将逐步成熟，相应的 3D 打印施工技术的优势会越来越显著，应用范围会越来越广，对未来建筑行业的发展具有导向性意义。

10.2　高性能混凝土

随着混凝土科学与技术的进步，混凝土的强度不断提高，目前超过 100MPa 的超高强度混凝土也已经在建筑结构中应用。然而，"水桶效应"提醒我们，整体中的短板往往是失败的原因，混凝土强度的提高，并不意味着混凝土长期耐久性、抗侵蚀性以及抵抗收缩变形等性能的完善，甚至有些劣化特征在高强度混凝土中表现得尤为显著。片面强调混凝土的强度而忽视耐久性等其他性能所造成的工程事故屡见不鲜，人们逐渐认识到延长混凝土建筑物的安全使用期的重要性，不少重要结构物已按 100 年安全使用期进行设计，如日本明石大桥、中国杭州湾跨海大桥等环境严酷的海上建筑物。混凝土的强度与耐久性以及其他重要性能，如工作性、适用性等，将在高性能混凝土（high performance concrete，HPC）这个名词下得到比较完善的统一。

10.2.1　定义

高性能混凝土的定义最早出现于 1990 年 5 月，在美国国家标准与技术研究所（NIST）和美国混凝土协会（ACI）主办的讨论会上，高性能混凝土被定义为具有某些性能的，均质的，必须采用严格的施工工艺，采用优质材料配制，便于浇筑、振捣，不离析，力学性能稳定，早期强度高，具有韧性和体积稳定性等性能的耐久混凝土，特别适用于高层建筑、桥梁以及暴露在严酷环境中的建筑结构。然而，不同国家、不同学者依照各自的认识、实践、应用范围和目的要求，对高性能混凝土有不同的解释。例如：

1990 年，美国学者梅塔（P. K. Mehta）认为：高性能混凝土不仅要求高强度，还应具有高耐久性（抵抗化学腐蚀）等其他重要性能，例如高体积稳定性（高弹性模量、低干缩率、低徐变和低温度应变）、高抗渗性和高工作性。

1992 年，法国学者马勒（Y. A. Maller）认为：高性能混凝土的特点在于有良好的工作性、高的强度和早期强度、高工程经济性和高耐久性，特别适用于桥梁、港工、核反应堆以及高速公路等重要的混凝土建筑结构。

1992 年，日本的小泽一雅和冈村甫认为：高性能混凝土应具有高工作性（高的流动性、黏聚性与可浇筑性）、低温升、低干缩率、高抗渗性和足够的强度。

综合以上论点，中国工程院院士吴中伟对高性能混凝土提出以下定义：高性能混凝土是一种新型高技术混凝土，是在大幅度提高普通混凝土性能的基础上采用现代混凝土技术制作的混凝土，它以耐久性作为设计的主要指标。针对不同用途要求，高性能混凝土对下列性能有重点地予以保证：耐久性、工作性、适用性、强度、体积稳定性和经济性。为此，高性能混凝土在配制上的特点是低水胶比，选用优质原材料，并除水泥、水、骨料外，必须掺加足够数量的矿物细掺料和高效外加剂。

超高性能混凝土（UHPC）的设计理论是最大堆积密度理论（densified particle packing），组成材料的不同粒径的颗粒以最佳比例形成最紧密堆积，即毫米级颗粒（骨料）堆积的间隙由微米级颗粒（水泥、粉煤灰、矿粉）填充，微米级颗粒堆积的间隙由亚微米级颗粒（硅灰）填充。早在1931年，安德里森（Andressen）就建立了最大堆积密度理论的数学模型。然而，直到20世纪70年代末，在高效减水剂技术与产品性能大幅度提高的基础上，采用该模型设计配制的第一代超高性能混凝土才在丹麦奥尔堡水泥与混凝土试验室诞生，称作密实增强复合材料（compact reinforced composite，CRC）。密实增强复合材料与目前的超高性能混凝土达到基本相同的力学性能，最高抗压强度超过400MPa，使用烧结铝矾土做骨料，同时使用钢纤维提高材料的韧性，所以称作"复合材料"。受到当时高效减水剂性能的限制，密实增强复合材料或早期超高性能混凝土比较黏滞，振捣密实较困难，还不便于现浇应用。20世纪90年代，欧洲开展了合作研究项目，世界各地也广泛开展相关研究，这种材料获得一个新名称——"活性粉末混凝土"（reactive powder concrete，RPC），简称"RPC"。"超高性能混凝土"（UHPC）的名称形成于21世纪，由于与早期的密实增强复合材料或活性粉末混凝土相比，随着设计理论的完善、超高效减水剂（聚羧酸系）的问世和配制技术的进步，这种材料已具备了普通混凝土的施工性能，甚至可以实现自密实，可以常温养护，因此已经具备广泛应用的条件。

超高性能混凝土与普通混凝土或高性能混凝土不同的方面包括：不使用粗骨料，必须使用硅灰和纤维（钢纤维或复合有机纤维），水泥用量较大，水胶比很低。普通混凝土、高性能混凝土和超高性能混凝土材料性能对比见表10-1。超高性能混凝土的基本组成见表10-2。

表 10-1　普通混凝土、高性能混凝土和超高性能混凝土材料性能对比

项目	普通混凝土（NSC）	高性能混凝土（HPC）	超高性能混凝土（UHPC）
抗压强度/MPa	20～40	40～96	120～180
水胶比	0.40～0.70	0.24～0.35	0.14～0.27
圆柱劈裂抗拉强度/MPa	2.5～2.8	—	4.5～24
最大骨料粒径/mm	19～25	9.5～13	0.4～0.6
孔隙率/%	20～25	10～15	2～6
孔尺寸/mm	—	—	0.000015
韧性			比 NSC 大 250 倍
断裂能/(kN·m/m)	0.1～15	—	10～40
弹性模量/GPa	14～41	31～55	37～55
断裂模量（第一条裂缝）/MPa	2.8～4.1	5.5～8.3	7.5～15
极限抗弯强度/MPa	—	—	18～35
透气性 k(24h,40℃)/mm	3×10	0	0
吸水率/%	<10	<6	<5
氯离子扩散系数(稳定状态扩散)/(mm²/s)	—	—	$<2×10^{-12}$
二氧化碳/硫酸盐渗透	—	—	—
抗冻融性能	10%耐久	90%耐久	100%耐久
抗表面剥蚀性能	表面剥蚀量>1	表面剥蚀量 0.08	表面剥蚀量 0.01
泊松比	0.11～0.21	—	0.19～0.24

项目	普通混凝土（NSC）	高性能混凝土（HPC）	超高性能混凝土（UHPC）
徐变系数	2.35	1.6～1.9	0.2～1.2
收缩	—	—	—
流动性（工作性）/mm	测量坍落度	测量坍落度	测量坍落度
含气量/%	4～8	2～4	2～4

表 10-2 超高性能混凝土（钢纤维）基本组成

项目	密度/（kg/m³）	质量分数/%
水泥	700～1010	27.0～38.0
硅灰	230～320	8.5～9.5
磨细石英砂	0～230	0.0～8.0
细砂	760～1050	39.0～41.0
金属纤维	150～190	5.5～8.0
高效减水剂	15～25	0.5～1.0
水	155～210	5.5～8.0
水胶比	0.14～0.27	

10.2.2 原材料

高性能混凝土使用与普通混凝土基本相同的原材料（如水泥、砂、石），同时必须使用外加剂和矿物细掺料。但是由于高性能的要求和配制的特点，原材料原来对普通混凝土影响不明显的因素，对高性能混凝土就可能影响显著，因此高性能混凝土所用原材料又与普通混凝土有所不同。

10.2.2.1 水泥

高性能混凝土的特点之一是低水灰比，为了确保其流动性，必须掺入高效减水剂。因此，必须选择适宜低水灰比特性的水泥，需要考虑两个因素，其一是细度及颗粒的组成，其二是加水后的早期水化。

根据高性能混凝土的特点，选用的水泥应具有足够的强度，同时具有良好的流变性，并与目前广泛应用的高效减水剂有很好的适应性，较容易控制坍落度损失。国外研究用于高强高性能混凝土的特种水泥有球形水泥、调粒径水泥、超细磨水泥和高贝利特水泥（高性能低热硅酸盐水泥）等，这些水泥有的尚处于试验研究阶段，有的国内并无生产，所以一般不推荐首选使用特种水泥。在我国，普通水泥和硅酸盐水泥的强度等级完全可以满足高强高性能混凝土配制的需要，最常使用的是 C42.5 以上的水泥。特别需要说明的是，配制高强度混凝土不一定必须使用高强度水泥，化学外加剂和矿物外加剂的使用，使得用较低强度等级水泥配制高强混凝土成为可能，试验证明还具有较多的优势。

10.2.2.2 骨料

（1）粗骨料 在高性能混凝土中，流动性、强度和耐久性等对骨料用量、品种、性能的影响十分敏感。许多工程的实践经验表明，配制 C60～C80 的混凝土，骨料最大粒径应在 20mm 左右。针、片状颗粒含量对高强度等级混凝土拌和物和易性的影响更大一些。如针、片状颗粒含量增加 25%，高强度等级混凝土的坍落度约减少 12mm，而中、低强度等级混凝土仅减少 6mm。

骨料物理力学性能及矿物成分对高强高性能混凝土的影响是一个比较复杂的问题。一些试验资料表明，当采用质地较软、强度较低的石灰岩作为骨料时，随着混凝土水灰比的减小，混凝土强度的增幅会逐渐下降，骨料强度成了制约混凝土强度增长的关键因素。

　　（2）细骨料　高性能混凝土通常选用中粗砂，并应严格控制砂中细粉颗粒含量。砂子的粗细不能只看细度模数，有的砂子细度模数大，但粒径在 0.315mm 以下的颗粒过多，级配较差，配制高强高性能混凝土时最好要求砂子 0.63mm 筛的累计筛余在 70% 左右，0.315mm 筛的累计筛余为 85%～95%，0.15mm 筛的累计筛余大于 98%。

10.2.2.3　矿物掺合料

　　普通混凝土对矿物掺合料的品质要求，除限制其有害组分含量和一定的细度以外，主要着重于其强度活性。但高性能混凝土需要很低的水胶比，首选需水量小的矿物细掺料。因此对用于高性能混凝土的矿物细掺料品质的要求，除限制有害组分含量外，主要是考虑活性和需水量。

10.2.2.4　化学外加剂

　　20 世纪 70 年代混凝土化学外加剂出现，标志着水泥混凝土应用科学的第三次飞跃，特别是高效减水剂的出现，使高性能混凝土的制作与应用成为可能。目前，用于高性能混凝土的化学外加剂有高效减水剂、缓凝剂、引气剂等。

10.2.3　结构

　　高性能混凝土配制的特点是低水灰比、掺用高效减水剂和矿物细掺料，因此，高性能混凝土在不同尺度上的组成和结构都与普通混凝土有所不同。

　　高性能混凝土组成上的变化主要表现在不同水化产物比例的变化和水化产物结晶颗粒尺寸的变化。矿物细掺料的火山灰效应，消耗了水泥水化产生的 CH，而 C-S-H 及 AFt 增多。低水灰比、矿物细掺料的填隙作用使水泥石更加致密，结晶产物生长空间受限，CH 晶体及 C-S-H 凝胶尺寸变小，此外，高效减水剂的分散作用也会使晶体细化。

　　高性能混凝土的孔结构与普通混凝土有很大区别，随着水胶比的降低以及在矿物细掺料的火山灰效应作用下，高性能混凝土的孔隙率变得很低，同时有害的大孔也减少，无害或少害的小孔或微孔增多，孔结构得到改善。

　　低水灰比提高了水泥石的强度和弹性模量，使水泥石和骨料间弹性模量的差距减小，从而使过渡区处水膜层厚度减小，晶体生长的自由空间减小。掺入的活性矿物细掺料与 CH 反应后，会增加 C-S-H 和 AFt，减少 CH 含量，并且干扰水化物的结晶，因此水化物结晶颗粒尺寸变小，富集程度和取向程度下降，硬化后的过渡区孔隙率也下降。未反应的矿物细掺料中大于 $1\mu m$ 的颗粒具有加强骨架网络的作用，而小于 $1\mu m$ 的微细颗粒对过渡区孔隙的填充作用也使过渡区更加密实。过渡区的加强表现在宏观上，就是这种混凝土受力破坏后，断裂面都穿过骨料。

10.2.4　性能概述

10.2.4.1　工作性

高性能混凝土的优良工作性，既包括传统混凝土拌和物工作性中的流动性、黏聚性和保水性等方面，又包括现代混凝土为适应泵送、免振等施工特点而要求的大流动性、高保塑性等方面，所以单一的坍落度值不能全面地反映高性能混凝土的工作性。从理论上讲，高性能混凝土的流变性仍近似于宾汉姆体，可以用屈服剪切应力和塑性黏度两个参数来表达其流变特性。而在实际工程中，采用变形能力和变形速度两个指标来综合反映高性能混凝土的工作性更为合理。

10.2.4.2　强度

由于在原材料和配合比上的特点，高性能混凝土强度的发展及影响其规律的条件与相同强度的传统混凝土不尽相同。影响普通混凝土强度测试值的试验方法和条件同样也影响高强和高性能混凝土。但是对于有些普通混凝土不敏感的因素，对于高强和高性能混凝土来说却很敏感。

采用现场混凝土内部的实际温度对预留试件进行养护可以发现，掺有粉煤灰的高性能混凝土各龄期强度始终高于标准养护的试件强度；对于未掺任何矿物细掺料的纯硅酸盐混凝土，只有 3d 以前的强度高于标准养护的试件，而 3d 以后随龄期的发展越来越低于标准养护试件的强度，强度越高，龄期越长，这种差距越大。

我国现行规范规定，采用边长为 100mm 的立方体试件时，强度值换算系数为 0.95，而对于高强混凝土，有试验表明，换算系数比普通混凝土低。实际上，混凝土的强度等级和组成都会影响该换算系数，而建立所有类型高强混凝土强度的通用换算系数则需要进行大量严格系统的试验研究。另外，试验机的刚度、承压板的尺寸、试验机容量等对混凝土强度值以及不同尺寸试件强度值的换算系数都有影响。

10.2.4.3　自收缩

水泥用量多、水灰比低的混凝土，如高流动性混凝土和超高强混凝土必须考虑自收缩。在干硬大体积混凝土中，从降低热应力来看，由于水泥用量低，自收缩增大的因素很少。自收缩的原因是水泥水化后的水泥石中孔隙或毛细管中的相对湿度降低，本身干燥而发生收缩。

影响自收缩的主要因素有材料、配比、制造方法和养护方法等。材料方面，如水泥中铝酸盐含量大的自收缩大；低水灰比时，水泥浆量大或掺用硅灰时，自收缩大；矿粉对水泥的置换率越大，细度越大，自收缩越大。另外，使用粉煤灰、石灰石粉及掺加降低收缩外加剂时，自收缩降低。使用膨胀剂，可降低早期自收缩，但膨胀完结后，对混凝土的全部收缩，使用膨胀剂也没有效果。这种自收缩，特别是在水泥用量大和水灰比小的情况下，自收缩增大，最大可达 $800\mu m$。如果在早期发生很大的自收缩，由于钢筋的约束，混凝土就会开裂。在预应力混凝土中，预应力能有效地降低这种收缩开裂。

应对自收缩问题，以下方法是有效的：选用 C_2S 系列的水泥，细度不能太大；以长龄期强度为设计基准强度，水灰比可增大，能有效地降低自收缩；使用降低收缩外加剂和疏水性粉体，能有效地降低自收缩；同时使用降低收缩外加剂和膨胀剂，能有效地降低自收缩。

10.2.4.4　渗透性

高性能混凝土具有很高的密实度，用现行国家标准中加压透水的方法无法准确评价其抗渗性能，可以考虑采用在较高水压下观察试件渗水高度的方法来评定高性能混凝土的抗渗性能。目前，对于高性能混凝土渗透性主要采用《普通混凝土长期性能和耐久性能试验方法标准》（GB/T 50082）推荐的电通量法和快速氯离子迁移系数法（RCM 法）来评价。

10.2.4.5 耐久性

混凝土在使用期间，会由于环境中的水、气体及其中所含侵蚀性介质侵入，产生物理和化学的反应而逐渐劣化。混凝土的耐久性实质上就是抵抗这种劣化作用的能力。在不同的环境中，起主导作用的因素不同，混凝土的劣化会有不同的表现，因此至今难以建立起一个评价混凝土耐久性的综合性指标，对混凝土耐久性，常常以其抵抗某一种或几种劣化因素的能力来进行评价。

10.2.4.6 抗冻性

在寒冷地区，冻融环境作用往往是导致混凝土破坏的主要因素之一。抗冻性可以间接地反映混凝土抵抗环境水侵入和抵抗冰晶压力的能力，因此常作为混凝土耐久性的指标。快冻法和慢冻法是目前国际上同时存在的两种混凝土抗冻性检测方法。美国、日本、加拿大等国采用快冻法，而俄罗斯及东欧国家仍采用慢冻法。我国国家标准《普通混凝土长期性能和耐久性能试验方法标准》（GB/T 50082）中同时采纳了这两种试验方法，又增加了单面冻融法（又称盐冻法）。快冻法比慢冻法有较强的冻融破坏能力，但由于两者采用不同的评定指标和测试方法，加之慢冻本身试验误差较大，因此，快、慢冻之间很难找到一个较为准确的相关关系。对于抗冻要求较高的高性能混凝土，采用快冻法更为合适。

10.2.4.7 碱-骨料反应

高性能混凝土的渗透性很低，如无任何裂隙，则水很难进入内部。另外，高性能混凝土在配制时往往掺入了较多的矿物细掺料，从而对碱-骨料反应有一定的抑制。然而，对于受弯构件，尤其对于经常接触水的混凝土及处于恶劣环境的重要工程，仍然需要考虑评价和预防潜在的碱-骨料反应性，目前可参照《预防混凝土碱骨料反应技术规范》（GB/T 50733）执行。相对于普通混凝土，高性能混凝土具有较好的抗硫酸盐侵蚀能力，但水胶比、矿物外加剂的种类和掺量、混凝土的渗透性仍然对其抗硫酸盐侵蚀能力有较大影响。目前，尚没有固定的、统一的方法和判定标准来评价高性能混凝土的抗硫酸盐侵蚀性能。《高性能混凝土应用技术规程》（CECS 207）规定，应控制水泥矿物组成，控制混凝土的水胶比，采用《水泥抗硫酸盐侵蚀试验方法》（GB/T 749）中规定的方法优选水泥。

10.3 再生混凝土

顺应时代发展的潮流，"绿水青山就是金山银山"的理念已深入人心。同时，可持续发展理念对工程材料发展提出了新的要求，环境保护与生态平衡意识也对建筑领域产生了显著影响。以"建筑节能"为导向的工程材料发展趋势已成为主流方向。再生骨料混凝土是将废弃混凝土经过破碎、清洗、分级后加工而成的再生骨料（包含再生粗骨料和再生细骨料）部分或全部代替砂石等天然骨料，与胶凝材料和水等配制而成的混凝土，简称再生混凝土。再生混凝土技术可实现对废弃混凝土的循环利用，部分或全部恢复其原有性能，形成新的建材产品，不但解决了部分环保问题，而且最大限度地利用了资源，符合建筑业可持续发展战略要求，是发展绿色生态混凝土技术的重要措施之一。

10.3.1　发展再生混凝土的意义

混凝土作为世界上应用最广的人工建筑材料，在当前以及未来100年将一直位居各种建筑材料的主流地位。然而，传统的混凝土工业正面临着资源危机。首先，随着城市化进程的加快，建筑垃圾大量产生，我国每年建筑垃圾的产量占城市垃圾总量的30%～40%，平均每年产生建筑垃圾超过15亿吨。建筑垃圾中有很大的比例是废弃混凝土，不仅属于可再生利用的资源，而且绝大部分被直接运往郊外或乡村采用露天堆放或填埋的方式处理，这种处理方式不仅占用了大量的土地资源，而且污染环境，对生态环境的破坏十分严重。其次，由于混凝土的需求量很大，仅我国每年混凝土的需求量就超过60亿吨，每年需要的天然砂石骨料超过100亿吨，不仅生产混凝土的天然砂石骨料资源日益短缺，而且过度的开山采石，致使山体滑坡、河流改道，严重破坏了生态环境。为解决这些问题，混凝土的生产及施工技术必须走可持续发展的道路，而再生混凝土正是符合当今时代要求的绿色建材，不仅可以将废弃混凝土转化为再生骨料，而且可减少堆放对环境的危害，因而受到学术界和工程界的青睐，成为当前研究的热点。

10.3.2　再生混凝土的发展

国外再生混凝土的研究起步较早。发达国家分别根据本国土木工程的特点和建筑资源的现状，在法律规范、生产工艺、材料性能、评价标准，以及混凝土的力学性能、耐久性能等方面进行了大量的理论和试验研究，并取得了一定的成果。

美国于20世纪70年代就开始了对再生骨料的循环利用研究，并于1980年制定了《超级基金法》，为再生混凝土的发展提供了法律保障。1982年，美国《混凝土骨料标准》（ASTM C33—82）规定粗骨料包括破碎的水硬性水泥混凝土，并且美国军队工程师协会在相关规范和建议中鼓励使用再生混凝土。据美国联邦公路管理局统计，有超过20个州在公路基层和底基层的建设中采用再生骨料，其中15个州制定了再生骨料的相关规范。目前，50%的建筑混凝土材料采用再生骨料，平均建设成本下降了20%以上，产生了较好的社会效益。

日本政府也十分注重对废弃混凝土的综合利用。其对建筑垃圾的处理方针为：施工现场尽可能不产生建筑垃圾排放，尽量使建筑垃圾循环利用，且要有效处理再生利用有困难的建筑垃圾。1977年日本政府制定了《再生骨料和再生混凝土使用规程》，1991年《资源重新利用促进法》又规定建筑施工过程中产生的建筑垃圾必须送往"再生资源化设施"进行处理，1996年又制定了《再生资源法》，为废弃混凝土等建筑副产品的再生利用等提供了法律保障。此外，日本在再生混凝土的吸水性、配合比、收缩、强度和耐久性等性能方面也开展了系统的研究，并且取得了一定的成效。截至2008年，日本的建筑废弃物资源尤其是废弃混凝土的再利用率达到甚至超过50%。

德国在第二次世界大战之后就开展了将废砖作为再生骨料利用的研究，于1997年开始实施《再生利用法》，并且德国钢筋混凝土委员会于1998年提出了《在混凝土中使用再生骨料的应用指南》。2004年，德国钢筋混凝土委员会颁布更新后的《再生骨料混凝土应用指南：第一部分》。德国目前的废弃混凝土主要用在公路路面上，但是德国在回收利用方面也做了大量工作。1994年，德国第一座利用再生混凝土建造的办公大楼建成，随后，再生混凝土的应用逐渐展开。

荷兰由于国土面积较小，自然资源相对贫乏，因此，是最早研究和应用再生混凝土的国家之一。20 世纪 80 年代，荷兰就制定了利用再生骨料制备普通混凝土、钢筋混凝土和预应力混凝土的规范，对再生骨料制备再生混凝土的技术要求进行了规范。1996 年，荷兰废弃混凝土的资源化利用率就达到了 90％以上。

　　澳大利亚也比较重视再生骨料的利用，分别于 1998 年、2002 年颁布了《非承重结构再生骨料使用规范》及《再生混凝土及砌体材料使用规范》，规范中对再生骨料进行了分级，并且也已经有了应用于路面等基础工程中的再生骨料的标准。此外，丹麦、芬兰等国家长期以来也非常重视建筑垃圾的再生利用问题，并于 1989 年实施了统一的北欧环境标准。

　　我国对再生混凝土的利用研究起步相对较晚，但是我国对再生混凝土的研究越来越重视。我国建设部于 1997 年将"建筑废渣综合利用"列入科技成果重点推广项目。交通部于 2004 年启动了"水泥混凝土路面再生利用关键技术研究"项目，并且同年将"建筑垃圾资源化利用"列入"十五"科技攻关子课题，于 2006 年将"建筑垃圾再生产品的研究开发"列入国家"十一五"科技支撑计划，于 2011 年将"固体废弃物本地化再生建材利用成套技术"列入国家"十二五"科技支撑计划。2010 年，我国颁布了国家标准《混凝土和砂浆用再生细骨料》（GB/T 25176—2010），为再生混凝土的应用提供了明确的指导。2013 年国务院办公厅转发了国家发展改革委、住房城乡建设部制定的《绿色建筑行动方案》（国办发〔2013〕1 号），明确指出要大力发展绿色建材，逐渐推进建筑废弃物的回收利用。目前，我国北京、上海、天津、重庆、青岛等地的建筑垃圾回收利用均取得了一定的成效。2004 年，上海市建筑科学研究院莘庄科技园区内建成了上海生态建筑示范楼，该建筑采用了大量的绿色材料，墙体全部采用再生骨料混凝土空心砌块，再生材料使用率超过 60％，具有超低能耗和很好的经济效益。

　　废弃混凝土资源化利用符合我国既定的可持续发展战略，对于仍以混凝土为主要材料的建筑行业而言，再生混凝土无疑将成为混凝土技术发展的新方向。进入 21 世纪，各国在寻求快速发展机遇的同时，也都深刻认识到再生资源利用的重要性，对废弃混凝土资源化利用的研究越来越重视。废弃混凝土资源化问题的研究不但具有巨大的直接经济效益，还可以很好地解决资源环境的协调发展问题，其社会效益和环境效益也非常显著，有助于真正实现废弃物的资源化、无害化。

10.3.3　再生混凝土的性能

　　（1）力学性能　力学性能是混凝土的基本性能，包括抗压强度、抗拉强度、抗折强度、弹性模量等性能。一般情况下，与传统的混凝土相比，再生混凝土一般具有较低的抗压强度和抗拉强度、弹性模量等。其中抗压强度对于混凝土的应用至关重要，再生混凝土的抗压强度受再生骨料的来源和组成、再生骨料取代率、水灰比、再生骨料附着浆体、再生骨料性质以及强化处理等因素的影响。

　　国内外众多学者研究获得的再生骨料取代率与再生混凝土抗压强度的关系存在差异。许多学者的研究结果表明，随着再生骨料取代率增加，再生混凝土抗压强度逐渐减小，原因可能是再生骨料内部空隙较大，受力易产生应力集中，并且再生混凝土中存在许多薄弱的界面过渡区，导致再生混凝土抗压强度较小。混凝土的弹性模量受水泥浆、骨料的性质、界面过渡区（ITZ）、养护龄期和混凝土性能等因素的影响。而再生混凝土弹性模量受再生骨料的掺量、再生骨料的尺寸和质量、混合方法、养护条件、化学外加剂的添加量以及混凝土的养护龄期等因素的影响。当其他参数不变时，随着再生骨料取代率的增加，再生混凝土的弹性模量逐渐降低。

水灰比与再生混凝土抗压强度关系密切，随着水灰比的增加，再生混凝土的抗压强度将降低，且不少学者的研究表明，再生混凝土的抗压强度随着水灰比的增加几乎呈线性降低。一般认为，再生骨料取代率在 20% 以内，对抗压强度影响很小；当再生骨料取代率在 50% 以上时，对抗压强度的影响较大；完全取代时，抗压强度可以下降 20%～40%。水灰比对再生混凝土抗压强度的影响程度高于再生骨料掺量。

再生混凝土的抗压强度还与所采用再生骨料的原生混凝土有关。当原生混凝土强度在 40MPa 以下时，再生骨料混凝土抗压强度明显低于普通混凝土；当原生混凝土强度超过 80MPa 时，两者抗压强度基本相同。原生混凝土强度越高，再生混凝土抗压强度越高。

普通混凝土的弹性模量与抗压强度成正比，在大多数情况下，再生混凝土也具有类似的性质。这是因为原生混凝土强度越高，再生骨料的压碎值越低，骨料压碎值的降低能够提高再生混凝土的弹性模量。而再生混凝土的劈裂抗拉强度随骨料取代率增大呈线性降低，这是因为再生混凝土具有新、旧双界面，劈拉破坏时，双界面均发生断裂，高骨料取代率增大了再生混凝土中双界面的数量，导致劈拉破坏薄弱区增多。旧界面断裂能比新界面低，对再生混凝土的劈裂抗拉强度影响更大。

（2）耐久性能　混凝土的耐久性是指混凝土在实际使用条件下抵抗各种破坏因素的作用，长期保持强度和外观完整性的能力。混凝土的耐久性包括混凝土的抗渗性、抗氯离子渗透性、抗碳化性、抗冻性等方面。再生骨料的加入，使再生混凝土的界面变得更加复杂，再生混凝土耐久性能更多地受到再生骨料本身性能的影响。相对于普通混凝土而言，再生混凝土耐久性问题更加突出和复杂。

混凝土的抗渗性在很大程度上决定了耐久性。一般情况下，由于再生骨料制备过程中使表面所黏附的砂浆含有较多的孔隙和裂纹，当再生骨料全部或部分取代天然骨料时，再生混凝土的抗渗性低于普通混凝土。再生混凝土抗渗性随再生骨料取代率的增加而降低，并且再生混凝土的吸水率、毛细管吸水能力等与再生骨料的取代率呈线性增加关系。水胶（灰）比影响混凝土硬化后的密实度，而混凝土的密实度是影响混凝土抗渗性的重要因素，再生混凝土的抗渗性随水胶（灰）比的增加而降低。当再生骨料取代率相同时，再生混凝土的水渗透深度、氧渗透系数、吸水率等均随水灰比的增大而增大。再生混凝土的抗渗性还与再生混凝土的来源和再生骨料的粒径有关。

一般情况下，再生混凝土的抗氯离子渗透能力低于相应的普通混凝土。与抗渗性相似，再生混凝土的抗氯离子渗透性也与再生骨料取代率和水胶比及养护龄期有关。在养护龄期一定时，再生混凝土的氯离子电导率随再生骨料取代率的增加而增加。再生混凝土的抗氯离子渗透性随水胶比增加而降低，且水胶比的影响比再生骨料取代率更为显著。当再生骨料取代率一定时，再生混凝土抗氯离子渗透性随养护龄期的增加而增强，且不受再生骨料原生混凝土强度等级的影响。

抗碳化性能方面，再生混凝土的碳化深度随再生骨料取代率的增加而增加。一般认为，水灰比越大，再生混凝土结构越疏松，存在更多的孔隙和缺陷，抗碳化能力也越弱。

再生骨料较高的吸水率和低的抗冻性导致再生混凝土的抗冻性低于普通混凝土，再生混凝土的抗压强度、劈裂抗拉强度和弯曲强度均随冻融循环次数的增加而降低。再生混凝土的抗冻性与再生骨料的性能关系密切，而再生骨料的性能由其原生混凝土的性能决定，采用具有高性能的原生混凝土生产的再生骨料所制备的再生混凝土的抗冻性与普通混凝土相似或优于普通混凝土。再生混凝土的抗冻性也受水胶比的影响。与普通混凝土相似，水灰比越小，再生混凝土内部越密实，其抗冻性越好。随着水灰比的增加，再生混凝土的孔隙率增大，并且影响再生混凝土内部大孔的数量，大孔数量的增多导致再生混凝土抗冻性能的降低。随着再生粗骨料取代率的增加，再生混凝土的质量变化率增大，且质量变化率与吸水率呈线性增加关系，抗冻性逐渐降低。

虽然在再生混凝土利用方面取得了一定的成效，然而，我国建筑垃圾的资源化利用率仍有待提高，且受当前再生骨料回收技术影响，直接利用建筑垃圾再生骨料制备的再生混凝土的力学性能和耐久性均不及普通混凝土，以致再生混凝土在实际应用中受到了诸多的限制，目前再生骨料主要用于低质量混凝土，不能用于重要结构中的混凝土。主要原因是：简单破碎得到的再生骨料表面粗糙并残留着老旧水泥砂浆，旧砂浆的多孔性导致与骨料和新砂浆的界面区强度较低，从而造成再生混凝土性能的下降。

综上，相对于普通混凝土，再生混凝土的力学性能和耐久性能较差。因此，为了扩大再生混凝土的应用范围，近年来，针对再生骨料存在的问题，众多研究者对再生骨料进行改性，通过一系列物理、化学或二者相结合的方法提高再生骨料的性能，进而改善再生混凝土的性能。

10.4 其他种类混凝土

随着社会的发展，建筑行业需要不同功能的混凝土来满足工程的需求。一组合格的比例、一组有意义的试块是混凝土发挥其作用的前提。

10.4.1 纤维增强混凝土

混凝土存在一个突出的缺陷，即材料具有非常明显的脆性。抗压强度虽然比较高，但其抗拉、抗弯、抗冲击、抗爆以及韧性等性能却比较差。纤维增强混凝土（FRC）就是人们考虑如何改善混凝土的脆性，在提高其抗拉、抗弯、抗冲击和抗爆等力学性能的基础上发展起来的。目前研究较多的有钢纤维、耐碱玻璃纤维、碳纤维、芳纶（芳香族聚酰胺纤维）、聚丙烯纤维或尼龙等合成纤维增强混凝土。

纤维增强混凝土是以水泥浆、砂浆或混凝土为基材，以非连续的短纤维或连续的长纤维作为增强材料，均匀地掺加在混凝土中而组成的一种新型水泥基复合材料的总称。在纤维增强混凝土中，纤维起阻止或延缓混凝土裂缝扩展的作用，可适度提高其抗拉、抗弯强度并显著提高其韧性。20 世纪 60 年代中期，美国最先开发钢纤维增强混凝土，之后又出现聚丙烯纤维增强混凝土、玻璃纤维增强混凝土、植物纤维增强混凝土等，通常使用长度为 15～25mm 的短纤维（单根纤维或纤维束），纤维的体积率为 0.2%～2.5%，在混凝土中的取向为二维或三维，混凝土的水泥含量与砂率一般均高于普通混凝土，粗骨料的最大粒径为 15mm，可用振捣、喷射等方法制作，主要用于现场浇筑，如道路路面、桥面、隧道衬砌与加固岩坡等，有时也用于制造某些预制品，如墙板、筒体、桩帽等。

纤维增强混凝土由于抗疲劳和抗冲击性能良好，用于多震灾国家的抗震建筑，将是发挥纤维增强混凝土优势的另一发展途径。如日本现在已投入相当多的技术人员致力于这方面的探讨和研究，并取得了一定成果。可以相信纤维增强混凝土以其独特的优点应用于抗震建筑的设计与施工中，将为人类做出巨大的贡献。

纤维增强混凝土虽然有普通混凝土不可比拟的优势，但在实际应用中受到一定的限制。例如施工和易性较差，搅拌、浇筑和振捣时会发生纤维成团和折断等质量问题，黏结性能也有待进一步改善；再如纤维价格较高，使工程费用提高，也是影响纤维增强混凝土推广应用的一个重要因素。

10.4.1.1 纤维增强混凝土的分类

（1）按纤维配制方式分类

① 乱向短纤维增强混凝土。其中的短纤维呈乱向二维和三维分布，如玻璃纤维混凝土、石棉纤维混凝土、普通钢纤维混凝土、短碳纤维混凝土、短芳纶纤维混凝土、短聚丙烯纤维混凝土等。

② 连续长纤维（或网布）增强混凝土。其中的连续纤维呈一维或二维定向分布，如长玻璃纤维（或玻璃纤维网格布）混凝土、长碳纤维混凝土、长芳纶纤维混凝土、纤维增强树脂筋混凝土等。

③ 连续长纤维和乱向短纤维复合增强混凝土。

④ 不同尺度不同性质的纤维增强的混凝土。

（2）按纤维增强混凝土的性能分类

① 普通纤维混凝土，如普通钢纤维混凝土、玻璃纤维混凝土等。

② 高性能纤维增强混凝土，如流浆浸渍钢纤维混凝土、流浆浸渍钢纤维网混凝土、纤维增强活性粉末混凝土、芳纶纤维混凝土等。

③ 超高性能纤维增强混凝土，如纤维增强高致密水泥基均匀体系（FRDSP）、纤维增强无宏观缺陷水泥（FRMDFC）等。

10.4.1.2 纤维增强机理

目前，对于混凝土中均匀而任意分布的短纤维对混凝土的增强机理，存在两种不同的理论解释：其一是美国人 J. P. Romualdi 首先提出的"纤维间距机理"；其二是英国的 Swamy Mamgat 等首先提出的"复合材料机理"。连续长纤维增强混凝土的理论则主要是从复合材料力学基础上发展出来的，包括多缝开裂理论、混合率法则等。

（1）纤维间距机理　纤维间距机理根据线弹性断裂力学理论来说明纤维材料对于裂缝发生和发展的约束作用。该机理认为：混凝土内部原来就存在缺陷，要提高这种材料的强度，必须尽可能减小缺陷的程度，提高材料的韧性，降低内部裂缝端部的应力集中系数。

如图 10-6 所示，假定纤维在拉应力方向上呈现棋盘状的均匀分布，心距为 S，一个凸透镜状的裂缝（半径为 a）存在于 4 根纤维所围住的空间的中心。由于拉力的作用，裂缝的端部产生应力集中系数 k_σ。当裂缝扩展至纤维与基材的过渡区时，纤维的拉伸应力所引起的黏结应力分布（τ）会产生对裂缝起约束作用的剪应力并使之趋于闭合。此时在裂缝端部会有另一个与 k_σ 方向相反的应力集中系数 k_f，故总的应力集中系数下降为 $k_\sigma - k_f$。所以，混凝土的初裂强度得以提高。可见，单位面积内的纤维数（N）越多，亦即纤维间距越小，强度提高的效果越好。

纤维间距机理假定纤维和基体间的黏结是完美无缺的，但是，事实却不尽如此，它们之间的黏结肯定有薄弱之处；另外，间距的概念一旦超出比例极限和周界条件就不再成立。因此，该机理还不能客观反映纤维增强的机理。

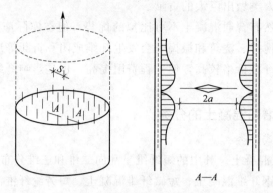

图 10-6　纤维间距机理力学模型

（2）复合材料机理　复合材料机理的出发点是复合材料构成的加和原理，将纤维增强混凝土看作纤维强化的多相体系，其性能乃是各相性能的加和值，并应用加和原理推定纤维混凝土的抗拉和抗弯强度。该机理应用于纤维混凝土时，有如下假设条件：

① 纤维与水泥基材均呈弹性变形。

② 纤维沿着应力作用方向排列，并且是连续的。

③ 纤维、基材与纤维混凝土有相同的变形值。

④ 纤维与水泥基材的黏结良好，二者不发生滑动。

（3）临界纤维体积率与临界纤维长径比

① 临界纤维体积率　用各种纤维制成的纤维混凝土均存在一临界纤维体积率。当实际纤维体积率大于此临界值时，才可以使纤维混凝土的抗拉极限强度较之未增强的水泥基材有明显的增大。临界纤维体积率的计算式为

$$P_c = \frac{f_{fl}}{f_{fl} + f_{jl} - E_f \varepsilon_{jl}}$$

式中　P_c——临界纤维体积率；

f_{fl}——纤维极限抗拉强度；

f_{jl}——水泥基材极限抗拉强度；

E_f——纤维的弹性模量；

ε_{jl}——水泥基材的极限延伸率。

若使用定向的连续纤维，且纤维与水泥基材黏结较好，则用钢纤维、玻璃纤维和聚丙烯膜裂纤维制备的三种纤维混凝土的临界纤维体积率的计算值分别为 0.31%、0.40%、0.75%。实际上，使用非定向的短纤维，且纤维与水泥黏结不够好时，上述临界值应增大。

② 纤维临界长径比　使用短纤维制备纤维混凝土时，存在一纤维临界长径比。纤维临界长径比的计算式为

$$\frac{l_c}{d} = \frac{f_{fl}}{2\tau}$$

式中　l_c——短纤维临界长度；

d——短纤维直径；

τ——纤维与水泥基材的平均黏结强度。

10.4.2 自密实混凝土

自密实混凝土（self-compacting concrete，SCC）是指在自身重力作用下，能够流动、密实，即使存在致密钢筋也能完全填充模板，同时获得很好的均质性，并且不需要附加振动的混凝土。配制自密实混凝土的原理是通过外加剂、胶凝材料和粗细骨料的选择与搭配以及精心的配合比设计，将混凝土的屈服应力减小到足以被因自重产生的剪应力克服，使混凝土流动性增大，同时又具有足够的塑性黏度，令骨料悬浮于水泥浆中，不出现离析和泌水问题，能自由流淌并充分填充模板内的空间，形成密实且均匀的胶凝结构。自密实混凝土具有密实性好、生产效率高、结构自由度高、表面质量好等优点。近几年，自密实混凝土越来越多地应用在实际工程中。

10.4.2.1 自密实混凝土配制要求

为了达到不振动能自行密实，硬化后具有常态混凝土一样的良好物理力学性能的目的，配制的混凝土在流态下必须满足以下要求：

（1）黏性适度 在流经稠密的钢筋后，仍保持成分均匀。如果黏性太大，滞留在混凝土中的大气泡不容易排除。黏性用混凝土的扩展度表示，要求在 $500\sim700mm$ 内。如黏性过大即扩展度小于 $500mm$ 时，则流经小间隙和充填模板会带来一定的困难；如果黏性太小即扩展度大于 $700mm$，则容易产生离析。因此，自密实混凝土要求有足够的粉体含量，粗骨料应采用 $5\sim15mm$ 或 $5\sim25mm$ 的粒径，且含量也比普通混凝土少，绝对体积应在 $0.28\sim0.33m^3$ 之间，含砂率应在 50% 左右。

（2）良好的稳定性 浇筑前后均不离析、不泌水，粗细骨料均匀分布，保持混凝土结构的均质性，使水泥石与骨料、混凝土与钢筋黏结良好，保持混凝土的耐久性。

（3）适当的水灰比 如果加大水灰比，增加用水量，虽然会增大流动度，但黏性降低。混凝土的用水量应控制在 $150\sim200kg/m^3$ 之间。要保持混凝土的黏性和稳定性，只能依靠掺加高效减水剂来实现。采用聚羧酸类减水剂比较好，也可采用氨基磺酸盐减水剂，掺量为水泥质量的 $0.8\%\sim1.2\%$。

（4）控制粉体含量 要使混凝土具有良好的稳定性，粉体含量是关键。当水泥用量较多时，可以掺用粉煤灰、矿渣粉或石灰石粉取代一部分水泥，以降低水化热。必要时，可以减少水泥用量、掺用少量的增黏剂，以保持适度的黏性。一般采用生物聚合物多糖增黏剂。

10.4.2.2 自密实混凝土工作性与调整

自密实混凝土工作性的特点是要具有良好的穿透性能（通过障碍入口，如钢筋间隙，流入而不离析或阻塞的能力，passing ability）、充填性能（在自重下流入或完全充满模板各个部位的能力，filling ability）和抗离析性能（稳定性，segregation resistance ability）。在自密实混凝土的配合比设计中，所有三个工作性参数都要被评估以保证所有方面都符合要求。

自密实混凝土工作性能的测试方法有 Abrams 锥体坍落流动度法、T_{500} 坍落流动度法、L 形仪法、J 环法、U 形仪法、V 形漏斗法、筛稳定性仪法、振动离析跳桌试验法。采用上述工作性测试方法检测时，如果超出标准范围太大，说明混凝土的工作性存在缺陷，可以通过下述途径调整自密实混凝土的工作性：

① 黏度太高 提高用水量，提高浆体量，增加高效减水剂用量。

② 黏度太低　减少用水量，减少浆体量，减少高效减水剂用量，掺加增稠剂，增加粉体用量，提高砂率。

③ 屈服值太高　增加高效减水剂用量，增加浆体的体积。

④ 离析　增加浆体的体积，降低用水量，增加粉体用量。

⑤ 坍落度损失太大　用水化速度较慢的水泥，加入缓凝剂，选用其他减水剂。

⑥ 堵塞　降低骨料最大粒径，增加浆体体积。

10.4.2.3　自密实混凝土的结构与性能

混凝土组成是影响其微观结构的主要因素，而混凝土微观结构与其宏观性能存在直接的相关性。研究结果表明：自密实混凝土的总孔隙率、孔径分布、临界孔径与高性能混凝土相似，而自密实混凝土中的氢氧化钙含量明显不同于高性能混凝土、普通混凝土。自密实混凝土中骨料与基体过渡区的宽度为 $30\sim40\mu m$，与普通混凝土基本相同。同时发现，自密实混凝土中骨料上方过渡区与骨料下方过渡区的弹性模量几乎相当，而普通混凝土中骨料上下方过渡区的弹性模量则差别明显。总之，自密实混凝土具有更为密实、均一的微观结构，这对于自密实混凝土的耐久性能具有重要作用。

(1) 力学性能　硬化混凝土的性能取决于新拌混凝土的质量、施工过程中振捣密实程度、养护条件及龄期等。自密实混凝土由于具有优异的工作性能，在同样的条件下，其硬化混凝土的力学性能将得到保证。文献通过模拟足尺梁、柱构件试验研究表明：自密实混凝土表现出良好的均质性。采用自密实混凝土制作的构件，其不同部位混凝土强度的离散性要小于普通振捣混凝土构件。

在水胶比相同的条件下，自密实混凝土的抗压强度、抗拉强度与普通混凝土相似，强度等级相同的自密实混凝土的弹性模量与普通混凝土的相当。通过拔出试验，研究自密实混凝土中不同形状钢纤维的拔出行为发现：自密实混凝土明显改善了钢纤维与基体之间的过渡区结构，使得自密实混凝土中钢纤维的黏结行为明显好于普通混凝土中的情况。另外，与相同强度的高强混凝土相比，虽然自密实混凝土与普通高强混凝土一样呈现出较大的脆性，但自密实混凝土的峰值应变明显偏大，这表明自密实混凝土具有更高的断裂韧性。

(2) 耐久性能　随着混凝土结构耐久性问题的日益突出，自密实混凝土的耐久性能也成为关注的焦点。相关研究表明：相同条件下，不管是引气还是非引气自密实混凝土均具有更高的抗冻融性能；自密实混凝土中氯离子的渗透深度要比普通混凝土的小；由于含有更多的胶凝材料，自密实混凝土的水化放热增大，且最大放热峰出现更早，矿物掺合料掺入后可以避免过大的水化放热，但矿物掺合料由于同时起到晶核作用，因此明显影响自密实混凝土的水化过程。

(3) 体积稳定性　自密实混凝土由于浆体含量相对较多，并且粗骨料的最大粒径较小，因而其体积稳定性成为关注的重点之一。研究表明：自密实混凝土的水灰比、水胶比是影响其收缩、徐变的主要因素，矿物掺合料的细度对其收缩与徐变无显著影响；水泥强度等级虽对其收缩无影响，但对自密实混凝土基本徐变和干燥徐变的影响作用不可忽视。此外，环境条件对自密实混凝土的徐变变形影响显著。一般而言，自密实混凝土采用低水胶比以及较大掺量的矿物掺合料等合理的配合比设计，其体积稳定性可以得到较好的控制。

10.4.3　防辐射混凝土

随着原子能工业和放射性元素提炼工业的迅速发展，以及各种放射性同位素在国民经济各部门的广泛应用，保护工作人员不受放射线伤害成了一个十分重要的问题。因此，射线防护问题自然就成了原子能建筑中的主要研究课题之一，并构成其与其他建筑不同的特点，也催生了一种特殊的建筑材料——防辐射混凝土。

10.4.3.1　防辐射混凝土的定义

防辐射混凝土，又称防射线混凝土、原子能防护混凝土、屏蔽混凝土、核反应堆混凝土、特重混凝土等。此种混凝土能屏蔽原子核辐射和中子辐射，是原子能反应堆、粒子加速器及其他含放射源装置常用的一种防护材料。这种混凝土采用普通水泥或密度很大、水化后结合水很多的水泥与特重的骨料或含结合水很多的重骨料制成，其容重可达到 $2500\sim7000\mathrm{kg/m^3}$。防辐射混凝土防护效果较好，也能降低结构的厚度，但其价格要比普通水泥混凝土高得多。

10.4.3.2　防辐射混凝土的原理

实验室内的各种同位素、加速器或原子反应堆所产生的放射是多种多样的，其中主要有 α 射线、β 射线、X 射线、γ 射线、中子射线及质子流等。射线不同，穿透能力也不同。

α、β 粒子和质子具有电荷，当它们和防护物质的原子电场相互作用时，其能量将明显降低，所以用厚度很小的防护材料完全可以阻挡。X 射线、γ 射线是一种高能量、高频率的电磁波，具有极强的穿透能力，但几乎所有的材料对它们都具有一定的防护能力。当它们穿过防护物质时，能量逐渐减小，但只有防护材料超过某一厚度并具有高容重时，能量才能被完全吸收。

中子是原子核中不具有电荷的粒子，具有高度的穿透能力。中子射线就是这些不具电荷的中子构成的中子流。按能量的大小和运动的速度，中子射线又可分为慢速中子、中速中子和快速中子。原子核只能俘获吸收慢速中子，快速中子只有通过与原子核碰撞才能减速慢化，但某些物质的原子核和中子碰撞时，会产生二次 γ 射线，所以不能采用一般材料防护。氢和硼吸收中子后，只放出很易屏蔽的 α 射线，并不放出 γ 射线，是比较理想的材料。

从以上所述可以看出：原子反应堆和加速器的防护问题，主要是防护 X 射线、γ 射线和中子射线。

对于 X 射线、γ 射线，物质的密度越大，其防护性能越好。几乎所有的材料对 X 射线、γ 射线都具有一定的防护能力，但是采用密度小的轻质材料时，要求防护结构的厚度很大，这样便减小了有效的建筑面积和容积。采用铅、锌、钢铁等密度大的材料，防护 X 射线、γ 射线效果很好，防护结构可以做得较薄，但价格昂贵，工程造价较高，不符合经济实用的原则。

对于中子射线，不但需要重元素，而且需要充分的轻元素。氢元素是最轻的元素，在这方面水具有优良的防护效果，因为水中的氢元素含量最高。因此，反应堆、加速器或放射化学装置的防护结构，应当由轻元素和重元素组合适当的材料制成。混凝土正是这样的混合材料，它不仅容重大，而且含有许多结合水。

10.4.3.3　防辐射混凝土的分类

防辐射混凝土的分类方法有两种，即按所用水泥品种不同分类和按抵抗射线种类不同分类。

（1）按所用水泥品种不同分类　按所用水泥品种不同，可分为普通硅酸盐水泥和特种水泥（如钡水泥、锶水泥等）制成的防辐射混凝土。

（2）按抵抗射线种类不同分类　按抵抗射线种类不同，可分为抵抗 X 射线混凝土、抵抗 γ 射线混凝土和抵抗中子射线混凝土。

10.4.3.4　防辐射混凝土的原材料

（1）水泥　防辐射混凝土的胶凝材料，可以采用硅酸盐水泥、火山灰水泥、矿渣水泥、矾土水泥、镁质水泥等。其中硅酸盐水泥应用最广，因为这种水泥产量大、易获得，而且拌和需水量较小。使用硅酸盐水泥，其强度等级不得低于 42.5MPa。火山灰水泥一般仅用于地下构筑物。矾土水泥、石膏矾土水泥以及高镁水泥，可以增加混凝土中的结合水含量，对防护中子射线有利。但矾土水泥、石膏矾土水泥的水化热较大，施工时必须采用相应的冷却措施，会给工程施工带来一定困难。用氯化镁溶液拌和的镁质水泥有良好的技术性能，但镁质水泥对钢筋的腐蚀较强，在钢筋混凝土结构中应当慎重使用。各种水泥硬化后的结合水含量见表 10-3。

表 10-3　各种水泥硬化后的结合水含量

水泥品种	结合水的含量（占水泥质量的比例）/%	
	1 个月	12 个月
硅酸盐水泥	15	20
矾土水泥	25	30
石膏矾土水泥	28	32
镁质水泥（MgO＋MgCl$_2$）	35	40

对防射线性能要求很高的混凝土，以上水泥品种不能满足要求时，可以考虑采用特种水泥（如钡水泥或锶水泥）。这类水泥的相对密度较大（$y \geqslant 4$），完全可满足防辐射的高要求。但其产量甚少，价格昂贵。

（2）粗细骨料　防辐射混凝土除了需要含有重元素外，还应尽可能含有较多的轻元素（氢）。为了满足这一基本要求，除适当增加水泥用量以提高混凝土的结晶水含量外，更重要的是选择适当的粗细骨料。

防辐射混凝土的主要功能是防射线辐射，其选用的粗骨料和普通水泥混凝土不同，一般应以密度较大的材料为主，如褐铁矿、赤铁矿、磁铁矿、重晶石、蛇纹石、废钢铁、铁砂或钢砂等，根据要求也可用部分碎石和砾石。防辐射混凝土所用的细骨料，一般常用以上材料中的细骨料和石英砂。

① 褐铁矿（$2Fe_2O_3 \cdot 3H_2O$）　褐铁矿的相对密度为 3.2～4.0，有致密的结构和带孔隙的结构，块重为 1300～3200kg/m^3，含结合水约为 10%～18%。用作防辐射混凝土骨料时，以密度大而结合水不低于 10% 为宜。

② 磁铁矿（Fe_3O_4）和赤铁矿（Fe_2O_3）　磁铁矿的相对密度为 4.9～5.2，赤铁矿的相对密度为 5.0～5.3。用这两种材料配制的防辐射混凝土的表观密度要比褐铁矿混凝土大 20% 以上，一般为 3200～3800kg/m^3。磁铁矿和赤铁矿是配制防 X 射线和防 γ 射线混凝土的良好骨料。但是，用磁铁矿和赤铁矿配制的防辐射混凝土含水较少，防护中子射线的性能不如褐铁矿配制的混凝土好。

③ 重晶石（$BaSO_4$）　重晶石的相对密度稍低于磁铁矿，一般为 4.3～4.7，属于脆性材料。用重晶石配制的防辐射混凝土，其容重在 3200～3400kg/m^3 之间。重晶石混凝土由于抗冻性差，热膨胀系数和收缩值都较大，因此，不允许使用于有流水作用且受冻的结构部分，也不允许用于温度高于 100℃ 的地方。

④ 铁质骨料　铁质骨料包括各种钢段、钢块、钢砂、铁砂、切割铁屑、钢球等。采用铁质骨料可有效地增大混凝土的表观密度，增强抵抗射线穿透的能力，表观密度可达 5000kg/m^3 以上，对防护 X 射线和 γ 射线十分有效。在实际工程中，纯粹采用铁质骨料配制的混凝土很少，因为这种混凝土中含结合水很少，防护中子射线能力很低。此外，这种混凝土极易分层，不能保证混凝土的均匀性，施工中必须采用特殊的浇筑方法。

（3）拌和水　防辐射混凝土的拌和用水与普通混凝土相同，为 pH 值大于 4 的洁净水。为改善混凝土的和易性，减少拌和用水，降低水灰比，提高混凝土密实度，可以加入适量的亚硫酸盐纸浆或苇浆废液塑化剂。

（4）掺合料　为了改善和加强防辐射混凝土的防护性能，在配制时还常常特意加入一定数量的掺合材料（或硼、锂盐等）。硼和硼的化合物是防辐射混凝土中良好的掺合料，它能有效地挡住中子，且不形成二次射线。例如，含硼的同位素的钢材，吸收中子的能力比铅高 20 倍，比普通混凝土高 500 倍。不仅如此，若采用掺硼的防辐射混凝土，结构的厚度可大幅度降低。锂盐，如碘化锂（$LiI \cdot 3H_2O$）、硝酸锂（$LiNO_3 \cdot 3H_2O$）和硫酸锂（$Li_2SO_4 \cdot H_2O$）等，掺入混凝土中亦可改善和增强混凝土的防护性能。

10.4.4　透水混凝土

随着社会经济的发展和城市建设进程的加快，现代城市的地表逐步被钢筋混凝土的房屋建筑和不透水的路面所覆盖，与自然的土壤相比，现代化地表给城市带来一系列问题，主要表现为以下几个方面：

① 不透水的路面阻碍了雨水的下渗，使得雨水对地下水的补充被阻断，再加上地下水的过度抽取，城市地面容易产生下沉。

② 传统的密实路表面，轮胎噪声大。车辆高速行驶过程中，轮胎滚进时会将空气压入轮胎和路面间，待轮胎滚过，空气又会迅速膨胀而发出噪声，雨天这种噪声尤为明显，影响了人们的生活与工作。

③ 传统城市路面为不透水结构，雨水通过路表排出，泄流能力有限，当遇到大雨或暴雨时，雨水容易在路面汇集，大量集中在机动车和自行车道上，导致路面大范围积水。

④ 不透水路面使城市空气湿度降低，加速了城市热岛效应的形成。

因此，需要开发一种能够解决雨水渗透问题的特殊建筑材料——透水混凝土。

10.4.4.1　透水混凝土的定义

透水混凝土又称多孔混凝土，根据《透水混凝土》（JC/T 2558—2020）的规定，透水混凝土是由水泥、矿物掺合料、骨料、外加剂及水等主要材料经拌和形成的，具有透水功能的混凝土材料。

10.4.4.2　透水混凝土的原理

透水混凝土和普通混凝土的主要成分基本相同，都是由水、水泥、骨料组成，不同的是透水混凝土所选用的骨料种类、配合比、制备工艺较普通混凝土有较大区别，这也是导致两者结构上差异很大的原因。透水混凝土采用单一粒径的粗骨料作为结构骨架，水泥净浆或加少量细骨料的砂浆薄层包裹其上，成为骨料颗粒之间的黏结层，最终形成骨架-空隙结构的透水混凝土材料。

10.4.4.3　透水混凝土的分类

根据实际使用情况，透水混凝土可分为现浇透水混凝土和预制透水混凝土两类。而现浇透水混凝土又有水泥透水混凝土和高分子透水混凝土两种。

① 水泥透水混凝土　水泥透水混凝土一般由水泥、水、粗骨料拌和而成。水泥一般选用 P·O 42.5 或 P·I 42.5 以上的硅酸盐水泥、普通硅酸盐水泥或矿渣硅酸盐水泥；粗骨料一般选用单粒级或间断粒级；水一般选择当地自来水。水泥透水混凝土的水胶比一般为 0.25～0.40，孔隙率为 15%～30%。混凝土拌和物由于为干硬性混凝土，因此可以采用压力成型，但不能像对待普通混凝土一样采用振动成型，因为采用振动成型会使水泥浆体沉降，导致试块封底现象，使得透水混凝土失去透水效果。所以透水混凝土在施工过程中一定要与普通混凝土区分开。现浇透水混凝土路面结构层如图 10-7 所示。另外，透水混凝土具有成本低、制作简单的优点，可以大规模地应用于道路铺设。任何事物有利就有弊，透水混凝土由于孔隙率过大导致其耐久性、强度、抗冻性不如普通混凝土，这也是目前研究者的主要研究方向。

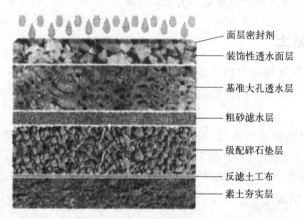

图 10-7　现浇透水混凝土路面结构层示意图

② 高分子透水混凝土　高分子透水混凝土主要采用高分子作为胶凝材料，可以分为沥青透水混凝土和树脂透水混凝土两种类型。沥青透水混凝土是由沥青、单粒级或间断粒级的粗骨料拌和而成的。沥青是一种有机胶凝材料。与水泥透水混凝土相比，沥青透水混凝土对气候的适应性较差，比较容易在大气的影响下老化，并且温度对其影响也比较剧烈，特别是当温度升高时，沥青透水混凝土会变软，导致沥青液体流出，最终导致透水混凝土的强度和透水性能降低。树脂透水混凝土是选用高分子树脂代替水泥或沥青作为胶凝材料配制而成的，与沥青透水混凝土、水泥透水混凝土相比，它更耐水耐磨，但其成本较高，也容易老化。

③ 预制透水混凝土制品　预制透水混凝土制品是一种多孔结构的块体，由水泥、粗骨料（有时可加少量的细骨料）和水拌和后压制而成。预制透水砖是一种预制件，经特定的工艺和模具成型后再铺装在透水路基上。目前，透水砖主要有烧结型和免烧型两类。通常情况

下，透水砖的成本要比普通水泥透水混凝土高，而应用范围又窄，一般将其铺筑在人行道上。预制透水混凝土砖如图 10-8 所示。

图 10-8　预制透水混凝土砖

10.4.4.4　透水混凝土的性能特点

由于原材料和制备过程的特殊性，透水混凝土表面一般比较粗糙，其内部结构呈蜂窝状，与普通混凝土有所不同，透水混凝土的孔隙都是肉眼可见的，且孔隙的直径大多都超过 1mm，因此具备良好的透水性能。透水混凝土的优点包括以下几个方面：

① 降低城市排水系统的压力，保护地下水资源。透水混凝土路面的共同特点就是雨水可以通过结构中的连通孔渗透到地下土壤中，暴雨期间以及雨后，透水性路面可以通过阻挡水流的分散流出以及降低流速的方式控制水的冲刷力度，减轻暴雨带来的灾害；透水性路面排水效率大大高于仅通过下水道排水的方式，因此，路面上的水可以通过孔隙流入地下，并且对水质起到净化作用，从而有效地保护水资源。

② 吸收路面噪声。由于本身结构的多孔性特点，当声波打在道路表面时，声波激起孔隙内的空气振动，不会垂直反射，能量会在混凝土内部衰减、消耗，有效地吸收声源的噪声，大面积铺筑透水混凝土时的降噪效果比较明显。假设透水铺装的强度能达到机动车道路的要求，也能够降低车辆行驶时的噪声。

③ 降低城市热岛效应。透水混凝土的透气性让空气在土壤中循环时，可以吸收地面热量，进而降低城市空气温度，同时又由于其良好的透水性，可以提高近地面湿度，减少蒸发量，有效防止热岛效应。这对城市环境优化具有很大的推进作用。

④ 改善交通安全性。在下雨天，透水混凝土路面不仅能够透水而且能防止路面湿滑，不仅可以减少路面本身的反光，还可以避免路面积水产生的反光效应，使交通更为安全。

⑤ 增强植物的生理生化作用。透水混凝土路面具有透水透气性，使空气在土壤中能够良好地循环，土壤可以吸收空气中的水分以及热量等，提高土壤的透气性和透水性。植物根系发达，分布范围较大，普通混凝土铺设的路面使水分无法渗透到地下，使得植物根系无法充分吸收地上渗透的雨水，只能靠地下深扎根获得水分，而透水混凝土彻底改变了这一现状，使得植物生长更加茂盛，对提升城市绿化效果、加快有效绿化进程起到了很大作用。

10.4.4.5　存在的问题

虽然透水混凝土优点较多，比较适合现在的海绵城市路面发展要求，但是其本身的一些性能也限制了透水混凝土的发展，其现存问题如下：

① 施工控制难度大。透水混凝土在浇筑过程中对施工人员技术水平要求较高，不宜强烈振捣或夯实，施工中适用平板振动器轻振铺平。如果振动不合理，振捣过程中水泥浆体从骨料表面离析出来，流入底部形成一个不透水层，便会降低透水性能甚至使混凝土失去透水性。

② 易堵塞。透水混凝土由于结构松散，孔隙率大，因此易被颗粒物堵塞。然而其各种优良性状都是依靠孔隙渗水来实现的，一旦孔隙被堵塞，其优势将得不到有效的发挥。

③ 不易维护。透水混凝土铺装作为新型设施，从技术层面来看还没有有效的维护方法。如遭遇风沙天气后，细小的沙尘将透水混凝土孔隙占据，透水效果将大大降低，对此尚缺乏相应的维护措施。

④ 耐久性差。透水混凝土的蜂窝状结构，使其抗压、抗折性能较差；透水混凝土表面孔隙率大，容易受到空气、阳光和水的侵蚀，所以其耐久性也有待提高。

10.4.5 水下不分散混凝土

10.4.5.1 水下不分散混凝土的定义

在海洋土木工程和港湾土木工程中有许多水下工程，水下不分散混凝土就是在这些工程中应用的实例。当需要在水下进行混凝土工程施工时，普通办法是修筑围堰，然后基坑排水和防渗，将水下变为陆地来施工。显然，这种方法工程量浩大，能否把混凝土直接输送到水下进行施工呢？若简单地把混凝土拌和物倒入水中，到达水底时必然成为一堆砂石，表面只有很薄的一层甚至没有水泥浆，无法满足施工要求。因此，水下不分散混凝土应该在与环境水隔离的条件下浇筑。

正确的水下不分散混凝土浇筑方法应该是混凝土拌和物到达浇筑地点以前避免与环境水接触。进入浇筑地点以后，也要尽量减少与水接触，尽可能使与水接触的混凝土保持在同一个整体之内，不被冲散。浇筑过程宜连续进行，直到达到一次浇筑所需高度或高出水面为止，以减少环境水的不利影响。这样才可减少清除凝固后不符合要求的混凝土的数量。已浇筑的混凝土不宜搅动，应使其逐渐凝固和硬化。

水下浇筑混凝土的方法分为两类：一是水上拌制混凝土拌和物，进行水下浇筑，采用导管法、泵送法、柔性管法、倾注法、开底容器法和装袋叠置法；二是水上拌制胶凝材料，进行水下预埋骨料的压力灌浆。

水下浇筑混凝土比在陆地上困难得多，要克服水下环境的水压、流速、缺氧、浪涌、黑暗等困难，还要认真考虑水质对混凝土的腐蚀。

10.4.5.2 水下不分散混凝土原材料选择

（1）水泥品种 为保证混凝土质量和水下压力灌浆的顺利进行，宜选用细度大、泌水少、收缩率较小的水泥。矿渣硅酸盐水泥由于泌水较大，不宜用于水下浇筑混凝土工程。硅酸盐水泥和普通硅酸盐水泥水化生成的氢氧化钙较多，在海水中易生成较多的二次钙矾石导致混凝土破坏，因此不宜用于海水中，但可以用于淡水的水下工程。海水工程宜采用抗硫酸盐水泥。火山灰和粉煤灰硅酸盐水泥则可用于具有一般要求的及有侵蚀性海水、工艺废水的水下不分散混凝土工程。

水泥一般应用52.5MPa等级，而且应该用超细矿物掺合料（粉煤灰、火山灰）代替部分水泥以增加拌和物的流动度和黏度。

（2）细骨料　为了满足流动性、密实性和耐久性的要求，细骨料应采用石英含量较高、表面光滑浑圆的砂子，细度模数应在 2.1～2.8 之间；砂率一般较大，为 40%～50%，若用碎石，砂率还要增加 3%～5%，以保证拌和物的流动性。砂的最大粒径应满足下式要求：

$$d_{max} \leqslant \frac{D_k}{15\sim20} \leqslant 2.5\,mm$$

$$d_{max} \leqslant \frac{D_{k,min}}{8\sim20}$$

式中　d_{max}——砂的最大粒径，mm；

D_k——预埋骨料的最大粒径，mm；

$D_{k,min}$——预埋骨料的最小粒径，mm。

如果采用颗粒较粗的砂，则易破坏砂浆的黏性，引起离析，还会阻碍砂浆在预埋骨料中的流动。

（3）粗骨料　为了保证混凝土拌和物的流动性，宜采用卵石，如无卵石才采用碎石。当需要增加砂浆与粗骨料的黏结力时，可掺入 20%～25%的碎石，一般应采用连续级配。粗骨料的最大粒径与填筑方法和浇筑设备的尺寸有关。可参考表 10-4。如水下结构有钢筋网，则最大粒径不能大于钢筋网净间距的 1/4。

表 10-4　水下不分散混凝土粗骨料允许最大粒径

水下浇筑方法	导管法		泵送法		倾注法	开底容器法	装袋法
	卵石	碎石	卵石	碎石			
允许最大粒径	导管直径的 1/4	导管直径的 1/5	导管直径的 1/3	导管直径的 1/3.5	60mm	60mm	视袋大小而定

（4）外加剂　水下不分散性外加剂是水下浇筑混凝土的主要外加剂，其主要成分是水溶性高分子物质，有非离子型的纤维素及丙烯酸系两大类。其主要作用是增加混凝土的黏性，使混凝土受水冲洗时不分离。混凝土由于加入水下不分散剂而提高了黏性，但为了确保流动度又需要增加用水量。因此水下不分散剂要与三聚氰胺系减水剂配合使用，既提高黏性，又提高流动性，而不增加用水量。但要注意水下不分散剂与减水剂的匹配性，如果不匹配，则会给缓凝带来影响。

10.4.5.3　水下不分散混凝土的性能

（1）新拌混凝土性能　与普通混凝土相比，水下浇筑混凝土具有如下特点：①抗水冲洗作用；②流动性大，填充性好；③缓凝；④无离析。

用导管法浇筑水下不分散混凝土时的流动形态分为两种，分别是分层流动和隆起流动，如图 10-9 所示。可见，分层流动形式的浇筑，对混凝土来说，仅是面层与水接触；而隆起流动浇筑时，每一层混凝土都与水接触，层与层之间留下水膜，接触不紧密，影响混凝土质量。分层浇筑的关键是低的极限剪切强度和较高的塑性黏度。

同样在 60cm 水中自由落下后，普通混凝土和水下浇筑混凝土的筛析试验表明：普通混凝土各组成材料明显分离，特别是水泥浆被水冲散，粗骨料与水增多；而水下浇筑混凝土由于掺入水下不分散剂，组成材料不发生分离现象，浇筑前后各组成材料比例相近。

（2）硬化混凝土性能　水下浇筑混凝土的强度受两方面因素影响：①水下不分散剂；

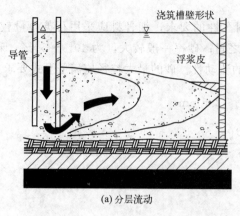
(a) 分层流动

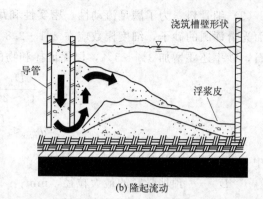
(b) 隆起流动

图 10-9　流动形态

②水下浇筑的密实程度。水下浇筑混凝土在水中制作的试件，其抗压强度与采用水下不分散剂的掺加量有关，大约为空气中制作的试件的 90%。弹性模量与相同强度的普通混凝土相比稍低。钢筋黏结强度与空气中制作的混凝土相比，垂直钢筋的黏结强度稍差，而水平钢筋大体相同。水下浇筑混凝土的抗冻性能比普通混凝土差，而且干缩大，但在水下使用问题不大。

10.4.6　自修复混凝土

10.4.6.1　自修复混凝土技术概述

水泥混凝土是一种被广泛使用的建筑材料，在施工过程以及使用中，会出现各种各样的混凝土裂缝。对于表面的宏观裂纹，可以采用事后修复的方法；但对于内部微裂纹，实时检测以及修复非常困难。想从根本上阻止混凝土裂纹产生和进一步发展，及时发现并且有效地对微观裂纹进行修复非常重要，因此，近年来，新型自修复混凝土材料的研究与开发受到越来越多的重视。自修复混凝土是拥有自愈合能力、能够进行自我结构修复的智能材料，当内部形成微裂纹时，混凝土在外部或内部条件的作用下，能释放或生成新的物质自行封闭、修复微裂纹，阻止微裂纹的进一步扩展。早在 1989 年，Chung 就利用短切碳纤维初步实现了混凝土材料的智能化，即实现了混凝土的自修复。混凝土材料的自修复原理是，在混凝土材料基体中提前加入特殊组分，形成智能型自修复系统，当混凝土结构产生微裂纹时，提前加入基体内的特殊组分在各种破坏作用下释放修复材料，修复裂纹并阻止裂纹进一步扩展。1925 年，Abrams 首先发现水泥基材料有微弱的自愈合现象，近一百年来，无数专家学者提出过多种促使水泥基材料裂纹自愈合的方法。

10.4.6.2　自修复混凝土技术类别及其原理

混凝土的自修复包括主动式和被动式。主动式如形状记忆合金（SMA）修复技术和液芯光纤/纤维法，基体能够主动监测并感知微裂纹位置，主动及时释放修补材料对微裂纹进行有效修复；被动式如微胶囊修复技术，基体因受力发生变形而产生裂纹时，提前加入基体内的修复材料因外力的作用流出对微裂纹进行修复。

目前混凝土的自修复技术主要包括结晶沉淀法、渗透结晶法、电解沉积法、液芯光纤/纤维法、形状记忆合金法、微胶囊修复法、微生物诱导碳酸盐沉淀技术等。

（1）结晶沉淀法　混凝土自修复最常见的理论是结晶沉淀理论，一般指在水环境或潮湿环境中，空气中的二氧化碳进入裂缝内部，经过一系列的化学反应，在裂缝处生成相应的结晶沉淀产物，从而达到愈合和修复的效果。裂缝处的反应主要包括：

① 混凝土中未水化或未完全水化的水泥浆体随渗透水一起流出，并反应生成水化产物聚集在裂缝周围，体积发生膨胀从而达到愈合的效果。反应方程式如下：

$$3CaO \cdot SiO_2 + nH_2O \Longrightarrow xCaO \cdot SiO_2 \cdot yH_2O + (3-x)Ca(OH)_2$$
$$2CaO \cdot SiO_2 + nH_2O \Longrightarrow xCaO \cdot SiO_2 \cdot yH_2O + (2-x)Ca(OH)_2$$

② 水化产物中微溶于水的氢氧化钙随渗透水流出，与空气中的二氧化碳反应生成碳酸钙沉淀并结晶愈合裂缝。

③ 空气中的灰尘、杂质等污染物沉落到渗透水中，生成沉积物聚集在裂缝周围。

④ 渗透水的上述作用造成混凝土内部氢氧化钙浓度降低，从而使得与之相平衡的水泥水化产物分解，并随着渗透水流出附着在裂缝周围，从而愈合裂缝。

自修复的主要因素是 $CaCO_3$ 和 $Ca(OH)_2$ 结晶沉淀在裂缝处的聚集和生长，因此又称为结晶沉淀自修复。自修复主要机理如图 10-10 所示。

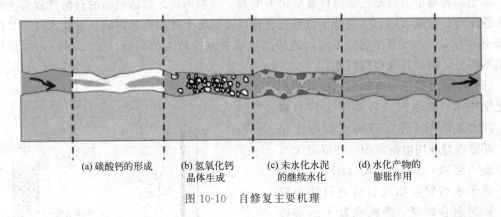

(a) 碳酸钙的形成　(b) 氢氧化钙　(c) 未水化水泥　(d) 水化产物的
　　　　　　　　　晶体生成　　　的继续水化　　　膨胀作用

图 10-10　自修复主要机理

自修复是一个较为缓慢的过程，其修复效果很大程度上取决于混凝土材料所处的环境，包括环境温度、pH 值、渗透压力、游离的二氧化碳含量等，修复效果不稳定且不易调控，一般只在裂缝宽度较小且环境条件有利的情况下放任自然愈合。

（2）渗透结晶法　渗透结晶技术是指在混凝土中掺入活性外加剂或在混凝土表面刷涂一层具有活性的外加剂涂料，该活性分子在混凝土干燥时处于休眠状态，在混凝土开裂并有水分渗入的情况下，活性分子随水渗透到混凝土内与毛细孔中的游离石灰和氧化物发生化学反应，生成不溶于水的 $CaCO_3$ 结晶体，密封混凝土中的毛细孔及微裂缝，混凝土再次开裂时，该活性分子会重新被激活，不断反应直至裂缝愈合。该理论也被称为渗透结晶的沉淀反应结晶机理。此外，众多学者研究发现，即便使用少量的渗透结晶活性外加剂，对混凝土的修复也能长期有效，由此对其作用机理进行了深入研究并提出了络合-沉淀反应机理，即络合物随水在混凝土孔隙中扩散，遇到活性较高的未水化水泥、水泥凝胶体等，活性化学物质就会被更稳定的硅酸根、铝酸根等取代，发生结晶、沉淀反应，从而将 $Ca(OH)_2$ 转化为具有一定强度的晶体化合物填充于混凝土中的裂缝和毛细孔隙，而活性化学物质则重新变成自由基团，继续随水向混凝土内部迁移。在此过程中，活性分子并没有被消耗，因此认为渗透结晶可以达到永久自修复的效果；渗透结晶的络合-沉淀反应机理如图 10-11 所示。

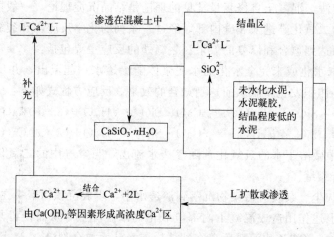

图 10-11　渗透结晶的络合-沉淀反应机理（L⁻ 为络合离子）

　　渗透结晶自修复是一个主动激发的过程，其效果在有水或者有足够湿度时才能发挥到最佳，对干燥环境中的混凝土裂缝修复效果不明显。一般而言，渗透结晶的自修复效果主要受水渗透压力、裂缝大小、活性分子类型及含量以及混凝土孔隙率等影响，该技术可明显提升混凝土的密实性。需要注意的是，渗透结晶技术对宽度较大的裂缝（＞0.4mm）的自修复效果不明显，需要其他措施辅助。

　　（3）电解沉积法　电解沉积法即利用电化学技术，在水溶液环境下进行自修复，因而多适用于水工或海港混凝土结构。其原理是利用电解作用，在混凝土表面形成一层如 $CaCO_3$、$Mg(OH)_2$、ZnO 等不溶于水的化合物对裂缝进行填充修复，从而愈合裂缝，降低混凝土的渗透性。理论上，不同的电解质经过电解作用后产生的沉淀物不同，因而电解质类型对裂缝自修复的效果有一定影响。电解沉积法自修复机理如图 10-12 所示。

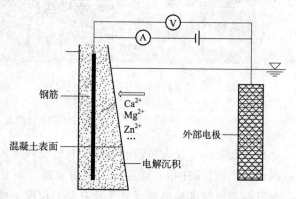

图 10-12　电解沉积法自修复机理示意图

　　目前，电解沉积法自修复技术主要用于与水接触的混凝土结构，经过电解沉积处理后的混凝土抗侵蚀性能得到明显提高。其自修复环境受溶液中电解质种类、电流密度及混凝土微观结构等因素的影响。自修复效果主要从表面的覆盖率及裂缝的封闭率角度进行评价，对修复效果及机制的研究相对较少且不太成熟。

　　（4）微胶囊修复法

　　① 微胶囊方式的自修复　微胶囊方式的自修复方法的基本原理是：装有修复剂的微胶囊和固化剂均匀分散在基体材料中；当基体材料产生裂纹时，裂纹尖端的微胶囊在集中应力的作用下破裂，修复剂流出，在毛细作用下渗入基体的裂纹中；渗入裂纹中的修复剂与分散在基体材料中的固化剂相遇，修复剂固化将裂纹修复，抑制裂纹继续扩展，达到恢复甚至提高材料强度的效果，对损伤进行自修复。

　　S. R. White（怀特）于 2001 年在《自然》（*Nature*）杂志上报道利用埋植、烯烃聚合、高分子体系等技术，将环戊二烯二聚体包裹在脲醛树脂制成的微胶囊中，和催化剂一起分散在环氧树脂基体中的研究。当材料产生裂纹时，由微胶囊破裂释放出环戊二烯二聚体，由于裂纹产生的毛细管虹吸作用，环戊二烯二聚体迅速渗入裂纹与催化剂产生交联聚合，从而达到聚合物基复合材料自修复的目的。这种方法的巧妙之处在于反应机理属于活性聚合，修复后聚合物端基仍有活性，重新注入单体可以继续聚合，因此只要适时添加单体即能对再产生的裂纹进行多次修复。这种由损伤激发的自修复模型为定点修复提供了可能。另外，修复剂发生活性聚合反应，一部分修复剂发生反应并不影响其他修复剂的修复性能，这使得材料的多次修复成为可能。微胶囊的独特性质使其广泛应用于多种工业领域并取得了良好的发展。

近几年来，随着复合材料技术的发展，微胶囊技术在自修复方面的应用成为新材料领域研究的一个热点。具有自修复功能复合材料的提出使得复合材料对内部或者外部损伤能够进行自修复，可以阻止复合材料尤其是脆性材料内部微裂纹的进一步扩展，从而显著增加材料的机械强度，明显延长材料的使用寿命，在城建、航空、航天、电子、仿生领域显得尤为重要。

根据材料修复机理可知，用于自修复的微胶囊不仅要在存放过程中储存修复剂，而且当基体材料发生破坏时，还要能为修复过程提供一个驱动力。微胶囊必须拥有足够的强度，在聚合物加工过程中保持完整无缺；并且拥有足够的外力灵敏性，在聚合物发生破坏时能够迅速破裂。这样，就要求包覆修复剂的囊壁与基体有高黏结强度。同时，修复剂的黏度要小，具备很好的流动性，在环境温度和压力下可以长期储存，发生聚合时体积收缩率低。为了保证有足够长的存放寿命，囊的密封性要好，保证修复剂不能渗透和扩散到囊壁外。

微胶囊自修复方法具有如下优点：有利于单一树脂体系的修复；在树脂体系的自修复中具有较好的强度恢复性能；水泥基体内部存在大量微小空隙，这些微空隙为微胶囊提供了天然存储场所；微胶囊易均匀分散于材料中，而不会明显影响材料性能。

微胶囊修复方法的缺点包括：要求微胶囊破裂以释放修复剂；树脂胶囊必须紧密接触催化剂；胶囊的掺加影响基体中纤维的选择；催化剂和微胶囊的分散要与破坏区域相匹配；树脂储存量有限；修复树脂消耗后产生内部孔隙；树脂必须与微囊壁材相匹配；在复合材料自修复技术上存在应用难题。

② 胶囊化的化学结晶型自修复　胶囊化的化学结晶型自修复混凝土的原理为：将作为修复剂的无机盐（一种或两种及以上的复盐）真空浸渗到球形多孔骨料中（如陶粒、珍珠岩等），并通过浸渗次数控制多孔骨料中的修复剂含量，然后将骨料表面用沥青或树脂密封，最后在骨料表面黏附致密的低水灰比水泥浆或矿物掺合料（硅灰、矿粉、粉煤灰等），表面黏附的水泥或掺合料在混凝土基体中持续的水化改善了骨料与混凝土的界面结合情况，将载有修复剂的骨料按普通方法制备成轻质自修复混凝土，载有无机修复剂的多孔骨料均匀分散于混凝土中。

对硬化成熟的自修复混凝土施加一定程度的外荷载至混凝土基体内部开裂损伤，混凝土的变形导致多孔骨料破裂，骨料内的无机修复剂溶于混凝土基体的水溶液中并扩散至裂纹处，无机盐与裂纹处水泥粒子及水泥水化产物反应生成钙矾石晶体，钙矾石由于为水泥水化产物中的一种，故可以很好地与水泥基体化学结合，而且无机盐反应生成钙矾石，体积膨胀数倍，有利于封堵裂纹。

胶囊化的化学结晶型自修复混凝土研究刚刚起步，相关研究成果很少，一些关键技术问题有待解决。例如修复剂含量与裂纹参数的匹配性，如果修复剂过少，则反应产物不能很好地封堵裂纹；如果修复剂含量过高，则生成的钙矾石晶体在裂纹处过度膨胀会给混凝土基体带来新的损伤。

(5) 基于氧化镁膨胀剂的自修复法　氧化镁的延迟膨胀特性已得到水利电力工程界认可，并应用于补偿大体积混凝土的温降收缩和干燥收缩，保持混凝土体积稳定性，减少裂缝产生。与以钙矾石、氢氧化钙作为膨胀源的传统膨胀剂相比，氧化镁膨胀剂具有水化产物稳定、膨胀稳定、膨胀过程可调控设计的特点。基于氧化镁膨胀剂的自修复机理主要包括两部分：一是氧化镁水化产生氢氧化镁，体积发生膨胀，有助于裂缝的愈合与自修复，可以提前修复早期损伤，防止表面裂缝的产生；二是水分与二氧化碳通过裂缝进入混凝土内部后，与氧化镁和水泥及其水化产物反应，生成稳定的钙、镁、铝复合型产物填充在裂缝中，达到自修复的效果。近年来国外关于氧化镁自修复材料的研究相对较多，国内相关研究较少。

氧化镁等膨胀剂对减少混凝土开裂、促进裂缝自愈合有明显效果。需要注意的是，膨胀剂的活性及掺量对混凝土自修复效果的影响较大，需要经过严格的设计与控制才能达到最佳效果，并避免负面影响。此外，氧化镁膨胀剂配合其他促进结晶的产品使用，能更显著地提高混凝土的自修复性能。

(6) 形状记忆合金法　形状记忆合金是智能结构中的一种驱动元件，它的特点是具有形状记忆效应和超弹性效应，可以实现长期、在线、实时监测，并进一步实现结构的自修复功能。普通的金属材料，当内部应力超过其弹性极限时，将产生塑性变形，由于塑性变形具有不可逆性，卸载之后，材料的变形不可恢复。而形状记忆合金具有形状记忆效应，将形状记忆合金材料在高温下定形，冷却到低温，并施加力使其变形，使其存在残余变形，如果从变形温度开始适当加热，就可以使低温状态下存在的残余变形消失，形状记忆合金将恢复高温下所固有的形状，随后再进行冷却或加热，形状将保持不变。上述过程可以周而复始，仿佛合金记住了高温状态所赋予的形状一样。形状记忆合金可恢复的应变量高达 7%～8%，形状记忆合金具有双程记忆效应和全程记忆效应。

将形状记忆合金埋入混凝土易开裂部位，当裂缝产生时，该处的记忆合金应变增大，根据对应的应变和电阻值的关系，单片机可以自动确定裂缝的实际宽度。在超过宽度限值时，可通过单片机启动电源升高温度至马氏体逆相变温度以上，使形状记忆合金产生形状恢复，对裂缝处产生压应力从而达到裂缝自愈效果。其机理如图 10-13 所示。

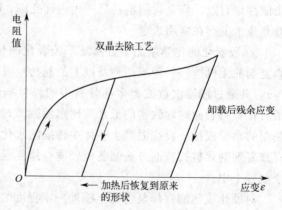

图 10-13　形状记忆效应示意图

(7) 纤维增强自修复法　纤维增强混凝土材料是指为了改善混凝土的性能在混凝土中掺加了纤维的混凝土材料。为了改善混凝土材料的脆性缺陷，在 20 世纪 60 年代初期开发出纤维增强混凝土（FRC）。用于改善混凝土性能的纤维包括玻璃纤维、钢纤维、天然纤维以及合成纤维等。由于纤维的加入，纤维增强混凝土不仅改善了普通混凝土脆性的缺陷，而且具有很好的自修复性能。纤维增强混凝土在工程中的应用越来越多，对增强混凝土的抗裂性、提高混凝土的韧性及抗冲磨性有明显作用。近年来，对于内掺纤维提升混凝土自愈合能力的研究越来越多，其作用机理如图 10-14 所示，主要包括两部分：一是可有效控制不同环境下的应力自由区混凝土开裂裂缝宽度，并在裂缝周围纤维桥联区及微裂纹区提供一定的愈合应力，从而提高混凝土自愈合能力；二是有些纤维具有亲水特性（如聚乙烯醇纤维），可以为裂缝处自愈合产物的生成提供成核地点，促进自愈产物的形成与生长。

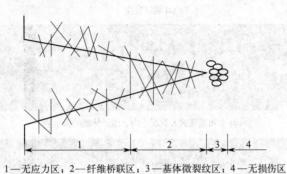

1—无应力区；2—纤维桥联区；3—基体微裂纹区；4—无损伤区

图 10-14　纤维增强混凝土自愈合作用机理示意图

纤维增强混凝土对裂缝的自修复需要依赖于混凝土材料本身的自修复功能，对应力或腐蚀问题造成的裂缝具有较好的限制及修复作用。但其有一定的局限性：纤维增强混凝土技术只对宽度较小的裂缝有较好的愈合作用，同时纤维种类、尺寸、掺量及搅拌均匀性均会对自愈合效果产生影响。

（8）微生物技术法　微生物诱导碳酸盐沉淀技术（microbial induced carbonate precipitation，MICP）最初由拉马钱德兰（Ramachandran）等提出并应用于混凝土试件的裂缝修复。微生物技术的修复机理是：首先，将能够诱导碳酸钙晶体沉积的微生物预埋入混凝土基体，此时微生物处于休眠状态；然后，在混凝土基体的服役过程中，微裂纹等外部环境的变化导致混凝土内部氧气含量和湿度发生改变，在这些条件下微生物被激活，通过生物矿化作用，生成碳酸钙沉淀，填补裂纹修复基体，防止水和其他化学物质进一步侵入。其机理如图 10-15 所示。相对于化学愈合剂，MICP 形成的碳酸钙沉淀与混凝土基质具有较好的相容性，且其原位修复特性使得该方法更为经济、环保和智能化。因此，基于 MICP 而生的混凝土微生物自修复材料成为建筑与生物交叉领域的新兴材料。

微生物自修复技术较为复杂，需要考虑众多因素：微生物的活性、微生物存活时间、与建筑材料的适应性、环境友好性能等。此外，合适微生物载体的寻找与准备也需要花费较大精力。在使用微生物自修复技术前，需要做大量的实验调查分析，并经过反复论证，综合考虑各方面因素后才能对其进行使用。目前微生物诱导碳酸盐沉淀技术存在如下问题：混凝土微生物自修复材料的菌种选择有待优化，微生物载体有待进一步探究，材料分布均匀性和使用剂量还有待确定，混凝土微生物自修复材料与混凝土基质的兼容性问题还有待解决，混凝土微生物自修复材料缺乏应用标准，等等。因此，距离混凝土微生物自修复材料成为高效、环保、经济的完善技术还需要大量的实验探索；这需要微生物学家、土木工程师、环境学家、地质学家和化学家等各学科专家协同研究，推动这一交叉领域创新发展，让混凝土微生物自修复材料这一新型环境友好的科研成果走入土木建筑、水利电力与交通运输行业，推动混凝土行业绿色化高质量发展。

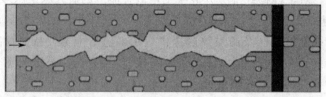

(a) 裂缝发生

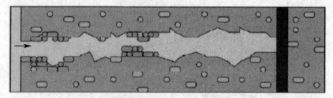

(b) 水和氧气进入混凝土内，激活休眠的微生物

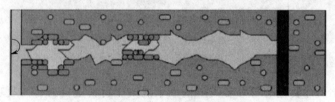

(c) 微生物呼吸产生二氧化碳并与钙离子反应生成碳酸钙

图 10-15 微生物修复混凝土示意图

10.4.7 装饰混凝土

装饰混凝土是一种经技术和艺术加工的混凝土装饰面，是构件制作与装饰处理同时进行的一种施工技术，它简化了施工工序，缩短了施工周期，并且可以根据设计要求，获得别具一格的装饰效果。装饰混凝土主要包括彩色混凝土、清水装饰混凝土、露骨料混凝土等。

10.4.7.1 彩色混凝土

彩色混凝土可分为整体着色混凝土和表面着色混凝土两种。整体着色混凝土是用无机颜料混入混凝土拌和物中，使整个混凝土结构具有同一色彩。表面着色混凝土是将水泥、砂、无机颜料均匀拌和后撒在新成型的混凝土表面并抹平，使混凝土仅在表面具有同一色彩，该方法成本较低，经济适用。

（1）彩色混凝土的着色方法 彩色混凝土的着色方法有添加无机氧化物颜料、添加化学着色剂以及添加干撒着色硬化剂等。

① 无机氧化物颜料。直接在混凝土中加入无机氧化物颜料，将砂、颜料、粗骨料、水泥充分干拌均匀，然后加水搅拌。

② 化学着色剂。化学着色剂是一种水溶性金属盐类。将其掺入混凝土中使其与混凝土发生反应，在混凝土孔隙中生成难溶且抗磨性好的颜色沉淀物。这种着色剂含有稀释的酸，能轻微腐蚀混凝土，从而使着色剂渗透较深，且色调更加均匀。化学着色剂的使用，应在混凝土养护至少一个月后进行。

③ 干撒着色硬化剂。干撒着色硬化剂是一种表面着色剂，由细颜料、表面调节剂、分散剂等拌制而成，将其均匀干撒在新浇筑的混凝土表面即可着色，适用于庭院小径、人行

道、车道等水平状混凝土表面着色。

（2）彩色混凝土的应用　　出于经济上的考虑，整体着色的彩色混凝土应用较少，而表面着色的混凝土应用十分广泛。不同颜色的水泥混凝土花砖，按设计图案铺设，外形美观，色彩鲜艳，成本低廉，施工方便，用于园林、庭院和人行步道（图 10-16），可获得十分理想的装饰效果。

图 10-16　彩色混凝土路面砖

（3）彩色混凝土的缺陷及其防止　　彩色混凝土在使用过程中易出现"白霜"。混凝土中某些盐类、碱类物质在混凝土孔隙中被水溶解，随水分迁移至混凝土表面，水分蒸发干燥后，上述可溶性物质就在混凝土表面析出，形成"白霜"，留下不均匀的花斑点和条纹，遮住原来的色彩，且长久不消失，严重降低装饰效果。"白霜"是彩色混凝土表面经常出现的一种污染现象，严重的还会破坏混凝土的表层，缩短其使用寿命。

"白霜"的主要防止措施如下：①优化混凝土骨料的级配，增加混凝土的密实度；②在满足施工要求及和易性的前提下，尽量减少拌和用水量，以减小水灰比，这是提高混凝土密实度最有效的措施；③成型时加强振捣，尽量使混凝土达到密实；④掺加能与"白霜"成分发生化学反应的物质，如碳酸铵、丙烯酸钙等，消除"白霜"；⑤在硬化混凝土表面喷涂可形成保护膜的表面活性物质，如有机硅憎水剂、丙烯酸酯等。

10.4.7.2　清水装饰混凝土

清水装饰混凝土是利用混凝土结构构件本身造型的竖线条或几何外形取得简单、大方而又明快的立面效果，从而获得装饰性；或者是在成型时利用模板等在构件表面做出凹凸花纹，使立面质感更加丰富而获得艺术装饰效果。清水装饰混凝土如图 10-17 所示。

这类装饰混凝土构件由于基本保持了原有的外观质地，因此称为清水装饰混凝土，其成型工艺主要有以下三种：

（1）正打成型工艺　　正打成型工艺多用于大板建筑的墙板预制，它是在混凝土墙板浇筑完毕，水泥初凝前后，在混凝土表面进行压印，从而形成各种线条和花纹。常用的加工方法有压印、挠刮和滚花等。

压印工艺分为凸印与凹印两种。凸印是用镂花样板在刚成型的板面（也可在板上增铺一层水泥砂浆）上压印，或先铺镂空模具后填入水泥砂浆，抹平、抽取模具，凸起的图形一般高 10mm。凹印法是用 5～10mm 的光圆钢筋焊成（300～400）mm×（300～400）mm 大小的图案模具，在新浇混凝土壁板上压印出凹纹。

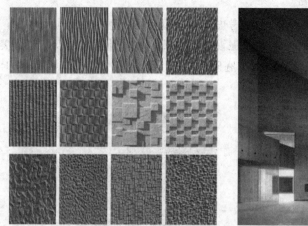

图 10-17　清水装饰混凝土

挠刮工艺是在新浇筑的壁板表面上，用硬毛刷等工具挠刮形成一定的毛面质感。也可采用扫毛法、拉毛法处理表面。

滚花工艺是在成型后板面上抹 10～15mm 的水泥浆面层，再用滚压工具滚出线型或花纹图案。

正打成型工艺的优点是模具制作简单，投资少，易于更换图形。缺点是板面花纹图案较少，凹凸程度小，层次少，质感不够丰富。

（2）反打成型工艺　反打成型工艺是在浇筑混凝土的底面模板上做出凹槽，或在底模上加垫具有一定花纹、图案的衬模，拆模后使混凝土表面具凹凸线型、纹理、浮雕花饰或粗糙面装饰图案。衬模材料有硬木、玻璃钢、硬塑料、橡胶或钢材等。国内用聚丙烯塑料制作衬模，效果较好，可使装饰面细腻、造型准确逼真。

反打成型的优点是凹凸程度可大可小，层次多，成型质量好，图案花纹丰富多样，但模具成本较高。

（3）立模工艺　正打、反打成型工艺均属预制成型工艺。立模工艺，即对现浇混凝土墙面进行饰面处理。利用墙板升模工艺，在外模内侧安置条形衬模，脱模时使模板先平移，离开新浇筑混凝土墙面后再提升。这样随模板爬升形成具有条形纹理的装饰混凝土，其外立面也十分美观。立模生产也可用于成组立模预制工艺。

10.4.7.3　露骨料混凝土

露骨料混凝土是在混凝土硬化前或硬化后，通过一定工艺手段使混凝土骨料适当外露，以骨料的天然色泽和不同排列组合造型，达到一定的装饰效果，如图 10-18 所示。

露骨料混凝土的制作工艺有水洗法、缓凝剂法、酸洗法、水磨法、喷砂法、抛丸法、凿剁法、火焰喷射法和劈裂法等。

（1）水洗法　水洗法用于正打工艺，它是在混凝土浇筑成型后，水泥混凝土终凝前，采用具有一定压力的射流水把面层水泥浆冲刷至露出骨料，使混凝土表面呈现石子的自然色彩。

（2）缓凝剂法　缓凝剂法用于反打或立模工艺，它是先将缓凝剂涂刷在模板上，也可涂布在纸上，再铺放在底模上，然后浇筑混凝土，借助缓凝剂使混凝土表面层水泥浆不硬化，

图 10-18　露骨料混凝土

以便待脱模后用水进行冲洗,露出石子色彩。

(3) 酸洗法　酸洗法是利用化学作用去掉混凝土表层水泥浆,使骨料外露。一般在混凝土浇筑 24h 后进行酸洗。酸洗法对混凝土具有一定的破坏作用,故应用较少。

(4) 水磨法　水磨法即水磨石制作工艺,所不同的是水磨露骨料工艺不需另抹水泥浆,而是将抹平的混凝土表面磨至露出骨料。水磨时间一般认为当混凝土强度为 12～20MPa 时较为合适。

(5) 抛丸法　抛丸法是将混凝土制品以 1.5～2.0m/min 的速度通过抛丸室,室内抛丸机以 65～80m/s 的线速度抛出铁丸,利用铁丸冲击力将混凝土表面的水泥浆皮剥离,露出骨料。由于骨料表面也同时被凿毛,其效果犹如花锤剁斧,别具特色。

露骨料混凝土饰面关键在于石子的选择,在使用彩色石子时,配色要协调美观。只要石子的品种和色彩选择适当,就能获得良好的装饰耐久性。

知识扩展

缪昌文,1957 年 8 月出生于江苏泰州,中国工程院院士、建筑材料专家,在混凝土基础理论的研究、重大基础设施工程服役寿命及耐久性能提升技术的研究、多功能土木工程材料的研发等方面取得了多项成果,并成功通过了重大工程项目建设的检验,取得的主要成就和贡献如下:

① 研究出了生态型高性能与超高性能结构混凝土材料,研究成果被鉴定为达到国际领先水平。

② 在水泥混凝土早期变形研究方面,运用热力学和表面物理化学的基本理论,发明了混凝土早期自身变形测试方法及装置。

③ 在高性能混凝土的理论研究、性能设计和制备技术方面,利用现代科学测试手段,对混凝土的微结构形成及发展进行了较系统的研究。

④ 在混凝土耐久性提升技术方面,运用分子裁剪理论和接枝共聚技术,发明了中国第一代接枝共聚型混凝土外加剂。

思考题

1.3D打印混凝土对胶凝材料和骨料分别有什么要求？

2.3D打印混凝土有哪些优点？

3.何谓装饰混凝土？装饰混凝土如何达到装饰目的？

4.什么是正打成型工艺、反打成型工艺？两者各有何优缺点？

5.水下浇筑混凝土充分利用水硬性胶凝材料的特点进行改性使得水下浇筑工程得以成功实现，请说出水下浇筑混凝土在材料选择和施工工艺上的主要特点。

参 考 文 献

[1] 宋少民，王林．混凝土学［M］．武汉：武汉理工大学出版社，2013.

[2] 钟世云．聚合物在混凝土中的应用［M］．北京：化学工业出版社，2003.

[3] 瓦尔森 H，芬奇 C A．聚合物乳液基础及其在胶黏剂中的应用［M］．成国祥，庞兴收，刘超，等译．北京：化学工业出版社，2004.

[4] 王新民．干粉砂浆添加剂的选用［M］．北京：中国建筑工业出版社，2007.

[5] 本斯迪德 J，巴恩斯 P．水泥的结构和性能：第 2 版［M］．廖欣，译．北京：化学工业出版社，2009.

[6] 蒋亚清．混凝土外加剂应用基础［M］．北京：化学工业出版社，2004.

[7] 何廷树．混凝土外加剂［M］．西安：陕西科学技术出版社，2003.

[8] 熊大玉，王小虹．混凝土外加剂［M］．北京：化学工业出版社，2002.

[9] 陈建奎．混凝土外加剂的原理与应用［M］.2 版．北京：中国计划出版社，2004.

[10] 阮承祥．混凝土外加剂及其工程应用［M］．南昌：江西科学技术出版社，2008.

[11] 游宝坤，李乃珍．膨胀剂及其补偿收缩作用［M］．北京：中国建材工业出版社，2005.

[12] 阎振甲，何艳君．泡沫混凝土实用生产技术［M］．北京：化学工业出版社，2006.

[13] 沈春林．聚合物水泥防水砂浆［M］．北京：化学工业出版社，2007.

[14] 张冠伦．混凝土外加剂原理与应用［M］.2 版．北京：中国建筑工业出版社，1996.

[15] 刘红飞．建筑外加剂［M］．北京：中国建筑工业出版社，2006.

[16] 谢慈仪．混凝土外加剂作用机理及合成基础［M］．重庆：西南师范大学出版社，1993.

[17] 吴中伟，廉慧珍．高性能混凝土［M］．北京：中国铁道出版社，1999.

[18] 姚燕，王玲，田培．高性能混凝土［M］．北京：化学工业出版社，2006.

[19] 梅塔，蒙特罗．混凝土微观结构、性能和材料［M］．覃维祖，王栋民，丁建彤，译．北京：中国电力出版社，2008.

[20] 李良．关于泡沫混凝土发泡剂的研究探讨［J］．混凝土世界，2010（5）：38-40.

[21] 李森兰，王建平，路长发，等．泡沫混凝土发泡剂评价指标及其测定方法探讨［J］．混凝土，2009（10）：71-73.

[22] GB 175—2023．通用硅酸盐水泥．

[23] GB/T 14685—2022．建设用卵石、碎石．

[24] GB/T 14684—2022．建设用砂．

[25] GB/T 25176—2010．混凝土和砂浆用再生细骨料．

[26] GB/T 25177—2010．混凝土用再生粗骨料．

[27] GB/T 8075—2017．混凝土外加剂术语．

[28] GB 50119—2013．混凝土外加剂应用技术规范．

[29] GB 8076—2008．混凝土外加剂．

[30] JGJ 63—2006．混凝土用水标准．

[31] 文梓芸，钱春香，杨长辉．混凝土工程与技术［M］．武汉：武汉理工大学出版社，2001.

[32] 沈春林．商品混凝土［M］．北京：中国标准出版社，2007.

[33] 重庆建筑工程学院，南京工学院．混凝土学［M］．北京：中国建筑工业出版社，1981.

[34] 黄士元，蒋家奋，杨南如，等．近代混凝土技术［M］．西安：陕西科学技术出版社，1998.

[35] 宋少民，孙凌．土木工程材料［M］．武汉：武汉理工大学出版社，2006.

[36] 赵洪义．绿色高性能生态水泥的合成技术［M］．北京：化学工业出版社，2007.

[37] GB/T 1596—2017．用于水泥和混凝土中的粉煤灰．

[38] GB/T 18046—2017．用于水泥、砂浆和混凝土中的粒化高炉矿渣粉．

[39] GB/T 203—2008．用于水泥中的粒化高炉矿渣．

[40] GB/T 5483—2008．天然石膏．

[41] GB/T 26748—2011．水泥助磨剂．

[42] JG/T 566—2018．混凝土和砂浆用天然沸石粉．

[43] GB/T 20491—2017．用于水泥和混凝土中的钢渣粉．

[44] GB/T 26751—2022. 用于水泥和混凝土中的粒化电炉磷渣粉.

[45] GB/T 6645—2008. 用于水泥中的粒化电炉磷渣.

[46] GB/T 27690—2023. 砂浆和混凝土用硅灰.

[47] 冯乃谦. 流态混凝土 [M]. 北京：中国铁道出版社，1988.

[48] 黄大能. 新拌混凝土的结构和流变特征 [M]. 北京：中国建筑工业出版社，1983.

[49] 江东亮，李龙土，欧阳世翕，等. 无机非金属材料手册：下册 [M]. 北京：化学工业出版社，2009.

[50] 陈健中. 用旋转叶片式流变仪测定新拌混凝土的流变性能 [J]. 上海建材学院学报，1992 (3)：164-173.

[51] 张晏清，黄士元. 混凝土可泵性分析与评价指标 [J]. 混凝土与水泥制品，1989 (3)：4-8.

[52] 黄有丰. 水泥颗粒特性及粉磨工艺进展对水泥性能的影响 [J]. 水泥技术，1999 (2)：8.

[53] 曹文婷. 混凝土外加剂与水泥的适应性问题浅析 [J]. 科技创新导报，2010 (25)：63-65.

[54] 王玲，田培，贾祥道，等. 高效减水剂和水泥之间适应性的影响因素 [C] //纪念中国混凝土外加剂协会成立 20 周年论文集，2006：243-249.

[55] 贾祥道，王玲，姚燕，等. 水泥颗粒级配对水泥与减水剂适应性的影响 [J]. 混凝土外加剂（合订本），2005：133-137.

[56] 吕岩峰. 外加剂对不同水泥混凝土的适应性研究 [J]. 黑龙江水利科技，2006 (6)：24-25.

[57] 郭张锋. 浅谈混凝土外加剂与水泥适应性 [J]. 山西建筑，2010，36 (28)：148-149.

[58] 刘豫. 新拌混凝土流变的测量、模型及其应用 [D]. 北京：中国建筑材料科学研究总院，2020.

[59] 刘豫，史才军，焦登武，等. 新拌水泥基材料的流变特性、模型和测试研究进展 [J]. 硅酸盐学报，2017，45 (5)：708-716.

[60] 汪东波. 高性能混凝土的流变性及泵送压力损失研究 [D]. 重庆：重庆大学，2015.

[61] 陈联荣，黄士元. 混凝土的抗冻性与其气泡结构 [J]. 上海建材学院学报，1989，2 (3)：70-82.

[62] 刘峥，韩苏芬，唐明述. 碱-碳酸盐岩反应机理 [J]. 硅酸盐学报，1987，15 (4)：16-22.

[63] 周新刚. 混凝土结构的耐久性与损伤防治 [M]. 北京：中国建材工业出版社，1999.

[64] 苏胜，张利. 土木工程材料 [M]. 北京：煤炭工业出版社，2007.

[65] 洪雷. 混凝土性能及新型混凝土技术 [M]. 大连：大连理工大学出版社，2005.

[66] 迟培云. 现代混凝土技术 [M]. 上海：同济大学出版社，1999.

[67] 贾祥道. 水泥主要特性对水泥与减水剂适应性影响的研究 [D]. 北京：中国建筑材料科学研究院，2002.

[68] 刘秉京. 混凝土结构耐久性设计 [M]. 北京：人民交通出版社，2007.

[69] 金伟良，赵羽习. 混凝土结构的耐久性 [M]. 北京：科学出版社，2002.

[70] 蒋亚清. 混凝土外加剂应用基础 [M]. 北京：化学工业出版社，2004.

[71] 莫祥银，卢都友，许仲梓. 化学外加剂抑制碱硅酸反应原理及进展 [J]. 南京化工大学学报，2000，22 (3)：72-77.

[72] 雷斌. AAR 当量碱计算公式试验研究 [D]. 南昌：南昌大学，2005.

[73] 王志杰. 抑制碱-集料反应混凝土及其应用技术研究 [D]. 郑州：郑州大学，2006.

[74] 赵学荣. 碱-集料反应对混凝土结构耐久性影响的研究 [D]. 天津：天津大学，2008.

[75] 陈益民，许仲梓. 高性能水泥制备和应用的科学基础 [M]. 北京：化学工业出版社，2008.